乙級機器腳踏車學術科檢定題庫解析

陳幸忠、楊國榮、林大賢　編著

增修試題

全華圖書股份有限公司

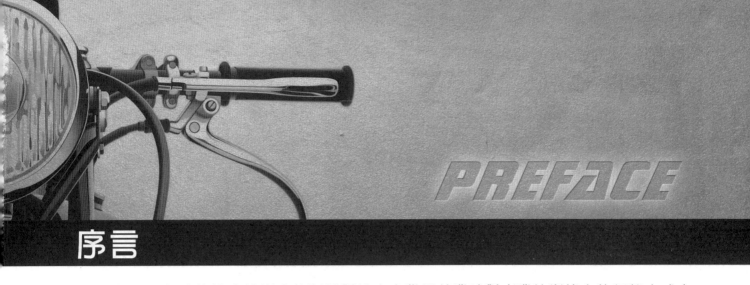

　　取得勞動部技能檢定技術士證照是對於未來職場就業時對專業技術能力的認證方式之一，目前於全國高職學校動力機械職群汽車科中申請設置機器腳踏車修護乙級檢定考場並將機器腳踏車修護乙級技術士檢定學、術科融入教學，以輔導在校高三學生取得機器腳踏車修護乙級技術士證照，使符合四技二專技優甄選入學申請資格的學校日漸增加；作者期盼藉由機器腳踏車修護乙級檢定學、術科試題完整的知識解析、操作流程說明、編輯與排版清晰之呈現，讓讀者對機器腳踏車修護乙級技術士檢定之學、術科試題能有完整的認識與瞭解，亦可對機器腳踏車維修服務產業盡一份心力。

　　本書是依據行政院勞動部勞動力發展署技能檢定中心最新修訂後啟用「機器腳踏車修護乙級技術士技能檢定學、術科測試應檢參考資料」規範標準編撰而成，以提供欲報考機器腳踏車修護乙級技術士檢定的在校高三學生或社會人士參考使用。

　　本書從構想、撰寫、照片拍攝、編輯到順利出書，為使結構完整、符合題意及提高讀者學習的品質與效率，過程中亦與業界先進不斷的溝通、討論，並充實各站試題知識與檢修流程，以達力求完整之高標準。

　　寫一本書難，寫一本好的檢定書更難。一本好的檢定書要經得起考驗，一方面要讓老師在學校可以順利的講授；另一方面也要讓讀者能夠接受與徹底瞭解。而本書編撰係秉持能提供最符合高職學校機器腳踏車修護乙級學、術科檢定課程為出發點，因此極適合高職動力機械職群汽車科學生使用，亦可供機器腳踏車維修產業從業相關人員參考。

作者　　謹識

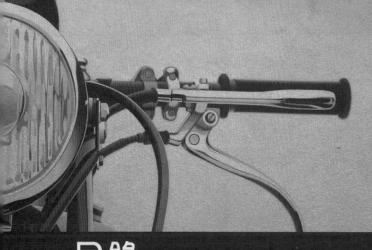

目錄

共同學科 不分級題庫

- ➤ 工作項目 1　職業安全衛生
- ➤ 工作項目 2　工作倫理與職業道德
- ➤ 工作項目 3　環境保護
- ➤ 工作項目 4　節能減碳

工作項目 1　職業安全衛生

單選題

(2) 1. 對於核計勞工所得有無低於基本工資，下列敘述何者有誤？
(1)僅計入在正常工時內之報酬　(2)應計入加班費
(3)不計入休假日出勤加給之工資　(4)不計入競賽獎金。

(3) 2. 下列何者之工資日數得列入計算平均工資？
(1)請事假期間　(2)職災醫療期間
(3)發生計算事由之前 6 個月　(4)放無薪假期間。

(1) 3. 下列何者，非屬法定之勞工？
(1)委任之經理人　(2)被派遣之工作者
(3)部分工時之工作者　(4)受薪之工讀生。

(4) 4. 以下對於「例假」之敘述，何者有誤？
(1)每 7 日應休息 1 日　(2)工資照給
(3)出勤時，工資加倍及補休　(4)須給假，不必給工資。

(4) 5. 勞動基準法第 84 條之 1 規定之工作者，因工作性質特殊，就其工作時間，下列何者正確？
(1)完全不受限制　(2)無例假與休假
(3)不另給予延時工資　(4)勞雇間應有合理協商彈性。

(　) 6.　依勞動基準法規定，雇主應置備勞工工資清冊並應保存幾年？　(3)
　　　(1)1 年　(2)2 年　(3)5 年　(4)10 年。

(　) 7.　事業單位僱用勞工多少人以上者，應依勞動基準法規定訂立工作規則？　(4)
　　　(1)200 人　(2)100 人　(3)50 人　(4)30 人。

(　) 8.　依勞動基準法規定，雇主延長勞工之工作時間連同正常工作時間，每日不得超過多少小　(3)
　　　時？
　　　(1)10　(2)11　(3)12　(4)15。

(　) 9.　依勞動基準法規定，下列何者屬不定期契約？　(4)
　　　(1)臨時性或短期性的工作　　　　　　(2)季節性的工作
　　　(3)特定性的工作　　　　　　　　　　(4)有繼續性的工作。

(　) 10.　依職業安全衛生法規定，事業單位勞動場所發生死亡職業災害時，雇主應於多少小時內　(1)
　　　通報勞動檢查機構？
　　　(1)8　(2)12　(3)24　(4)48。

(　) 11.　事業單位之勞工代表如何產生？　(1)
　　　(1)由企業工會推派之　　　　　　　　(2)由產業工會推派之
　　　(3)由勞資雙方協議推派之　　　　　　(4)由勞工輪流擔任之。

(　) 12.　職業安全衛生法所稱有母性健康危害之虞之工作，不包括下列何種工作型態？　(4)
　　　(1)長時間站立姿勢作業　　　　　　　(2)人力提舉、搬運及推拉重物
　　　(3)輪班及夜間工作　　　　　　　　　(4)駕駛運輸車輛。

(　) 13.　職業安全衛生法之立法意旨為保障工作者安全與健康，防止下列何種災害？　(1)
　　　(1)職業災害　(2)交通災害　(3)公共災害　(4)天然災害。

(　) 14.　依職業安全衛生法施行細則規定，下列何者非屬特別危害健康之作業？　(3)
　　　(1)噪音作業　(2)游離輻射作業　(3)會計作業　(4)粉塵作業。

(　) 15.　從事於易踏穿材料構築之屋頂修繕作業時，應有何種作業主管在場執行主管業務？　(3)
　　　(1)施工架組配　(2)擋土支撐組配　(3)屋頂　(4)模板支撐。

(　) 16.　對於職業災害之受領補償規定，下列敘述何者正確？　(1)
　　　(1)受領補償權，自得受領之日起，因 2 年間不行使而消滅
　　　(2)勞工若離職將喪失受領補償
　　　(3)勞工得將受領補償權讓與、抵銷、扣押或擔保
　　　(4)須視雇主確有過失責任，勞工方具有受領補償權。

(　) 17.　以下對於「工讀生」之敘述，何者正確？　(4)
　　　(1)工資不得低於基本工資之 80%　　　(2)屬短期工作者，加班只能補休
　　　(3)每日正常工作時間得超過 8 小時　　(4)國定假日出勤，工資加倍發給。

(　) 18. 經勞動部核定公告為勞動基準法第 84 條之 1 規定之工作者，得由勞雇雙方另行約定之 (3)
勞動條件，事業單位仍應報請下列哪個機關核備？
(1)勞動檢查機構　(2)勞動部　(3)當地主管機關　(4)法院公證處。

(　) 19. 勞工工作時手部嚴重受傷，住院醫療期間公司應按下列何者給予職業災害補償？ (3)
(1)前 6 個月平均工資　(2)前 1 年平均工資　(3)原領工資　(4)基本工資。

(　) 20. 勞工在何種情況下，雇主得不經預告終止勞動契約？ (2)
(1)確定被法院判刑 6 個月以內並諭知緩刑超過 1 年以上者
(2)不服指揮對雇主暴力相向者
(3)經常遲到早退者
(4)非連續曠工但一個月內累計達 3 日以上者。

(　) 21. 對於吹哨者保護規定，下列敘述何者有誤？ (3)
(1)事業單位不得對勞工申訴人終止勞動契約
(2)勞動檢查機構受理勞工申訴必須保密
(3)為實施勞動檢查，必要時得告知事業單位有關勞工申訴人身分
(4)任何情況下，事業單位都不得有不利勞工申訴人之行為。

(　) 22. 勞工發生死亡職業災害時，雇主應經以下何單位之許可，方得移動或破壞現場？ (4)
(1)保險公司　(2)調解委員會　(3)法律輔助機構　(4)勞動檢查機構。

(　) 23. 職業安全衛生法所稱有母性健康危害之虞之工作，係指對於具生育能力之女性勞工從事 (4)
工作，可能會導致的一些影響。下列何者除外？
(1)胚胎發育　(2)妊娠期間之母體健康　(3)哺乳期間之幼兒健康　(4)經期紊亂。

(　) 24. 下列何者非屬職業安全衛生法規定之勞工法定義務？ (3)
(1)定期接受健康檢查　　　　　　　　(2)參加安全衛生教育訓練
(3)實施自動檢查　　　　　　　　　　(4)遵守安全衛生工作守則。

(　) 25. 下列何者非屬應對在職勞工施行之健康檢查？ (2)
(1)一般健康檢查　(2)體格檢查　(3)特殊健康檢查　(4)特定對象及特定項目之檢查。

(　) 26. 下列何者非為防範有害物食入之方法？ (4)
(1)有害物與食物隔離　(2)不在工作場所進食或飲水　(3)常洗手、漱口　(4)穿工作服。

(　) 27. 有關承攬管理責任，下列敘述何者正確？ (1)
(1)原事業單位交付廠商承攬，如不幸發生承攬廠商所僱勞工墜落致死職業災害，原事
　　業單位應與承攬廠商負連帶補償及賠償責任
(2)原事業單位交付承攬，不需負連帶補償責任
(3)承攬廠商應自負職業災害之賠償責任
(4)勞工投保單位即為職業災害之賠償單位。

(　)28. 依勞動基準法規定，主管機構或檢查機構於接獲勞工申訴事業單位違反本法及其他勞工　(4)
　　　　法令規定後，應爲必要之調查，並於幾日內將處理情形，以書面通知勞工？
　　　　(1)14　(2)20　(3)30　(4)60。

(　)29. 依職業安全衛生教育訓練規則規定，新僱勞工所接受之一般安全衛生教育訓練，不得少　(4)
　　　　於幾小時？
　　　　(1)0.5　(2)1　(3)2　(4)3。

(　)30. 我國中央勞工行政主管機關爲下列何者？　(3)
　　　　(1)內政部　(2)勞工保險局　(3)勞動部　(4)經濟部。

(　)31. 對於勞動部公告列入應實施型式驗證之機械、設備或器具，下列何種情形不得免驗證？　(4)
　　　　(1)依其他法律規定實施驗證者　　　　　　(2)供國防軍事用途使用者
　　　　(3)輸入僅供科技研發之專用機　　　　　　(4)輸入僅供收藏使用之限量品。

(　)32. 對於墜落危險之預防設施，下列敘述何者較爲妥適？　(4)
　　　　(1)在外牆施工架等高處作業應盡量使用繫腰式安全帶
　　　　(2)安全帶應確實配掛在低於足下之堅固點
　　　　(3)高度 2m 以上之邊緣開口部分處應圍起警示帶
　　　　(4)高度 2m 以上之開口處應設護欄或安全網。

(　)33. 下列對於感電電流流過人體的現象之敘述何者有誤？　(3)
　　　　(1)痛覺　(2)強烈痙攣　(3)血壓降低、呼吸急促、精神亢奮　(4)顏面、手腳燒傷。

(　)34. 下列何者非屬於容易發生墜落災害的作業場所？　(2)
　　　　(1)施工架　(2)廚房　(3)屋頂　(4)梯子、合梯。

(　)35. 下列何者非屬危險物儲存場所應採取之火災爆炸預防措施？　(1)
　　　　(1)使用工業用電風扇　　　　　　　　　　(2)裝設可燃性氣體偵測裝置
　　　　(3)使用防爆電氣設備　　　　　　　　　　(4)標示「嚴禁煙火」。

(　)36. 雇主於臨時用電設備加裝漏電斷路器，可減少下列何種災害發生？　(3)
　　　　(1)墜落　(2)物體倒塌；崩塌　(3)感電　(4)被撞。

(　)37. 雇主要求確實管制人員不得進入吊舉物下方，可避免下列何種災害發生？　(3)
　　　　(1)感電　(2)墜落　(3)物體飛落　(4)缺氧。

(　)38. 職業上危害因子所引起的勞工疾病，稱爲何種疾病？　(1)
　　　　(1)職業疾病　(2)法定傳染病　(3)流行性疾病　(4)遺傳性疾病。

(　)39. 事業招人承攬時，其承攬人就承攬部分負雇主之責任，原事業單位就職業災害補償部分　(4)
　　　　之責任爲何？
　　　　(1)視職業災害原因判定是否補償　　　　　(2)依工程性質決定責任
　　　　(3)依承攬契約決定責任　　　　　　　　　(4)仍應與承攬人負連帶責任。

( )40. 預防職業病最根本的措施為何？ (2)
(1)實施特殊健康檢查 　　　　　　　　(2)實施作業環境改善
(3)實施定期健康檢查 　　　　　　　　(4)實施僱用前體格檢查。

( )41. 以下為假設性情境：「在地下室作業，當通風換氣充分時，則不易發生一氧化碳中毒或缺 (1)
氧危害」，請問「通風換氣充分」係此「一氧化碳中毒或缺氧危害」之何種描述？
(1)風險控制方法　(2)發生機率　(3)危害源　(4)風險。

( )42. 勞工為節省時間，在未斷電情況下清理機臺，易發生危害為何？ (1)
(1)捲夾感電　(2)缺氧　(3)墜落　(4)崩塌。

( )43. 工作場所化學性有害物進入人體最常見路徑為下列何者？ (2)
(1)口腔　(2)呼吸道　(3)皮膚　(4)眼睛。

( )44. 於營造工地潮濕場所中使用電動機具，為防止感電危害，應於該電路設置何種安全裝 (3)
置？
(1)閉關箱 　　　　　　　　(2)自動電擊防止裝置
(3)高感度高速型漏電斷路器 　　　　　　　　(4)高容量保險絲。

( )45. 活線作業勞工應佩戴何種防護手套？ (3)
(1)棉紗手套　(2)耐熱手套　(3)絕緣手套　(4)防振手套。

( )46. 下列何者非屬電氣災害類型？ (4)
(1)電弧灼傷　(2)電氣火災　(3)靜電危害　(4)雷電閃爍。

( )47. 下列何者非屬電氣之絕緣材料？ (3)
(1)空氣　(2)氟、氯、烷　(3)漂白水　(4)絕緣油。

( )48. 下列何者非屬於工作場所作業會發生墜落災害的潛在危害因子？ (3)
(1)開口未設置護欄 　　　　　　　　(2)未設置安全之上下設備
(3)未確實戴安全帽 　　　　　　　　(4)屋頂開口下方未張掛安全網。

( )49. 在噪音防治之對策中，從下列哪一方面著手最為有效？ (2)
(1)偵測儀器　(2)噪音源　(3)傳播途徑　(4)個人防護具。

( )50. 勞工於室外高氣溫作業環境工作，可能對身體產生熱危害，以下何者非屬熱危害之症 (4)
狀？
(1)熱衰竭　(2)中暑　(3)熱痙攣　(4)痛風。

( )51. 勞動場所發生職業災害，災害搶救中第一要務為何？ (2)
(1)搶救材料減少損失 　　　　　　　　(2)搶救罹災勞工迅速送醫
(3)災害場所持續工作減少損失 　　　　　　　　(4)24 小時內通報勞動檢查機構。

( )52. 以下何者是消除職業病發生率之源頭管理對策？ (3)
(1)使用個人防護具　(2)健康檢查　(3)改善作業環境　(4)多運動。

(　) 53. 下列何者非為職業病預防之危害因子？ (1)
　　　　 (1)遺傳性疾病　(2)物理性危害　(3)人因工程危害　(4)化學性危害。

(　) 54. 對於染有油污之破布、紙屑等應如何處置？ (3)
　　　　 (1)與一般廢棄物一起處置　　　　　　(2)應分類置於回收桶內
　　　　 (3)應蓋藏於不燃性之容器內　　　　　(4)無特別規定，以方便丟棄即可。

(　) 55. 下列何者非屬使用合梯，應符合之規定？ (3)
　　　　 (1)合梯應具有堅固之構造　　　　　　(2)合梯材質不得有顯著之損傷、腐蝕等
　　　　 (3)梯腳與地面之角度應在 80 度以上　　(4)有安全之防滑梯面。

(　) 56. 下列何者非屬勞工從事電氣工作，應符合之規定？ (4)
　　　　 (1)使其使用電工安全帽　　　　　　　(2)穿戴絕緣防護具
　　　　 (3)停電作業應檢電掛接地　　　　　　(4)穿戴棉質手套絕緣。

(　) 57. 為防止勞工感電，下列何者為非？ (3)
　　　　 (1)使用防水插頭　　　　　　　　　　(2)避免不當延長接線
　　　　 (3)設備有金屬外殼保護即可免裝漏電斷路器　(4)電線架高或加以防護。

(　) 58. 電氣設備接地之目的為何？ (3)
　　　　 (1)防止電弧產生　(2)防止短路發生　(3)防止人員感電　(4)防止電阻增加。

(　) 59. 不當抬舉導致肌肉骨骼傷害或肌肉疲勞之現象，可稱之為下列何者？ (2)
　　　　 (1)感電事件　(2)不當動作　(3)不安全環境　(4)被撞事件。

(　) 60. 使用鑽孔機時，不應使用下列何護具？ (3)
　　　　 (1)耳塞　(2)防塵口罩　(3)棉紗手套　(4)護目鏡。

(　) 61. 腕道症候群常發生於下列何種作業？ (1)
　　　　 (1)電腦鍵盤作業　(2)潛水作業　(3)堆高機作業　(4)第一種壓力容器作業。

(　) 62. 若廢機油引起火災，最不應以下列何者滅火？ (3)
　　　　 (1)厚棉被　(2)砂土　(3)水　(4)乾粉滅火器。

(　) 63. 對於化學燒傷傷患的一般處理原則，下列何者正確？ (1)
　　　　 (1)立即用大量清水沖洗
　　　　 (2)傷患必須臥下，而且頭、胸部須高於身體其他部位
　　　　 (3)於燒傷處塗抹油膏、油脂或發酵粉
　　　　 (4)使用酸鹼中和。

(　) 64. 下列何者屬安全的行為？ (2)
　　　　 (1)不適當之支撐或防護　(2)使用防護具　(3)不適當之警告裝置　(4)有缺陷的設備。

(　) 65. 下列何者非屬防止搬運事故之一般原則？ (4)
　　　　 (1)以機械代替人力　　　　　　　　　(2)以機動車輛搬運
　　　　 (3)採取適當之搬運方法　　　　　　　(4)儘量增加搬運距離。

(　) 66. 對於脊柱或頸部受傷患者，下列何者不是適當的處理原則？ (3)
(1)不輕易移動傷患 (2)速請醫師
(3)如無合用的器材，需 2 人作徒手搬運 (4)向急救中心聯絡。

(　) 67. 防止噪音危害之治本對策為何？ (3)
(1)使用耳塞、耳罩 (2)實施職業安全衛生教育訓練
(3)消除發生源 (4)實施特殊健康檢查。

(　) 68. 進出電梯時應以下列何者為宜？ (1)
(1)裡面的人先出，外面的人再進入 (2)外面的人先進去，裡面的人才出來
(3)可同時進出 (4)爭先恐後無妨。

(　) 69. 安全帽承受巨大外力衝擊後，雖外觀良好，應採下列何種處理方式？ (1)
(1)廢棄　(2)繼續使用　(3)送修　(4)油漆保護。

(　) 70. 下列何者可做為電氣線路過電流保護之用？ (4)
(1)變壓器　(2)電阻器　(3)避雷器　(4)熔絲斷路器。

(　) 71. 因舉重而扭腰係由於身體動作不自然姿勢，動作之反彈，引起扭筋、扭腰及形成類似狀 (2)
態造成職業災害，其災害類型為下列何者？
(1)不當狀態　(2)不當動作　(3)不當方針　(4)不當設備。

(　) 72. 下列有關工作場所安全衛生之敘述何者有誤？ (3)
(1)對於勞工從事其身體或衣著有被污染之虞之特殊作業時，應備置該勞工洗眼、洗澡、
　漱口、更衣、洗濯等設備
(2)事業單位應備置足夠急救藥品及器材
(3)事業單位應備置足夠的零食自動販賣機
(4)勞工應定期接受健康檢查。

(　) 73. 毒性物質進入人體的途徑，經由那個途徑影響人體健康最快且中毒效應最高？ (2)
(1)吸入　(2)食入　(3)皮膚接觸　(4)手指觸摸。

(　) 74. 安全門或緊急出口平時應維持何狀態？ (3)
(1)門可上鎖但不可封死
(2)保持開門狀態以保持逃生路徑暢通
(3)門應關上但不可上鎖
(4)與一般進出門相同，視各樓層規定可開可關。

(　) 75. 下列何種防護具較能消減噪音對聽力的危害？ (3)
(1)棉花球　(2)耳塞　(3)耳罩　(4)碎布球。

(　) 76. 流行病學實證研究顯示，輪班、夜間及長時間工作與心肌梗塞、高血壓、睡眠障礙、憂 (3)
鬱等的罹病風險之關係一般為何？
(1)無相關性　(2)呈負相關　(3)呈正相關　(4)部分為正相關，部分為負相關。

( ) 77. 勞工若面臨長期工作負荷壓力及工作疲勞累積，沒有獲得適當休息及充足睡眠，便可能 (2)
影響體能及精神狀態，甚而較易促發下列何種疾病？
(1)皮膚癌　(2)腦心血管疾病　(3)多發性神經病變　(4)肺水腫。

( ) 78. 「勞工腦心血管疾病發病的風險與年齡、抽菸、總膽固醇數值、家族病史、生活型態、 (2)
心臟方面疾病」之相關性為何？
(1)無　(2)正　(3)負　(4)可正可負。

( ) 79. 勞工常處於高溫及低溫間交替暴露的情況、或常在有明顯溫差之場所間出入，對勞工的 (2)
生(心)理工作負荷之影響一般為何？
(1)無　(2)增加　(3)減少　(4)不一定。

( ) 80. 「感覺心力交瘁，感覺挫折，而且上班時都很難熬」此現象與下列何者較不相關？ (3)
(1)可能已經快被工作累垮了　　　　　　　(2)工作相關過勞程度可能嚴重
(3)工作相關過勞程度輕微　　　　　　　　(4)可能需要尋找專業人員諮詢。

( ) 81. 下列何者不屬於職場暴力？ (3)
(1)肢體暴力　(2)語言暴力　(3)家庭暴力　(4)性騷擾。

( ) 82. 職場內部常見之身體或精神不法侵害不包含下列何者？ (4)
(1)脅迫、名譽損毀、侮辱、嚴重辱罵勞工
(2)強求勞工執行業務上明顯不必要或不可能之工作
(3)過度介入勞工私人事宜
(4)使勞工執行與能力、經驗相符的工作。

( ) 83. 勞工服務對象若屬特殊高風險族群，如酗酒、藥癮、心理疾患或家暴者，則此勞工較易 (1)
遭受下列何種危害？
(1)身體或心理不法侵害　(2)中樞神經系統退化　(3)聽力損失　(4)白指症。

( ) 84. 下列何措施較可避免工作單調重複或負荷過重？ (3)
(1)連續夜班　(2)工時過長　(3)排班保有規律性　(4)經常性加班。

( ) 85. 一般而言下列何者不屬對孕婦有危害之作業或場所？ (3)
(1)經常搬抬物件上下階梯或梯架
(2)暴露游離輻射
(3)工作區域地面平坦、未濕滑且無未固定之線路
(4)經常變換高低位之工作姿勢。

( ) 86. 長時間電腦終端機作業較不易產生下列何狀況？ (3)
(1)眼睛乾澀　　　　　　　　　　　　　　(2)頸肩部僵硬不適
(3)體溫、心跳和血壓之變化幅度比較大　　(4)腕道症候群。

( ) 87. 減輕皮膚燒傷程度之最重要步驟為何？ (1)
(1)儘速用清水沖洗　　　　　　　　　　　(2)立即刺破水泡
(3)立即在燒傷處塗抹油脂　　　　　　　　(4)在燒傷處塗抹麵粉。

( ) 88. 眼內噴入化學物或其他異物，應立即使用下列何者沖洗眼睛？ (3)
(1)牛奶　(2)蘇打水　(3)清水　(4)稀釋的醋。

( ) 89. 石綿最可能引起下列何種疾病？ (3)
(1)白指症　(2)心臟病　(3)間皮細胞瘤　(4)巴金森氏症。

( ) 90. 作業場所高頻率噪音較易導致下列何種症狀？ (2)
(1)失眠　(2)聽力損失　(3)肺部疾病　(4)腕道症候群。

( ) 91. 下列何種患者不宜從事高溫作業？ (2)
(1)近視　(2)心臟病　(3)遠視　(4)重聽。

( ) 92. 廚房設置之排油煙機為下列何者？ (2)
(1)整體換氣裝置　(2)局部排氣裝置　(3)吹吸型換氣裝置　(4)排氣煙函。

( ) 93. 消除靜電的有效方法為下列何者？ (3)
(1)隔離　(2)摩擦　(3)接地　(4)絕緣。

( ) 94. 防塵口罩選用原則，下列敘述何者錯誤？ (4)
(1)捕集效率愈高愈好　　　　(2)吸氣阻抗愈低愈好
(3)重量愈輕愈好　　　　(4)視野愈小愈好。

( ) 95. 「勞工於職場上遭受主管或同事利用職務或地位上的優勢予以不當之對待，及遭受顧 (3)
客、服務對象或其他相關人士之肢體攻擊、言語侮辱、恐嚇、威脅等霸凌或暴力事件，
致發生精神或身體上的傷害」此等危害可歸類於下列何種職業危害？
(1)物理性　(2)化學性　(3)社會心理性　(4)生物性。

( ) 96. 有關高風險或高負荷、夜間工作之安排或防護措施，下列何者不恰當？ (1)
(1)若受威脅或加害時，在加害人離開前觸動警報系統，激怒加害人，使對方抓狂
(2)參照醫師之適性配工建議
(3)考量人力或性別之適任性
(4)獨自作業，宜考量潛在危害，如性暴力。

( ) 97. 若勞工工作性質需與陌生人接觸、工作中需處理不可預期的突發事件或工作場所治安狀 (2)
況較差，較容易遭遇下列何種危害？
(1)組織內部不法侵害　(2)組織外部不法侵害　(3)多發性神經病變　(4)潛涵症。

( ) 98. 以下何者不是發生電氣火災的主要原因？ (3)
(1)電器接點短路　(2)電氣火花　(3)電纜線置於地上　(4)漏電。

( ) 99. 依勞工職業災害保險及保護法規定，職業災害保險之保險效力，自何時開始起算，至離 (2)
職當日停止？
(1)通知當日　(2)到職當日　(3)雇主訂定當日　(4)勞雇雙方合意之日。

(　　) 100. 依勞工職業災害保險及保護法規定，勞工職業災害保險以下列何者為保險人，辦理保險業務？ (4)
(1)財團法人職業災害預防及重建中心
(2)勞動部職業安全衛生署
(3)勞動部勞動基金運用局
(4)勞動部勞工保險局。

工作項目 ② 工作倫理與職業道德

單選題

(　) 1. 請問下列何者「不是」個人資料保護法所定義的個人資料？ (3)
(1)身分證號碼　(2)最高學歷　(3)綽號　(4)護照號碼。

(　) 2. 下列何者「違反」個人資料保護法？ (4)
(1)公司基於人事管理之特定目的，張貼榮譽榜揭示績優員工姓名
(2)縣市政府提供村里長轄區內符合資格之老人名冊供發放敬老金
(3)網路購物公司為辦理退貨，將客戶之住家地址提供予宅配公司
(4)學校將應屆畢業生之住家地址提供補習班招生使用。

(　) 3. 非公務機關利用個人資料進行行銷時，下列敘述何者「錯誤」？ (1)
(1)若已取得當事人書面同意，當事人即不得拒絕利用其個人資料行銷
(2)於首次行銷時，應提供當事人表示拒絕行銷之方式
(3)當事人表示拒絕接受行銷時，應停止利用其個人資料
(4)倘非公務機關違反「應即停止利用其個人資料行銷」之義務，未於限期內改正者，按
次處新臺幣 2 萬元以上 20 萬元以下罰鍰。

(　) 4. 個人資料保護法規定為保護當事人權益，多少位以上的當事人提出告訴，就可以進行團 (4)
體訴訟： 　(1)5 人　(2)10 人　(3)15 人　(4)20 人。

(　) 5. 關於個人資料保護法之敘述，下列何者「錯誤」？ (2)
(1)公務機關執行法定職務必要範圍內，可以蒐集、處理或利用一般性個人資料
(2)間接蒐集之個人資料，於處理或利用前，不必告知當事人個人資料來源
(3)非公務機關亦應維護個人資料之正確，並主動或依當事人之請求更正或補充
(4)外國學生在臺灣短期進修或留學，也受到我國個人資料保護法的保障。

(　) 6. 下列關於個人資料保護法的敘述，下列敘述何者錯誤？ (2)
(1)不管是否使用電腦處理的個人資料，都受個人資料保護法保護
(2)公務機關依法執行公權力，不受個人資料保護法規範
(3)身分證字號、婚姻、指紋都是個人資料
(4)我的病歷資料雖然是由醫生所撰寫，但也屬於是我的個人資料範圍。

(　) 7. 對於依照個人資料保護法應告知之事項，下列何者不在法定應告知的事項內？ (3)
(1)個人資料利用之期間、地區、對象及方式
(2)蒐集之目的
(3)蒐集機關的負責人姓名
(4)如拒絕提供或提供不正確個人資料將造成之影響。

(　　) 8. 請問下列何者非為個人資料保護法第 3 條所規範之當事人權利？　(2)
(1)查詢或請求閱覽　　　　　　　　　(2)請求刪除他人之資料
(3)請求補充或更正　　　　　　　　　(4)請求停止蒐集、處理或利用。

(　　) 9. 下列何者非安全使用電腦內的個人資料檔案的做法？　(4)
(1)利用帳號與密碼登入機制來管理可以存取個資者的人
(2)規範不同人員可讀取的個人資料檔案範圍
(3)個人資料檔案使用完畢後立即退出應用程式，不得留置於電腦中
(4)為確保重要的個人資料可即時取得，將登入密碼標示在螢幕下方。

(　　) 10. 下列何者行為非屬個人資料保護法所稱之國際傳輸？　(1)
(1)將個人資料傳送給經濟部　　　　　(2)將個人資料傳送給美國的分公司
(3)將個人資料傳送給法國的人事部門　(4)將個人資料傳送給日本的委託公司。

(　　) 11. 有關專利權的敘述，何者正確？　(1)
(1)專利有規定保護年限，當某商品、技術的專利保護年限屆滿，任何人皆可運用該項
　　專利
(2)我發明了某項商品，卻被他人率先申請專利權，我仍可主張擁有這項商品的專利權
(3)專利權可涵蓋、保護抽象的概念性商品
(4)專利權為世界所共有，在本國申請專利之商品進軍國外，不需向他國申請專利權。

(　　) 12. 下列使用重製行為，何者已超出「合理使用」範圍？　(4)
(1)將著作權人之作品及資訊，下載供自己使用
(2)直接轉貼高普考考古題在 FACEBOOK
(3)以分享網址的方式轉貼資訊分享於 BBS
(4)將講師的授課內容錄音供分贈友人。

(　　) 13. 下列有關智慧財產權行為之敘述，何者有誤？　(1)
(1)製造、販售仿冒註冊商標的商品不屬於公訴罪之範疇，但已侵害商標權之行為
(2)以 101 大樓、美麗華百貨公司做為拍攝電影的背景，屬於合理使用的範圍
(3)原作者自行創作某音樂作品後，即可宣稱擁有該作品之著作權
(4)商標權是為促進文化發展為目的，所保護的財產權之一。

(　　) 14. 專利權又可區分為發明、新型與設計三種專利權，其中，發明專利權是否有保護期限？　(2)
期限為何？
(1)有，5 年　(2)有，20 年　(3)有，50 年　(4)無期限，只要申請後就永久歸申請人所有。

(　　) 15. 下列有關著作權之概念，何者正確？　(1)
(1)國外學者之著作，可受我國著作權法的保護
(2)公務機關所函頒之公文，受我國著作權法的保護
(3)著作權要待向智慧財產權申請通過後才可主張
(4)以傳達事實之新聞報導，依然受著作權之保障。

(　)16. 受僱人於職務上所完成之著作,如果沒有特別以契約約定,其著作人為下列何者? (2)
(1)僱用人 　　　　　　　　　　　　(2)受僱人
(3)僱用公司或機關法人代表 　　　　(4)由僱用人指定之自然人或法人。

(　)17. 任職於某公司的程式設計工程師,因職務所編寫之電腦程式,如果沒有特別以契約約 (1)
定,則該電腦程式重製之權利歸屬下列何者?
(1)公司 　　　　　　　　　　　　　(2)編寫程式之工程師
(3)公司全體股東共有 　　　　　　　(4)公司與編寫程式之工程師共有。

(　)18. 某公司員工因執行業務,擅自以重製之方法侵害他人之著作財產權,若被害人提起告 (3)
訴,下列對於處罰對象的敘述,何者正確?
(1)僅處罰侵犯他人著作財產權之員工
(2)僅處罰僱用該名員工的公司
(3)該名員工及其僱主皆須受罰
(4)員工只要在從事侵犯他人著作財產權之行為前請示僱主並獲同意,便可以不受處罰。

(　)19. 某廠商之商標在我國已經獲准註冊,請問若希望將商品行銷販賣到國外,請問是否需在 (1)
當地申請註冊才能受到保護?
(1)是,因為商標權註冊採取屬地保護原則
(2)否,因為我國申請註冊之商標權在國外也會受到承認
(3)不一定,需視我國是否與商品希望行銷販賣的國家訂有相互商標承認之協定
(4)不一定,需視商品希望行銷販賣的國家是否為 WTO 會員國。

(　)20. 受僱人於職務上所完成之發明、新型或設計,其專利申請權及專利權如未特別約定屬於 (1)
下列何者?
(1)僱用人　(2)受僱人　(3)僱用人所指定之自然人或法人　(4)僱用人與受僱人共有。

(　)21. 任職大發公司的郝聰明,專門從事技術研發,有關研發技術的專利申請權及專利權歸 (4)
屬,下列敘述何者錯誤?
(1)職務上所完成的發明,除契約另有約定外,專利申請權及專利權屬於大發公司
(2)職務上所完成的發明,雖然專利申請權及專利權屬於大發公司,但是郝聰明享有姓名
　 表示權
(3)郝聰明完成非職務上的發明,應即以書面通知大發公司
(4)大發公司與郝聰明之僱傭契約約定,郝聰明非職務上的發明,全部屬於公司,約定有
　 效。

(　)22. 有關著作權的下列敘述何者不正確? (3)
(1)我們到表演場所觀看表演時,不可隨便錄音或錄影
(2)到攝影展上,拿相機拍攝展示的作品,分贈給朋友,是侵害著作權的行為
(3)網路上供人下載的免費軟體,都不受著作權法保護,所以我可以燒成大補帖光碟,再
　 去賣給別人
(4)高普考試題,不受著作權法保護。

(　)23. 有關著作權的下列敘述何者錯誤？　　　　　　　　　　　　　　　　　　　　　　　(3)
(1)撰寫碩博士論文時，在合理範圍內引用他人的著作，只要註明出處，不會構成侵害著作權
(2)在網路散布盜版光碟，不管有沒有營利，會構成侵害著作權
(3)在網路的部落格看到一篇文章很棒，只要註明出處，就可以把文章複製在自己的部落格
(4)將補習班老師的上課內容錄音檔，放到網路上拍賣，會構成侵害著作權。

(　)24. 有關商標權的下列敘述何者錯誤？　　　　　　　　　　　　　　　　　　　　　　　(4)
(1)要取得商標權一定要申請商標註冊
(2)商標註冊後可取得 10 年商標權
(3)商標註冊後，3 年不使用，會被廢止商標權
(4)在夜市買的仿冒品，品質不好，上網拍賣，不會構成侵權。

(　)25. 下列關於營業秘密的敘述，何者不正確？　　　　　　　　　　　　　　　　　　　　(1)
(1)受雇人於非職務上研究或開發之營業秘密，仍歸雇用人所有
(2)營業秘密不得為質權及強制執行之標的
(3)營業秘密所有人得授權他人使用其營業秘密
(4)營業秘密得全部或部分讓與他人或與他人共有。

(　)26. 下列何者「非」屬於營業秘密？　　　　　　　　　　　　　　　　　　　　　　　　(1)
(1)具廣告性質的不動產交易底價　　　　　(2)須授權取得之產品設計或開發流程圖示
(3)公司內部管制的各種計畫方案　　　　　(4)客戶名單。

(　)27. 營業秘密可分為「技術機密」與「商業機密」，下列何者屬於「商業機密」？　　　　(3)
(1)程式　(2)設計圖　(3)客戶名單　(4)生產製程。

(　)28. 甲公司將其新開發受營業秘密法保護之技術，授權乙公司使用，下列何者不得為之？　(1)
(1)乙公司已獲授權，所以可以未經甲公司同意，再授權丙公司使用
(2)約定授權使用限於一定之地域、時間
(3)約定授權使用限於特定之內容、一定之使用方法
(4)要求被授權人乙公司在一定期間負有保密義務。

(　)29. 甲公司嚴格保密之最新配方產品大賣，下列何者侵害甲公司之營業秘密？　　　　　(3)
(1)鑑定人 A 因司法審理而知悉配方
(2)甲公司授權乙公司使用其配方
(3)甲公司之 B 員工擅自將配方盜賣給乙公司
(4)甲公司與乙公司協議共有配方。

(　)30. 故意侵害他人之營業秘密，法院因被害人之請求，最高得酌定損害額幾倍之賠償？　(3)
(1)1 倍　(2)2 倍　(3)3 倍　(4)4 倍。

( )31. 受雇者因承辦業務而知悉營業秘密，在離職後對於該營業秘密的處理方式，下列敘述何 (4)
者正確？
(1)聘雇關係解除後便不再負有保障營業秘密之責
(2)僅能自用而不得販售獲取利益
(3)自離職日起 3 年後便不再負有保障營業秘密之責
(4)離職後仍不得洩漏該營業秘密。

( )32. 按照現行法律規定，侵害他人營業秘密，其法律責任為： (3)
(1)僅需負刑事責任
(2)僅需負民事損害賠償責任
(3)刑事責任與民事損害賠償責任皆須負擔
(4)刑事責任與民事損害賠償責任皆不須負擔。

( )33. 企業內部之營業秘密，可以概分為「商業性營業秘密」及「技術性營業秘密」二大類型， (3)
請問下列何者屬於「技術性營業秘密」？
(1)人事管理　(2)經銷據點　(3)產品配方　(4)客戶名單。

( )34. 某離職同事請求在職員工將離職前所製作之某份文件傳送給他，請問下列回應方式何者 (3)
正確？
(1)由於該項文件係由該離職員工製作，因此可以傳送文件
(2)若其目的僅為保留檔案備份，便可以傳送文件
(3)可能構成對於營業秘密之侵害，應予拒絕並請他直接向公司提出請求
(4)視彼此交情決定是否傳送文件。

( )35. 行為人以竊取等不正當方法取得營業秘密，下列敘述何者正確？ (1)
(1)已構成犯罪
(2)只要後續沒有洩漏便不構成犯罪
(3)只要後續沒有出現使用之行為便不構成犯罪
(4)只要後續沒有造成所有人之損害便不構成犯罪。

( )36. 針對在我國境內竊取營業秘密後，意圖在外國、中國大陸或港澳地區使用者，營業秘密 (3)
法是否可以適用？
(1)無法適用
(2)可以適用，但若屬未遂犯則不罰
(3)可以適用並加重其刑
(4)能否適用需視該國家或地區與我國是否簽訂相互保護營業秘密之條約或協定。

( ) 37. 所謂營業秘密，係指方法、技術、製程、配方、程式、設計或其他可用於生產、銷售或 (4)
經營之資訊，但其保障所需符合的要件不包括下列何者？
(1)因其秘密性而具有實際之經濟價值者
(2)所有人已採取合理之保密措施者
(3)因其秘密性而具有潛在之經濟價值者
(4)一般涉及該類資訊之人所知者。

( ) 38. 因故意或過失而不法侵害他人之營業秘密者，負損害賠償責任該損害賠償之請求權，自 (1)
請求權人知有行為及賠償義務人時起，幾年間不行使就會消滅？
(1)2 年　(2)5 年　(3)7 年　(4)10 年。

( ) 39. 公務機關首長要求人事單位聘僱自己的弟弟擔任工友，違反何種法令？ (1)
(1)公職人員利益衝突迴避法　(2)刑法　(3)貪污治罪條例　(4)未違反法令。

( ) 40. 依新修公布之公職人員利益衝突迴避法(以下簡稱本法)規定，公職人員甲與其關係人下 (4)
列何種行為不違反本法？
(1)甲要求受其監督之機關聘用兒子乙
(2)配偶乙以請託關說之方式，請求甲之服務機關通過其名下農地變更使用申請案
(3)甲承辦案件時，明知有利益衝突之情事，但因自認為人公正，故不自行迴避
(4)關係人丁經政府採購法公告程序取得甲服務機關之年度採購標案。

( ) 41. 公司負責人為了要節省開銷，將員工薪資以高報低來投保全民健保及勞保，是觸犯了刑 (1)
法上之何種罪刑？
(1)詐欺罪　(2)侵占罪　(3)背信罪　(4)工商秘密罪。

( ) 42. A 受僱於公司擔任會計，因自己的財務陷入危機，多次將公司帳款轉入妻兒戶頭，是觸 (2)
犯了刑法上之何種罪刑？
(1)洩漏工商秘密罪　(2)侵占罪　(3)詐欺罪　(4)偽造文書罪。

( ) 43. 某甲於公司擔任業務經理時，未依規定經董事會同意，私自與自己親友之公司訂定生意 (3)
合約，會觸犯下列何種罪刑？
(1)侵占罪　(2)貪污罪　(3)背信罪　(4)詐欺罪。

( ) 44. 如果你擔任公司採購的職務，親朋好友們會向你推銷自家的產品，希望你要採購時，你 (1)
應該
(1)適時地婉拒，說明利益需要迴避的考量，請他們見諒
(2)既然是親朋好友，就應該互相幫忙
(3)建議親朋好友將產品折扣，折扣部分歸於自己，就會採購
(4)可以暗中地幫忙親朋好友，進行採購，不要被發現有親友關係便可。

(　)45. 小美是公司的業務經理,有一天巧遇國中同班的死黨小林,發現他是公司的下游廠商老 (3)
闆。最近小美處理一件公司的招標案件,小林的公司也在其中,私下約小美見面,請求
她提供這次招標案的底標,並馬上要給予幾十萬元的前謝金,請問小美該怎麼辦?
(1)退回錢,並告訴小林都是老朋友,一定會全力幫忙
(2)收下錢,將錢拿出來給單位同事們分紅
(3)應該堅決拒絕,並避免每次見面都與小林談論相關業務問題
(4)朋友一場,給他一個比較接近底標的金額,反正又不是正確的,所以沒關係。

(　)46. 公司發給每人一台平板電腦提供業務上使用,但是發現根本很少再使用,為了讓它有效 (3)
的利用,所以將它拿回家給親人使用,這樣的行為是
(1)可以的,這樣就不用花錢買
(2)可以的,反正放在那裡不用它,也是浪費資源
(3)不可以的,因為這是公司的財產,不能私用
(4)不可以的,因為使用年限未到,如果年限到報廢了,便可以拿回家。

(　)47. 公司的車子,假日又沒人使用,你是鑰匙保管者,請問假日可以開出去嗎? (3)
(1)可以,只要付費加油即可
(2)可以,反正假日不影響公務
(3)不可以,因為是公司的,並非私人擁有
(4)不可以,應該是讓公司想要使用的員工,輪流使用才可。

(　)48. 阿哲是財經線的新聞記者,某次採訪中得知 A 公司在一個月內將有一個大的併購案,這 (4)
個併購案顯示公司的財力,且能讓 A 公司股價往上飆升。請問阿哲得知此消息後,可以
立刻購買該公司的股票嗎?
(1)可以,有錢大家賺
(2)可以,這是我努力獲得的消息
(3)可以,不賺白不賺
(4)不可以,屬於內線消息,必須保持記者之操守,不得洩漏。

(　)49. 與公務機關接洽業務時,下列敘述何者「正確」? (4)
(1)沒有要求公務員違背職務,花錢疏通而已,並不違法
(2)唆使公務機關承辦採購人員配合浮報價額,僅屬偽造文書行為
(3)口頭允諾行賄金額但還沒送錢,尚不構成犯罪
(4)與公務員同謀之共犯,即便不具公務員身分,仍會依據貪污治罪條例處刑。

(　)50. 公司總務部門員工因辦理政府採購案,而與公務機關人員有互動時,下列敘述何者「正 (3)
確」?
(1)對於機關承辦人,經常給予不超過新台幣 5 佰元以下的好處,無論有無對價關係,對
方收受皆符合廉政倫理規範
(2)招待驗收人員至餐廳用餐,是慣例屬社交禮貌行為
(3)因民俗節慶公開舉辦之活動,機關公務員在簽准後可受邀參與
(4)以借貸名義,餽贈財物予公務員,即可規避刑事追究。

(　)51. 與公務機關有業務往來構成職務利害關係者，下列敘述何者「正確」？　(1)
 (1)將餽贈之財物請公務員父母代轉，該公務員亦已違反規定
 (2)與公務機關承辦人飲宴應酬爲增進基本關係的必要方法
 (3)高級茶葉低價售予有利害關係之承辦公務員，有價購行爲就不算違反法規
 (4)機關公務員藉子女婚宴廣邀業務往來廠商之行爲，並無不妥。

(　)52. 貪污治罪條例所稱之「賄賂或不正利益」與公務員廉政倫理規範所稱之「餽贈財物」，　(4)
 其最大差異在於下列何者之有無？
 (1)利害關係　(2)補助關係　(3)隸屬關係　(4)對價關係。

(　)53. 廠商某甲承攬公共工程，工程進行期間，甲與其工程人員經常招待該公共工程委辦機關　(4)
 之監工及驗收之公務員喝花酒或招待出國旅遊，下列敘述何者正確？
 (1)公務員若沒有收現金，就沒有罪
 (2)只要工程沒有問題，某甲與監工及驗收等相關公務員就沒有犯罪
 (3)因爲不是送錢，所以都沒有犯罪
 (4)某甲與相關公務員均已涉嫌觸犯貪污治罪條例。

(　)54. 行(受)賄罪成立要素之一爲具有對價關係，而作爲公務員職務之對價有「賄賂」或「不　(1)
 正利益」，下列何者「不」屬於「賄賂」或「不正利益」？
 (1)開工邀請公務員觀禮　　　　　　　　(2)送百貨公司大額禮券
 (3)免除債務　　　　　　　　　　　　　(4)招待吃米其林等級之高檔大餐。

(　)55. 下列關於政府採購人員之敘述，何者爲正確？　(1)
 (1)不可主動向廠商求取，偶發地收取廠商致贈價值在新臺幣 500 元以下之廣告物、促銷
 　品、紀念品
 (2)要求廠商提供與採購無關之額外服務
 (3)利用職務關係向廠商借貸
 (4)利用職務關係媒介親友至廠商處所任職。

(　)56. 下列有關貪腐的敘述何者錯誤？　(4)
 (1)貪腐會危害永續發展和法治　　　　　(2)貪腐會破壞民主體制及價值觀
 (3)貪腐會破壞倫理道德與正義　　　　　(4)貪腐有助降低企業的經營成本。

(　)57. 下列有關促進參與預防和打擊貪腐的敘述何者錯誤？　(3)
 (1)提高政府決策透明度
 (2)廉政機構應受理匿名檢舉
 (3)儘量不讓公民團體、非政府組織與社區組織有參與的機會
 (4)向社會大眾及學生宣導貪腐「零容忍」觀念。

(　)58. 下列何者不是設置反貪腐專責機構須具備的必要條件？　(4)
(1)賦予該機構必要的獨立性
(2)使該機構的工作人員行使職權不會受到不當干預
(3)提供該機構必要的資源、專職工作人員及必要培訓
(4)賦予該機構的工作人員有權力可隨時逮捕貪污嫌疑人。

(　)59. 為建立良好之公司治理制度，公司內部宜納入何種檢舉人制度？　(2)
(1)告訴乃論制度　　　　　　　　(2)吹哨者(whistleblower)管道及保護制度
(3)不告不理制度　　　　　　　　(4)非告訴乃論制度。

(　)60. 檢舉人向有偵查權機關或政風機構檢舉貪污瀆職，必須於何時為之始可能給與獎金？　(2)
(1)犯罪未起訴前　(2)犯罪未發覺前　(3)犯罪未遂前　(4)預備犯罪前。

(　)61. 公司訂定誠信經營守則時，不包括下列何者？　(4)
(1)禁止不誠信行為　　　　　　　(2)禁止行賄及收賄
(3)禁止提供不法政治獻金　　　　(4)禁止適當慈善捐助或贊助。

(　)62. 檢舉人應以何種方式檢舉貪污瀆職始能核給獎金？　(3)
(1)匿名　(2)委託他人檢舉　(3)以真實姓名檢舉　(4)以他人名義檢舉。

(　)63. 我國制定何法以保護刑事案件之證人，使其勇於出面作證，俾利犯罪之偵查、審判？　(4)
(1)貪污治罪條例　(2)刑事訴訟法　(3)行政程序法　(4)證人保護法。

(　)64. 下列何者「非」屬公司對於企業社會責任實踐之原則？　(1)
(1)加強個人資料揭露　(2)維護社會公益　(3)發展永續環境　(4)落實公司治理。

(　)65. 下列何者「不」屬於職業素養的範疇？　(1)
(1)獲利能力　(2)正確的職業價值觀　(3)職業知識技能　(4)良好的職業行為習慣。

(　)66. 下列行為何者「不」屬於敬業精神的表現？　(4)
(1)遵守時間約定　(2)遵守法律規定　(3)保守顧客隱私　(4)隱匿公司產品瑕疵訊息。

(　)67. 下列何者符合專業人員的職業道德？　(4)
(1)未經雇主同意，於上班時間從事私人事務
(2)利用雇主的機具設備私自接單生產
(3)未經顧客同意，任意散佈或利用顧客資料
(4)盡力維護雇主及客戶的權益。

(　)68. 身為公司員工必須維護公司利益，下列何者是正確的工作態度或行為？　(4)
(1)將公司逾期的產品更改標籤
(2)施工時以省時、省料為獲利首要考量，不顧品質
(3)服務時首先考慮公司的利益，然後再考量顧客權益
(4)工作時謹守本分，以積極態度解決問題。

( ) 69. 身為專業技術工作人士，應以何種認知及態度服務客戶？ (3)
（1）若客戶不瞭解，就儘量減少成本支出，抬高報價
（2）遇到維修問題，儘量拖過保固期
（3）主動告知可能碰到問題及預防方法
（4）隨著個人心情來提供服務的內容及品質。

( ) 70. 因為工作本身需要高度專業技術及知識，所以在對客戶服務時應如何？ (2)
（1）不用理會顧客的意見
（2）保持親切、真誠、客戶至上的態度
（3）若價錢較低，就敷衍了事
（4）以專業機密為由，不用對客戶說明及解釋。

( ) 71. 從事專業性工作，在與客戶約定時間應 (2)
（1）保持彈性，任意調整　　　　　　（2）儘可能準時，依約定時間完成工作
（3）能拖就拖，能改就改　　　　　　（4）自己方便就好，不必理會客戶的要求。

( ) 72. 從事專業性工作，在服務顧客時應有的態度為何？ (1)
（1）選擇最安全、經濟及有效的方法完成工作
（2）選擇工時較長、獲利較多的方法服務客戶
（3）為了降低成本，可以降低安全標準
（4）不必顧及雇主和顧客的立場。

( ) 73. 當發現公司的產品可能會對顧客身體產生危害時，正確的作法或行動應是 (1)
（1）立即向主管或有關單位報告　　　（2）若無其事，置之不理
（3）儘量隱瞞事實，協助掩飾問題　　（4）透過管道告知媒體或競爭對手。

( ) 74. 以下那一項員工的作為符合敬業精神？ (4)
（1）利用正常工作時間從事私人事務
（2）運用雇主的資源，從事個人工作
（3）未經雇主同意擅離工作崗位
（4）謹守職場紀律及禮節，尊重客戶隱私。

( ) 75. 如果發現有同事，利用公司的財產做私人的事，我們應該要 (2)
（1）未經查證或勸阻立即向主管報告
（2）應該立即勸阻，告知他這是不對的行為
（3）不關我的事，我只要管好自己便可以
（4）應該告訴其他同事，讓大家來共同糾正與斥責他。

( ) 76. 小禎離開異鄉就業，來到小明的公司上班，小明是當地的人，他應該： (2)
（1）不關他的事，自己管好就好
（2）多關心小禎的生活適應情況，如有困難加以協助
（3）小禎非當地人，應該不容易相處，不要有太多接觸
（4）小禎是同單位的人，是個競爭對手，應該多加防範。

(　) 77. 小張獲選為小孩學校的家長會長，這個月要召開會議，沒時間準備資料，所以，利用上　(3)
班期間有空檔，非休息時間來完成，請問是否可以：
(1)可以，因為不耽誤他的工作
(2)可以，因為他能力好，能夠同時完成很多事
(3)不可以，因為這是私事，不可以利用上班時間完成
(4)可以，只要不要被發現。

(　) 78. 小吳是公司的專用司機，為了能夠隨時用車，經過公司同意，每晚都將公司的車開回家，　(2)
然而，他發現反正每天上班路線，都要經過女兒學校，就順便載女兒上學，請問可以嗎？
(1)可以，反正順路　　　　　　　　　(2)不可以，這是公司的車不能私用
(3)可以，只要不被公司發現即可　　　(4)可以，要資源須有效使用。

(　) 79. 如果公司受到不當與不正確的毀謗與指控，你應該是：　(2)
(1)加入毀謗行列，將公司內部的事情，都說出來告訴大家
(2)相信公司，幫助公司對抗這些不實的指控
(3)向媒體爆料，更多不實的內容
(4)不關我的事，只要能夠領到薪水就好。

(　) 80. 筱珮要離職了，公司主管交代，她要做業務上的交接，她該怎麼辦？　(3)
(1)不用理它，反正都要離開公司了
(2)把以前的業務資料都刪除或設密碼，讓別人都打不開
(3)應該將承辦業務整理歸檔清楚，並且留下聯絡的方式，未來有問題可以詢問她
(4)盡量交接，如果離職日一到，就不關他的事。

(　) 81. 彥江是職場上的新鮮人，剛進公司不久，他應該具備怎樣的態度。　(4)
(1)上班、下班，管好自己便可
(2)仔細觀察公司生態，加入某些小團體，以做為後盾
(3)只要做好人脈關係，這樣以後就好辦事
(4)努力做好自己職掌的業務，樂於工作，與同事之間有良好的互動，相互協助。

(　) 82. 在公司內部行使商務禮儀的過程，主要以參與者在公司中的何種條件來訂定順序？　(4)
(1)年齡　(2)性別　(3)社會地位　(4)職位。

(　) 83. 一位職場新鮮人剛進公司時，良好的工作態度是　(1)
(1)多觀察、多學習，了解企業文化和價值觀
(2)多打聽哪一個部門比較輕鬆，升遷機會較多
(3)多探聽哪一個公司在找人，隨時準備跳槽走人
(4)多遊走各部門認識同事，建立自己的小圈圈。

(　) 84. 乘坐轎車時，如有司機駕駛，按照乘車禮儀，以司機的方位來看，首位應為　(1)
(1)後排右側　(2)前座右側　(3)後排左側　(4)後排中間。

(　　)85. 根據性別工作平等法，下列何者非屬職場性騷擾？ (4)
(1)公司員工執行職務時，客戶對其講黃色笑話，該員工感覺被冒犯
(2)雇主對求職者要求交往，作為僱用與否之交換條件
(3)公司員工執行職務時，遭到同事以「女人就是沒大腦」性別歧視用語加以辱罵，該員工感覺其人格尊嚴受損
(4)公司員工下班後搭乘捷運，在捷運上遭到其他乘客偷拍。

(　　)86. 根據性別工作平等法，下列何者非屬職場性別歧視？ (4)
(1)雇主考量男性賺錢養家之社會期待，提供男性高於女性之薪資
(2)雇主考量女性以家庭為重之社會期待，裁員時優先資遣女性
(3)雇主事先與員工約定倘其有懷孕之情事，必須離職
(4)有未滿 2 歲子女之男性員工，也可申請每日六十分鐘的哺乳時間。

(　　)87. 根據性別工作平等法，有關雇主防治性騷擾之責任與罰則，下列何者錯誤？ (3)
(1)僱用受僱者 30 人以上者，應訂定性騷擾防治措施、申訴及懲戒辦法
(2)雇主知悉性騷擾發生時，應採取立即有效之糾正及補救措施
(3)雇主違反應訂定性騷擾防治措施之規定時，處以罰鍰即可，不用公布其姓名
(4)雇主違反應訂定性騷擾申訴管道者，應限期令其改善，屆期未改善者，應按次處罰。

(　　)88. 根據性騷擾防治法，有關性騷擾之責任與罰則，下列何者錯誤？ (1)
(1)對他人為性騷擾者，如果沒有造成他人財產上之損失，就無需負擔金錢賠償之責任
(2)對於因教育、訓練、醫療、公務、業務、求職，受自己監督、照護之人，利用權勢或機會為性騷擾者，得加重科處罰鍰至二分之一
(3)意圖性騷擾，乘人不及抗拒而為親吻、擁抱或觸摸其臀部、胸部或其他身體隱私處之行為者，處 2 年以下有期徒刑、拘役或科或併科 10 萬元以下罰金
(4)對他人為性騷擾者，由直轄市、縣(市)主管機關處 1 萬元以上 10 萬元以下罰鍰。

(　　)89. 根據消除對婦女一切形式歧視公約(CEDAW)，下列何者正確？ (1)
(1)對婦女的歧視指基於性別而作的任何區別、排斥或限制
(2)只關心女性在政治方面的人權和基本自由
(3)未要求政府需消除個人或企業對女性的歧視
(4)傳統習俗應予保護及傳承，即使含有歧視女性的部分，也不可以改變。

(　　)90. 學校駐衛警察之遴選規定以服畢兵役作為遴選條件之一，根據消除對婦女一切形式歧視公約(CEDAW)，下列何者錯誤？ (2)
(1)服畢兵役者仍以男性為主，此條件已排除多數女性被遴選的機會，屬性別歧視
(2)此遴選條件未明定限男性，不屬性別歧視
(3)駐衛警察之遴選應以從事該工作所需的能力或資格作為條件
(4)已違反 CEDAW 第 1 條對婦女的歧視。

(　) 91. 某規範明定地政機關進用女性測量助理名額，不得超過該機關測量助理名額總數二分之一，根據消除對婦女一切形式歧視公約(CEDAW)，下列何者正確？ 　(1)

(1)限制女性測量助理人數比例，屬於直接歧視

(2)土地測量經常在戶外工作，基於保護女性所作的限制，不屬性別歧視

(3)此項二分之一規定是為促進男女比例平衡

(4)此限制是為確保機關業務順暢推動，並未歧視女性。

(　) 92. 根據消除對婦女一切形式歧視公約(CEDAW)之間接歧視意涵，下列何者錯誤? 　(4)

(1)一項法律、政策、方案或措施表面上對男性和女性無任何歧視，但實際上卻產生歧視的效果

(2)察覺間接歧視的一個方法，是善加利用性別統計與性別分析

(3)如果未正視歧視之結構和歷史模式，及忽略男女權力關係之不平等，可能使現有不平等狀況更為惡化

(4)不論在任何情況下，只要以相同方式對待男性和女性，就能避免間接歧視之產生。

(　) 93. 關於菸品對人體的危害的敘述，下列何者「正確」？ 　(3)

(1)只要開電風扇、或是空調就可以去除二手菸

(2)抽雪茄比抽紙菸危害還要小

(3)吸菸者比不吸菸者容易得肺癌

(4)只要不將菸吸入肺部，就不會對身體造成傷害。

(　) 94. 下列何者「不是」菸害防制法之立法目的？ 　(4)

(1)防制菸害　(2)保護未成年免於菸害　(3)保護孕婦免於菸害　(4)促進菸品的使用。

(　) 95. 有關菸害防制法規範，「不可販賣菸品」給幾歲以下的人？ 　(3)

(1)20　(2)19　(3)18　(4)17。

(　) 96. 按菸害防制法規定，對於在禁菸場所吸菸會被罰多少錢？ 　(1)

(1)新臺幣 2 千元至 1 萬元罰鍰　　　　(2)新臺幣 1 千元至 5 千元罰鍰

(3)新臺幣 1 萬元至 5 萬元罰鍰　　　　(4)新臺幣 2 萬元至 10 萬元罰鍰。

(　) 97. 按菸害防制法規定，下列敘述何者錯誤？ 　(1)

(1)只有老闆、店員才可以出面勸阻在禁菸場所抽菸的人

(2)任何人都可以出面勸阻在禁菸場所抽菸的人

(3)餐廳、旅館設置室內吸菸室，需經專業技師簽證核可

(4)加油站屬易燃易爆場所，任何人都要勸阻在禁菸場所抽菸的人。

(　) 98. 按菸害防制法規定，對於主管每天在辦公室內吸菸，應如何處理？ 　(3)

(1)未違反菸害防制法　　　　　　　　(2)因為是主管，所以只好忍耐

(3)撥打菸害申訴專線檢舉(0800-531-531)　(4)開空氣清淨機，睜一隻眼閉一睜眼。

(　) 99. 對電子煙的敘述，何者錯誤？ 　(4)

(1)含有尼古丁會成癮　(2)會有爆炸危險　(3)含有毒致癌物質　(4)可以幫助戒菸。

( ) 100. 下列何者是錯誤的「戒菸」方式？　(4)
　　　　(1)撥打戒菸專線 0800-63-63-63　　　　(2)求助醫療院所、社區藥局專業戒菸
　　　　(3)參加醫院或衛生所所辦理的戒菸班　　(4)自己購買電子煙來戒菸。

工作項目③ 環境保護

單選題

(　) 1. 世界環境日是在每一年的哪一日？ (1)
　　　　(1)6 月 5 日　(2)4 月 10 日　(3)3 月 8 日　(4)11 月 12 日。

(　) 2. 2015 年巴黎協議之目的為何？ (3)
　　　　(1)避免臭氧層破壞　　　　　　　　(2)減少持久性污染物排放
　　　　(3)遏阻全球暖化趨勢　　　　　　　(4)生物多樣性保育。

(　) 3. 下列何者為環境保護的正確作為？ (3)
　　　　(1)多吃肉少蔬食　(2)自己開車不共乘　(3)鐵馬步行　(4)不隨手關燈。

(　) 4. 下列何種行為對生態環境會造成較大的衝擊？ (2)
　　　　(1)種植原生樹木　(2)引進外來物種　(3)設立國家公園　(4)設立保護區。

(　) 5. 下列哪一種飲食習慣能減碳抗暖化？ (2)
　　　　(1)多吃速食　(2)多吃天然蔬果　(3)多吃牛肉　(4)多選擇吃到飽的餐館。

(　) 6. 小明隨地亂丟垃圾，遇依廢棄物清理法執行稽查人員要求提示身分證明，如小明無故拒 (3)
　　　　絕提供，將受何處分？
　　　　(1)勸導改善　　　　　　　　　　　(2)移送警察局
　　　　(3)處新臺幣 6 百元以上 3 千元以下罰鍰　(4)接受環境講習。

(　) 7. 飼主遛狗時，其狗在道路或其他公共場所便溺時，下列何者應優先負清除責任？ (1)
　　　　(1)主人　(2)清潔隊　(3)警察　(4)土地所有權人。

(　) 8. 四公尺以內之公共巷、弄路面及水溝之廢棄物，應由何人負責清除？ (3)
　　　　(1)里辦公處　(2)清潔隊　(3)相對戶或相鄰戶分別各半清除　(4)環保志工。

(　) 9. 外食自備餐具是落實綠色消費的哪一項表現？ (1)
　　　　(1)重複使用　(2)回收再生　(3)環保選購　(4)降低成本。

(　) 10. 再生能源一般是指可永續利用之能源，主要包括哪些：A.化石燃料　B.風力　C.太陽能　D. (2)
　　　　水力？
　　　　(1)ACD　(2)BCD　(3)ABD　(4)ABCD。

(　) 11. 何謂水足跡，下列何者是正確的？ (3)
　　　　(1)水利用的途徑
　　　　(2)每人用水量紀錄
　　　　(3)消費者所購買的商品，在生產過程中消耗的用水量
　　　　(4)水循環的過程。

( ) 12. 依環境基本法第 3 條規定，基於國家長期利益，經濟、科技及社會發展均應兼顧環境保護。但如果經濟、科技及社會發展對環境有嚴重不良影響或有危害時，應以何者優先？ (1)經濟　(2)科技　(3)社會　(4)環境。 (4)

( ) 13. 爲了保護環境，政府提出了 4 個 R 的口號，下列何者不是 4R 中的其中一項？ (1)減少使用　(2)再利用　(3)再循環　(4)再創新。 (4)

( ) 14. 逛夜市時常有攤位在販賣滅蟑藥，下列何者正確？ (2)
(1)滅蟑藥是藥，中央主管機關爲衛生福利部
(2)滅蟑藥是環境衛生用藥，中央主管機關是環境保護署
(3)只要批貨，人人皆可販賣滅蟑藥，不須領得許可執照
(4)滅蟑藥之包裝上不用標示有效期限。

( ) 15. 森林面積的減少甚至消失可能導致哪些影響：A.水資源減少　B.減緩全球暖化　C.加劇全球暖化 D.降低生物多樣性？ (1)
(1)ACD　(2)BCD　(3)ABD　(4)ABCD。

( ) 16. 塑膠爲海洋生態的殺手，所以環保署推動「無塑海洋」政策，下列何項不是減少塑膠危害海洋生態的重要措施？ (3)
(1)擴大禁止免費供應塑膠袋
(2)禁止製造、進口及販售含塑膠柔珠的清潔用品
(3)定期進行海水水質監測
(4)淨灘、淨海。

( ) 17. 違反環境保護法律或自治條例之行政法上義務，經處分機關處停工、停業處分或處新臺幣五千元以上罰鍰者，應接受下列何種講習？ (2)
(1)道路交通安全講習　(2)環境講習　(3)衛生講習　(4)消防講習。

( ) 18. 綠色設計主要爲節能、生態與下列何者？ (2)
(1)生產成本低廉的產品　　　　　　(2)表示健康的、安全的商品
(3)售價低廉易購買的商品　　　　　(4)包裝紙一定要用綠色系統者。

( ) 19. 下列何者爲環保標章？ (1)

(1)　　　　(2)　　　　(3)　　　　(4)

( ) 20. 「聖嬰現象」是指哪一區域的溫度異常升高？ (2)
(1)西太平洋表層海水　　　　　　　(2)東太平洋表層海水
(3)西印度洋表層海水　　　　　　　(4)東印度洋表層海水。

( ) 21. 「酸雨」定義爲雨水酸鹼值達多少以下時稱之？ (1)
(1)5.0　(2)6.0　(3)7.0　(4)8.0。

(　) 22. 一般而言,水中溶氧量隨水溫之上升而呈下列哪一種趨勢? (2)
(1)增加　(2)減少　(3)不變　(4)不一定。

(　) 23. 二手菸中包含多種危害人體的化學物質,甚至多種物質有致癌性,會危害到下列何者的 (4)
健康?
(1)只對 12 歲以下孩童有影響　　　　　　(2)只對孕婦比較有影響
(3)只有 65 歲以上之民眾有影響　　　　　(4)全民皆有影響。

(　) 24. 二氧化碳和其他溫室氣體含量增加是造成全球暖化的主因之一,下列何種飲食方式也能 (2)
降低碳排放量,對環境保護做出貢獻:A.少吃肉,多吃蔬菜;B.玉米產量減少時,購買
玉米罐頭食用;C.選擇當地食材;D.使用免洗餐具,減少清洗用水與清潔劑?
(1)AB　(2)AC　(3)AD　(4)ACD。

(　) 25. 上下班的交通方式有很多種,其中包括:A.騎腳踏車;B.搭乘大眾交通工具;C 自行開 (1)
車,請將前述幾種交通方式之單位排碳量由少至多之排列方式為何?
(1)ABC　(2)ACB　(3)BAC　(4)CBA。

(　) 26. 下列何者「不是」室內空氣污染源? (3)
(1)建材　(2)辦公室事務機　(3)廢紙回收箱　(4)油漆及塗料。

(　) 27. 下列何者不是自來水消毒採用的方式? (4)
(1)加入臭氧　(2)加入氯氣　(3)紫外線消毒　(4)加入二氧化碳。

(　) 28. 下列何者不是造成全球暖化的元凶? (4)
(1)汽機車排放的廢氣　　　　　　　　　(2)工廠所排放的廢氣
(3)火力發電廠所排放的廢氣　　　　　　(4)種植樹木。

(　) 29. 下列何者不是造成臺灣水資源減少的主要因素? (2)
(1)超抽地下水　(2)雨水酸化　(3)水庫淤積　(4)濫用水資源。

(　) 30. 下列何者不是溫室效應所產生的現象? (4)
(1)氣溫升高而使海平面上升
(2)北極熊棲地減少
(3)造成全球氣候變遷,導致不正常暴雨、乾旱現象
(4)造成臭氧層產生破洞。

(　) 31. 下列何者是室內空氣污染物之來源:A.使用殺蟲劑;B.使用雷射印表機;C.在室內抽煙; (4)
D.戶外的污染物飄進室內?
(1)ABC　(2)BCD　(3)ACD　(4)ABCD。

(　) 32. 下列何者是海洋受污染的現象? (1)
(1)形成紅潮　(2)形成黑潮　(3)溫室效應　(4)臭氧層破洞。

(　) 33. 下列何者是造成臺灣雨水酸鹼(pH)值下降的主要原因? (2)
(1)國外火山噴發　(2)工業排放廢氣　(3)森林減少　(4)降雨量減少。

( ) 34. 水中生化需氧量(BOD)愈高，其所代表的意義為下列何者? (2)
(1)水為硬水 (2)有機污染物多
(3)水質偏酸 (4)分解污染物時不需消耗太多氧。

( ) 35. 下列何者是酸雨對環境的影響? (1)
(1)湖泊水質酸化 (2)增加森林生長速度 (3)土壤肥沃 (4)增加水生動物種類。

( ) 36. 下列何者是懸浮微粒與落塵的差異? (2)
(1)採樣地區 (2)粒徑大小 (3)分布濃度 (4)物體顏色。

( ) 37. 下列何者屬地下水超抽情形? (1)
(1)地下水抽水量「超越」天然補注量 (2)天然補注量「超越」地下水抽水量
(3)地下水抽水量「低於」降雨量 (4)地下水抽水量「低於」天然補注量。

( ) 38. 下列何種行為無法減少「溫室氣體」排放? (3)
(1)騎自行車取代開車 (2)多搭乘公共運輸系統
(3)多吃肉少蔬菜 (4)使用再生紙張。

( ) 39. 下列哪一項水質濃度降低會導致河川魚類大量死亡? (2)
(1)氨氮 (2)溶氧 (3)二氧化碳 (4)生化需氧量。

( ) 40. 下列何種生活小習慣的改變可減少細懸浮微粒(PM$_{2.5}$)排放，共同為改善空氣品質盡一份 (1)
心力?
(1)少吃燒烤食物 (2)使用吸塵器 (3)養成運動習慣 (4)每天喝 500cc 的水。

( ) 41. 下列哪種措施不能用來降低空氣污染? (4)
(1)汽機車強制定期排氣檢測 (2)汰換老舊柴油車
(3)禁止露天燃燒稻草 (4)汽機車加裝消音器。

( ) 42. 大氣層中臭氧層有何作用? (3)
(1)保持溫度 (2)對流最旺盛的區域 (3)吸收紫外線 (4)造成光害。

( ) 43. 小李具有乙級廢水專責人員證照，某工廠希望以高價租用證照的方式合作，請問下列何 (1)
者正確?
(1)這是違法行為 (2)互蒙其利 (3)價錢合理即可 (4)經環保局同意即可。

( ) 44. 可藉由下列何者改善河川水質且兼具提供動植物良好棲地環境? (2)
(1)運動公園 (2)人工溼地 (3)滯洪池 (4)水庫。

( ) 45. 台北市周先生早晨在河濱公園散步時，發現有大面積的河面被染成紅色，岸邊還有許多 (1)
死魚，此時周先生應該打電話給哪個單位通報處理?
(1)環保局 (2)警察局 (3)衛生局 (4)交通局。

( )46. 台灣地區地形陡峭雨旱季分明，水資源開發不易常有缺水現象，目前推動生活污水經處理再生利用，可填補部分水資源，主要可供哪些用途：A.工業用水、B.景觀澆灌、C.人體飲用、D.消防用水？
(1)ACD　(2)BCD　(3)ABD　(4)ABCD。　　　　　　　　(3)

( )47. 台灣自來水之水源主要取自：
(1)海洋的水　(2)河川及水庫的水　(3)綠洲的水　(4)灌溉渠道的水。　　(2)

( )48. 民眾焚香燒紙錢常會產生哪些空氣污染物增加罹癌的機率：A.苯、B.細懸浮微粒($PM_{2.5}$)、C.二氧化碳(CO_2)、D.甲烷(CH_4)？
(1)AB　(2)AC　(3)BC　(4)CD。　　　　　　　　(1)

( )49. 生活中經常使用的物品，下列何者含有破壞臭氧層的化學物質？
(1)噴霧劑　(2)免洗筷　(3)保麗龍　(4)寶特瓶。　　　　(1)

( )50. 目前市面清潔劑均會強調「無磷」，是因為含磷的清潔劑使用後，若廢水排至河川或湖泊等水域會造成甚麼影響？
(1)綠牡蠣　(2)優養化　(3)秘雕魚　(4)烏腳病。　　　　(2)

( )51. 冰箱在廢棄回收時應特別注意哪一項物質，以避免逸散至大氣中造成臭氧層的破壞？
(1)冷媒　(2)甲醛　(3)汞　(4)苯。　　　　　　　(1)

( )52. 在五金行買來的強力膠中，主要有下列哪一種會對人體產生危害的化學物質？
(1)甲苯　(2)乙苯　(3)甲醛　(4)乙醛。　　　　　(1)

( )53. 在同一操作條件下，煤、天然氣、油、核能的二氧化碳排放比例之大小，由大而小為：　(2)
(1)油＞煤＞天然氣＞核能　　　　(2)煤＞油＞天然氣＞核能
(3)煤＞天然氣＞油＞核能　　　　(4)油＞煤＞核能＞天然氣。

( )54. 如何降低飲用水中消毒副產物三鹵甲烷？　　　　　　　(1)
(1)先將水煮沸，打開壺蓋再煮三分鐘以上
(2)先將水過濾，加氯消毒
(3)先將水煮沸，加氯消毒
(4)先將水過濾，打開壺蓋使其自然蒸發。

( )55. 自行煮水、包裝飲用水及包裝飲料，依生命週期評估的排碳量大小順序為：　(4)
(1)包裝飲用水＞自行煮水＞包裝飲料
(2)包裝飲料＞自行煮水＞包裝飲用水
(3)自行煮水＞包裝飲料＞包裝飲用水
(4)包裝飲料＞包裝飲用水＞自行煮水。

( )56. 何項不是噪音的危害所造成的現象？　　　　　　　　(1)
(1)精神很集中　(2)煩躁、失眠　(3)緊張、焦慮　(4)工作效率低落。

( )57. 我國移動污染源空氣污染防制費的徵收機制為何？　　　(2)
(1)依車輛里程數計費　(2)隨油品銷售徵收　(3)依牌照徵收　(4)依照排氣量徵收。

( )58. 室內裝潢時，若不謹慎選擇建材，將會逸散出氣狀污染物。其中會刺激皮膚、眼、鼻和呼吸道，也是致癌物質，可能為下列哪一種污染物？
(1)臭氧　(2)甲醛　(3)氟氯碳化合物　(4)二氧化碳。　(2)

( )59. 哪一種氣體造成臭氧層被嚴重的破壞？
(1)氟氯碳化物　(2)二氧化硫　(3)氮氧化合物　(4)二氧化碳。　(1)

( )60. 高速公路旁常見有農田違法焚燒稻草，除易產生濃煙影響行車安全外，也會產生下列何種空氣污染物對人體健康造成不良的作用
(1)懸浮微粒　(2)二氧化碳(CO_2)　(3)臭氧(O_3)　(4)沼氣。　(1)

( )61. 都市中常產生的「熱島效應」會造成何種影響？
(1)增加降雨　(2)空氣污染物不易擴散　(3)空氣污染物易擴散　(4)溫度降低。　(2)

( )62. 廢塑膠等廢棄於環境除不易腐化外，若隨一般垃圾進入焚化廠處理，可能產生下列哪一種空氣污染物對人體有致癌疑慮？
(1)臭氧　(2)一氧化碳　(3)戴奧辛　(4)沼氣。　(3)

( )63. 「垃圾強制分類」的主要目的為：A.減少垃圾清運量 B.回收有用資源 C.回收廚餘予以再利用 D.變賣賺錢？
(1)ABCD　(2)ABC　(3)ACD　(4)BCD。　(2)

( )64. 一般人生活產生之廢棄物，何者屬有害廢棄物？
(1)廚餘　(2)鐵鋁罐　(3)廢玻璃　(4)廢日光燈管。　(4)

( )65. 一般辦公室影印機的碳粉匣，應如何回收？
(1)拿到便利商店回收　(2)交由販賣商回收　(3)交由清潔隊回收　(4)交給拾荒者回收。　(2)

( )66. 下列何者不是蚊蟲會傳染的疾病
(1)日本腦炎　(2)瘧疾　(3)登革熱　(4)痢疾。　(4)

( )67. 下列何者非屬資源回收分類項目中「廢紙類」的回收物？
(1)報紙　(2)雜誌　(3)紙袋　(4)用過的衛生紙。　(4)

( )68. 下列何者對飲用瓶裝水之形容是正確的：A.飲用後之寶特瓶容器為地球增加了一個廢棄物；B.運送瓶裝水時卡車會排放空氣污染物；C.瓶裝水一定比經煮沸之自來水安全衛生？
(1)AB　(2)BC　(3)AC　(4)ABC。　(1)

( )69. 下列哪一項是我們在家中常見的環境衛生用藥？
(1)體香劑　(2)殺蟲劑　(3)洗滌劑　(4)乾燥劑。　(2)

( )70. 下列哪一種是公告應回收廢棄物中的容器類：A.廢鋁箔包 B.廢紙容器 C.寶特瓶？
(1)ABC　(2)AC　(3)BC　(4)C。　(1)

( )71. 下列何種廢紙類不可以進行資源回收？
(1)紙尿褲　(2)包裝紙　(3)雜誌　(4)報紙。　(1)

(　) 72. 小明拿到「垃圾強制分類」的宣導海報，標語寫著「分 3 類，好 OK」，標語中的分 3 　(4)
類是指家戶日常生活中產生的垃圾可以區分哪三類？
(1)資源、廚餘、事業廢棄物
(2)資源、一般廢棄物、事業廢棄物
(3)一般廢棄物、事業廢棄物、放射性廢棄物
(4)資源、廚餘、一般垃圾。

(　) 73. 日光燈管、水銀溫度計等，因含有哪一種重金屬，可能對清潔隊員造成傷害，應與一般 　(3)
垃圾分開處理？
(1)鉛　(2)鎘　(3)汞　(4)鐵。

(　) 74. 家裡有過期的藥品，請問這些藥品要如何處理？ 　(2)
(1)倒入馬桶沖掉　(2)交由藥局回收　(3)繼續服用　(4)送給相同疾病的朋友。

(　) 75. 台灣西部海岸曾發生的綠牡蠣事件是下列何種物質污染水體有關？ 　(2)
(1)汞　(2)銅　(3)磷　(4)鎘。

(　) 76. 在生物鏈越上端的物種其體內累積持久性有機污染物(POPs)濃度將越高，危害性也將越 　(4)
大，這是說明 POPs 具有下列何種特性？
(1)持久性　(2)半揮發性　(3)高毒性　(4)生物累積性。

(　) 77. 有關小黑蚊敘述下列何者為非？ 　(3)
(1)活動時間又以中午十二點到下午三點為活動高峰期
(2)小黑蚊的幼蟲以腐植質、青苔和藻類為食
(3)無論雄蚊或雌蚊皆會吸食哺乳類動物血液
(4)多存在竹林、灌木叢、雜草叢、果園等邊緣地帶等處。

(　) 78. 利用垃圾焚化廠處理垃圾的最主要優點為何？ 　(1)
(1)減少處理後的垃圾體積　　　　　　　　(2)去除垃圾中所有毒物
(3)減少空氣污染　　　　　　　　　　　　(4)減少處理垃圾的程序。

(　) 79. 利用豬隻的排泄物當燃料發電，是屬於哪一種能源？ 　(3)
(1)地熱能　(2)太陽能　(3)生質能　(4)核能。

(　) 80. 每個人日常生活皆會產生垃圾，下列何種處理垃圾的觀念與方式是不正確的？ 　(2)
(1)垃圾分類，使資源回收再利用
(2)所有垃圾皆掩埋處理，垃圾將會自然分解
(3)廚餘回收堆肥後製成肥料
(4)可燃性垃圾經焚化燃燒可有效減少垃圾體積。

(　) 81. 防治蟲害最好的方法是 　(2)
(1)使用殺蟲劑　(2)清除孳生源　(3)網子捕捉　(4)拍打。

(　) 82. 依廢棄物清理法之規定，隨地吐檳榔汁、檳榔渣者，應接受幾小時之戒檳班講習？ 　(2)
(1)2 小時　(2)4 小時　(3)6 小時　(4)8 小時。

( )83. 室內裝修業者承攬裝修工程，工程中所產生的廢棄物應該如何處理？　(1)
　　　(1)委託合法清除機構清運　　　　　　　(2)倒在偏遠山坡地
　　　(3)河岸邊掩埋　　　　　　　　　　　　(4)交給清潔隊垃圾車。

( )84. 若使用後的廢電池未經回收，直接廢棄所含重金屬物質曝露於環境中可能產生那些影　(1)
　　　響：A.地下水污染、B.對人體產生中毒等不良作用、C.對生物產生重金屬累積及濃縮作
　　　用、D.造成優養化？
　　　(1)ABC　(2)ABCD　(3)ACD　(4)BCD。

( )85. 那一種家庭廢棄物可用來作爲製造肥皂的主要原料？　(3)
　　　(1)食醋　(2)果皮　(3)回鍋油　(4)熟廚餘。

( )86. 家戶大型垃圾應由誰負責處理　(2)
　　　(1)行政院環境保護署　(2)當地政府清潔隊　(3)行政院　(4)內政部。

( )87. 根據環保署資料顯示，世紀之毒「戴奧辛」主要透過何者方式進入人體？　(3)
　　　(1)透過觸摸　(2)透過呼吸　(3)透過飲食　(4)透過雨水。

( )88. 陳先生到機車行換機油時，發現機車行老闆將廢機油直接倒入路旁的排水溝，請問這樣　(2)
　　　的行爲是違反了
　　　(1)道路交通管理處罰條例　(2)廢棄物清理法　(3)職業安全衛生法　(4)水污染防治法。

( )89. 亂丟香菸蒂，此行爲已違反什麼規定？　(1)
　　　(1)廢棄物清理法　(2)民法　(3)刑法　(4)毒性化學物質管理法。

( )90. 實施「垃圾費隨袋徵收」政策的好處爲何：A.減少家戶垃圾費用支出 B.全民主動參與資　(4)
　　　源回收 C.有效垃圾減量？
　　　(1)AB　(2)AC　(3)BC　(4)ABC。

( )91. 臺灣地狹人稠，垃圾處理一直是不易解決的問題，下列何種是較佳的因應對策？　(1)
　　　(1)垃圾分類資源回收　(2)蓋焚化廠　(3)運至國外處理　(4)向海爭地掩埋。

( )92. 臺灣嘉南沿海一帶發生的烏腳病可能爲哪一種重金屬引起？　(2)
　　　(1)汞　(2)砷　(3)鉛　(4)鎘。

( )93. 遛狗不清理狗的排泄物係違反哪一法規？　(2)
　　　(1)水污染防治法　(2)廢棄物清理法　(3)毒性化學物質管理法　(4)空氣污染防制法。

( )94. 酸雨對土壤可能造成的影響，下列何者正確？　(3)
　　　(1)土壤更肥沃　(2)土壤液化　(3)土壤中的重金屬釋出　(4)土壤礦化。

( )95. 購買下列哪一種商品對環境比較友善？　(3)
　　　(1)用過即丟的商品　(2)一次性的產品　(3)材質可以回收的商品　(4)過度包裝的商品。

( )96. 醫療院所用過的棉球、紗布、針筒、針頭等感染性事業廢棄物屬於　(4)
　　　(1)一般事業廢棄物　(2)資源回收物　(3)一般廢棄物　(4)有害事業廢棄物。

(　　) 97. 下列何項法規的立法目的為預防及減輕開發行為對環境造成不良影響，藉以達成環境保護之目的？ (2)
護之目的？
(1)公害糾紛處理法　(2)環境影響評估法　(3)環境基本法　(4)環境教育法。

(　　) 98. 下列何種開發行為若對環境有不良影響之虞者，應實施環境影響評估：A.開發科學園 (4)
區；B.新建捷運工程；C.採礦。
(1)AB　(2)BC　(3)AC　(4)ABC。

(　　) 99. 主管機關審查環境影響說明書或評估書，如認為已足以判斷未對環境有重大影響之虞， (1)
作成之審查結論可能為下列何者？
(1)通過環境影響評估審查　　　　　　　(2)應繼續進行第二階段環境影響評估
(3)認定不應開發　　　　　　　　　　　(4)補充修正資料再審。

(　　) 100. 依環境影響評估法規定，對環境有重大影響之虞的開發行為應繼續進行第二階段環境影 (4)
響評估，下列何者不是上述對環境有重大影響之虞或應進行第二階段環境影響評估的決
定方式？
(1)明訂開發行為及規模　　　　　　　　(2)環評委員會審查認定
(3)自願進行　　　　　　　　　　　　　(4)有民眾或團體抗爭。

工作項目 ④ 節能減碳

單選題

(3) 1. 依能源局「指定能源用戶應遵行之節約能源規定」，下列何場所未在其管制之範圍？
(1)旅館　(2)餐廳　(3)住家　(4)美容美髮店。

(1) 2. 依能源局「指定能源用戶應遵行之節約能源規定」，在正常使用條件下，公眾出入之場所其室內冷氣溫度平均值不得低於攝氏幾度？
(1)26　(2)25　(3)24　(4)22。

(2) 3. 下列何者為節能標章？

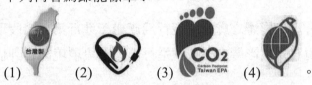

(1)　　　(2)　　　(3)　　　(4)　　　。

(4) 4. 各產業中耗能佔比最大的產業為
(1)服務業　(2)公用事業　(3)農林漁牧業　(4)能源密集產業。

(1) 5. 下列何者非節省能源的做法？
(1)電冰箱溫度長時間調在強冷或急冷
(2)影印機當 15 分鐘無人使用時，自動進入省電模式
(3)電視機勿背著窗戶或面對窗戶，並避免太陽直射
(4)汽車不行駛短程，較短程旅運應儘量搭乘公車、騎單車或步行。

(3) 6. 經濟部能源局的能源效率標示分為幾個等級？
(1)1　(2)3　(3)5　(4)7。

(2) 7. 溫室氣體排放量：指自排放源排出之各種溫室氣體量乘以各該物質溫暖化潛勢所得之合計量，以
(1)氧化亞氮(N_2O)　(2)二氧化碳(CO_2)　(3)甲烷(CH_4)　(4)六氟化硫(SF_6)　當量表示。

(4) 8. 國家溫室氣體長期減量目標為中華民國 139 年溫室氣體排放量降為中華民國 94 年溫室氣體排放量百分之多少以下？
(1)20　(2)30　(3)40　(4)50。

(2) 9. 溫室氣體減量及管理法所稱主管機關，在中央為下列何單位？
(1)經濟部能源局　(2)環境保護署　(3)國家發展委員會　(4)衛生福利部。

(3) 10. 溫室氣體減量及管理法中所稱：一單位之排放額度相當於允許排放
(1)1 公斤　(2)1 立方米　(3)1 公噸　(4)1 公擔　之二氧化碳當量。

(3) 11. 下列何者不是全球暖化帶來的影響？
(1)洪水　(2)熱浪　(3)地震　(4)旱災。

(　) 12. 下列何種方法無法減少二氧化碳？ 　　　　　　　　　　　　　　　　　　(1)

(1)想吃多少儘量點，剩下可當廚餘回收

(2)選購當地、當季食材，減少運輸碳足跡

(3)多吃蔬菜，少吃肉

(4)自備杯筷，減少免洗用具垃圾量。

(　) 13. 下列何者不會減少溫室氣體的排放？ 　　　　　　　　　　　　　　　　　　(3)

(1)減少使用煤、石油等化石燃料　　　　　(2)大量植樹造林，禁止亂砍亂伐

(3)增高燃煤氣體排放的煙囪　　　　　　　(4)開發太陽能、水能等新能源。

(　) 14. 關於綠色採購的敘述，下列何者錯誤？ 　　　　　　　　　　　　　　　　　(4)

(1)採購回收材料製造之物品

(2)採購的產品對環境及人類健康有最小的傷害性

(3)選購產品對環境傷害較少、污染程度較低者

(4)以精美包裝為主要首選。

(　) 15. 一旦大氣中的二氧化碳含量增加，會引起哪一種後果？ 　　　　　　　　　　(1)

(1)溫室效應惡化　(2)臭氧層破洞　(3)冰期來臨　(4)海平面下降。

(　) 16. 關於建築中常用的金屬玻璃帷幕牆，下列何者敘述正確？ 　　　　　　　　　(3)

(1)玻璃帷幕牆的使用能節省室內空調使用

(2)玻璃帷幕牆適用於臺灣，讓夏天的室內產生溫暖的感覺

(3)在溫度高的國家，建築使用金屬玻璃帷幕會造成日照輻射熱，產生室內「溫室效應」

(4)臺灣的氣候溼熱，特別適合在大樓以金屬玻璃帷幕作為建材。

(　) 17. 下列何者不是能源之類型？ 　　　　　　　　　　　　　　　　　　　　　　(4)

(1)電力　(2)壓縮空氣　(3)蒸汽　(4)熱傳。

(　) 18. 我國已制定能源管理系統標準為 　　　　　　　　　　　　　　　　　　　　(1)

(1)CNS 50001　(2)CNS 12681　(3)CNS 14001　(4)CNS 22000。

(　) 19. 台灣電力公司所謂的離峰用電時段為何？ 　　　　　　　　　　　　　　　　(1)

(1)22：30~07：30　(2)22：00~07：00　(3)23：00~08：00　(4)23：30~08：30。

(　) 20. 基於節能減碳的目標，下列何種光源發光效率最低，不鼓勵使用？ 　　　　　(1)

(1)白熾燈泡　(2)LED 燈泡　(3)省電燈泡　(4)螢光燈管。

(　) 21. 下列哪一項的能源效率標示級數較省電？ 　　　　　　　　　　　　　　　　(1)

(1)1　(2)2　(3)3　(4)4。

(　) 22. 下列何者不是目前台灣主要的發電方式？ 　　　　　　　　　　　　　　　　(4)

(1)燃煤　(2)燃氣　(3)核能　(4)地熱。

(　) 23. 有關延長線及電線的使用，下列敘述何者錯誤？ 　　　(2)
　　　　(1)拔下延長線插頭時，應手握插頭取下
　　　　(2)使用中之延長線如有異味產生，屬正常現象不須理會
　　　　(3)應避開火源，以免外覆塑膠熔解，致使用時造成短路
　　　　(4)使用老舊之延長線，容易造成短路、漏電或觸電等危險情形，應立即更換。

(　) 24. 有關觸電的處理方式，下列敘述何者錯誤？ 　　　(1)
　　　　(1)立即將觸電者拉離現場　　　　　　(2)把電源開關關閉
　　　　(3)通知救護人員　　　　　　　　　　(4)使用絕緣的裝備來移除電源。

(　) 25. 目前電費單中，係以「度」為收費依據，請問下列何者為其單位？ 　　　(2)
　　　　(1)kW　(2)kWh　(3)kJ　(4)kJh。

(　) 26. 依據台灣電力公司三段式時間電價(尖峰、半尖峰及離峰時段)的規定，請問哪個時段電 　　　(4)
　　　　價最便宜？
　　　　(1)尖峰時段　(2)夏月半尖峰時段　(3)非夏月半尖峰時段　(4)離峰時段。

(　) 27. 當電力設備遭遇電源不足或輸配電設備受限制時，導致用戶暫停或減少用電的情形，常 　　　(2)
　　　　以下列何者名稱出現？
　　　　(1)停電　(2)限電　(3)斷電　(4)配電。

(　) 28. 照明控制可以達到節能與省電費的好處，下列何種方法最適合一般住宅社區兼顧節能、 　　　(2)
　　　　經濟性與實際照明需求？
　　　　(1)加裝 DALI 全自動控制系統
　　　　(2)走廊與地下停車場選用紅外線感應控制電燈
　　　　(3)全面調低照度需求
　　　　(4)晚上關閉所有公共區域的照明。

(　) 29. 上班性質的商辦大樓為了降低尖峰時段用電，下列何者是錯的？ 　　　(2)
　　　　(1)使用儲冰式空調系統減少白天空調電能需求
　　　　(2)白天有陽光照明，所以白天可以將照明設備全關掉
　　　　(3)汰換老舊電梯馬達並使用變頻控制
　　　　(4)電梯設定隔層停止控制，減少頻繁啟動。

(　) 30. 為了節能與降低電費的需求，家電產品的正確選用應該如何？ 　　　(2)
　　　　(1)選用高功率的產品效率較高
　　　　(2)優先選用取得節能標章的產品
　　　　(3)設備沒有壞，還是堪用，繼續用，不會增加支出
　　　　(4)選用能效分級數字較高的產品，效率較高，5 級的比 1 級的電器產品更省電。

(　) 31. 有效而正確的節能從選購產品開始，就一般而言，下列的因素中，何者是選購電氣設備 (3)
的最優先考量項目？
(1)用電量消耗電功率是多少瓦攸關電費支出，用電量小的優先
(2)採購價格比較，便宜優先
(3)安全第一，一定要通過安規檢驗合格
(4)名人或演藝明星推薦，應該口碑較好。

(　) 32. 高效率燈具如果要降低眩光的不舒服，下列何者與降低刺眼眩光影響無關？ (3)
(1)光源下方加裝擴散板或擴散膜　　　　　(2)燈具的遮光板
(3)光源的色溫　　　　　　　　　　　　　(4)採用間接照明。

(　) 33. 一般而言，螢光燈的發光效率與長度有關嗎？ (1)
(1)有關，越長的螢光燈管，發光效率越高
(2)無關，發光效率只與燈管直徑有關
(3)有關，越長的螢光燈管，發光效率越低
(4)無關，發光效率只與色溫有關。

(　) 34. 用電熱爐煮火鍋，採用中溫 50%加熱，比用高溫 100%加熱，將同一鍋水煮開，下列何 (4)
者是對的？
(1)中溫 50%加熱比較省電　　　　　　　　(2)高溫 100%加熱比較省電
(3)中溫 50%加熱，電流反而比較大　　　　(4)兩種方式用電量是一樣的。

(　) 35. 電力公司為降低尖峰負載時段超載停電風險，將尖峰時段電價費率(每度電單價)提高， (2)
離峰時段的費率降低，引導用戶轉移部分負載至離峰時段，這種電能管理策略稱為
(1)需量競價　(2)時間電價　(3)可停電力　(4)表燈用戶彈性電價。

(　) 36. 集合式住宅的地下停車場需要維持通風良好的空氣品質，又要兼顧節能效益，下列的排 (2)
風扇控制方式何者是不恰當的？
(1)淘汰老舊排風扇，改裝取得節能標章、適當容量高效率風扇
(2)兩天一次運轉通風扇就好了
(3)結合一氧化碳偵測器，自動啟動/停止控制
(4)設定每天早晚二次定期啟動排風扇。

(　) 37. 大樓電梯為了節能及生活便利需求，可設定部分控制功能，下列何者是錯誤或不正確的 (2)
做法？
(1)加感應開關，無人時自動關燈與通風扇
(2)縮短每次開門/關門的時間
(3)電梯設定隔樓層停靠，減少頻繁啟動
(4)電梯馬達加裝變頻控制。

(　)38. 為了節能及兼顧冰箱的保溫效果，下列何者是錯誤或不正確的做法？　(4)
(1)冰箱內上下層間不要塞滿，以利冷藏對流
(2)食物存放位置紀錄清楚，一次拿齊食物，減少開門次數
(3)冰箱門的密封壓條如果鬆弛，無法緊密關門，應儘速更新修復
(4)冰箱內食物擺滿塞滿，效益最高。

(　)39. 就加熱及節能觀點來評比，電鍋剩飯持續保溫至隔天再食用，與先放冰箱冷藏，隔天用　(2)
微波爐加熱，下列何者是對的？
(1)持續保溫較省電
(2)微波爐再加熱比較省電又方便
(3)兩者一樣
(4)優先選電鍋保溫方式，因為馬上就可以吃。

(　)40. 不斷電系統 UPS 與緊急發電機的裝置都是應付臨時性供電狀況；停電時，下列的陳述　(2)
何者是對的？
(1)緊急發電機會先啟動，不斷電系統 UPS 是後備的
(2)不斷電系統 UPS 先啟動，緊急發電機是後備的
(3)兩者同時啟動
(4)不斷電系統 UPS 可以撐比較久。

(　)41. 下列何者為非再生能源？　(2)
(1)地熱能　(2)焦煤　(3)太陽能　(4)水力能。

(　)42. 欲降低由玻璃部分侵入之熱負載，下列的改善方法何者錯誤？　(1)
(1)加裝深色窗簾　(2)裝設百葉窗　(3)換裝雙層玻璃　(4)貼隔熱反射膠片。

(　)43. 一般桶裝瓦斯(液化石油氣)主要成分為　(1)
(1)丙烷　(2)甲烷　(3)辛烷　(4)乙炔 及丁烷。

(　)44. 在正常操作，且提供相同使用條件之情形下，下列何種暖氣設備之能源效率最高？　(1)
(1)冷暖氣機　(2)電熱風扇　(3)電熱輻射機　(4)電暖爐。

(　)45. 下列何種熱水器所需能源費用最少？　(4)
(1)電熱水器　(2)天然瓦斯熱水器　(3)柴油鍋爐熱水器　(4)熱泵熱水器。

(　)46. 某公司希望能進行節能減碳，為地球盡點心力，以下何種作為並不恰當？　(4)
(1)將採購規定列入以下文字：「汰換設備時首先考慮能源效率 1 級或具有節能標章之
產品」
(2)盤查所有能源使用設備
(3)實行能源管理
(4)為考慮經營成本，汰換設備時採買最便宜的機種。

(　)47. 冷氣外洩會造成能源之消耗，下列何者最耗能？　(2)
(1)全開式有氣簾　(2)全開式無氣簾　(3)自動門有氣簾　(4)自動門無氣簾。

( ) 48. 下列何者不是潔淨能源？　　　　　　　　　　　　　　　　　　　　(4)
(1)風能　(2)地熱　(3)太陽能　(4)頁岩氣。

( ) 49. 有關再生能源的使用限制，下列何者敘述有誤？　　　　　　　　　　(2)
(1)風力、太陽能屬間歇性能源，供應不穩定
(2)不易受天氣影響
(3)需較大的土地面積
(4)設置成本較高。

( ) 50. 全球暖化潛勢(Global Warming Potential, GWP)是衡量溫室氣體對全球暖化的影響，下列　(4)
何者 GWP 哪項表現較差？
(1)200　(2)300　(3)400　(4)500。

( ) 51. 有關台灣能源發展所面臨的挑戰，下列何者為非？　　　　　　　　　(3)
(1)進口能源依存度高，能源安全易受國際影響
(2)化石能源所占比例高，溫室氣體減量壓力大
(3)自產能源充足，不需仰賴進口
(4)能源密集度較先進國家仍有改善空間。

( ) 52. 若發生瓦斯外洩之情形，下列處理方法何者錯誤？　　　　　　　　　(3)
(1)應先關閉瓦斯爐或熱水器等開關
(2)緩慢地打開門窗，讓瓦斯自然飄散
(3)開啟電風扇，加強空氣流動
(4)在漏氣止住前，應保持警戒，嚴禁煙火。

( ) 53. 全球暖化潛勢(Global Warming Potential, GWP)是衡量溫室氣體對全球暖化的影響，其中　(1)
是以何者為比較基準？
(1)CO_2　(2)CH_4　(3)SF_6　(4)N_2O。

( ) 54. 有關建築之外殼節能設計，下列敘述何者錯誤？　　　　　　　　　　(4)
(1)開窗區域設置遮陽設備
(2)大開窗面避免設置於東西日曬方位
(3)做好屋頂隔熱設施
(4)宜採用全面玻璃造型設計，以利自然採光。

( ) 55. 下列何者燈泡發光效率最高？　　　　　　　　　　　　　　　　　　(1)
(1)LED 燈泡　(2)省電燈泡　(3)白熾燈泡　(4)鹵素燈泡。

( ) 56. 有關吹風機使用注意事項，下列敘述何者有誤？　　　　　　　　　　(4)
(1)請勿在潮濕的地方使用，以免觸電危險
(2)應保持吹風機進、出風口之空氣流通，以免造成過熱
(3)應避免長時間使用，使用時應保持適當的距離
(4)可用來作為烘乾棉被及床單等用途。

( ) 57. 下列何者是造成聖嬰現象發生的主要原因？　(2)
　　　　(1)臭氧層破洞　(2)溫室效應　(3)霧霾　(4)颱風。

( ) 58. 為了避免漏電而危害生命安全，下列何者不是正確的做法？　(4)
　　　　(1)做好用電設備金屬外殼的接地
　　　　(2)有濕氣的用電場合，線路加裝漏電斷路器
　　　　(3)加強定期的漏電檢查及維護
　　　　(4)使用保險絲來防止漏電的危險性。

( ) 59. 用電設備的線路保護用電力熔絲(保險絲)經常燒斷，造成停電的不便，下列何者不是正　(1)
　　　　確的作法？
　　　　(1)換大一級或大兩級規格的保險絲或斷路器就不會燒斷了
　　　　(2)減少線路連接的電氣設備，降低用電量
　　　　(3)重新設計線路，改較粗的導線或用兩迴路並聯
　　　　(4)提高用電設備的功率因數。

( ) 60. 政府為推廣節能設備而補助民眾汰換老舊設備，下列何者的節電效益最佳？　(2)
　　　　(1)將桌上檯燈光源由螢光燈換為 LED 燈
　　　　(2)優先淘汰 10 年以上的老舊冷氣機為能源效率標示分級中之一級冷氣機
　　　　(3)汰換電風扇，改裝設能源效率標示分級為一級的冷氣機
　　　　(4)因為經費有限，選擇便宜的產品比較重要。

( ) 61. 依據我國現行國家標準規定，冷氣機的冷氣能力標示應以何種單位表示？　(1)
　　　　(1)kW　(2)BTU/h　(3)kcal/h　(4)RT。

( ) 62. 漏電影響節電成效，並且影響用電安全，簡易的查修方法為　(1)
　　　　(1)電氣材料行買支驗電起子，碰觸電氣設備的外殼，就可查出漏電與否
　　　　(2)用手碰觸就可以知道有無漏電
　　　　(3)用三用電表檢查
　　　　(4)看電費單有無紀錄。

( ) 63. 使用了 10 幾年的通風換氣扇老舊又骯髒，噪音又大，維修時採取下列哪一種對策最為　(2)
　　　　正確及節能？
　　　　(1)定期拆下來清洗油垢
　　　　(2)不必再猶豫，10 年以上的電扇效率偏低，直接換為高效率通風扇
　　　　(3)直接噴沙拉脫清潔劑就可以了，省錢又方便
　　　　(4)高效率通風扇較貴，換同機型的廠內備用品就好了。

(　) 64. 電氣設備維修時，在關掉電源後，最好停留 1 至 5 分鐘才開始檢修，其主要的理由為下　(3)
列何者？
(1)先平靜心情，做好準備才動手
(2)讓機器設備降溫下來再查修
(3)讓裡面的電容器有時間放電完畢，才安全
(4)法規沒有規定，這完全沒有必要。

(　) 65. 電氣設備裝設於有潮濕水氣的環境時，最應該優先檢查及確認的措施是？　(1)
(1)有無在線路上裝設漏電斷路器　　　　　　(2)電氣設備上有無安全保險絲
(3)有無過載及過熱保護設備　　　　　　　　(4)有無可能傾倒及生鏽。

(　) 66. 為保持中央空調主機效率，每隔多久時間應請維護廠商或保養人員檢視中央空調主機?　(1)
(1)半　(2)1　(3)1.5　(4)2　年。

(　) 67. 家庭用電最大宗來自於　(1)
(1)空調及照明　(2)電腦　(3)電視　(4)吹風機。

(　) 68. 為減少日照所增加空調負載，下列何種處理方式是錯誤的？　(2)
(1)窗戶裝設窗簾或貼隔熱紙
(2)將窗戶或門開啟，讓屋內外空氣自然對流
(3)屋頂加裝隔熱材、高反射率塗料或噴水
(4)於屋頂進行薄層綠化。

(　) 69. 電冰箱放置處，四周應至少預留離牆多少公分之散熱空間，以達省電效果？　(2)
(1)5　(2)10　(3)15　(4)20。

(　) 70. 下列何項不是照明節能改善需優先考量之因素？　(2)
(1)照明方式是否適當　　　　　　　　　　(2)燈具之外型是否美觀
(3)照明之品質是否適當　　　　　　　　　　(4)照度是否適當。

(　) 71. 醫院、飯店或宿舍之熱水系統耗能大，要設置熱水系統時，應優先選用何種熱水系統較　(2)
節能？
(1)電能熱水系統　(2)熱泵熱水系統　(3)瓦斯熱水系統　(4)重油熱水系統。

(　) 72. 如下圖，你知道這是什麼標章嗎？　(4)

(1)省水標章　(2)環保標章　(3)奈米標章　(4)能源效率標示。

( ) 73. 台灣電力公司電價表所指的夏月用電月份(電價比其他月份高)是為 (3)
(1) 4 / 1～7 / 31　(2) 5 / 1～8 / 31　(3) 6 / 1～9 / 30　(4) 7 / 1～10 / 31。

( ) 74. 屋頂隔熱可有效降低空調用電，下列何項措施較不適當？ (1)
(1)屋頂儲水隔熱
(2)屋頂綠化
(3)於適當位置設置太陽能板發電同時加以隔熱
(4)鋪設隔熱磚。

( ) 75. 電腦機房使用時間長、耗電量大，下列何項措施對電腦機房之用電管理較不適當？ (1)
(1)機房設定較低之溫度　　　　　　(2)設置冷熱通道
(3)使用較高效率之空調設備　　　　(4)使用新型高效能電腦設備。

( ) 76. 下列有關省水標章的敘述何者正確？ (3)
(1)省水標章是環保署為推動使用節水器材，特別研定以作為消費者辨識省水產品的一種
標誌
(2)獲得省水標章的產品並無嚴格測試，所以對消費者並無一定的保障
(3)省水標章能激勵廠商重視省水產品的研發與製造，進而達到推廣節水良性循環之目的
(4)省水標章除有用水設備外，亦可使用於冷氣或冰箱上。

( ) 77. 透過淋浴習慣的改變就可以節約用水，以下的何種方式正確？ (2)
(1)淋浴時抹肥皂，無需將蓮蓬頭暫時關上
(2)等待熱水前流出的冷水可以用水桶接起來再利用
(3)淋浴流下的水不可以刷洗浴室地板
(4)淋浴沖澡流下的水，可以儲蓄洗菜使用。

( ) 78. 家人洗澡時，一個接一個連續洗，也是一種有效的省水方式嗎？ (1)
(1)是，因為可以節省等熱水流出所流失的冷水
(2)否，這跟省水沒什麼關係，不用這麼麻煩
(3)否，因為等熱水時流出的水量不多
(4)有可能省水也可能不省水，無法定論。

( ) 79. 下列何種方式有助於節省洗衣機的用水量？ (2)
(1)洗衣機洗滌的衣物盡量裝滿，一次洗完
(2)購買洗衣機時選購有省水標章的洗衣機，可有效節約用水
(3)無需將衣物適當分類
(4)洗濯衣物時盡量選擇高水位才洗的乾淨。

( ) 80. 如果水龍頭流量過大，下列何種處理方式是錯誤的？ (3)
(1)加裝節水墊片或起波器
(2)加裝可自動關閉水龍頭的自動感應器
(3)直接換裝沒有省水標章的水龍頭
(4)直接調整水龍頭到適當水量。

(　) 81. 洗菜水、洗碗水、洗衣水、洗澡水等等的清洗水，不可直接利用來做什麼用途？　　　　(4)
(1)洗地板　(2)沖馬桶　(3)澆花　(4)飲用水。

(　) 82. 如果馬桶有不正常的漏水問題，下列何者處理方式是錯誤的？　　　　(1)
(1)因為馬桶還能正常使用，所以不用著急，等到不能用時再報修即可
(2)立刻檢查馬桶水箱零件有無鬆脫，並確認有無漏水
(3)滴幾滴食用色素到水箱裡，檢查有無有色水流進馬桶，代表可能有漏水
(4)通知水電行或檢修人員來檢修，徹底根絕漏水問題。

(　) 83. 「度」是水費的計量單位，你知道一度水的容量大約有多少？　　　　(3)
(1)2,000公升　(2)3000個600cc的寶特瓶　(3)1立方公尺的水量　(4)3立方公尺的水量。

(　) 84. 臺灣在一年中什麼時期會比較缺水(即枯水期)？　　　　(3)
(1)6月至9月　(2)9月至12月　(3)11月至次年4月　(4)臺灣全年不缺水。

(　) 85. 下列何種現象不是直接造成台灣缺水的原因？　　　　(4)
(1)降雨季節分佈不平均，有時候連續好幾個月不下雨，有時又會下起豪大雨
(2)地形山高坡陡，所以雨一下很快就會流入大海
(3)因為民生與工商業用水需求量都愈來愈大，所以缺水季節很容易無水可用
(4)台灣地區夏天過熱，致蒸發量過大。

(　) 86. 冷凍食品該如何讓它退冰，才是既「節能」又「省水」？　　　　(3)
(1)直接用水沖食物強迫退冰　　　　　　(2)使用微波爐解凍快速又方便
(3)烹煮前盡早拿出來放置退冰　　　　　(4)用熱水浸泡，每5分鐘更換一次。

(　) 87. 洗碗、洗菜用何種方式可以達到清洗又省水的效果？　　　　(2)
(1)對著水龍頭直接沖洗，且要盡量將水龍頭開大才能確保洗的乾淨
(2)將適量的水放在盆槽內洗濯，以減少用水
(3)把碗盤、菜等浸在水盆裡，再開水龍頭拼命沖水
(4)用熱水及冷水大量交叉沖洗達到最佳清洗效果。

(　) 88. 解決台灣水荒(缺水)問題的無效對策是　　　　(4)
(1)興建水庫、蓄洪(豐)濟枯　　　　　　(2)全面節約用水
(3)水資源重複利用，海水淡化…等　　　(4)積極推動全民體育運動。

(　) 89. 如下圖，你知道這是什麼標章嗎？　　　　(3)

(1)奈米標章　(2)環保標章　(3)省水標章　(4)節能標章。

(　) 90. 澆花的時間何時較為適當，水分不易蒸發又對植物最好？　　　　(3)
(1)正中午　(2)下午時段　(3)清晨或傍晚　(4)半夜十二點。

( ) 91. 下列何種方式沒有辦法降低洗衣機之使用水量,所以不建議採用? (3)
(1)使用低水位清洗
(2)選擇快洗行程
(3)兩、三件衣服也丟洗衣機洗
(4)選擇有自動調節水量的洗衣機,洗衣清洗前先脫水 1 次。

( ) 92. 下列何種省水馬桶的使用觀念與方式是錯誤的? (3)
(1)選用衛浴設備時最好能採用省水標章馬桶
(2)如果家裡的馬桶是傳統舊式,可以加裝二段式沖水配件
(3)省水馬桶因為水量較小,會有沖不乾淨的問題,所以應該多沖幾次
(4)因為馬桶是家裡用水的大宗,所以應該盡量採用省水馬桶來節約用水。

( ) 93. 下列何種洗車方式無法節約用水? (3)
(1)使用有開關的水管可以隨時控制出水
(2)用水桶及海綿抹布擦洗
(3)用水管強力沖洗
(4)利用機械自動洗車,洗車水處理循環使用。

( ) 94. 下列何種現象無法看出家裡有漏水的問題? (1)
(1)水龍頭打開使用時,水表的指針持續在轉動
(2)牆面、地面或天花板忽然出現潮濕的現象
(3)馬桶裡的水常在晃動,或是沒辦法止水
(4)水費有大幅度增加。

( ) 95. 蓮蓬頭出水量過大時,下列何者無法達到省水? (2)
(1)換裝有省水標章的低流量(5~10L/min)蓮蓬頭
(2)淋浴時水量開大,無需改變使用方法
(3)洗澡時間盡量縮短,塗抹肥皂時要把蓮蓬頭關起來
(4)調整熱水器水量到適中位置。

( ) 96. 自來水淨水步驟,何者為非? (4)
(1)混凝 (2)沉澱 (3)過濾 (4)煮沸。

( ) 97. 為了取得良好的水資源,通常在河川的哪一段興建水庫? (1)
(1)上游 (2)中游 (3)下游 (4)下游出口。

( ) 98. 台灣是屬缺水地區,每人每年實際分配到可利用水量是世界平均值的約多少? (1)
(1)六分之一 (2)二分之一 (3)四分之一 (4)五分之一。

( ) 99. 台灣年降雨量是世界平均值的 2.6 倍,卻仍屬缺水地區,原因何者為非? (3)
(1)台灣由於山坡陡峻,以及颱風豪雨雨勢急促,大部分的降雨量皆迅速流入海洋
(2)降雨量在地域、季節分佈極不平均
(3)水庫蓋得太少
(4)台灣自來水水價過於便宜。

(　　) 100. 電源插座堆積灰塵可能引起電氣意外火災，維護保養時的正確做法是？　(3)

(1)可以先用刷子刷去積塵

(2)直接用吹風機吹開灰塵就可以了

(3)應先關閉電源總開關箱內控制該插座的分路開關

(4)可以用金屬接點清潔劑噴在插座中去除銹蝕。

學 科

題庫

工作項目 1　使用器具

單選題

答

(　) 1. 測量軸彎曲度最好的測量工具為
(1)游標卡尺
(2)外徑測微器
(3)扭力扳手
(4)千分錶。

(4)

( ) 2. 一般公制外分厘卡(精度：1/100)之外套筒旋轉一圈，其心軸進退　(2)
(1)1　　　　　　　　　　　　　　(2)0.5
(3)0.02　　　　　　　　　　　　(4)0.05　　mm。

( ) 3. 一般分厘卡指示 0.5mm 的尺度是刻於　(2)
(1)外套筒　　　　　　　　　　　(2)襯筒
(3)卡架　　　　　　　　　　　　(4)主軸。

解
襯筒

( ) 4. 一般外分厘卡進行測量時，應加適當量測壓力的部位是　(3)
(1)卡架　　　　　　　　　　　　(2)外套筒
(3)棘輪停止器　　　　　　　　　(4)襯筒。

解
測鉆　固定鎖　襯筒　棘輪停止器　精確度　外套筒　卡架

( ) 5. 開口扳手通常以　(1)
(1)開口寬度　　　　　　　　　　(2)扳手長短
(3)扳手重量　　　　　　　　　　(4)扳手厚薄　表示其標註尺寸。

( ) 6. 下列敘述何者錯誤？　(4)
(1)火星塞間隙量測應使用火星塞間隙規　(2)汽門間隙量測應使用厚薄規
(3)測量軸彎曲度應使用千分錶　(4)測量曲軸斜差應使用塑膠量規。

解　測量曲軸斜差應使用外徑測微器。

( ) 7. 針對指針式三用電錶之敘述，下列何者錯誤？　(3)
(1)若缺少 1.5V 之電池時，仍可量測電壓及電流值　(2)可量測電路的電壓值
(3)量測直流電時不需考慮正、負極性　(4)使用前需先歸零。

解　指針式三用電錶量測直流電時，需考慮正、負極性，否則易損壞電錶。

( ) 8. 電瓶水比重計之敘述，下列何者錯誤？　(4)
(1)無法直接量測出電瓶的好壞　　(2)應妥善保存避免灰塵污染
(3)量測時內浮標與外筒壁面不可接觸　(4)比重計量測的單位為%。

解　比重是「跟水比重量」的意思，沒有單位。

( ) 9. 有關三用電錶之使用，下列敘述何者錯誤？　　　　　　　　　　　　　　　(1)
(1)量測電阻值時不需切斷被測物之電源　(2)量測電壓時需與被測物並聯
(3)量測電流時需與被測物串聯　　　　　(4)指針式電錶使用前須歸零。

解 使用三用電錶量測元件電阻時，必須先切斷元件(被測物)之電源，以避免電錶損壞。

( ) 10. 有關油管扳手之使用，下列敘述何者錯誤？　　　　　　　　　　　　　　　(4)
(1)可用於拆裝油管接頭上之螺絲
(2)其承受之受力面較大，不可使用榔頭來敲擊扳手
(3)應避免用於一般螺絲之拆裝
(4)只有一個作用方向。

解 因為油管螺帽位於非開放性空間，無法使用套筒或梅花扳手；若使用開口扳手無法承受太大扭力又容
易造成螺帽損壞，故油管扳手最適合用來放鬆(逆轉)或鎖緊(順轉)油管螺帽。

( ) 11. 有關開口扳手之使用，下列敘述何者錯誤？　　　　　　　　　　　　　　　(3)
(1)扳手是用來鎖緊或放鬆螺栓和螺帽
(2)扳手上標註的尺寸是指其開口寬度
(3)無論在鎖緊或放鬆時，最好將扳手往前推，而不要往回拉
(4)勿加長扳手把手的長度。

解 使用扳手拆裝螺帽時，施力應以拉的方向為主；若因空間侷限，亦可以使用手掌推扳手，但應注意身
體重心，避免因螺帽鬆開時，身體撲倒而受傷。

( ) 12. 手弓鋸的規格是以　　　　　　　　　　　　　　　　　　　　　　　　　　(1)
(1)每吋　　　　　　　　　　　　　(2)每公分
(3)每呎　　　　　　　　　　　　　(4)每公尺　鋸齒數來表示。

( ) 13. 關於外分厘卡的重要特性，下列何者錯誤？　　　　　　　　　　　　　　　(4)
(1)量具本身非常精確　　　　　　　(2)可實施歸零調整
(3)可量測物體外徑　　　　　　　　(4)可量測物體槽寬。

解 量測槽寬需使用游標卡尺。

複選題

答

( ) 14. 手錘一般區分為硬錘及軟錘兩種，就應用上共同之特點為　　　　　　　　　(12)
(1)錘擊時握持距柄端 10 mm 處較佳　(2)手柄處扁平縮頸為吸收錘擊時之陡震
(3)錘面可更換旋入錘體　　　　　　(4)可用於打擊已加工面。

(　) 15. 手鉗種類依應用及鉗口形狀區分，下列何者屬正確敘述之範圍？　　　　　　　(13)

(1)手鉗規格大小以全長表示　　　　　(2)可以當錘擊工具

(3)剪斷或制式夾具無法夾持之替代工具　(4)可用於修護時錘擊或裝配工作。

(　) 16. 鉗工工作泛指操作者使用各種手工具所作的工作稱之，那些屬鉗工範疇？　　　(34)

(1)車床車削加工　　　　　　　　　　(2)磨床研磨工作

(3)手錘鏨切工作　　　　　　　　　　(4)銼刀銼削工作。

(　) 17. 關於管子板鉗使用敘述，何者錯誤？　　　　　　　　　　　　　　　　　　(14)

(1)專用於精細加工面　　　　　　　　(2)可旋轉圓形物件

(3)管子接頭之拆裝　　　　　　　　　(4)夾持時不會損壞工件表面。

解 管子板鉗使用在夾持工件表面時，易傷害工件表面(所以使用時，需要保護工件表面)；通常精細加工面的工件皆不建議使用。

(　) 18. 開口扳手為一種應用旋轉方式的工具，針對下列之敘述何者正確？　　　　　　(24)

(1)適用圓形頭螺絲旋緊　　　　　　　(2)適用六角形螺帽旋緊

(3)不對稱多邊形物件亦可使用　　　　(4)工具鋼鍛造製成。

解 開口扳手使用的正確與錯誤方法

開口全插入

尺寸不符

上揚

勿加墊片

未插到底

(　) 19. 梅花扳手口徑為使用方便，設計成十二尖角形，下列敘述何者錯誤？　　　　　(134)

(1)螺帽於深孔處之工作範圍亦可使用　(2)無缺口、工作時不易滑脫

(3)有單支或成組規格，只有英制　　　(4)可當錘擊工具。

解 (1)螺帽於深孔處之工作範圍以選用套筒扳手優先。

(3)梅花扳手規格有英制與公制兩種。

(4)梅花扳手不可用來當錘擊工具。

(　) 20. 螺絲起子之本體是以何種金屬製成為主？　　　　　　　　　　　　　　　　(14)

(1)高碳鋼　　　　　　　　　　　　　(2)鋁合金

(3)銅　　　　　　　　　　　　　　　(4)可熱處理之工具鋼。

(　) 21. 螺絲起子應用於必須受錘擊之情形時，應選擇　　　　　　　　　　　　　　(34)

(1)驗電起子　　　　　　　　　　　　(2)電工起子

(3)通心桿式起子　　　　　　　　　　(4)刀口形狀完整具鋼性起子。

解

手動起子　　　　　　實穿起子

(　) 22. 關於六角扳手規格之說明，下列何者正確？ 　 (24)

  (1)全長表示   (2)對邊長

  (3)對角長   (4)公制、英制區分。

 解 六角扳手之規格有公制與英制兩種，採正六角之對邊距離大小表示之。

(　) 23. 梅花扳手屬性為閉口式扳手，其特點為 　 (24)

  (1)有鬆滑現象   (2)對螺絲頭安全性佳

  (3)一定是單頭式   (4)十二尖角形設計、便利操作。

 解

平型(0度)	適合伸入狹小深處使用	
上揚15度	15° 適合螺栓/螺帽位於平面或凹處	角度定義
上揚60度	60°　60° 適合螺栓/螺帽位於平面或凹陷較深處	

(　) 24. 手工鋸切是鉗工的基本工作之一，片狀鋸條依其材質分為高碳鋼及高速鋼，選用之標 準規格常以鋸片 　 (14)

  (1)長度   (2)顏色

  (3)速度   (4)齒數　為原則。

 解 鋸條表示法－(12"×1/2"×0.025"－24T)，其中 12"為長度，1/2"為寬度，0.025"為厚度，24T 為齒數。

(　) 25. 銼刀表面有鏨切齒狀且經熱處理製程，用以銼削物件平面或曲面，使用時下列何者正確？ 　 (12)

  (1)銼刀必須套裝適合銼刀柄   (2)依物件材質適選粗細銼刀

  (3)可以當撬棒或錘子使用   (4)可塗抹油料較易操作。

(　) 26. 手提砂輪機依動力源區分電動或氣動兩種，使用程序之安全守則，下列何者正確？ 　 (124)

  (1)避免在油類易燃物附近磨削   (2)須戴防護眼鏡

  (3)不用穿防護衣   (4)研磨時不可碰撞以免砂輪破裂。

 解 使用手提砂輪機需穿防護衣(避免火花灼傷)。

(　) 27. 使用手動螺絲攻進行攻牙時不慎絲攻折斷，究其原因下列何者正確？ 　 (234)

  (1)鑽孔直徑太大   (2)攻製時螺絲攻偏斜不垂直

  (3)未添加潤滑油   (4)螺絲攻材質錯誤。

解 攻螺絲時注意事項及方法

1.選用正確尺寸的螺紋攻和扳手，螺絲攻尺寸標於柄上。

2.先利用鑽頭鑽孔作導孔的動作後，以第一攻直立底孔，檢查螺絲攻垂直度，宜選用的量具是角尺，再用充分壓力旋轉，使螺絲攻咬住於孔。

3.卸下扳手檢查螺絲攻是否和工作物垂直，如不垂直，取出重來。

4.螺絲攻進行正確，只旋轉扳手，不必加壓。進行旋轉 3/4 圈，應反退 1/4 圈，以利切斷鐵屑可退出。

5.繼續以二、三攻攻絲到孔底。

6.鋼、青銅材料攻絲須加油或潤滑劑，黃銅或鑄鐵則不必。

( ) 28. 排氣管之六角頭螺絲施力右旋鎖緊時折斷於施工孔內側，請問該如何處理？ (24)

(1)用焊接方式補平，再重新鑽孔攻牙

(2)由螺絲上方鑽通小孔用錐狀左螺旋拔螺釘器施力，以順向取出螺絲

(3)另找其他位置重新鑽孔攻牙

(4)利用放電加工將螺絲消除再攻牙即可。

解 斷頭螺絲處置的各種方法：

(一)鉗夾旋轉法：當螺絲折斷而其斷面在工作件表面上，即斷螺絲有部份螺紋凸出工作件表面上，可用手鉗或鋼絲鉗夾住，然後依鎖緊之相反方向旋轉取出。

(二)衝擊法：當螺絲折斷而其斷面略露出工作件的表面，可用刺衝或平鑿依鎖緊之相反方向沿斷面切線方向輕輕的敲擊，使斷螺絲鬆脫而取出。

(三)焊接法：當螺絲折斷而其斷面與工作件表面齊平或略凹陷，則可將斷螺絲之斷面利用電焊或氣焊熔接，使之凸出於工作件表面，再利用手鉗或鋼絲鉗夾住依鎖緊之反方向旋轉取出。

(四)鑽孔法：當螺絲折斷而其斷面略凹陷於工作件表面時，可將斷螺絲斷面鑽孔，鑽孔直徑約為該螺絲直徑的 1/2 至 3/5，然後再利用反牙螺絲攻旋出斷螺絲。

(五)酸蝕法：當螺絲折斷而其斷面略凹陷於工作件表面時，可用五分的水與一分的硝酸液混合，然後滴入螺絲孔內，使斷螺絲受浸蝕而鬆動，再依鑽孔法之方法取出斷螺絲，並迅速用清水沖洗螺絲孔，以免使螺絲孔繼續受酸蝕作用而損壞工作件。(注意：此種方法不適宜鋁合金材料之機件)

( ) 29. 螺絲攻攻牙應注意事項，下列敘述何者錯誤？ (123)

(1)不需添加任何潤滑劑　　　　　　　(2)選擇與螺絲攻相同尺寸之鑽頭鑽孔

(3)取任意大小螺絲攻扳手攻牙　　　　(4)確認螺絲攻尺寸。

解 螺絲攻

1.內螺紋以螺絲攻切削，叫攻絲。

2.螺絲攻雖以高速工具鋼製成，但較脆，易斷裂，須小心。

3.螺絲攻組以第一攻、第二攻、第三攻的三支螺絲攻成一組，三螺絲攻最大直徑(外徑)相同。

　(1)第一攻－至少 8 牙倒角，使前端小，而攻絲容易(粗攻)，又稱斜螺絲攻。

　(2)第二攻－約 3～4 牙倒角，繼第一攻使用(中攻)，又稱塞螺絲攻。

　(3)第三攻－約 1 牙倒角，作最後攻絲，使攻絲能儘量到孔底(精攻)，又稱底螺絲攻。

4.螺絲攻扳手－用以夾住螺絲攻的四方柄頭，用兩手握持迴轉攻絲的工

(　) 30. 鋸條齒形偏置之目的為何？ (23)
(1)耐壓力 (2)鋸切時不易積屑
(3)易鋸切材料 (4)製造方便。

解 鋸條齒形偏置之目的是鋸條在鋸切過程中希望鋸出來的鋸縫略寬於鋸條厚度，使鋸條、鋸背與材料三者之間存有適當空隙，此目的可使鋸身活動與排屑順暢。

(　) 31. 使用螺絲起子是以螺釘頭溝槽形狀而定，依外型分為 (12
(1)一字形 (2)六邊形 34)
(3)十字形 (4)四邊形。

解 螺絲起子的類型有下列型式，比較常用的是一字形、十字形、四邊形及六邊形。

⊖ 一字　　⊕ 十字H型　　✳ 十字Z型　　✺ 梅花　　⬡ 六角

Y 三翼　　✛ 翼形十字　　◉ 蛇眼　　✹ Polydrive　　◼ 四角

✺ 雙六角　　◉ 八角　　✺ 布里斯托　　✺ XZN　　🌀 單向螺絲

(　) 32. 手工具使用品質或維護壽命，工具平時保養是重要因素，以下何者正確？ (23)
(1)便利下次使用，用完不拘可任意堆疊 (2)工作完成須清潔保養並分類擺回置物架
(3)工具應依規格大小分類擺放工具盒 (4)不用分類但應整箱收納。

解 手工具於使用後應進行清潔保養後，依工具種類、規格大小分類收納歸位，以利下次取用。

(　) 33. 扣環的應用對軸件或孔件之階段擋置、定位等功能具其重要性，以下何者非屬裝置扣 (134)
環的專用工具？
(1)尖嘴鉗 (2)卡環鉗
(3)斜口鉗 (4)鯉魚鉗。

解 裝置扣環的專用工具為卡環鉗。

(　) 34. 針對起子之敘述，下列何者正確？ (12)
(1)一般可分為手柄、鋼桿、刀口三部份 (2)分為十字與平口起子
(3)加力起子可用於衝擊功能 (4)大型平口起子可當撬棒使用。

解 (3)加力起子不可當衝擊起子用，因其無法承受撞擊力道。
(4)大型平口起子不可當撬棒使用，以避免平口起子變形或斷裂。

(　) 35. 針對起子之使用，下列何者正確？ (23)
(1)起子的大小是指手柄末端到刀口尖端的長度
(2)起子刀口的大小要和螺絲頭的大小相配合
(3)起子要拿得正直，使鋼桿和螺絲成一直線
(4)十字起子可作為沖子使用。

( ) 36. 針對一般手工具之使用，下列何者有誤？　　　　　　　　　　　　(34)

(1)通常開口扳手開口中心線與柄之夾角為 15 度

(2)開口扳手上所刻的尺寸是指螺絲帽的大小

(3)開口扳手的開口大小與扳手之長度成反比

(4)不易從螺帽上滑脫之扳手為開口扳手。

解　(3)開口扳手的開口大小與扳手之長度無關。

(4)開口扳手比較容易從螺帽上滑脫，不能承受太大扭力又容易損壞螺帽。

工作項目② 服務態度、使用服務資料、定期保養

單選題

答

( ) 1. 關於機車服務站所提倡之 5S 運動項目，不包含下列何者？　　　(4)

(1)整理　　　　　　　　　　　　　(2)整頓

(3)清潔　　　　　　　　　　　　　(4)安全。

解　5 S 為整理、整頓、清掃、清潔、保養五大項。

( ) 2. 機車服務站內所使用工具設備的定期保養，是屬於 5S 運動項目中何項之要求？　(3)

(1)整理　　　　　　　　　　　　　(2)整頓

(3)清潔　　　　　　　　　　　　　(4)安全。

( ) 3. 機車服務站內所使用物品之定位放置，是屬於 5S 運動項目中何項之要求？　(2)

(1)整理　　　　　　　　　　　　　(2)整頓

(3)清潔　　　　　　　　　　　　　(4)清掃。

解　整頓的意義：

把需要的人、事、物加以定量、定位。通過前一步整理後，對生產現場需要留下的物品進行科學合理的佈置和擺放，以使用最快的速度取得所需之物，在最有效的規章、制度和最簡捷的流程下完成作業。

整頓的要點。

(1) 物品擺放要有固定的地點和區域，以便於尋找，消除因混放而造成的差錯。

(2) 物品擺放地點要科學合理。例如，根據物品使用的頻率，經常使用的東西應放得近些(如放在作業區內)，偶爾使用或不常使用的東西則應放得遠些(如集中放在車間某處)。

(3) 物品擺放目視化，使定量裝載的物品做到過目知數，擺放不同物品的區域採用不同的色彩和標記加以區別。

( ) 4. 機車服務站內地面保持乾淨無油漬，是屬於 5S 運動項目中何項之要求？　(4)

(1)整理　　　　　　　　　　　　　(2)整頓

(3)清潔　　　　　　　　　　　　　(4)清掃。

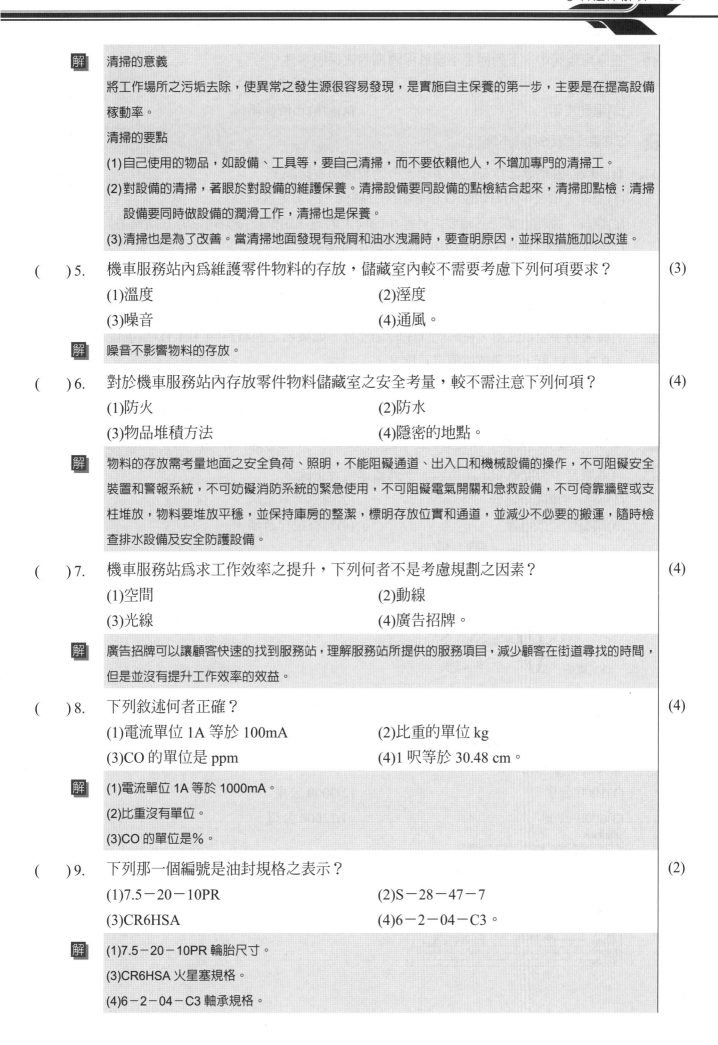

解 清掃的意義

將工作場所之污垢去除，使異常之發生源很容易發現，是實施自主保養的第一步，主要是在提高設備稼動率。

清掃的要點

(1)自己使用的物品，如設備、工具等，要自己清掃，而不要依賴他人，不增加專門的清掃工。

(2)對設備的清掃，著眼於對設備的維護保養。清掃設備要同設備的點檢結合起來，清掃即點檢；清掃設備要同時做設備的潤滑工作，清掃也是保養。

(3)清掃也是為了改善。當清掃地面發現有飛屑和油水洩漏時，要查明原因，並採取措施加以改進。

( ) 5. 機車服務站內為維護零件物料的存放，儲藏室內較不需要考慮下列何項要求？ (3)

(1)溫度　　　　　　　　　　　　(2)溼度

(3)噪音　　　　　　　　　　　　(4)通風。

解 噪音不影響物料的存放。

( ) 6. 對於機車服務站內存放零件物料儲藏室之安全考量，較不需注意下列何項？ (4)

(1)防火　　　　　　　　　　　　(2)防水

(3)物品堆積方法　　　　　　　　(4)隱密的地點。

解 物料的存放需考量地面之安全負荷、照明，不能阻礙通道、出入口和機械設備的操作，不可阻礙安全裝置和警報系統，不可妨礙消防系統的緊急使用，不可阻礙電氣開關和急救設備，不可倚靠牆壁或支柱堆放，物料要堆放平穩，並保持庫房的整潔，標明存放位置和通道，並減少不必要的搬運，隨時檢查排水設備及安全防護設備。

( ) 7. 機車服務站為求工作效率之提升，下列何者不是考慮規劃之因素？ (4)

(1)空間　　　　　　　　　　　　(2)動線

(3)光線　　　　　　　　　　　　(4)廣告招牌。

解 廣告招牌可以讓顧客快速的找到服務站，理解服務站所提供的服務項目，減少顧客在街道尋找的時間，但是並沒有提升工作效率的效益。

( ) 8. 下列敘述何者正確？ (4)

(1)電流單位 1A 等於 100mA　　　(2)比重的單位 kg

(3)CO 的單位是 ppm　　　　　　(4)1 呎等於 30.48 cm。

解 (1)電流單位 1A 等於 1000mA。

(2)比重沒有單位。

(3)CO 的單位是%。

( ) 9. 下列那一個編號是油封規格之表示？ (2)

(1)7.5－20－10PR　　　　　　　(2)S－28－47－7

(3)CR6HSA　　　　　　　　　　(4)6－2－04－C3。

解 (1)7.5－20－10PR 輪胎尺寸。

(3)CR6HSA 火星塞規格。

(4)6－2－04－C3 軸承規格。

( ) 10. 在原廠規範中，下列何者不屬於保固期內之保固零件？ **(3)**
(1)汽缸 　　　　　　　　　　　　(2)起動馬達
(3)驅動皮帶 　　　　　　　　　　(4)齒輪箱傳動組。

解 皮帶屬於消耗性材料(不保固)。

( ) 11. 有關機器腳踏車之作業注意事項，下列敘述何者錯誤？ **(2)**
(1)墊片、環夾、開口銷及 O 環經拆開分解後，必須更換新品
(2)螺絲、螺帽上緊時必須要從外徑小的向大的逐次鎖緊及按對角之方式鎖緊扭力
(3)指定潤滑之部位，必須使用指定油脂加以潤滑
(4)保險絲斷了，必須檢查原因、修理，並依指定容量保險絲更換。

解 螺絲、螺帽上緊時必須要依照廠家規定從外徑大的向小的逐次鎖緊及按對角之方式鎖緊扭力。

( ) 12. 有關服務手冊之使用，在汽門開閉時期部分，如吸氣之記載為開 B.T.D.C.10 度、閉 **(4)**
A.B.D.C.32 度，下列敘述何者正確？
(1)汽門開啟時間為上死點前 32 度 　　(2)汽門開啟時間為上死點後 10 度
(3)汽門關閉時間為下死點前 10 度 　　(4)汽門關閉時間為下死點後 32 度。

解 B.T.D.C.(Before Top Dead Center：上死點前；A.B.D.C.(After Bottom Dead Center)：下死點後。

( ) 13. 有關服務手冊記載如下圖所示，下列敘述何者正確？ **(3)**
(1)調整煞車間隙鬆緊 　　　　　　(2)調整煞車游隙
(3)調整節流閥游隙 　　　　　　　(4)調整拉桿游隙。

調整螺帽
固定螺帽

解 左邊把手調整的是節流閥線之游隙(微調)。

( ) 14. 顧客新買了一部機器腳踏車，請問如下圖所示之定期保養表，這位顧客騎乘多少里程 **(3)**
需要更換空氣濾清器？
(1)1000 公里 　　　　　　　　　　(2)3000 公里
(3)6000 公里 　　　　　　　　　　(4)12000 公里。

定期保養表
按定時間的定期保養必須依照本表執行以使機車保持在最佳運轉狀況。
第一次的保養是最重要的，絕對不可疏忽。
A：調整　C：清潔　I：檢查　R：更換

頻率 作業	視何者先到 備註	X 1000km 月	1	6	12	18	24	30	36
			6	12	18	24	30	36	
空氣濾清器				R	R	R	R	R	R
火星塞					R		R		R
節流閥				I			I		I
汽門間隙					I		I		I
汽油濾清器						I			I
曲軸箱通風管				C	C	C	C	C	C
機油	新車 300km 更換		每 3000km 更換一次						
機油濾清器			R	R	R	R	R	R	R
機油過濾網			C	C	C	C	C	C	C
化油器			I	I	I	I	I	I	I
冷卻水裝置					I		I		R

解 由圖表可知第一次 6,000 公里(或 6 個月)更換；第二次 12,000 公里(或 12 個月)更換。

定期保養表

排定時間的定期保養必須依照本表執行以使機車保持在最佳運轉狀況。
第一次的保養是最重要的，絕對不可疏忽。
A：調整　C：清潔　I：檢查　R：更換

作業	頻率 備註	視何者先到 X 1000km 月	1	6 6	12 12	18 18	24 24	30 30	36 36
空氣濾清器				R	R	R	R	R	R
火星塞					R		R		R
節流閥						I		I	I
汽門間隙							I		
汽油濾清器					I		I		I
曲軸箱通風管				C	C	C	C	C	C
機油	新車 300km 更換			每 3000km 更換一次					
機油濾清器			R	R	R	R	R	R	R
機油過濾網			C	C	C	C	C	C	C
化油器			I	I	I	I	I	I	I
冷卻水裝置					I		I		R

( ) 15. 如下圖所示之特殊工具名稱為　　　　　　　　　　　　　　　　　　　　(1)

(1)離合器彈簧壓縮器　　　　　　　　(2)皮帶拆卸器

(3)離合器外套拆卸器　　　　　　　　(4)傳動盤拆卸器。

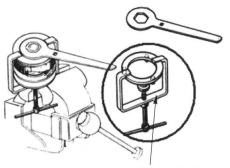

此工具名稱

( ) 16. 機器腳踏車線路圖中，如下圖所示之元件名稱為　　　　　　　　　　　　(3)

(1)方向燈開關　　　　　　　　　　(2)煞車開關

(3)主開關　　　　　　　　　　　　(4)喇叭開關。

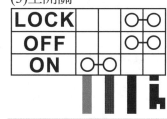

解 一般主開關三段位置，LOCK：鎖住車把手；OFF：斷電；ON：通電。

( ) 17. 機器腳踏車定期檢查表施工方式之說明，下列何者錯誤？　　　　　　　　(2)

(1)I：檢查　　　　　　　　　　　(2)A：更換

(3)C：清潔　　　　　　　　　　　(4)L：潤滑。

解 A：調整。

(　) 18. 有關機器腳踏車定期保養之工作程序，下列敘述何者錯誤？　　　　　　　　(2)

(1)檢查煞車油時，如果煞車油低於標準應添加同等級同號數之煞車油

(2)為使前燈照明更清晰，可以將原來之燈光系統改成 HID 前燈

(3)四行程空氣濾清器需依照公里數檢查，必要時更換

(4)更換機油時，需戴防硫之手套保護皮膚，以免皮膚受機油滲入而影響健康。

解 如需變更氣體放電式(HID)頭燈設備，應依「道路交通安全規則」第 23 條及 23 條之 1 規定辦理，其設備規格變更必須符合上述規則附件 15 第 2 項第 1 款電系－頭燈(氣體放電式頭燈)之相關規定，並經公路監理機關檢驗合格後，方得辦理變更登記。

(　) 19. 當實施保養時，發現火星塞的積碳成灰白色，而車主說明此機器腳踏車主要用於山區　(4)

載貨，則下列何者為最可能的處置方式？

(1)將火星塞間隙調大　　　　　　　　　(2)將火星塞間隙調小

(3)換裝熱型火星塞　　　　　　　　　　(4)換裝冷型火星塞。

解 火星塞積碳成灰白色是過熱現象，積碳成燻黑色是是過冷的現象。

(　) 20. 有關機器腳踏車怠速調整步驟，下列敘述何者錯誤？　　　　　　　　　　　(4)

(1)怠速調整之前，應先清潔空氣濾清器

(2)機器腳踏車一定充分暖車

(3)使用主支架駐車於平坦地面

(4)連接引擎轉速錶到火星塞，以測量引擎轉速。

解 轉速錶應連接到(或夾住)點火線圈之高壓線上。

複選題

答

(　) 21. 服務態度對顧客之應對方式，下列敘述何者正確？　　　　　　　　　　　(124)

(1)能主動正確與顧客問候　　　　　　　(2)能細心、耐心聆聽顧客說明需求

(3)能正確與顧客辯解　　　　　　　　　(4)能正確記錄顧客交付之事項。

解 服務態度對顧客之應對方式，依機器腳踏車修護技術士技能檢定規範之技能標準有：

1.能主動正確與顧客問候。

2.能細心、耐心聆聽顧客說明需求。

3.能正確記錄顧客交付之事項。

4.能正確指導、說明對顧客禮貌及應對態度的相關事項。

(　) 22. 有關服務態度之清潔工作技能，下列敘述何者正確？　　　　　　　　　　(12

(1)瞭解清潔劑使用須知　　　　　　　　(2)維持個人服裝儀容　　　　　　　　34)

(3)能正確清潔及擺設維修之車輛　　　　(4)能正確清潔及維護工作場所之機具設備。

解 服務態度之清潔工作技能，依機器腳踏車修護技術士技能檢定規範之相關知識標準有：

1.精熟清潔劑常識。

2.精熟環保相關知識。

3.精熟整潔工作場所之工作步驟。

4.精熟清潔、擺設新車之工作步驟。

5.精熟工場安全規則。

( ) 23. 良好待客應對的原則為 (234)

(1)經常抱怨客人態度不良　　　　　　(2)對於客人應抱著熱情、關懷的心理

(3)處理交修事項時應誠心誠意　　　　(4)經常抱著感謝客人的心情。

解 良好待客應對的原則為，了解顧客所面臨的問題(交付的事項)，能正確及迅速的解決，而不是抱怨客人態度不良。

( ) 24. 有關服務態度之服裝儀容相關知識，下列敘述何者正確？ (12)

(1)瞭解個人服裝儀容與職場、顧客之互動性　(2)瞭解職場之工作安全性

(3)瞭解環保相關知識　　　　　　　　(4)瞭解維修廢棄物之處理常識。

解 依機器腳踏車修護技術士技能檢定規範，服務態度之服裝儀容相關知識有：

1.精熟個人服裝儀容與職場之互動性。

2.精熟個人服裝儀容與職場之工作安全性。

( ) 25. 「良好待客之應對」的基本要點為 (124)

(1)第一印象的重要性　　　　　　　　(2)仔細聆聽

(3)以專業術語表達及解說自己想法讓顧客了解　(4)瞭解顧客心理的待客應對。

( ) 26. 客戶來廠取車時，對於完工交車所需之應對事項，下列敘述何者正確？ (234)

(1)檢查現車狀況　　　　　　　　　　(2)將與客戶解說之維修內容做詳細記錄

(3)和客人一起確認完修之車況　　　　(4)不可只憑感覺，一切以儀器檢測為憑據。

解 對於交付之委修項目應確認是否有完修，不能只有檢查現車狀況。

( ) 27. 顧客交辦維修事項時應如何處置？ (24)

(1)默記在心，知道就好　　　　　　　(2)逐項記錄並覆誦一次

(3)直接交代店內同事處理　　　　　　(4)敬請顧客確認委修項目。

解 顧客交辦維修事項時應逐項記錄並覆誦一次，並且請顧客確認委修項目。

( ) 28. 有關使用服務資料項目有 (123)

(1)使用說明書　　　　　　　　　　　(2)使用修護手冊

(3)使用零件手冊　　　　　　　　　　(4)使用廠房機械操作說明書。

解 機車服務資料項目不包含使用廠房機械操作說明書。

( ) 29. 有關服務資料使用說明書技能標準，下列敘述何者正確？ (13)

(1)能正確查閱使用說明書　　　　　　(2)能瞭解機具說明書內容

(3)能正確依說明書操作相關機具設備　(4)能瞭解設備說明書內容。

解　依機器腳踏車修護技術士技能檢定規範,服務資料使用說明書之技能標準有:

1. 能正確查閱使用說明書。

2. 能正確依說明書操作相關機具設備。

(　) 30. 有關使用修護手冊技能標準,下列敘述何者正確? （24）

(1)能瞭解使用修護手冊要領

(2)能正確依廠牌車型查閱修護手冊相關規格

(3)能瞭解使用修護手冊之注意事項

(4)能正確依廠牌車型查閱修護手冊相關工作步驟。

解　依機器腳踏車修護技術士技能檢定規範,使用修護手冊之技能標準有:

1. 能正確依廠牌、車型查閱修護手冊相關規格。

2. 能正確依廠牌、車型查閱修護手冊相關工作步驟。

(　) 31. 有關使用機車零件手冊相關知識,下列敘述何者正確? （13）

(1)能瞭解使用零件手冊要領

(2)能正確依廠牌車型查閱修護手冊相關規格

(3)能瞭解使用零件手冊之注意事項

(4)能正確依廠牌車型查閱修護手冊相關工作步驟。

解　依機器腳踏車修護技術士技能檢定規範,使用機車零件手冊之相關知識有:

1. 瞭解使用零件手冊要領。

2. 瞭解使用零件手冊之注意事項。

(　) 32. 有關定期保養技能種類,下列敘述何者正確? （123）

(1)引擎定期保養　　　　　　　　(2)電系定期保養

(3)車體定期保養　　　　　　　　(4)新車定期保養。

解　定期保養之技能種類有三項:引擎定期保養、電系定期保養及車體定期保養。

(　) 33. 有關引擎定期保養技能標準,下列敘述何者正確? （12）

(1)能正確依廠家規範執行引擎定期保養工作並注意工作安全

(2)能正確依定期保養記錄表及廠家規範執行引擎定期保養及檢查工作

(3)能瞭解定期保養記錄表操作方法及廠家規範查閱方式

(4)能瞭解操作引擎定期保養工作步驟及工作安全。

解　依機器腳踏車修護技術士技能檢定規範,引擎定期保養之技能標準有:

1. 能正確指導、說明依廠家規範執行引擎定期保養工作並注意工作安全。

2. 能正確指導、說明依定期保養記錄表及廠家規範,執行引擎定期保養及檢修工作。

(　) 34. 有關引擎定期保養相關知識,下列敘述何者正確? （23）

(1)能正確依廠家規範執行引擎定期保養工作並注意工作安全

(2)能瞭解定期保養記錄表操作方法及廠家規範查閱方式

(3)能瞭解操作引擎定期保養工作步驟及工作安全

(4)能正確依定期保養記錄表及廠家規範執行引擎定期保養及檢查工作。

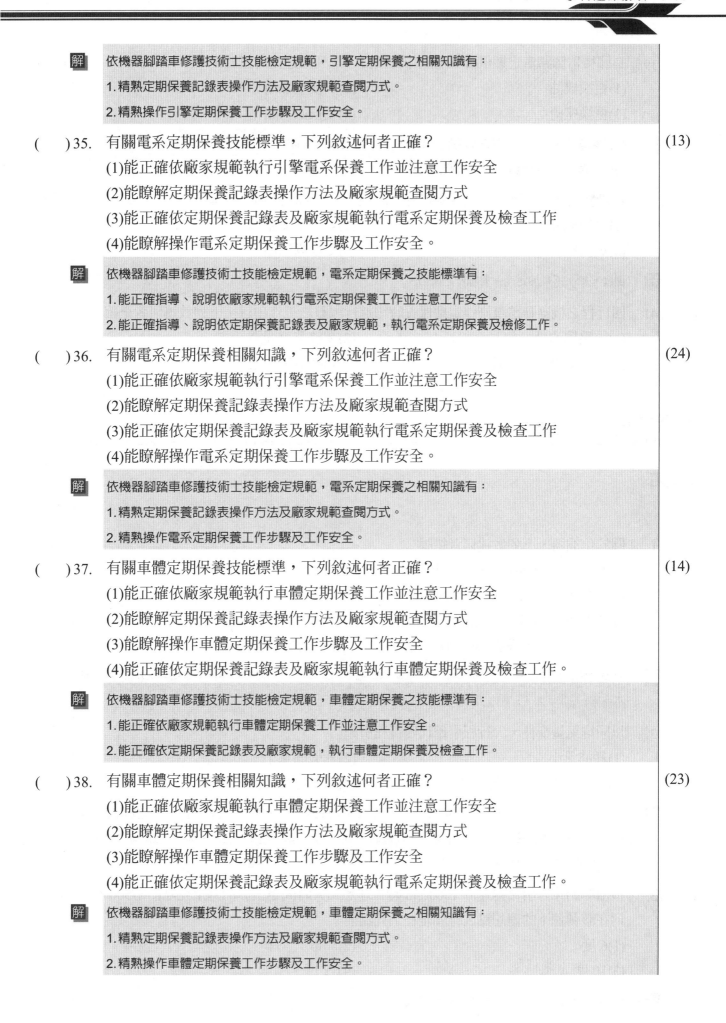

解 依機器腳踏車修護技術士技能檢定規範，引擎定期保養之相關知識有：

1.精熟定期保養記錄表操作方法及廠家規範查閱方式。

2.精熟操作引擎定期保養工作步驟及工作安全。

( ) 35. 有關電系定期保養技能標準，下列敘述何者正確？ (13)

(1)能正確依廠家規範執行引擎電系保養工作並注意工作安全

(2)能瞭解定期保養記錄表操作方法及廠家規範查閱方式

(3)能正確依定期保養記錄表及廠家規範執行電系定期保養及檢查工作

(4)能瞭解操作電系定期保養工作步驟及工作安全。

解 依機器腳踏車修護技術士技能檢定規範，電系定期保養之技能標準有：

1.能正確指導、說明依廠家規範執行電系定期保養工作並注意工作安全。

2.能正確指導、說明依定期保養記錄表及廠家規範，執行電系定期保養及檢修工作。

( ) 36. 有關電系定期保養相關知識，下列敘述何者正確？ (24)

(1)能正確依廠家規範執行引擎電系保養工作並注意工作安全

(2)能瞭解定期保養記錄表操作方法及廠家規範查閱方式

(3)能正確依定期保養記錄表及廠家規範執行電系定期保養及檢查工作

(4)能瞭解操作電系定期保養工作步驟及工作安全。

解 依機器腳踏車修護技術士技能檢定規範，電系定期保養之相關知識有：

1.精熟定期保養記錄表操作方法及廠家規範查閱方式。

2.精熟操作電系定期保養工作步驟及工作安全。

( ) 37. 有關車體定期保養技能標準，下列敘述何者正確？ (14)

(1)能正確依廠家規範執行車體定期保養工作並注意工作安全

(2)能瞭解定期保養記錄表操作方法及廠家規範查閱方式

(3)能瞭解操作車體定期保養工作步驟及工作安全

(4)能正確依定期保養記錄表及廠家規範執行車體定期保養及檢查工作。

解 依機器腳踏車修護技術士技能檢定規範，車體定期保養之技能標準有：

1.能正確依廠家規範執行車體定期保養工作並注意工作安全。

2.能正確依定期保養記錄表及廠家規範，執行車體定期保養及檢查工作。

( ) 38. 有關車體定期保養相關知識，下列敘述何者正確？ (23)

(1)能正確依廠家規範執行車體定期保養工作並注意工作安全

(2)能瞭解定期保養記錄表操作方法及廠家規範查閱方式

(3)能瞭解操作車體定期保養工作步驟及工作安全

(4)能正確依定期保養記錄表及廠家規範執行電系定期保養及檢查工作。

解 依機器腳踏車修護技術士技能檢定規範，車體定期保養之相關知識有：

1.精熟定期保養記錄表操作方法及廠家規範查閱方式。

2.精熟操作車體定期保養工作步驟及工作安全。

( )39. 有關機器腳踏車定期保養不需施作之項目，下列敘述何者正確？ (34)
(1)更換機油 (2)更換空氣濾芯
(3)更換座椅 (4)更換置物箱。

解 機器腳踏車定期保養施作之項目有：更換機油、更換機油濾清器、更換空氣濾清器、更換齒輪油、更換火星塞…等；不包含更換座椅及置物箱。

( )40. 無段變速機器腳踏車定期保養需施作之項目，下列敘述何者正確？ (124)
(1)更換機油 (2)更換空氣濾芯
(3)更換座椅 (4)更換齒輪油。

解 更換座椅，不屬於定期保養施作之項目。

( )41. 四行程之機器腳踏車施作定期保養時需進行調整之工作項目，下列敘述何者正確？ (24)
(1)調整機油量 (2)調整煞車間隙
(3)調整引擎點火正時 (4)調整引擎怠速。

工作項目❸ 檢修引擎

單選題

答

( )1. 關於化油器，下列敘述何者錯誤？ (4)
(1)當油嘴之號碼比正常規格小，則會較省油
(2)油嘴上之號碼愈小，表示其孔徑愈小
(3)大號碼之油嘴，可提供較濃的混合氣
(4)化油器之節流閥軸鬆動對怠速影響不大，對高速影響較大。

解 節流閥軸鬆動在怠速時混合氣變稀，因為節流閥軸下方真空變小的緣故，高速時影響不大(因怠速油路不作用)。

( )2. 以同排氣量條件，二行程引擎比四行程引擎 (3)
(1)耗油量小 (2)耗機油量小
(3)單位馬力引擎重量較輕 (4)排氣污染度較不嚴重。

解 二行程引擎曲軸轉一轉產生一次動力，四行程引擎曲軸需轉二轉，因動力次數不同，故同排氣量之條件下單位馬力重量較輕，當然耗油量大、耗機油量也大，因進氣、壓縮、動力、排氣四個行程不確實，所以排氣污染度較嚴重。

( )3. 機器腳踏車若引擎轉速於 1000rpm 時，理想點火時間是位於活塞上死點前 1/500 秒，則在該轉速下的理想點火時間是在上死點前 (4)
(1)6 度 (2)8 度
(3)10 度 (4)12 度。

解 (1000rpm×360°/60 秒)×1/500 秒＝12 度。

( ) 4. 關於氣冷式與水冷式引擎相比較時，下列何者正確？ (3)
(1)水冷式成本較便宜 (2)氣冷式保養較不易
(3)水冷式對引擎工作溫度控制較平穩 (4)水冷式設備重量較輕。

解 水冷式與氣冷式引擎相比較時，水冷式成本較高且保養不易(零件多、總重量變重)，但對於溫度控制較穩定。

( ) 5. 四缸四行程機器腳踏車，理論上其引擎動力間隔為曲軸迴轉多少度？ (2)
(1)90 度 (2)180 度
(3)720 度 (4)360 度。

解 理論上引擎之動力間隔為 720°/4(缸數)＝180°。

( ) 6. 設 D：缸徑，S：行程，N：汽缸數，則四行程引擎汽缸總排汽量之計算公式為 (4)
(1)$\pi D^2 \times S \times N$ (2)$\pi D^2 \times 2S \times N$
(3)$(\pi D^2 \times S \times N) \div 2$ (4)$(\pi D^2 \times S \times N) \div 4$。

解 四行程引擎汽缸總排汽量＝$(D/2) \times (D/2) \times \pi \times S \times N = (D^2/4) \times \pi \times S \times N = (\pi D^2 \times S \times N) \div 4$。

( ) 7. 機器腳踏車之燃油噴射系統，下列那一元件故障時不會影響燃油壓力之大小？ (4)
(1)燃油泵浦 (2)燃油壓力調整器
(3)燃油濾清器 (4)燃油錶。

解 燃油錶與壓力無關。

( ) 8. 電容放電式點火系統，火星塞跳火時主要電容器在發生甚麼作用？ (1)
(1)放電 (2)充電
(3)儲存電量 (4)靜止不作用。

解 電容器放電時火星塞跳火(增強高壓電)。

( ) 9. 關於大型重型機車 OHC 引擎機構，針對下圖作業之目的，下列敘述何者錯誤？ (3)
(1)防止火星塞間隙受碰撞而縮小 (2)防止火星塞陶瓷部份碎裂
(3)進行多缸引擎之動力平衡測試 (4)進行火星塞之安裝作業。

火星塞

解 動力平衡以各缸斷油為基準，不能斷電(增加觸媒負荷)。

(　　) 10. 下圖箭頭所指之零件名稱為何？　　　　　　　　　　　　　　　　　　　　(2)
　　　　(1)消音器隔熱板　　　　　　　　　　(2)觸媒轉換器
　　　　(3)消音器隔音棉　　　　　　　　　　(4)活性碳過濾器。

此內部組件之名稱

後段消音器

(　　) 11. 關於下圖元件之量測，下列敘述何者正確？　　　　　　　　　　　　　　　　(1)
　　　　(1)三用電錶需選擇在歐姆錶檔位　　　　(2)三用電錶需選擇在電壓錶檔位
　　　　(3)三用電錶需選擇在電流錶檔位　　　　(4)三用電錶需選擇在轉速錶檔位。

燃油計　　滿

空

解　量測燃油計電阻值，需使用三用電錶並選擇在歐姆檔檔位(量測滿油位及空油位電阻值)。

(　　) 12. 關於氣冷式機器腳踏車的曲軸箱吹漏氣系統，下列敘述何者正確？　　　　　　(1)
　　　　(1)須定期排放囤積之廢油
　　　　(2)產生之廢油成分只有機油
　　　　(3)廢油呈現乳白色時，表示引擎內部漏水
　　　　(4)其通氣管直接通大氣。

解　(2)產生之廢油成分有機油及油氣(HC)。

　　　(3)廢油呈現乳白色時，表示引擎內部漏水(氣冷式無水可漏)，水的來源有可能是空氣中水份(濕氣)。

　　　(4)其通氣管直接通大氣(需引導至空器濾清器中再吸入燃燒室燃燒)。

(　　) 13. 汽缸壓縮壓力過低之可能原因，不包含下列何者？　　　　　　　　　　　　　(3)
　　　　(1)汽門間隙調整不良　　　　　　　　(2)汽門座腐蝕
　　　　(3)汽門彈簧彈性過大　　　　　　　　(4)汽門面積碳。

解　汽門間隙調整不良(過小)易漏氣，汽門座腐蝕(密合不良)易漏氣，汽門面積碳(密合不良)易漏氣，易漏氣壓縮壓力會過低，但汽門彈簧彈性過小時才會造成漏氣(密合不良)。

(　　) 14. 拆裝汽缸頭時，下列敘述何者錯誤？　　　　　　　　　　　　　　　　　　　(3)
　　　　(1)要等引擎本體及汽缸頭完全冷卻後才可進行
　　　　(2)汽缸床墊片需更換新品
　　　　(3)汽缸頭螺帽鎖緊時，不須塗佈機油但需鎖緊扭力
　　　　(4)安裝時不可有異物掉入曲軸箱內。

解 汽缸頭螺帽鎖緊時，須塗佈機油且依廠家規定鎖緊扭力。

( ) 15. 在通風良好的室外，將停放一夜且裝有觸媒的 100cc 噴射引擎機器腳踏車發動並量測 (2)
其在怠速時的廢氣排放，發覺 CO、HC 過濃。但在以每小時 70 公里的時速行駛 15
分鐘後，再於怠速的情況下量測，發覺 CO、HC 排放正常，則下列何者為前述剛發
動時，CO、HC 過濃的最可能原因？
(1)點火系統不良　　　　　　　　　　(2)觸媒溫度不足
(3)混合氣稀薄　　　　　　　　　　　(4)噴油嘴堵塞。

解 因為觸媒未達工作溫度，無法轉換廢氣所致。

( ) 16. 機器腳踏車之二次空氣導入系統是將空氣導入何處？ (2)
(1)化油器　　　　　　　　　　　　　(2)排氣通道
(3)空氣濾清器　　　　　　　　　　　(4)曲軸箱。

解 二次空氣導入系統是將空氣導入排氣通道，使 CO、HC 變成 CO_2、H_2O。

( ) 17. 有關燃油噴射系統節氣門位置感知器(TPS)之敘述，下列何者錯誤？ (1)
(1)節氣門全開時電壓為 12V　　　　　(2)為可變電阻型式
(3)供應電壓為 5V　　　　　　　　　　(4)與節氣門轉軸連動。

解 節氣門供應電壓為 5V，全開時之電壓亦為 5V 左右。

( ) 18. 有關燃油噴射系統噴油嘴之敘述，下列何者錯誤？ (4)
(1)安裝時需注意油封之密閉性
(2)作用電壓為 12 伏特
(3)由電腦控制噴油嘴作動
(4)因燃油管路有壓力，所以不會阻塞噴油嘴。

解 碳氫化合物不管機油或汽油，若長久暴露於高溫下，極易產生膠質及焦油，形成極稠之黑色油泥，所
以依規定需定期清理、除碳。

( ) 19. 燃油噴射系統中含氧感知器是靠偵測排氣管中何種物質，來作為修正噴油量的參考？ (4)
(1)碳氫化合物　　　　　　　　　　　(2)一氧化碳
(3)溫度　　　　　　　　　　　　　　(4)氧氣。

解 含氧感知器是靠偵測排氣管中廢氣之含氧量，來修正噴油量。

( ) 20. 關於汽缸壓縮壓力之敘述，下列何者錯誤？ (3)
(1)壓縮比愈高，跳火電壓愈高
(2)壓縮比愈低，跳火電壓愈低
(3)壓縮比高低與跳火電壓無關
(4)當壓縮比不變時，跳火電壓將較為穩定。

(　)21. 關於火星塞間隙與跳火電壓之關係，下列敘述何者正確？ (1)

(1)當火星塞間隙較大時，則跳火電壓愈高

(2)當火星塞間隙較大時，則跳火電壓愈低

(3)火星塞跳火電壓高低與間隙無關

(4)當跳火電壓較穩定時，表示火星塞有漏電。

解 跳火電壓與火星塞間隙成正比，但過大之火星塞間隙亦有可能造成火星塞產生失火(不跳火)的現象。

(　)22. 下列何種非機油添加劑之種類？ (4)

(1)黏度指數增進劑　　　　　　　　(2)流動性降低劑

(3)抗極壓劑　　　　　　　　　　　(4)防銹劑。

解 防銹劑不是機油油品的添加劑。

(　)23. 關於汽缸壓縮壓力之量測，下列敘述何者錯誤？

(1)需於冷車時進行測試 (1)

(2)需將點火系統之低壓側線路斷路或高壓線搭鐵

(3)節氣門須處於全開位置

(4)隨車之電瓶需於滿電狀態。

解 汽缸壓縮壓力之量測，需於引擎溫車後進行測試。

(　)24. 關於大型重型機車(多汽缸型)汽缸壓縮壓力之量測，下列敘述何者錯誤？ (2)

(1)需將點火系統之低壓側線路斷路或高壓線搭鐵

(2)僅拆下預備測試缸之火星塞即可

(3)節氣門須處於全開位置

(4)隨車之電瓶需於滿電狀態。

解 汽缸壓縮壓力之量測(多汽缸型)，需將全部火星塞拆除，才可進行量測。

(　)25. 針對油箱內隔板之敘述，下列何者正確？ (2)

(1)增加汽油之晃動，提升其活性以幫助燃燒

(2)減低汽油之晃動並可增加油箱之強度

(3)隔離與大氣之接觸，提升安全性

(4)可增加油箱容量，提高行駛里程。

(　)26. 針對水冷式引擎之敘述，下列何者正確？ (4)

(1)系統中有空氣時並不影響其散熱功能

(2)可拆除節溫器以增加引擎之散熱性

(3)節溫器是屬於負溫度係數型

(4)水箱蓋屬壓力型之設計。

解 (1)系統中有空氣需排除，否則影響散熱功能。

(2)節溫器不應隨便拆除，拆除節溫器會增加引擎溫車的時間。

(3)節溫器是屬於正溫度係數型。

(1) 27. 針對化油器引擎空氣濾清器之敘述，下列何者錯誤？
(1)過髒時，僅需清潔即可毋須更換
(2)可分為乾式及濕式
(3)過髒時會影響混合比
(4)過濾性不佳時，引擎容易磨損。

解 空氣濾清器可分為乾式及濕式兩種，空氣濾清器過髒時，需清潔；清不乾淨則需更換新品。

(2) 28. 針對機油之敘述，下列何者錯誤？
(1)長時間使用而不變黑，表示品質不良
(2)被沖淡的原因為引擎吹漏氣之水分
(3)可選用 API－S 級之機油
(4)過度使用阻風門容易造成機油變稀。

解 被沖淡的原因為引擎吹漏氣之油氣(HC)。

(4) 29. 水冷式引擎溫度過高，下列何者非可能之故障原因？
(1)冷卻水不足　　　　　　　　(2)機油量不足
(3)水箱蓋故障　　　　　　　　(4)節溫器卡於全開位置。

解 節溫器卡於全關(未開啟)位置才會造成引擎溫度過高。

(2) 30. 針對機器腳踏車排氣管觸媒之敘述，下列何者錯誤？
(1)大多屬於還原氧化反應　　　(2)其反應作用時與反應溫度無關
(3)阻塞時會影響動力輸出　　　(4)需添加無鉛汽油。

解 排氣管觸媒需達工作溫度後，才會進行氧化還原反應(轉化廢氣)，所以反應作用時與溫度有關。

(4) 31. 針對化油器引擎下列何者非排氣管放炮之原因？
(1)混合氣太濃　　　　　　　　(2)點火正時過晚
(3)空氣濾清器阻塞　　　　　　(4)進汽歧管漏氣。

解 進汽歧管漏氣會造成混合氣過稀，混合氣太濃才會造成排氣管放炮。

(1) 32. 針對機器腳踏車燃油噴射系統之敘述，下列何者錯誤？
(1)噴油量是由燃油壓力所控制　　(2)噴油嘴是由電腦控制其作動時間
(3)燃油壓力調節器異常時混合比會改變　(4)噴油嘴作用是屬電磁作動式。

解 噴油量是由噴油嘴開啟的時間長短所控制。

(2) 33. 關於可變喉管式化油器，下列敘述何者正確？
(1)可不需具備阻風門之裝置
(2)於引擎高速運轉時比固定喉管式化油器有較高之容積效率
(3)可變喉管式化油器也稱為可變真空式化油器
(4)當其真空活塞閥門移動時，其文氏管斷面積保持不變狀態。

(　) 34. 下列何者非機器腳踏車之廢氣排放物？　(4)
(1)O_2　　　　　　　　　　(2)CO
(3)NO_X　　　　　　　　　　(4)H_2。

(　) 35. 有關機器腳踏車所裝置氧化觸媒功能之敘述，下列何者正確？　(1)
(1)可將 CO 氧化成 CO_2　　　(2)可將 NO_X 氧化成 NO
(3)可將 NO_X 氧化成 N_2 及 O_2　(4)可將 HC 氧化成 H_2 及 CO_2。

解　氧化觸媒之功能為將 CO 氧化成 CO_2、HC 氧化成 H_2O。

(　) 36. 有關機器腳踏車所裝置之含氧感知器的敘述，下列何者正確？　(2)
(1)含氧感知器可直接量測混合氣的空燃比
(2)含氧感知器之信號可作為噴油量修正的依據
(3)含氧感知器需裝在觸媒之後
(4)含氧感知器之作用需配合二次空氣吸入。

解　(1)含氧感知器可測燃燒後廢氣之含氧量(氧氣濃度)。
(3)含氧感知器需裝在觸媒之前。
(4)氧化觸媒轉換器之作用需配合二次空氣吸入。

(　) 37. 有關機器腳踏車燃油噴射系統之敘述，下列何者錯誤？　(4)
(1)噴油量由噴油嘴噴油時間的長短所控制
(2)燃油泵浦提供汽油噴射的壓力
(3)燃油泵浦由一直流馬達所帶動
(4)燃油噴射壓力與歧管真空度無關。

解　燃油噴射壓力與歧管真空度有關(由歧管真空度調節汽油油壓使油壓維持穩定)。

(　) 38. 當節流閥瞬間回油時，下列敘述何者正確？　(1)
(1)二次空氣被關閉以防止排氣管放炮
(2)燃油泵浦會暫時停止運轉以降低噴油
(3)二次空氣截斷閥會因排氣管的負壓而作動
(4)二次空氣截斷閥會因進氣歧管的正壓而作動。

解　(2)燃油泵浦不會停止運轉(只會將過多的供油回油至油箱)。
(3)二次空氣截斷閥會因排氣管的正壓而作動。
(4)二次空氣截斷閥會因進氣歧管的負壓而作動。

(　) 39. 有關燃料蒸發排放控制系統的敘述，下列何者錯誤？　(1)
(1)其主要目的是控制機器腳踏車在行駛時所排放的廢氣
(2)油箱蒸發之油氣是由活性碳罐吸收
(3)曲軸箱的吹漏氣是經由 P.C.V. 分離收集
(4)可收集機器腳踏車靜置時油箱所排放的油氣。

(　)40.　下列敘述何者錯誤？　　　　　　　　　　　　　　　　　　　　　　　　　(3)

(1)含氧感知器可量測廢氣中的含氧量

(2)含氧感知器可修正混合氣的空燃比

(3)觸媒對於廢氣的轉化率不受溫度影響

(4)觸媒對於廢氣的轉化率，會受到引擎燃燒時混合氣空燃比的影響。

解　觸媒需達工作溫度後，才對廢氣進行轉化，所以廢氣的轉化率是受溫度影響。

(　)41.　某四行程汽油引擎，進汽門在上死點前 8 度打開，下死點後 45 度關閉，排汽門在下　(4)
　　　　死點前 45 度打開，上死點後 17 度關閉，則下列敘述何者正確？

(1)進汽行程角度為 225 度　　　　　　　　(2)動力行程為 225 度

(3)排氣行程為 217 度　　　　　　　　　　(4)壓縮行程角度為 135 度。

解　進汽行程角度為 8°+180°+45°＝233 度；壓縮行程角度為 180°－45°＝135 度；動力行程角度為 180°
　　－45°＝135 度；排氣行程角度為 45°+180°+17°＝242 度。

(　)42.　有關四行程汽油引擎的敘述，下列何者錯誤？　　　　　　　　　　　　　　　(2)

(1)進汽門早開可增加進氣量

(2)在進汽行程末端活塞通過下死點開始上行後，混合氣即無法進入汽缸

(3)壓縮壓力為壓縮行程中，混合氣的最大壓力

(4)進、排氣門的早開晚關稱為汽門正時。

解　進氣門有早開晚關的特性，因此在進汽行程末端活塞通過下死點開始上行後，混合氣還是有進入汽缸
　　中。

(　)43.　如下圖，關於引擎性能曲線，下列敘述何者錯誤？　　　　　　　　　　　　　(2)

(1)容積效率之曲線與扭力曲線相類似

(2)燃料消耗率之曲線與制動馬力曲線相類似

(3)每一馬力小時的耗油量愈低時，引擎之熱效率愈高

(4)制動平均有效壓力最大值時，即為最大扭力的輸出
　　點。

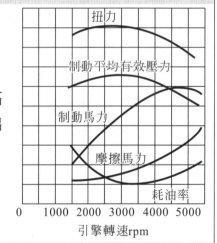

解　燃料消耗率之曲線與制動馬力曲線相不同(制動馬力曲線成正比；燃料消耗率之曲線成反比)。

(　)44.　有關汽油引擎所用轉子式機油泵之敘述，下列何者錯誤？　　　　　　　　　　(3)

(1)外轉子轉速慢於內轉子

(2)機油是經由內、外轉子相接的牙隙空間變化以產生壓力

(3)內、外轉子旋轉的方向相反

(4)內轉子為驅動齒輪。

解　轉子式機油泵，內、外轉子旋轉的方向相同。

(　)45. 有關二行程引擎所常用之可變輸出量機油泵的敘述，下列何者正確？　(4)
　　　　(1)主柱塞由曲軸直接帶動旋轉
　　　　(2)機油流量僅由引擎轉速來控制
　　　　(3)柱塞導銷主要功能為控制副柱塞之伸長量
　　　　(4)主柱塞可作旋轉及往復運動。

解　(1)主柱塞由曲軸帶動渦輪帶動旋轉。

　　(2)機油流量僅由引擎轉速及負載來控制。

　　(3)柱塞導銷主要功能為控制主柱塞旋轉運動時也產生往復運動(伸長量)。

　　(4)主柱塞可作旋轉及往復運動。

(　)46. 對二行程引擎而言，若活塞在下死點的曲軸角度為 0 度，排氣口完全關閉的曲軸角度　(4)
　　　　為 47 度，掃氣口完全關閉的曲軸角度為 37 度，則曲軸箱的進汽行程為
　　　　(1)133 度　　　　　　　　　　　　(2)43 度
　　　　(3)10 度　　　　　　　　　　　　(4)143 度。

解　進汽行程為 180－37＝143 度。

(　)47. 有關機器腳踏車吹漏氣的敘述，下列何者錯誤？　(2)
　　　　(1)P.C.V.可將油氣與機油分離　　　　(2)主要發生在壓縮及排氣行程
　　　　(3)吹漏氣的主要來源是汽缸中的油氣　(4)吹漏氣會使機油劣化。

解　吹漏氣主要發生在動力及壓縮行程。

(　)48. 有關火星塞之敘述，下列何者正確？　(3)
　　　　(1)電極間隙愈大，跳火電壓愈小
　　　　(2)若火星塞間隙太大，則引擎高速時更容易點火
　　　　(3)汽缸內壓力愈高，跳火電壓愈高
　　　　(4)熱式火星塞散熱能力較佳。

解　(1)電極間隙愈大，跳火電壓愈高。

　　(2)若火星塞間隙太大，則引擎高速時更容易失火(不跳火)。

　　(4)熱式火星塞散熱能力較差(不容易散熱、散熱路徑長)。

(　)49. 有關電容放電式點火線路(CDI－DC 點火)的敘述，下列何者錯誤？　(3)
　　　　(1)其中的振盪電路可將直流轉交流
　　　　(2)直流轉交流的目的是要提升電壓
　　　　(3)變壓器的輸出電流直接對電容器充電
　　　　(4)電容器的輸出會接到發火線圈的初級線圈。

解　電容放電式點火線路(CDI－DC 點火)，變壓器的輸出電流直接對電容器供電。

( ) 50. 若燃油噴射系統為閉迴路控制時，下列敘述何者正確？ (2)

(1)正常情況下，含氧感知器輸出電壓應維持不變

(2)引擎冷車剛發動時，此閉迴路系統沒有作用

(3)空氣質量為控制所需信號，可直接量測得到

(4)可維持空燃比為 13：1。

解 (1)正常情況下，含氧感知器輸出電壓應該在 0.1～0.9V 變動。

(3)空氣質量為控制所需信號，但無法直接量測。

(4)可維持空燃比為 15：1。

( ) 51. 大型重型四行程機器腳踏車機油警告燈亮起，下列何者最不可能為其發生之原因？ (4)

(1)機油油量不足　　　　　　　　(2)機油壓力不足

(3)機油泵浦損壞　　　　　　　　(4)機油滲水乳化。

解 引擎運轉時，機油警告燈亮起，表示機油壓力不足，四個選項中機油滲水乳化，較不可能引起機油壓力不足現象。

( ) 52. 關於機器腳踏車燃油噴射引擎之燃油泵浦，下列敘述何者錯誤？ (3)

(1)是一種積極式的供油方式

(2)其供油壓力必高於噴油嘴之噴油壓力

(3)泵浦馬達的碳刷和整流子間易產生火花而導致危險

(4)泵浦具有冷卻良好的優點。

解 泵浦馬達的碳刷和整流子間充滿汽油，不易產生火花，同時對碳刷和整流子也具有潤滑的功用。

( ) 53. 關於機器腳踏車燃油噴射引擎之燃油泵浦，下列敘述何者錯誤？ (3)

(1)其電樞線圈利用流經之燃油予以冷卻

(2)一般採用低耗電之直流馬達系統

(3)引擎發動中，供油管壓力達規定壓力後泵浦即暫時停止運轉

(4)出油端裝有單向止回閥，當引擎停止運轉時供油管能保持殘壓。

解 引擎發動中，供油管壓力達規定壓力後泵浦繼續運轉，過多的油量回流至油箱。

( ) 54. 關於引擎溫度感知器之特性，下列敘述何者錯誤？ (3)

(1)感知器受熱時，其輸出電壓下降　　(2)感知器冷卻時，其輸出電壓上升

(3)其輸出電壓值與溫度成正比　　　　(4)其電阻變化與溫度成反比。

解 引擎溫度感知器屬於熱敏電阻，它隨溫度的變化來影響內部的電阻值進而改變電壓，屬於負溫度係數之熱敏電阻，因此輸出電壓值與溫度成反比。

( ) 55. 下列何者非機器腳踏車燃油噴射系統之優點？ (2)

(1)加速反應靈敏

(2)可提升引擎馬力，且引擎轉速愈高時扭力愈大

(3)引擎運轉時之進氣阻力較小

(4)廢氣中 CO 及 HC 之含量較少。

解 燃油噴射系統之優點可提升引擎馬力，但引擎轉速愈高時扭力愈小(轉速與扭力成反比)。

( ) 56. 關於機器腳踏車燃油噴射系統所使用之感知器，不包括下列何者？　(2)
(1)進氣溫度／壓力感知器　　　　　(2)機油壓力感知器
(3)節氣門位置感知器　　　　　　　(4)曲軸位置感知器。

( ) 57. 關於機器腳踏車之燃油噴射系統，其噴油嘴噴油量之多寡，不受下列哪一因素影響？　(4)
(1)電瓶電壓　　　　　　　　　　　(2)噴油嘴開啟時間
(3)供油管之燃油壓力　　　　　　　(4)機油壓力。

( ) 58. 下列何者為機器腳踏車電子控制燃油噴射系統之油路循環？
(1)燃油箱→燃油濾清器→燃油泵浦→油壓調節器→供油管→噴油嘴　(1)
(2)燃油箱→燃油泵浦→供油管→燃油濾清器→噴油嘴→油壓調節器
(3)燃油箱→燃油泵浦→燃油濾清器→油壓調節器→供油管→噴油嘴
(4)燃油箱→燃油濾清器→供油管→燃油泵浦→油壓調節器→噴油嘴。

( ) 59. 關於機器腳踏車燃油噴射系統之引擎溫度感知器，下列敘述何者正確？　(4)
(1)當引擎達正常工作溫度時，其輸出信號將使噴射量持續增加
(2)當引擎溫度降低時，其電阻會變小
(3)係用來感測引擎燃燒室溫度的裝置
(4)當其線頭掉落時，則燃油之噴射量會增加。

解 (1)當引擎達正常工作溫度時，其輸出信號將使噴射量維持基本量(不會增量)。
(2)當引擎溫度降低時，其電阻會變大(負溫度係數熱敏電阻)。
(3)係用來感測引擎汽缸蓋溫度的裝置。

( ) 60. 關於含氧感知器(O₂ Sensor)，下列敘述何者錯誤？　(4)
(1)含氧感知器之信號電壓通常在 0.1～0.9V 之間變化
(2)當混合氣太稀時，含氧感知器所產生的信號電壓較低
(3)引擎運轉中若含氧感知器之信號電壓都固定在某一數值時，其原因可能是含氧感知器故障
(4)含氧感知器之信號電壓較高時，通常表示排氣中之含氧量多。

解 當混合氣太稀時(含氧量多)，含氧感知器所產生的信號電壓低；混合氣太濃時(含氧量少)，含氧感知器所產生的信號電壓高。

( ) 61. 關於機器腳踏車之燃油噴射系統，其燃油泵浦洩壓閥(安全閥)之開啟壓力約為　(3)
(1)0.3～0.45 kg/cm²　　(2)0.3～0.45 psi
(3)3.2～4.0 kg/cm²　　(4)3.2～4.0 psi。

解 節流閥軸鬆動在怠速時混合氣變稀，因為節流閥軸下方真空變小的緣故，高速時影響不大(因怠速油路不作用)。

( ) 62. 機器腳踏車之燃油噴射系統中，相當於化油器快怠速機構之零件是　(4)
(1)進氣溫度感知器　　　　　　　　(2)節氣門位置感知器
(3)燃油壓力調節器　　　　　　　　(4)怠速空氣旁通閥。

解 相當於化油器快怠速機構之零件是怠速空氣旁通閥(有冷車怠速提速之功用)。

( ) 63. 機器腳踏車之燃油噴射系統,是靠下列何者以保持燃油噴射系統之壓力在一定值? (2)
(1)曲軸位置感知器　　　　　　　　(2)燃油壓力調整器
(3)進氣壓力感知器　　　　　　　　(4)節氣門位置感知器。

解 燃油壓力調整器是利用進氣歧管之真空,使油管內之壓力隨著歧管真空之變化而保持一定的壓力差在 2.55 kg/cm² 左右。

( ) 64. 機器腳踏車燃油噴射系統中,其噴油嘴的噴油壓力與進氣歧管之壓力差約為 (3)
(1)0.55　　　　　　　　　　　　　(2)1.55
(3)2.55　　　　　　　　　　　　　(4)3.55　 kg/cm²。

( ) 65. 機器腳踏車之燃油噴射系統,其噴油嘴噴射量之多寡乃是控制
(1)噴油嘴開啟時間　　　　　　　　(2)供油管之供油壓力 (1)
(3)進氣歧管真空度　　　　　　　　(4)噴油嘴開度大小。

( ) 66. 機器腳踏車燃油噴射系統中之噴油嘴,係利用下列何種方法將油針打開使汽油噴出? (4)
(1)利用進氣歧管之真空
(2)利用燃油泵浦所產生之油壓
(3)利用噴油嘴中之彈簧與柱塞產生之壓力
(4)利用噴油嘴中電磁線圈產生之磁力。

解 噴射系統中之噴油嘴作用,是由電腦(ECM)控制搭鐵,讓噴油嘴中電磁線圈產生之磁力將油針打開。

( ) 67. 機器腳踏車燃油噴射系統中,怠速空氣旁通閥的主要功用為 (4)
(1)控制引擎高速時的進氣量　　　　(2)隨時調節引擎進氣量
(3)冷車起動時,供給引擎多量燃油　(4)冷車時供給額外空氣,以提高引擎轉速。

解 節流閥軸鬆動在怠速時混合氣變稀,因為節流閥下方真空變小的緣故,高速時影響不大(因怠速油路不作用)。

( ) 68. 關於三元觸媒轉換器,下列敘述何者正確? (3)
(1)比理論混合比稀時,才能發揮淨化功能
(2)觸媒主要為鈀及銠
(3)必須加裝一組系統,以控制混合氣維持在理論混合比之附近
(4)只能使 CO、HC 產生還原作用,以淨化排氣。

解 (1)比理論混合比濃時,才能發揮淨化功能。
(2)觸媒主要為鉑、鈀及銠。
(4)將 CO 氧化成 CO_2、HC 氧化成 H_2O 及使 NOx 還原成 N_2,以淨化排氣。

( ) 69. 機器腳踏車之燃油噴射系統,當引擎運轉時,汽缸中之混合氣處於理論混合比之狀態下,最容易產生何種污染氣體? (3)
(1)CO　　　　　　　　　　　　　　(2)HC
(3)NO_X　　　　　　　　　　　　(4)O_2。

解 汽缸中之混合氣處於理論混合比時 NO_X 產生量最多;混合氣太濃時 CO 產生量較多;混合氣太濃時或混合氣太稀(超過 17:1)HC 產生量較多。

( )70. 配備三元觸媒轉換器之燃油噴射引擎，必須將混合氣之空燃比維持在理論混合比附
近，其主要目的為何？ (1)
(1)提昇三元觸媒轉換器的廢氣淨化率
(2)使三元觸媒轉換器能迅速加溫至正常工作溫度
(3)延長三元觸媒轉換器的使用壽命
(4)協助引擎運轉平穩順暢。

( )71. 機器腳踏車之燃油噴射系統中，當回油管有阻塞現象時，容易造成下列何種現象？ (3)
(1)混合氣過稀　　　　　　　　　　(2)汽油濾清器阻塞
(3)供油管油壓過高　　　　　　　　(4)供油管油壓過低。

解 燃油噴射系統中，當回油管有阻塞現象時，易使供油管油壓過高(無法回油至油箱)。

( )72. 機器腳踏車之燃油噴射系統，當噴油嘴有阻塞現象時，容易造成下列何種現象？
(1)混合氣過稀　　　　　　　　　　(2)混合氣過濃
(3)供油管油壓過高　　　　　　　　(4)供油管油壓過低。 (1)

解 燃油噴射系統中，當噴油嘴有阻塞現象時，噴油量變少混合氣變稀。

( )73. 機器腳踏車之燃油噴射系統，當含氧感知器測出排氣中含氧較多時，電腦(ECM)會進
行下列何種調整動作？ (1)
(1)使噴油量增加　　　　　　　　　(2)使噴油量減少
(3)使進氣量增加　　　　　　　　　(4)使進氣量減少。

解 燃油噴射系統中，當含氧感知器測出排氣中含氧較多時，電腦(ECM)會使噴油量增加；當含氧感知器測
出排氣中含氧較少時，電腦(ECM)會使噴油量減少。

( )74. 機器腳踏車之燃油噴射系統，當引擎溫度低時，電腦(ECM)會進行下列何種調整動
作？ (1)
(1)增加燃油噴射時間　　　　　　　(2)減少燃油噴射時間
(3)維持噴油時間固定　　　　　　　(4)減少引擎進氣量。

解 燃油噴射系統中，當引擎溫度低時，電腦(ECM)會使噴油量增加，以提高引擎轉速(迅速達到引擎工作
溫度)。

( )75. 機器腳踏車之燃油噴射系統中，當水溫感知器與進氣溫度感知器的溫度升高時，使用
歐姆錶分別量測兩者之電阻值，則下列敘述何者正確？ (1)
(1)兩種感知器的電阻值均變小
(2)兩種感知器的電阻值均變大
(3)水溫感知器的電阻值變大而進氣溫度感知器的電阻值變小
(4)水溫感知器的電阻值變小而進氣溫度感知器的電阻值變大。

解 燃油噴射系統中，水溫感知器與進氣溫度感知器皆屬於負溫度係數熱敏電阻型式，因此溫度升高時，
電阻值的量測值會變小。

(　) 76. 下列有關 CDI－DC 電容放電式點火系統的敘述何者爲非？　　(4)

(1)在 DC 轉換 AC 過程，容易生雜訊干擾

(2)主電容器放電時，火星塞跳火

(3)被用以控制點火線圈產生高壓電的開關是矽控整流器(SCR)

(4)由於火花時間短，最能配合稀薄燃燒。

解 CDI-DC 電容放電式點火系統，由於火花時間短(點火能量不穩定)，不適合稀薄燃燒，需使用電子控制點火系統。

(　) 77. 對內燃機引擎的描述。甲說：熱能轉換成機械能，乙說：機械能轉換成熱能，丙說：機械能轉換成電能。誰說得對？　　(1)

(1)甲對　　　　　　　　　　　　(2)乙對

(3)甲、丙對　　　　　　　　　　(4)乙、丙對。

(　) 78. 二行程汽油引擎在活塞上行時，甲說：有可能做吸氣，乙說：有可能做壓縮，丙說：進汽口比排汽口先關閉。誰說得對？　　(2)

(1)三者都錯

(2)三者都對

(3)只有甲、乙對

(4)不一定。

解 活塞上行時進氣及壓縮行程，活塞下行時爆發及掃氣行程。

(　) 79. 大型重型機車四缸四行程引擎，進汽門早開 10 度晚關 40 度，排氣門早開 40 度晚關 10 度。甲說：沒有動力重疊，乙說：四個行程實際總度數爲 720 度，丙說：汽門重疊爲 20 度，誰說得對？　　(3)

(1)甲對　　　　　　　　　　　　(2)乙對

(3)甲、丙對　　　　　　　　　　(4)乙、丙對。

解 四缸四行程引擎沒有動力重疊；四個行程實際總度數為：進汽行程度數為 10+180+40＝230 度；壓縮行程度數為 180－40＝140 度；動力行程度數為 180－40＝140 度；排氣行程度數為 40+180+10＝230 度；共 230+140+140+230＝740 度；另汽門重疊是進氣門早開的度數＋排汽門晚關的度數＝10＋10＝20 度。

(　) 80. 單缸四行程引擎，就汽門與凸輪軸的關係位置而言，甲說：都是 OHV 型，乙說：都是 OHC 型，丙說：都是 DOHC 型，誰說得對？　　(1)

(1)三者都錯　　　　　　　　　　(2)只有丙對

(3)只有甲對　　　　　　　　　　(4)只有乙對。

(　) 81. 對引擎進汽量的敘述，甲說：節流閥的開度大小會影響進汽量，乙說：引擎的轉速會影響進汽量，丙說：溫度愈高，進汽量愈多，誰說得對？　　(3)

(1)三者都錯　　　　　　　　　　(2)三者都對

(3)只有甲、乙對　　　　　　　　(4)只有甲、丙對。

解 溫度愈高，容積效率變低，所以進氣量變少。

( )82. 關於引擎，甲說：指示馬力＝制動馬力＋摩擦馬力，乙說：汽門重疊角度會影響引擎 (3)
容積效率，丙說：活塞在 T.D.C 與 B.D.C 的瞬間速度最大，誰說得對？
(1)三者都錯 (2)三者都對
(3)只有甲、乙對 (4)只有甲、丙對。

解 活塞在 T.D.C(上死點)與 B.D.C(下死點)的瞬間速度為零。

( )83. 影響引擎容積效率的因素，甲說：進氣的溫度高低，乙說：辛烷值的高低，丙說：汽 (3)
門間隙的大小，誰說得對？
(1)甲對 (2)乙對
(3)甲、丙對 (4)乙、丙對。

解 進氣的溫度高低與汽門間隙的大小，均會影響容積效率；辛烷值的高低只影響抗爆性並不影響容積效
率。

( )84. 關於機油的功能，A：潤滑、B：防鏽、C：緩衝、D：冷卻、E：清潔、F：密封。下 (4)
列那一個答案是正確？
(1)B 錯 (2)C 錯
(3)D 錯 (4)全對。

( )85. 關於汽油燃料之性質，下列敘述何者錯誤？ (2)
(1)含硫量，愈低愈好 (2)揮發點過高易產生汽阻
(3)含膠量高，汽門容易產生膠著現象 (4)與酒精混合，可做為引擎燃料。

解 揮發點過高，愈不易產生汽阻(不容易完全燃燒)。

( )86. 關於汽油引擎下列敘述何者正確？ (4)
(1)汽油引擎是採用笛塞爾循環
(2)汽油引擎又稱為壓縮點火引擎
(3)採用燃料噴射系統之汽油引擎不需點火裝置
(4)汽油引擎必需具備點火裝置。

解 (1)汽油引擎是採用奧圖循環。
(2)汽油引擎又稱為火星塞點火引擎。
(3)採用燃料噴射系統之汽油引擎需要點火裝置。

( )87. 有關 O.H.V.汽門機構之敘述，下列何者錯誤？ (2)
(1)汽門彈簧衰減時，其自由長度會變小
(2)汽門舉桿磨損時，汽門間隙會變小
(3)凸輪軸之凸輪頂部磨損時，汽門的升程會變小
(4)汽門導管更換時，汽門座也必須一起修正。

解 舉桿磨損時，汽門間隙汽門變大，且汽門開啟的時間變晚。

( ) 88. 有關機油之敘述，下列何者正確？   (4)
(1)機油經長時間使用而不變黑，表示機油品質良好
(2)機油 SAE 號數愈高，表示黏度指數愈高
(3)機油會被沖淡是吹漏氣中水分的緣故
(4)機油消耗量增加，有可能是活塞環磨損。

解 (1)機油經長時間使用而不變黑，表示機油品質不良。
(2)機油 SAE 號數愈高，表示黏度愈高。
(3)機油會被沖淡是吹漏氣中油氣(HC)的緣故。
(4)機油消耗量增加，有可能是活塞環磨損(上機油)。

( ) 89. 有關二行程與四行程引擎之比較，下列敘述何者錯誤？
(1)四行程之排氣管及消音器較二行程容易阻塞   (1)
(2)二行程引擎較無法製造缸徑較大之引擎
(3)二行程引擎的汽缸壁通常挖 3-5 孔，功用是掃除汽缸殘留之廢氣和進汽
(4)二行程引擎之活塞，不必裝置油環。

解 四行程之排氣管及消音器較二行程不容易阻塞，因為燃燒完全[不含機油(CCI 噴合油)燃燒]。

( ) 90. 有關燃油噴射系統，下列敘述何者正確？   (4)
(1)燃油噴嘴之噴油壓力固定為 25.5 kg/cm^2
(2)燃油噴嘴噴射時間約為 10～20 ms
(3)燃油噴油嘴之電阻值約為 15～20 kΩ
(4)燃油噴嘴之作用電壓為 12 V。

解 (1)燃油噴嘴之噴油壓力固定為 2.55 kg/cm^2。
(2)燃油噴嘴噴射時間約為 2～3 ms。
(3)燃油噴油嘴之電阻值約為 13～16 Ω 左右。

( ) 91. 有關磁感應式曲軸位置感知器的輸出信號，甲技師說：引擎轉速升高時，輸出信號之   (4)
最高電壓變高，頻率變高。乙技師說：引擎轉速升高時，輸出信號之最高電壓變低，
頻率變高。下列答案何者正確？
(1)甲、乙全對   (2)甲、乙全錯
(3)甲錯、乙對   (4)甲對、乙錯。

( ) 92. 有關燃油噴射系統，下列敘述何者錯誤？   (2)
(1)在拆燃油管前，應先釋放燃油壓力
(2)需要釋放油壓時，為避免引擎運轉，需拆下火星塞
(3)洩壓時最常拆卸的零件是燃油泵浦繼電器或燃油泵浦接頭
(4)燃油泵有無供油，最簡易的方式是用手指緊壓輸油管，主開關 ON 時，有感覺到油
壓脈動即可。

解 燃油噴射系統需要釋放油壓時，為避免引擎運轉，不需拆下火星塞；只需拆下燃油保險絲、燃油繼電
器或燃油泵浦接頭。

( ) 93. 有關機器腳踏車燃油噴射系統之檢修，下列敘述何者錯誤？ (4)
(1)燃油泵浦雖然有作用，如果供應油壓不足，有可能造成引擎運轉不順
(2)欲檢測燃油壓力，連接燃油錶時需放除殘壓
(3)燃油噴嘴滴油、霧化不良，均有可能是燃油噴嘴故障所致
(4)燃油噴嘴有無作用，只要檢測燃油噴嘴接頭之供應電壓為 12 V 即可。

解 燃油噴嘴有無作用，除了要檢測燃油噴嘴接頭有無供應電壓 12 V 外，還需確認有無噴油動作。

( ) 94. 有關一般機器腳踏車燃油噴射系統之檢修，下列敘述何者錯誤？ (4)
(1)節氣門位置感知器之供應電壓為 5 V　(2)燃油噴嘴之供應電壓為 12 V
(3)怠速空氣旁通閥之供應電壓為 12 V　(4)含氧感知器之供應電壓為 5 V。

解 含氧感知器之供應電壓為 12 V(加熱型)，輸出電壓為 0.1～0.9 V。

( ) 95. 有關燃油噴射系統，電腦之引擎轉速信號來自 (3)
(1)節氣門位置感知器　　　　　　　(2)進氣壓力／溫度感知器
(3)曲軸位置感知器　　　　　　　　(4)含氧感知器。

( ) 96. 甲技師說：汽油在燃燒室中燃燒完全會產生 CO_2 與 H_2O，乙技師說：汽油在燃燒室中
不完全燃燒易產生 CO 與 HC。下列何者為正確？ (1)
(1)甲、乙全對　　　　　　　　　　(2)甲對、乙錯
(3)甲錯、乙對　　　　　　　　　　(4)甲、乙全錯。

( ) 97. 對於廢氣分析儀之操作程序，下列敘述何者錯誤？ (4)
(1)開機後，需暖機才能使用
(2)量測前應先清除濾杯內之水分
(3)應定期使用標準氣體進行校正
(4)量測完畢後，不需使採樣管吸入新鮮空氣即可關機，以延長使用壽命。

解 量測完畢後，需使採樣管吸入新鮮空氣後再行關機(以免堆積廢氣)，以延長使用壽命。

( ) 98. 有關四行程雙缸之機器腳踏車，缸徑為 70 mm 行程為 100 mm，求排氣量為多少？ (3)
(1)384.6 cc　　　　　　　　　　　(2)549.5 cc
(3)769.3 cc　　　　　　　　　　　(4)1538.6 cc。

解 四行程雙缸引擎總排汽量＝$(\pi D^2 \times S \times N) \div 4 = [(3.14 \times 7^2\ cm^2) \times 10\ cm \times 2] / 4 = 769.3\ cm^3(cc)$。

( ) 99. 有關機器腳踏車二行程引擎之優缺點，下列敘述何者錯誤？ (3)
(1)引擎每轉一轉產生一次動力
(2)不需汽門機構，可降低零件數量，使維修容易
(3)進汽和排氣過程太短，因此燃料損失少
(4)排氣孔在汽缸上，容易過熱。

解 進汽和排氣過程太短，因此燃料損失較多(耗油)。

( ) 100. 有關機器腳踏車二行程引擎舌片閥系統，下列敘述何者錯誤？　　　　　　　　(1)
　　　　(1)舌片閥是由特殊的鑄鐵製造
　　　　(2)是以曲軸箱壓力來開閉
　　　　(3)進氣孔的開閉時間會依曲軸箱內的壓力自動調整
　　　　(4)構造簡單，且可裝置於曲軸箱或進氣孔上。

解　舌片閥是由特殊不鏽鋼製造(考慮輕量又富彈性)；也有用樹脂製造舌片閥，可防止在超高回轉時閥門的卡死。

( ) 101. 針對火星塞之敘述，下列何者錯誤？　　　　　　　　　　　　　　　　　　　(2)
　　　　(1)中央電極在高溫下能有良好的絕緣性
　　　　(2)為求安裝時之氣密性良好可加裝銅質墊圈於安裝座上
　　　　(3)中央電極應具有耐磨性
　　　　(4)陶瓷部份設計成凸筋式之目的為防止漏電。

解　火星塞本身就有墊圈，在安裝時不需再加裝銅質墊圈於安裝座上。

( ) 102. 我國第五期之機器腳踏車排放污染管制標準，在惰轉測試時之 HC 不得超過　　(4)
　　　　(1)2000 ppm　　　　　　　　　　　(2)2000 g/km
　　　　(3)1800 g/km　　　　　　　　　　　(4)1600 ppm。

( ) 103. 我國第五期機器腳踏車排放污染管制標準中，曲軸箱吹漏氣的 HC 排放標準為　(4)
　　　　(1)0.3 g/km　　　　　　　　　　　(2)0.8 g/km
　　　　(3)1600 ppm　　　　　　　　　　　(4)不得排放。

( ) 104. 關於機器腳踏車燃油噴射系統燃油泵浦之敘述，下列何者正確？　　　　　　　(3)
　　　　(1)輸出之油壓壓力脈動大，故內部有一穩壓裝置
　　　　(2)在燃油輸出口有一釋壓閥，可防止供油壓力過高
　　　　(3)有一單向閥，在引擎熄火後供油管內可維持殘壓
　　　　(4)通常馬達的轉子是裝在葉輪與吸入口之間，以減少阻力。

解　(1)輸出之油壓壓力脈動大，穩壓裝置裝在外部。
　　(2)在燃油吸入口有一釋壓閥，可防止供油壓力過高。
　　(4)通常馬達的轉子是裝在吸入口與葉輪後面。

( ) 105. 有關機器腳踏車燃油噴射系統燃油壓力調節器的敘述，下列何者錯誤？　　　　(1)
　　　　(1)可使噴油嘴的噴油壓力與大氣壓力維持一定之壓力差
　　　　(2)可將燃油泵浦送出之過剩的燃油送回油箱
　　　　(3)有一管路接進氣歧管，以提供驅動膜片的負壓
　　　　(4)所能維持的燃油壓力差大小與彈簧的彈力有關。

解　噴射系統燃油壓力調節器的功用，可使噴油嘴的噴油壓力與進氣歧管真空度維持一定之壓力差。

(　)106. 一四行程汽油引擎如下圖，其有關汽門動作，下列敘述何者正確？ **(4)**

　　　(1)四行程共 360°

　　　(2)壓縮行程與動力行程角度相同

　　　(3)進氣行程為 180°

　　　(4)排氣行程為 230°。

（圖）進氣門早開15度　上死點　排氣門晚關20度　進氣門晚關10度　下死點　排氣門早開30度

解 (1)四行程共 720°。

(2)壓縮行程(180°−10°＝170°)與動力行程(180°−30°＝150°)角度不同。

(3)進氣行程為 15°＋180°＋10°＝205°。

(4)排氣行程為 30°＋180°＋20°＝230°。

(　)107. 某四行程汽油引擎如下圖，其汽門重疊開啟度數為？ **(4)**

　　　(1)15°　　　　　　　　　　　(2)20°

　　　(3)30°　　　　　　　　　　　(4)35°。

（圖）進氣門早開15度　上死點　排氣門晚關20度　進氣門晚關10度　下死點　排氣門早開30度

解 汽門重疊角度為進氣門早開的度數＋排汽門晚關的度數＝15°＋20°＝35°。

(　)108. 某單缸引擎標準壓縮壓力為 11 kg/cm^2，測量值為 14 kg/cm^2，下列何者為最有可能之故障原因？ **(2)**

　　　(1)汽門彈簧彈力太強　　　　　　(2)汽缸燃燒室積碳

　　　(3)活塞環磨損　　　　　　　　　(4)汽門導管間隙過小。

解 壓縮壓力比正常標準高為汽缸燃燒室積碳所產生；活塞環磨損會造成壓縮壓力比標準值低；汽門彈簧彈力太強與汽門導管間隙過小與壓縮壓力值無關。

(　)109. 某單缸引擎汽缸直徑為 10 cm，壓縮比 9:1，汽缸容積 785 cc，活塞移動行程約為多少 cm？ **(1)**

　　　(1)10 cm　　　　　　　　　　(2)11 cm

　　　(3)12 cm　　　　　　　　　　(4)13 cm。

解 四行程引擎汽缸總排汽量＝(D^2/4)×π×S×N

785＝(10^2/4)×3.14×S×1；所以 S＝10 cm。

(　)110. 燃油噴射式機器腳踏車，當燃油壓力調節過高時，空氣過剩率(λ)值為何？ **(2)**

　　　(1)λ＞1　　　　　　　　　　　(2)λ＜1

　　　(3)λ＝1　　　　　　　　　　　(4)λ＝0。

解 燃油壓力調節過高時，混合氣變濃，代表空氣過剩率(λ)值小於 1。

( ) 111. 燃油噴射式機器腳踏車,使用 NTC 型之引擎溫度感知器,當引擎溫度升高時,感知器電阻值之變化,下列何者正確?   (2)
- (1)變大
- (2)變小
- (3)不變
- (4)不一定。

解 使用 NTC 型(負溫度係數型熱敏電阻)之引擎溫度感知器,當引擎溫度升高時,感知器電阻值變小。

( ) 112. 燃油噴射式機器腳踏車,使用 NTC 型之引擎溫度感知器,當引擎溫度降低時,電腦(ECM)所獲取之電壓信號,下列何者正確?   (1)
- (1)變大
- (2)變小
- (3)不變
- (4)不一定。

解 使用 NTC 型(負溫度係數型熱敏電阻)之引擎溫度感知器,當引擎溫度降低時,感知器電阻值變大,電腦(ECM)所獲取之電壓信號變大。

( ) 113. 燃油噴射式機器腳踏車,下列敘述何者正確?   (3)
- (1)引擎溫度感知器為 PTC 型
- (2)進氣溫度及壓力感知器為 NTC 型
- (3)燃油壓力調節器與化油器浮筒油路功能相類似
- (4)節氣門位置感知器主要功能為調節進氣量。

解 (1)引擎溫度感知器為 NTC 型(負溫度係數型)。
(2)進氣溫度及壓力感知器為一種結合壓力與 NTC 型的感知器。
(4)節氣門位置感知器主要功能為偵測節氣門開度的大小。

( ) 114. 燃油噴射式機器腳踏車,在引擎不同負荷與轉速下,可以使進汽歧管壓力與燃油壓力,維持平衡的元件為何?   (4)
- (1)進氣溫度及壓力感知器
- (2)噴油嘴
- (3)節氣門位置感知器
- (4)燃油壓力調節器。

( ) 115. 針對燃油噴射式機器腳踏車,實施引擎性能調整,下列項目何者必須最優先實施?   (3)
- (1)基本引擎怠速調整
- (2)點火正時調整
- (3)汽門間隙調整
- (4)燃油壓力調整。

解 實施引擎性能調整之順序為汽門間隙調整、點火正時調整及基本引擎怠速調整。

( ) 116. 汽門會因汽門座扭曲而燒毀,下列何者非汽門座扭曲的主要原因?   (1)
- (1)汽門溫度過低
- (2)引擎散熱系統不良
- (3)汽缸蓋鎖緊方式不當
- (4)汽門座失圓或鬆動。

解 汽門溫度過低並不會造成汽門座扭曲而燒毀(會燒毀乃溫度過高所致),另鎖緊方式不當、汽門座失圓或鬆動皆有可能產生。

( ) 117. 下列何者非火星塞積碳垢的主要原因?   (3)
- (1)空氣濾清器阻塞
- (2)濫用阻風門開關
- (3)長時間高速行駛
- (4)潤滑油滲入燃燒室。

解 火星塞積碳垢的主要原因是混合氣過濃或機油滲入燃燒所致。

( ) 118. 下列敘述何者非爆震產生之原因？ (2)
(1)混合氣過稀　　　　　　　　　(2)燃料辛烷值過高
(3)點火正時提前過多　　　　　　(4)引擎負荷過重。

解　燃料辛烷值過低，抗爆性差，易產生爆震。

( ) 119. 下列何者不可能為活塞損傷或產生刮痕之原因？ (4)
(1)溫車不當　　　　　　　　　　(2)爆震與早燃
(3)潤滑系統失效　　　　　　　　(4)火星塞螺紋長度過短。

解　火星塞螺紋長度過短，火星塞螺紋長度並不會深入燃燒室損傷活塞(螺紋長度過長才會損傷活塞)。

( ) 120. 進行機器腳踏車故障排除時，噴油嘴有控制信號，但無噴油動作，下列何者屬不可能之故障原因？ (1)
(1)引擎控制電腦損壞　　　　　　(2)噴油嘴柱塞咬死
(3)燃油泵浦損壞　　　　　　　　(4)油管阻塞。

解　引擎控制電腦損壞時，噴油嘴不會有控制信號產生(電路沒有迴路)。

( ) 121. 針對診斷電腦之敘述，下列何者錯誤？ (2)
(1)進行診斷接頭接合或拆除時，主開關需位於 OFF 狀態
(2)抽換卡匣時，無需將主開關切換於 OFF 狀態
(3)啟動作用時，螢幕無畫面出現，可能為電源輸入端故障
(4)無法連線時，引擎控制電腦可能損壞。

解　診斷電腦之操作，在進行診斷接頭接合或拆除時及抽換卡匣時，需將主開關切換於 OFF 狀態。

( ) 122. 有關燃油蒸發控制系統之敘述，下列何者有誤？ (1)
(1)吸收燃油箱內之 HC 及 CO 之油汽
(2)系統罐內裝有活性碳粒
(3)利用引擎負壓吸力，將其吸入引擎燃燒
(4)防止油氣直接排放至大氣中。

解　燃油蒸發控制系統，吸收燃油箱內之 HC 油汽。

( ) 123. 二次空氣導入系統的作用情形，下列敘述何者正確？ (3)
(1)空氣是利用電動泵浦打入排氣管內
(2)是利用空氣濾清器與化油器之間，控制進氣時空氣流動的真空，將空氣打入排氣管內
(3)利用排氣時排氣管的脈衝，配合單向膜片，將空氣吸入排氣管內
(4)利用大氣壓力，將空氣打入排氣管內。

( ) 124. 有一大型重型機車為四缸四行程引擎，其排氣量為 1000 cc，試問扭矩為 8 kg-m 時，其制動平均有效壓力約為多少 kg/cm^2？ (3)
(1)8　　　　　　　　　　　　　(2)9
(3)10　　　　　　　　　　　　　(4)11。

解 BMEP＝(T/PDV)×1.257(公制)　　T：扭矩　PDV：排氣量(單位公升)
　　＝8/1×1.257＝10 kg/cm² 。

( ) 125. 有一大型重型機車為四缸四行程引擎，若進汽門早開 15°晚關 35°，四個行程總度數 (2)
為 750°，則排氣門晚關的度數為多少？
(1)10°　　　　　　　　　　　　　　(2)15°
(3)20°　　　　　　　　　　　　　　(4)25°。

解 理論上四個行程 720°，所以汽門重疊為 750°－720°＝30°；汽門重疊(30°)為進氣門早開度數(15°)加上
排汽門晚關度數(30°－15°＝15°)。

( ) 126. 某單缸四行程汽油引擎，若凸輪軸時規齒輪之齒數為 36 齒，於引擎組裝時，與正確 (2)
記號相差 1 齒，試問汽門正時將誤差多少度？
(1)10 度　　　　　　　　　　　　　(2)20 度
(3)30 度　　　　　　　　　　　　　(4)40 度。

解 單缸四行程曲軸轉兩轉(720°)凸輪軸轉一轉(360°)一次動力；凸輪軸時規齒輪之齒數為 36 齒，於引擎
組裝時，與正確記號相差 1 齒；汽門正時將誤差 20 度。

( ) 127. 關於汽油引擎，下列敘述何者錯誤？ (1)
(1)造成汽缸上下斜差的主要原因是活塞銷孔偏心所造成
(2)造成汽缸失圓的主要原因是受活塞側推力所造成
(3)造成燃燒室積碳的可能原因為進汽門導管間隙太大
(4)汽門腳間隙太大將造成汽門晚開早關。

解 造成汽缸上下斜差的主要原因是缸壁上、下部潤滑不良所造成。

( ) 128. 關於引擎之汽門，下列敘述何者錯誤？ (2)
(1)汽門上有 EX 記號表示為排氣門
(2)汽門大部分熱量經由汽門桿排去
(3)汽門座與汽門密合不良容易造成汽門燒壞
(4)當汽門座經整修完成後裝上汽門，通常汽門彈簧高度會增長。

解 汽門大部分熱量經由汽門面散熱排去。

( ) 129. 下列各項因素中，何者對於引擎的壓縮壓力影響最小？ (3)
(1)汽門間隙大小　　　　　　　　　　(2)活塞環開口間隙大小
(3)連桿大端之軸承間隙大小　　　　　(4)活塞與汽缸壁之間的間隙大小。

( ) 130. 下列各項因素中，何者與引擎之容積效率無關？ (2)
(1)引擎轉速高低　　　　　　　　　　(2)汽油之辛烷值
(3)汽門重疊角度　　　　　　　　　　(4)引擎之進氣溫度。

( ) 131. 關於引擎，下列之敘述何者錯誤？　　　　　　　　　　　　　　　　　　(1)
　　　　(1)汽缸上下死點之距離等於曲軸銷中心轉圓直徑之兩倍
　　　　(2)引擎轉速固定時曲軸之運動為等速運動
　　　　(3)引擎轉速固定時活塞在汽缸中之運動為變速之往復運動
　　　　(4)活塞上下一個行程的距離等於兩倍之曲軸臂長。

　解　汽缸上、下死點之距離，等於曲軸銷中心轉圓半徑之兩倍。

( ) 132. 關於引擎之性能，下列敘述何者正確？　　　　　　　　　　　　　　　　(4)
　　　　(1)引擎制動平均有效壓力達到最大時，即為其最大制動馬力之輸出點
　　　　(2)引擎單位馬力小時所消耗的燃料愈少，則其熱效率愈低
　　　　(3)當引擎之制動馬力為一定值時，則其扭力與轉速成正比
　　　　(4)當制動馬力相同時，摩擦馬力愈大者，其機械效率愈低。

( ) 133. 關於引擎性能，下列敘述何者錯誤？　　　　　　　　　　　　　　　　　(3)
　　　　(1)引擎轉速增高，則摩擦馬力會變大
　　　　(2)摩擦馬力與制動馬力之和為指示馬力
　　　　(3)摩擦馬力和制動馬力之比為機械效率
　　　　(4)引擎重量與馬力的比值愈小，則引擎之性能愈佳。

( ) 134. 關於連桿，下列敘述何者錯誤？　　　　　　　　　　　　　　　　　　　(3)
　　　　(1)連桿長時，通常引擎的高度較高　　(2)連桿長時，汽缸所受到的側推力較小
　　　　(3)連桿長時，較有利於引擎之高速化　(4)當連桿短時，引擎之扭力通常較小。

　解　連桿短時，因慣性較小，較有利於引擎之高速化。

( ) 135. 關於連桿，下列敘述何者正確？　　　　　　　　　　　　　　　　　　　(4)
　　　　(1)連桿軸承必須具備耐疲勞性與膨脹性
　　　　(2)連桿之長短與活塞行程有關
　　　　(3)使用短連桿，不利於引擎之高速化
　　　　(4)使用短連桿，較易增加活塞與汽缸間之磨損。

( ) 136. 下列因素中，何者與引擎容積效率較無關係？　　　　　　　　　　　　　(2)
　　　　(1)進氣阻力的大小　　　　　　　　　(2)點火正時之提前與延後
　　　　(3)引擎進汽溫度之高低　　　　　　　(4)引擎轉速之高低。

( ) 137. 下列因素中，何者與引擎容積效率較無關係？　　　　　　　　　　　　　(2)
　　　　(1)節氣門開度之大小　　　　　　　　(2)引擎排氣量之大小
　　　　(3)汽門重疊度數　　　　　　　　　　(4)引擎所處之海拔高度。

( ) 138. 下列因素中，何者與引擎容積效率較無關係？　　　　　　　　　　　　　(4)
　　　　(1)進、排氣門的大小及早開晚關　　　(2)引擎之進汽溫度與進汽壓力
　　　　(3)進、排氣歧管的斷面積及彎曲度　　(4)引擎所使用汽油之辛烷值。

　解　容積效率與汽油之辛烷值無關。

( ) 139. 關於汽油引擎，下列敘述何者錯誤？　　　　　　　　　　　　　　　(3)
    (1)化油器引擎當空氣濾清器阻塞時，會導致混合氣過濃
    (2)化油器回火的可能原因為混合氣太稀
    (3)阻風門軸磨損會導致引擎怠速不穩
    (4)引擎工作的四要素為燃料、空氣、壓縮、點火。

解 阻風門軸磨損會導致引擎起動困難。

( ) 140. 關於燃油噴射引擎，下列敘述何者錯誤？　　　　　　　　　　　　　(3)
    (1)燃油噴射引擎之回油管阻塞會造成噴油壓力過高
    (2)燃油噴射引擎之噴油嘴阻塞會造成混合氣過稀
    (3)燃油噴射引擎所用的燃油泵浦一般為膜片式
    (4)燃油噴射系統中，能保持燃油壓力一定的是油壓調節器。

解 燃油噴射引擎所用的燃油泵浦一般為電動式。

( ) 141. 關於燃油噴射引擎，下列敘述何者錯誤？　　　　　　　　　　　　　(3)
    (1)具有混合比回饋控制作用之感知器為含氧感知器
    (2)燃油噴射引擎噴油嘴之噴油時間一般是以毫秒為單位
    (3)燃油噴射系統中依據進氣溫度與壓力感知器之信號使燃油壓力保持在一定範圍
    (4)燃油噴射系統中，噴油嘴的噴油壓力一般約為 2.5bar。

解 燃油噴射系統中，使燃油壓力保持在一定範圍的是燃油壓力調整器。

( ) 142. 關於汽油引擎，下列敘述何者錯誤？　　　　　　　　　　　　　　　(3)
    (1)浮筒室油面過低，可能造成引擎輸出馬力不足
    (2)燃油之辛烷號數過低，引擎容易產生爆震現象
    (3)阻風門無法閉合，可能造成引擎輸出馬力不足
    (4)使用揮發性高之燃油，可縮短引擎溫車時間。

解 阻風門無法閉合，可能造成引擎起動困難。

( ) 143. 下列何者不是造成汽油引擎爆震的原因？　　　　　　　　　　　　　(4)
    (1)混合氣溫度太高　　　　　　　　　(2)混合氣太稀
    (3)燃燒室內有局部過熱現象　　　　　(4)引擎工作溫度過低。

解 引擎工作溫度過高(混合氣太稀也會過熱)，才會造成爆震。

( ) 144. 關於化油器，下列敘述何者錯誤？　　　　　　　　　　　　　　　　(3)
    (1)化油器浮筒油面低於規定時容易造成混合氣過稀
    (2)化油器浮筒室之三角頂針與座磨損時，容易導致混合氣過濃
    (3)化油器浮筒室內油面過高時，應更換汽油濾清器
    (4)化油器浮筒室油面過低時，將影響引擎性能。

解 化油器浮筒室內油面過高時，應調整浮筒室之唇片高度(調高)；而不是更換汽油濾清器。

(　) 145. 使用揮發性較高的汽油，引擎容易產生下列何種現象？　　　　　　　　　　　(1)

(1)熱引擎易造成氣阻　　　　　　　　　(2)冷引擎發動困難

(3)曲軸箱機油容易被沖淡　　　　　　　(4)汽油較不容易與空氣充份混合，造成燃
　　　　　　　　　　　　　　　　　　　　　燒不完全。

解　揮發性較高的汽油，冷引擎發動容易，但熱引擎易造成氣阻。

(　) 146. 關於汽油，下列敘述何者錯誤？　　　　　　　　　　　　　　　　　　　　　(1)

(1)汽油的辛烷值高低是表示汽油的純度

(2)汽油是石油精煉後的一種產品屬於石臘油族

(3)石蠟油族的分子式為 C_nH_{2n+2} 使用了辛烷值太高的汽油，則引擎容易過熱

(4)使用了辛烷值太低的汽油，則引擎容易爆震。

解　汽油的辛烷值高低是表示汽油的抗爆性質。

(　) 147. 某汽油引擎若其指示馬力為 16PS，摩擦馬力 2PS，則其機械效率為多少？　　　(4)

(1)72.5％　　　　　　　　　　　　　　(2)76.5％

(3)82.5％　　　　　　　　　　　　　　(4)87.5％。

解　機械效率＝制動馬力/指示馬力＝[(16PS－2PS)/16 PS]×100％＝87.5％。

(　) 148. 某單缸四行程汽油引擎，若其公制馬力為 7.35kW，當引擎轉速為 2250rpm 時，試求　(2)
　　　　扭力約為多少 kg-m？

(1)2.28　　　　　　　　　　　　　　　(2)3.18

(3)4.28　　　　　　　　　　　　　　　(4)5.18。

解　BHP＝(T×N)/ K：T：扭力　N：引擎轉速　K＝716(常數)

1PS＝0.735KW　　10PS＝(T×2250)/ 716　　T＝3.182 kg-m。

(　) 149. 水冷式大型重型機車壓力式水箱蓋，當壓力活門彈簧衰損時，對冷卻系統有何影響？　(3)

(1)水箱會發生壓陷　　　　　　　　　　(2)水箱加水口處會漏水

(3)冷卻水易沸騰　　　　　　　　　　　(4)水箱芯子容易破損。

解　壓力式水箱蓋冷卻系統的目的是提高冷卻水的沸點，當壓力活門彈簧衰損時，溫度未達標準時壓力活
門即被推開，冷卻水容易沸騰而流至副水箱。

(　) 150. OHC 引擎之機器腳踏車汽缸蓋經研磨後，何種元件不需要調整？　　　　　　(4)

(1)化油器　　　　　　　　　　　　　　(2)正時鏈條

(3)汽門腳間隙　　　　　　　　　　　　(4)機油泵浦間隙。

解　OHC 引擎之汽缸蓋經研磨後，正時鍊條長度改變、汽門腳間隙改變及化油器混合氣濃度改變(路徑距離
改變)皆需要調整，惟機油泵浦間隙沒有影響不需調整。

(　) 151. 汽油是石油精煉後的一產品，一種屬於石蠟油族(parafins)以分子式

(1)C_nH_{2n+2}　　　　　　　　　　　　　(2)C_nH_{2n}　　　　　　　　　　　　(1)

(3)C_nH_{2n-2}　　　　　　　　　　　　(4)C_nH_{2n+4}。

( ) 152. 對一個汙穢的空氣濾清器濾芯而言，下列何者敘述為非？ (2)
(1)可能把污穢物隨空氣帶入汽缸　　(2)和燃油消耗量無關
(3)會改變空燃比　　(4)會縮短引擎壽命。

解 汙穢的空氣濾清器濾芯，引擎容易吸入污穢物，造成汽缸的磨損，易會造成混合氣過濃消耗油量。

( ) 153. 低壓縮比引擎若使用較規定為大的辛烷值燃料則 (3)
(1)可減少汽油消耗
(2)可增大引擎動力
(3)不能增加引擎動力，反而引擎易過熱，機件易損壞
(4)可降低工作溫度，減少爆震。

解 低壓縮比引擎若使用較規定為大的辛烷值燃料，引擎易過熱，機件易損壞；高壓縮比引擎若使用較規定為小的辛烷值燃料，引擎易爆震，機件易損壞。

( ) 154. 下列對汽油揮發性的影響因素之敘述，何者有誤？ (2)
(1)低溫氣候應使用揮發性高的汽油
(2)揮發性高的汽油燃料比較經濟
(3)揮發性高的汽油較易發生氣阻
(4)為防止曲軸箱機油沖淡，宜使用揮發性高的汽油。

( ) 155. 關於汽門，下列敘述何者錯誤？ (3)
(1)汽門面與汽門座的接觸位置應在汽門面的中央
(2)汽門上註記 IN 為進汽門，汽門上註記 EX 為排汽門
(3)汽門大部分熱量由汽門頭散去
(4)汽門腳間隙增大時，汽門關閉時間會增長。

解 汽門大部分熱量是由汽門面散去。

( ) 156. 電腦控制燃油噴射系統的電源是 (2)
(1)不經繼電器直接由電瓶供應
(2)經繼電器由電瓶供應
(3)經點火開關供應電源
(4)由發電機電壓調整器供應電源。

( ) 157. 機器腳踏車噴射引擎，低速行駛時引擎性能正常，但若高速行駛時，引擎馬力不足，最可能原因是 (4)
(1)火星塞熱值太低　　(2)噴油嘴阻塞
(3)燃燒室積碳　　(4)汽門彈簧彈力不足。

解 低速行駛時引擎性能正常，但若高速行駛時，引擎馬力不足，則有可能是汽門彈簧彈力不足造成失火現象。

( ) 158. 含氧感知器是屬於下列何種形式的感測器？ (4)
(1)頻率型　　(2)百分比型
(3)電流型　　(4)電壓型。

解 含氧感知器是電壓型的感測器，輸出電壓範圍為 0.1～0.9V。

(　) 159. 行駛中之機器腳踏車，其引擎馬力與下列何者無關？　　　　　　　　　　　(3)
(1)汽缸排氣量　　　　　　　　　　(2)容積效率
(3)離合器組　　　　　　　　　　　(4)引擎轉速。

解 離合器組與傳動有關，但與引擎馬力無關。

(　) 160. 針對大型重型機車引擎活塞之敘述，下列何者錯誤？　　　　　　　　　　　(3)
(1)橢圓形活塞在活塞銷處的直徑較 90 度方向處的直徑為小
(2)活塞銷以扣環卡在銷孔稱為全浮式
(3)引擎活塞銷偏位是偏向於壓縮推力面
(4)需具備導熱性及耐磨性佳。

解 引擎活塞銷偏位是偏向於爆發力大之動力推力面。

(　) 161. 針對大型重型機車引擎機油壓力太高的原因是　　　　　　　　　　　　　　(3)
(1)機油被沖淡變稀　　　　　　　　(2)油底殼機油不足
(3)主油道阻塞　　　　　　　　　　(4)凸輪軸軸承磨損。

解 會造成引擎機油壓力太高的原因有可能是主油道阻塞；會造成引擎機油壓力太低的原因有可能是油底殼機油不足或凸輪軸軸承磨損。

(　) 162. 針對大型重型機器腳踏車引擎的機油壓力為　　　　　　　　　　　　　　　(1)
(1)2～5　　　　　　　　　　　　　(2)5～8
(3)8～11　　　　　　　　　　　　(4)11～14　kg/cm^2。

(　) 163. 有關機器腳踏車燃料系統之敘述，下列何者錯誤？　　　　　　　　　　　　(2)
(1)油箱內有異物或水等物質，會造成引擎熄火
(2)異物和水不可能通過濾清器而進入化油器中
(3)若油箱有真空存在，燃料將無法流動而造成引擎熄火
(4)油箱有一單向閥或通風孔，以免造成油箱有真空存在。

解 異物和水有可能通過濾清器而進入化油器中，所以必須定期檢查與清潔(濾清器要定期更換)。

(　) 164. 有關機器腳踏車燃油噴射引擎之檢修，如果主鑰匙開關 on，儀表板上之引擎 check 燈　(4)
未亮，下列何者最有可能？
(1)噴油嘴損壞　　　　　　　　　　(2)節氣門位置感知器故障
(3)含氧感知器故障　　　　　　　　(4)控制電腦損壞。

解 燃油噴射引擎之檢修，如果主鑰匙開關 on，儀表板上之引擎 check 燈未亮，有可能是保險絲或控制電腦損壞。

(　) 165. 有關機油之敘述，下列何者錯誤？　　　　　　　　　　　　　　　　　　　(3)
(1)高速行駛時，機油消耗量增加
(2)機油黏度過低，將使機油容易經由活塞的間隙進入燃燒室
(3)機油中加入抗氧化劑可防止酸性物質的生成，但會增加腐蝕性與磨損速度
(4)汽門桿、汽門導管與導管油封磨損時，會使機油經由汽門導管進入燃燒室。

解 機油中加入抗氧化劑可防止金屬氧化、催化陳舊延緩油品氧化速度隔絕酸性物與金屬接觸生成保護膜具有抗磨性。

( ) 166. 有關機器腳踏車之燃料旋塞，下列敘述何者錯誤？　　　　　　　　　　　　　　　　(4)

(1)位於油箱下方之油道上

(2)可分為標準型旋塞及真空型旋塞

(3)真空型旋塞有三段位置分別為 ON 位置、RES 位置及 PRI 位置

(4)標準型旋塞 PRI 位置為汽油直接通過燃料旋塞。

解 標準型旋塞 PRI 位置為不經過膜片閥的通路直接流通到過濾杯。

( ) 167. 一般市售的機器腳踏車，其電腦(ECM)如何控制噴油嘴噴射燃料？　　　　　　　　(4)

(1)改變噴油嘴線圈的電流大小　　　　　(2)改變噴油嘴線圈的電壓大小

(3)控制噴油嘴線圈是否連接電源　　　　(4)控制噴油嘴線圈的搭鐵。

解 市面上大部分的機器腳踏車噴油嘴控制線路中，電源經由保險絲、主開關、繼電器到噴油嘴，再由電腦(ECM)控制噴油嘴線圈的搭鐵形成控制的迴路。

( ) 168. 對於引擎使用揮發性高之汽油，下列敘述何者錯誤？

(1)引擎愈容易產生爆震現象　　　　　　(2)引擎冷天起動較為容易　　　　　　　(1)

(3)可縮短引擎溫車時間　　　　　　　　(4)汽化良好且加速性能較佳。

解 揮發性高或低之汽油，與引擎起動性能有關，與爆震較無直接關係。

( ) 169. 關於車用汽油，下列敘述何者錯誤？　　　　　　　　　　　　　　　　　　　　　(2)

(1)汽油的閃火點(Flash point)比柴油低

(2)使用辛烷值太低的汽油，可將點火時間提前予以補救

(3)車用汽油屬於石蠟油族

(4)液化石油氣簡稱 L.P.G.，其辛烷值較汽油高。

解 關於車用汽油，使用辛烷值太低的汽油，引擎容易發生爆震，因此可將點火時間延後予以補救。

( ) 170. 下列何者不是化油器浮筒室三角頂針與座磨損時，所導致的現象？　　　　　　　　(4)

(1)化油器容易產生溢油現象　　　　　　(2)產生混合氣過濃之現象

(3)造成浮筒室油面過高　　　　　　　　(4)使燃油供應系統之供油壓力增高。

解 化油器浮筒室三角頂針與座磨損時，會使浮筒室油面過高產生溢油現象，造成混合氣過濃，但與供油壓力無關。

( ) 171. 關於化油器，下列敘述何者錯誤？　　　　　　　　　　　　　　　　　　　　　　(3)

(1)當浮筒室油面太高時，可調整浮筒上的唇片來調整油面高度

(2)油嘴上標示的號數愈大，表示其口徑愈大

(3)換裝號數較大之空氣嘴，將使混合比變濃

(4)浮筒若有破裂現象，則容易造成混合氣過濃。

解 化油器換裝號數較大之空氣嘴，空氣量變多，將使混合比變稀。

( ) 172. 關於可變喉管式化油器，下列敘述何者錯誤？ (3)

(1)文氏管處之真空在各種轉速下，其真空幾乎保持不變狀態

(2)喉管處空氣流速維持於一定值

(3)主噴油嘴斷面積在各種轉速下均保持在固定狀態

(4)可變喉管式化油器又稱為固定真空式化油器。

解 引擎運轉時，真空活塞受真空的控制會產生平衡的現象(上下移動)，所以真空活塞往上吸時，油針往上提，主噴油嘴斷面積就變大油增多，所以在各種轉速下開度皆不相同。

( ) 173. 有一引擎轉速在 4000rpm，產生的馬力為 15ps，若傳遞效率為 80%，請問車輪實際傳動最大動力為多少？ (3)

(1)10ps (2)11ps

(3)12ps (4)13ps。

解 $15ps \times 0.8 = 12\ ps$。

( ) 174. 引擎馬力與下列何者無關？ (3)

(1)排氣量 (2)轉速

(3)變速機構 (4)行程與缸數。

解 BHP＝P×A×S×N×C／K P：制動平均有效壓力 A：活塞面積 S：衝程 N：引擎每分鐘的動力次數(轉速) C：缸數；所以與變速機構無關。

( ) 175. 某單缸四行程機器腳踏車引擎，其汽缸內徑為 6cm，活塞行程為 6cm，其燃燒室容積為活塞位移容積的 12%，試求此引擎之壓縮比約為多少？ (3)

(1)7.3：1 (2)8.3：1

(3)9.3：1 (4)10.3：1。

解 PDV(活塞位移容積)＝(πD²×S×N)/4＝(3.14×6²×6×1)/4＝169.56cc

CCV(燃燒室容積)＝169.56×0.12＝20.35cc

壓縮比(CR)＝(CCV+PDV)/CCV＝(20.35+169.56)/ 20.35＝9.33

( ) 176. 噴射引擎故障時，其故障碼是暫存在電腦何處？ (2)

(1)CPU (2)RAM

(3)ROM (4)A／D。

( ) 177. 下列何者是不受引擎控制電腦 ECM 控制的元件？

(1)節氣門位置感知器 (2)燃油噴嘴

(3)怠速空氣旁通閥 (4)燃油泵浦。 (1)

解 受引擎控制電腦 ECM 控制的作動元件有燃油噴嘴、怠速空氣旁通閥、燃油泵浦及點火線圈等。

( ) 178. 關於汽油完全燃燒的化學式，下列何者正確？ (3)

(1)$C_8H_{18} + O_2 \rightarrow 8CO_2 + 9H_2O$

(2)$C_8H_{18} + 25O_2 \rightarrow 8CO_2 + 9H_2O$

(3)$C_8H_{18} + 12.5O_2 \rightarrow 8CO_2 + 9H_2O$

(4)$C_8H_{18} + 12.5O_2 \rightarrow 8CO_2 + 8H_2O$。

( ) 179. 關於 1 公制馬力的敘述，下列何者錯誤？ **(4)**

(1)75kg-m/sec   (2)735W

(3)632kcal/hr   (4)2454BTU/hr。

解 熱效率：1 公制馬力＝2545 BTU/HP-hr。

( ) 180. 關於引擎性能，下列敘述何者正確？ **(4)**

(1)單位馬力燃料消耗率愈低，則愈耗油

(2)扭力最大值時，也是馬力最大時

(3)馬力是隨引擎轉速增加而增加，至最高轉速都是
   線性變化

(4)扭力最大時，燃料消耗率相對較低。

( ) 181. 某機器腳踏車以 60 km/hr 定速行走 5 分鐘，共消耗 125 cc 的汽油，試問在此速度下， **(3)**
每公升汽油可行走多少公里？

(1)20 公里   (2)30 公里

(3)40 公里   (4)50 公里。

解 60km/hr→1 km/min；5 分鐘走 5 公里，共消耗 125cc 汽油，(1000cc / 125cc)×5 公里＝40 公里。

( ) 182. 關於引擎之容積效率，下列敘述何者正確？ **(4)**

(1)引擎之制動馬力達最大值時，此時容積效率最高

(2)提高進氣溫度，可增加引擎容積效率

(3)當引擎之排氣壓力增加時，容積效率亦增加

(4)提高引擎之進氣壓力，可增加容積效率。

( ) 183. 某機器腳踏車引擎制動馬力為 8PS，若行駛 2 小時消耗之燃料為 4kg，試求燃料消耗
率約為多少 kg/PS-hr？ **(1)**

(1)0.25   (2)0.55

(3)0.45   (4)0.5。

解 燃料消耗率＝4kg / 8PS×2 小時＝0.25 kg/PS-hr。

( ) 184. 某二缸大型重型機車引擎，排氣量為 800 cc，若單缸之燃燒室容積為 50 cc，試問其 **(2)**
壓縮比為多少？

(1)8：1   (2)9：1

(3)10：1   (4)11：1。

解 壓縮比(CR)＝(CCV+PDV)/CCV＝(50cc+800cc/2 缸)/50cc＝9：1。

( ) 185. 關於大型重型機車引擎運轉時，下列哪一元件間之摩擦損耗最大？

(1)活塞環與汽缸壁   (2)曲柄軸與連桿大端 **(1)**

(3)汽門桿與汽門導管   (4)曲軸主軸頸與軸承。

(　) 186. 關於引擎馬力，下列敘述何者錯誤？　　　　　　　　　　　　　　　　(3)

(1)引擎之指示馬力大於制動馬力

(2)1PS=75kg-m/sec

(3)瓦特為功率的單位，1 瓦特=1 焦耳/分鐘

(4)公制馬力(PS)小於英制馬力(HP)。

解　瓦特為功率的單位，1 瓦特＝1 焦耳/秒。

(　) 187. 關於汽門重疊，下列敘述何者錯誤？　　　　　　　　　　　　　　　　(2)

(1)汽門重疊度數=進汽門早開的度數+排氣門晚關的度數

(2)汽門重疊時間是指進、排氣門同時關閉時之曲軸轉角

(3)適度的汽門重疊可提升引擎之容積效率

(4)汽門重疊度數與汽門腳間隙之大小有關。

解　汽門重疊時間是指進、排氣門同時開啟時之曲軸轉角。

複選題

答

(　) 188. 目前使用於製造汽缸頭的材料是　　　　　　　　　　　　　　　　　(34)

(1)鋼　　　　　　　　　　　　　　　(2)合金鋼

(3)鋁合金　　　　　　　　　　　　　(4)鑄鐵。

解　製造汽缸頭最普遍的材料是鋁合金及鑄鐵。

(　) 189. 關於四行程引擎，造成燃燒室積碳的可能原因　　　　　　　　　　　　(13)

(1)活塞環間隙太大　　　　　　　　　(2)活塞環間隙太小

(3)進氣門導管間隙太大　　　　　　　(4)進氣門導管間隙太小。

解　造成燃燒室積碳的可能原因是機油進入燃燒室燃燒，機油進入燃燒室的方式有上機油（活塞環間隙太大）及下機油（進氣門導管間隙太大）。

(　) 190. 二行程引擎的活塞環槽內有一定位銷，其功用下列敘述何者正確？　　　(234)

(1)美觀

(2)防止活塞環旋轉

(3)防止活塞環斷裂

(4)防止活塞環合口刮傷汽缸掃氣、排氣口。

解　二行程引擎的活塞環槽內有一定位銷，是為了防止活塞環旋轉而產生活塞環斷裂及刮傷汽缸掃氣口、排氣口的現象。

(　) 191. 有關活塞的敘述，下列何者正確？　　　　　　　　　　　　　　　　(123)

(1)四行程活塞頂形狀變化多

(2)四行程活塞環槽有回油孔

(3)二行程活塞環槽內有定位銷

(4)活塞銷孔偏置應偏向壓縮衝擊面。

解 活塞銷孔偏置應偏向動力衝擊面。

( ) 192. 四行程引擎機油消耗太快時，可能之最大原因？ (12)
(1)氣門導管磨損 (2)活塞環磨損
(3)凸輪軸磨損 (4)曲軸磨損。

解 機油消耗太快時，可能之最大原因為氣門導管磨損(下機油)、活塞環磨損(上機油)。

( ) 193. 關於機器腳踏車引擎老舊無力，下列敘述何者影響較大？ (123)
(1)汽缸斜差太大 (2)汽缸失圓度太大
(3)活塞環磨損 (4)活塞銷磨損。

解 引擎老舊無力，是因為活塞環、活塞與汽缸磨損漏氣所致(汽缸斜差太大、失圓度太大或活塞環磨損皆有影響)，與活塞銷磨損無關(但加速時會產生異音聲響)。

( ) 194. 目前機器腳踏車空氣濾清器濾芯的型式，下列敘述何者正確？ (123)
(1)海綿溼式 (2)紙質半溼式
(3)紙質半溼式加上海綿 (4)塑膠質乾式。

( ) 195. 有關排氣管，下列敘述何者正確？ (123)
(1)四行程排氣管較易腐爛
(2)二行程排氣管較四行程易阻塞
(3)排氣管內裝有消音器，以減低排氣噪音
(4)四行程與二行程排氣管可互換。

解 (1)四行程排氣管較易腐爛(完全燃燒易產生水氣)。
(2)二行程排氣管較四行程易阻塞(燃燒不完全，有噴合油囤積於排氣管)。
(3)排氣管內裝有消音器，以減低排氣噪音(排氣管有減壓及滅音的功能)。
(4)四行程與二行程排氣管不可互換(排氣管更換，需依廠牌及車型規定更換)。

( ) 196. 如圖所示為在四行程引擎活塞環安裝時開口位置，A 為排 (34)
氣門位置，a 或 b 為第一道活塞環開口位置，試問第二道
活塞環開口位置應該在何處較為合適？
(1)a (2)b
(3)c (4)d。

解 活塞環安裝時要注意開口位置，不可朝活塞銷方向及動力衝擊面方向，第一道活塞環位置，不可對正火星塞及排氣門位置；第一道活塞環開口位置與第二道活塞環開口位置相隔 180 度最為恰當(漏氣量較少)。

( ) 197. 對一個髒汙的空氣濾清器濾芯而言，下列何者敘述為正確？ (134)
(1)可能把粉塵微粒隨空氣帶入汽缸 (2)和燃油消耗量無關
(3)會改變空燃比 (4)會縮短引擎運轉壽命。

解 髒汙的空氣濾清器濾芯，會使進入汽缸的空氣量變少(造成混合氣太濃的現象)，燃油消耗量增加。

( ) 198. 空氣濾清器堵塞時會造成 (23)

(1)回火 (2)排氣管放炮

(3)怠速不穩 (4)增加馬力。

解 空氣濾清器堵塞會造成混合氣過濃(排氣管放炮)及怠速不穩的現象。

( ) 199. 有關汽門導管油封的設計，下列敘述何者正確？ (234)

(1)百分之百密封 (2)防止下機油

(3)拆過最好更換 (4)一定要裝在汽門處的汽門導管上方。

解 汽門導管油封須留有適當的間隙(允許少量機油進入汽門導管潤滑)。

( ) 200. 汽門彈簧各圈距不同，其目的在於使彈簧 (24)

(1)安裝容易 (2)防止諧振

(3)製造方便 (4)不易震動而斷裂。

解 汽門彈簧各圈距不同，其目的在於避免彈簧產生諧振及震動而斷裂。

( ) 201. 關於汽門彈簧，下列敘述何者不正確？ (123)

(1)單彈簧式，彈簧線間之間隔相等

(2)雙彈簧式，兩彈簧之捲繞方向相同

(3)不論彈簧多寡，安裝時無方向性

(4)彈簧必須使汽門確實關閉，且無諧振現象。

解 (1)單彈簧式，彈簧線間之間隔會不相等(高、低節距)，密的一端朝向汽缸蓋。

(2)雙彈簧式，兩彈簧之捲繞方向不相同(減少諧震)。

(3)彈簧安裝時，需依方向性安裝。

( ) 202. 對活塞環而言，下列敘述何項正確？ (14)

(1)安裝時，環上有字之面向上

(2)一般可用兩條油環，其中一環裝在活塞裙部之環槽中

(3)使用過之引擎僅更換活塞環時，應在汽缸行程中央處測量開口間隙

(4)機器腳踏車引擎一般用二道壓縮環。

解 (2)一般使用二道壓縮環及一條油環。

(3)測量活塞環開口間隙時，應在汽缸上方或下方距離 1 公分左右位置量測(依廠家規定)。

( ) 203. 機器腳踏車化油器引擎之空氣濾清器堵塞時，會造成下列何種情形之發生？ (23)

(1)減少 CO、HC 及 NOx 之排出 (2)燃料消耗量增加

(3)引擎無力 (4)點火正時提前。

解 空氣濾清器堵塞時，會造成混合氣過濃的現象，有可能耗油、引擎無力及廢氣增加(與點火正時較無關係)。

( ) 204. 檢查汽缸蓋不平度時，所使用的量具為 (13)

(1)直定規 (2)千分錶

(3)厚薄規 (4)深度規。

解 檢查汽缸蓋不平度時，所使用的量具為直定規及厚薄規。

( )205. 機器腳踏車引擎所使用之 OHC 正時機構，當更換內鍊條時須同時更換 　(23)
(1)內鍊條調整器　　　　　　　　(2)曲軸之齒輪
(3)凸輪軸齒輪　　　　　　　　　(4)時規齒輪蓋。

解 OHC 正時機構，當更換內鍊條時須同時更換曲軸之齒輪及凸輪軸齒輪。

( )206. 有關機器腳踏車引擎汽缸頭之檢修，下列敘述何者正確？ 　(123)
(1)拆卸汽缸頭螺絲，一般必須在引擎冷卻後為之
(2)檢查汽缸頭之不平度，可用平面規和厚薄規進行之
(3)安裝汽缸頭時應將汽缸蓋及汽缸體之面擦拭乾淨，更換新的汽缸墊床，並將汽缸床
　塗抹封膠
(4)並列多缸式汽缸頭固定螺絲一般應由外向內漸次鎖緊至規定扭力，不可一次鎖緊。

解 引擎汽缸頭之檢修，並列多缸式汽缸頭固定螺絲一般應由內向外漸次鎖緊至規定扭力，不可一次鎖緊。

( )207. 關於機器腳踏車並列多缸式引擎汽缸頭光磨加工的敘述，下列何者正確？ 　(14)
(1)汽缸頭光磨後，引擎壓縮比提高，容易產生爆震
(2)汽缸頭光磨過多，汽門腳間隙會受影響
(3)鋁合金汽缸頭不可進行光磨加工
(4)鋁合金汽缸頭若因過熱導致翹曲變形，故在光磨前應該先釋放其熱應力。

解 (2)汽缸頭光磨過多，汽門腳間隙並不會受影響。
(3)鋁合金汽缸頭可依磨損情況，進行光磨加工。

( )208. 針對汽門機構之敘述，下列何者正確？ 　(123)
(1)排氣門在上死點後關閉，稱為晚關
(2)排氣門太早開，馬力會減小
(3)排氣門太早關時，引擎容積效率會低
(4)排氣門太晚關閉，化油器會回火。

解 排氣門太晚關閉，汽門重疊太大，容積效率會降低(但不會產生化油器回火)。

( )209. 針對汽門組件之敘述，下列何者正確？ 　(124)
(1)鈉冷卻式汽門，可以提高散熱速度
(2)鈉冷卻式汽門是氣門桿中空裝納
(3)汽門面角度 45，汽門座角度 45 之設計，密封效果最佳
(4)鋁合金汽缸頭，是另外鑲入鎢鉻鋼材質之汽門座。

解 汽門面應比汽門座少 1 度(干涉角)；汽門面角度 44 度，汽門座角度 45 度，密封效果最佳。

( )210. 針對空氣濾清器之敘述，下列何者正確？ 　(23)
(1)有防止回火及放炮等作用
(2)黏紙式濾芯不可使用壓縮空氣吹洗
(3)阻塞時會放炮及耗油
(4)可調節進氣之濕度。

解 空氣濾清器最主要的功能是過濾空氣中的雜質(灰塵、砂粒)，並沒有防止回火、放炮及調節進氣之濕度的功用。

( )211. 機器腳踏車使用一般材質之汽門零件，針對汽門間隙之敘述，下列何者不正確？　(123)

(1)汽門間隙加大會使汽門早開早關

(2)汽門間隙在引擎冷時比引擎熱時為小

(3)通常進汽門較排汽門汽門間隙為大

(4)汽門腳間隙加大會使汽門晚開早關。

解 (1)汽門間隙加大會使汽門晚開早關。

(2)汽門間隙在引擎冷時比引擎熱時為大。

(3)通常進汽門較排汽門汽門間隙為一樣或較小。

( )212. 拆卸氣門導管之方式，下列何者不正確？　(134)

(1)直接敲打　　　　　　　　　(2)使用油壓機

(3)使用鑽床機　　　　　　　　(4)使用汽門鉸刀。

解 拆卸氣門導管之方式，應使用油壓機將氣門導管壓出(其他方式易破壞汽缸蓋)。

( )213. 檢查汽門彈簧應測量　(134)

(1)彈力　　　　　　　　　　　(2)硬度

(3)直角度　　　　　　　　　　(4)自由長度。

解 汽門彈簧檢查應測量彈力、直角度及自由長度。

( )214. 針對活塞環之敘述，下列何者正確？　(123)

(1)活塞環磨損會使引擎機油消耗量增加

(2)活塞環中之第二道壓縮環，除作密封外，尚有刮油作用

(3)活塞環與槽間之間隙過大時，油底殼內之機油會逐漸減少

(4)拆下活塞，發現活塞頂部設計成凹陷，其目的是減輕活塞重量。

解 活塞頂部設計成凹陷，其目的是產生渦流增加燃燒效率。

( )215. 針對引擎構件之敘述，下列何者正確？　(123)

(1)活塞環以合金鋼為材料是因其耐磨且能長久保持原有彈性

(2)鋁合金活塞表面經氧化處理，其表層之氧化鋁，能提高吸油性，減少磨損

(3)安裝活塞總成時，汽缸壁上應先加一些機油

(4)活塞裙部部分切除，可減輕重量，切除部分是在推力面下方處。

解 活塞裙部部分切除，可減輕重量，切除部分是在活塞銷孔方向(不是在推力面方向)下方處。

( )216. 針對引擎構件之敘述，下列何者正確？　(23)

(1)分離式油環是由兩片合金鋼片及鱗狀彈簧組成，用於高轉速引擎

(2)活塞上隔熱槽是開在銷孔面的上面，油環環槽內

(3)活塞銷不在活塞中央位置而稍有偏移，其目的是為使引擎運轉平穩

(4)橢圓形活塞是指活塞頂部冷時呈橢圓形，當達工作溫度後膨脹成為圓形。

解 (1)分離式油環是由兩片合金鋼片及鱗狀彈簧組成，用於低轉速引擎。

(4)橢圓形活塞是指活塞裙部冷時呈橢圓形，當達工作溫度後膨脹成為圓形。

( ) 217. 下列哪一項是造成吹漏氣(Blow By Gas)之原因？ (34)

(1)活塞環開口間隙過小　　　　　　(2)汽門間隙過小

(3)活塞環與活塞環槽間之間隙過大　(4)活塞環與汽缸壁間之間隙過大。

解 (1)活塞環開口間隙過大，才會產生吹漏氣(HC)。

(2)汽門間隙大小與產生吹漏氣無關。

( ) 218. 下列何項為活塞必須具備之條件？ (124)

(1)耐磨

(2)耐高溫導熱性佳

(3)鋁合金材質其銷孔面外徑比推力面外徑大

(4)強度大。

解 鋁合金材質其銷孔面外徑比推力面外徑小(活塞最大直徑位置是在與活塞銷成 90 度的方向位置)。

( ) 219. 鋁合金活塞膨脹率為汽缸之兩倍，為改進冷車時活塞的搖擺，下列敘述何者正確？ (123)

(1)銷轂處鑲入合金鋼片　　　　　　(2)減小活塞與汽缸壁之間隙

(3)活塞製成橢圓形　　　　　　　　(4)活塞環內加裝襯環。

解 活塞環不需加裝襯環(油環才需要加裝襯環)。

( ) 220. 安裝活塞時，有關活塞環開口位置，下列敘述何者正確？ (123)

(1)第一道活塞環的開口位置不可對正火星塞

(2)第一道活塞環的開口位置不可對正排氣門

(3)活塞環開口位置不可朝向動力衝擊面

(4)活塞環開口位置可朝向活塞銷方向。

解 活塞環安裝時要注意開口位置，不可朝活塞銷方向及動力衝擊面方向，第一道活塞環位置，不可對正火星塞及排氣門位置。

( ) 221. 有關連桿之敘述，下列何者正確？ (123)

(1)連桿長時，活塞受到側壓力小　　(2)連桿長時，引擎轉速較低

(3)連桿短時，扭力小　　　　　　　(4)連桿短時，引擎高度高。

解 連桿短時，引擎高度會比較低。

( ) 222. 有關汽油引擎之敘述，下列何者正確？ (123)

(1)用以消除曲軸慣性之平衡軸，通常與曲軸反向旋轉

(2)引擎的曲軸臂長度是活塞行程之半

(3)所有引擎的曲軸銷的數目，需與缸數相同

(4)為減少起動時之扭震可在普力盤上裝置減震器。

( ) 223. 機器腳踏車使用之機油，應具備下列何種效能？ (123)

(1)潤滑活塞環與汽缸壁　　　　　　(2)幫助冷卻引擎

(3)清潔汽缸壁　　　　　　　　　　(4)防止雨水進入汽缸。

解　機油的功能有減磨、冷卻、密封、緩衝防鏽及清潔作用；並沒有防止雨水進入汽缸的功能。

(　) 224. 有關機油的基礎油採合成油較礦物油佳的原因，下列敘述何者不正確？ (134)
　　　　(1)合成油分子鍵結較礦物油弱，故潤滑性較佳
　　　　(2)合成油高溫抗氧化性較佳
　　　　(3)合成油低溫防水性較佳，但流動性較差
　　　　(4)合成油低溫流動性較佳，但高溫抗氧化性較差。

(　) 225. 有關引擎機油，下列敘述何者正確？ (134)
　　　　(1)機油的功用之一是減震並減少噪音　　(2)機油號數愈小，黏度愈大
　　　　(3)機油規格可用 SAE 表示　　(4)齒輪油比引擎機油黏度大。

解　機油號數愈小，黏度愈小；號數愈大，黏度愈大。

(　) 226. 有關二行程潤滑系統採分離式給油，下列敘述何者正確？ (123)
　　　　(1)起動後怠速運轉時，可防止火星塞被油汙燻黑
　　　　(2)能適當控制噴油量
　　　　(3)能在引擎高低轉速時減低公害
　　　　(4)怠速與高速的給油量相同。

解　怠速與高速的給油量不相同，高速給油量多。

(　) 227. 有關二行程潤滑系統，下列敘述何者正確？ (123)
　　　　(1)給油方式有混合式和分離式
　　　　(2)目前大部分採用分離式給油方式
　　　　(3)分離式的機油泵是柱塞式
　　　　(4)分離式機油泵是利用容積變化將油送出。

解　分離式機油泵是利用歧管的真空變化(引擎轉速與負載)將油送出。

(　) 228. 下列何者會造成機油壓力太低的原因？ (34)
　　　　(1)機油油道阻塞　　(2)機油壓力開關損壞
　　　　(3)機油被沖淡變稀　　(4)機油量太少。

解　(1)機油油道阻塞(壓力高)。
　　(2)機油壓力開關損(測不到壓力)。

(　) 229. 有關四行程機油泵之敘述，下列何者正確？ (123)
　　　　(1)轉子式機油泵有內轉子與外轉子
　　　　(2)轉子式機油泵大部分，用於機器腳踏車引擎
　　　　(3)機油泵是利用容積變化將機油送出
　　　　(4)機油泵進油口較出油口小。

解　一般機油泵進油口與出油口一樣大小。

( ) 230. 有關機器腳踏車之潤滑系統，下列敘述何者正確？　　　　　　　(1234)
  (1)檢查機油量時，引擎應暖車後實施
  (2)濾油網的型式大部分為筒狀
  (3)油濾轉子是利用離心力，將濾油網未過濾的雜質再分離
  (4)筒狀濾油網安裝，其開口應朝鎖緊螺絲。

( ) 231. 有關機器腳踏車引擎潤滑系統，下列敘述何者正確？　　　　　　(134)
  (1)SAE 號數愈大的機油，其黏度愈大
  (2)部份壓力式潤滑系統於連桿小端有機油孔道
  (3)在機油中添加二硫化鉬(MoS_2)作為極壓添加劑
  (4)油壓式汽門推桿是靠機油作動。

解 部份壓力式潤滑系統於連桿小端沒有機油孔道(完全壓力式才有)，連桿大端有機油噴孔。

( ) 232. 有關機器腳踏車汽油引擎潤滑系統，下列敘述何者正確？　　　　(123)
  (1)機油黏度太大，會增加摩擦阻力且不易散熱
  (2)機油黏度指數越高，流動性越差
  (3)不同廠牌機油各有不同添加劑，故不宜混合使用
  (4)為使潤滑作用較佳，冬天採用黏度較大之機油，夏天採用黏度較小之機油。

解 為使潤滑作用較佳，冬天採用黏度較小之機油(流動點好)，夏天採用黏度較大之機油。

( ) 233. 機器腳踏車水冷式引擎節溫器，下列敘述何者正確？　　　　　　(124)
  (1)可維持引擎最佳運轉溫度   (2)可縮短引擎暖車時間
  (3)可增加引擎冷卻水的流量 (4)通常裝在汽缸熱水出口處。

解 水冷式引擎節溫器，主要功能是縮短引擎暖車的時間(無法增加引擎冷卻水的流量)。

( ) 234. 機器腳踏車水冷式引擎冷卻系統，下列敘述何者錯誤？　　　　　(234)
  (1)使用壓力式水箱蓋可增加冷卻效果
  (2)在夏天將節溫器拆下可避免引擎過熱
  (3)水泵浦軸承必須定期加黃油潤滑
  (4)在冷卻水中添加甲烯熔劑可防止結冰。

解 (2)將節溫器拆下，會使暖車時間延長，無法增加散熱。
(3)水泵浦軸承無須定期加黃油潤滑(免保養軸承)。
(4)在冷卻水中添加乙烯乙二醇可防止結冰。

( ) 235. 機器腳踏車水冷式引擎冷卻系統，下列敘述何者正確？　　　　　(124)
  (1)節溫器鉤閥的功用在於排除引擎水套內空氣
  (2)節溫器的功能是在冷車時，使引擎溫度快速上升到工作溫度
  (3)蠟球式節溫器易受冷卻水中壓力變化而影響其開啟度
  (4)冷卻水之表面壓力增加時，則沸點提高。

解 蠟球式節溫器不容易受冷卻水中壓力變化而影響其開啟度(體積膨脹產生推力)。

(　) 236. 有關機器腳踏車冷卻系統作用情形，下列敘述何者錯誤？　(23)
　　　　(1)冷卻系統應能使引擎保持在 80～93℃之溫度範圍工作
　　　　(2)散熱過快，易使引擎機件加速磨損
　　　　(3)散熱不良，易造成機油劣化情形加速
　　　　(4)散熱過快，會使燃油消耗量增加。

　解　(1)冷卻系統應能使引擎保持約在 80～90℃左右之溫度範圍工作。
　　　(4)散熱過慢(引擎過熱)，會使機油消耗量增加。

(　) 237. 有關機器腳踏車氣冷式冷卻系統之敘述，下列何者正確？　(14)
　　　　(1)自然冷卻式，係利用汽缸外的散熱鰭片散熱，構造簡單
　　　　(2)自然冷卻式，對於原地發動引擎過久的使用情形，不會產生引擎過熱現象
　　　　(3)強制冷卻式，其引擎外圍設置導氣罩之目的為增加空氣渦流情形
　　　　(4)強制冷卻式，其空氣流量隨引擎轉速快慢變化而增減。

　解　(2)自然冷卻式，對於原地發動引擎過久的使用情形，會產生引擎過熱現象。
　　　(3)強制冷卻式，其引擎外圍設置導氣罩之目的為增加空氣量(空氣直接導入)使散熱效率增加。

(　) 238. 有關機器腳踏車水冷式冷卻系統之敘述，下列何者錯誤？　(134)
　　　　(1)強制流動冷卻式，因水泵的運轉，致引擎的運轉聲音較自然對流冷卻式為大
　　　　(2)自然對流冷卻式，因熱量損失較高，容易造成引擎過冷
　　　　(3)自然對流冷卻式，因冷卻水吸熱後比重變大而在冷卻水道內下降，使冷水上升而對
　　　　　流循環
　　　　(4)強制流動冷卻式，其循環迴路採加壓設計冷卻效果較差。

(　) 239. 有關機器腳踏車水冷式冷卻系統節溫器之敘述，下列何者正確？　(234)
　　　　(1)通常裝置於引擎之進水口端
　　　　(2)閥座上標註之數字為閥初開之溫度
　　　　(3)引擎溫度低於閥座標註之數字時，冷卻水以小循環方式流動
　　　　(4)迴流管的設計可使蠟丸正確感測引擎水套溫度。

　解　水冷式冷卻系統節溫器，通常裝置於引擎之出水口端。

(　) 240. 有關機器腳踏車一般水冷式冷卻系統水泵之敘述，下列何者正確？　(23)
　　　　(1)皆利用引擎曲軸皮帶盤經由皮帶傳動
　　　　(2)水泵作動方式為離心式
　　　　(3)採用普通軸承搭配機械油封安裝無須潤滑保養
　　　　(4)其入口連接於水箱之上水管。

　解　(1)皆利用引擎曲軸皮帶盤經由鍊條傳動。
　　　(4)其入口連接於水箱之下水管。

( ) 241. 有關機器腳踏車水冷式冷卻系統水箱蓋之敘述，下列何者正確？ (14)
(1)壓力式水箱蓋配合副水箱使用有減少冷卻水流失之優點
(2)水箱蓋之壓力閥可使冷卻系統作用壓力降低
(3)水箱蓋之真空活門在引擎高速運轉時打開，將副水箱的水吸回水箱
(4)壓力閥可提高冷卻水沸點減少蒸發流失情形。

解 (2)水箱蓋之壓力閥可使冷卻系統作用壓力提高(提高冷卻水的沸點)。
(3)水箱蓋之真空活門在引擎熄火後，溫度及壓力降低時【形成真空時(較大氣壓力低 0.5psi 時)】打開，將副水箱的水吸回水箱。

( ) 242. 有關機器腳踏車一般水冷式冷卻系統水箱之敘述，下列何者正確？ (23)
(1)上、下水箱之溫差約為 20～40℃
(2)冷卻水之熱經由水箱芯子傳遞給散熱片發散於空氣中
(3)為預防水箱芯子銹蝕，其材料多為銅、鋁材質
(4)水箱芯子若有破裂應使用電焊修補。

解 (1)上、下水箱之溫差約為 7～10℃。
(4)水箱芯子若有破裂應使用錫焊修補。

( ) 243. 有關造成水箱芯子接合處迸裂漏水原因之敘述，下列何者錯誤？ (124)
(1)節溫器無法打開 (2)水泵轉速過高
(3)水箱蓋壓力閥無法打開 (4)引擎內部冷卻水道堵塞。

解 水箱芯子接合處迸裂漏水原因，是溫度過高所致。
(1)節溫器無法打開，引擎溫度會過高，但是不會影響水箱迸裂漏水。
(2)水泵轉速過高，不會影響水箱迸裂漏水(水泵轉速過低才會影響)。
(4)引擎內部冷卻水道堵塞：引擎溫度會過高，但是不會影響水箱迸裂漏水。

( ) 244. 有關機器腳踏車冷卻系統檢修之敘述，下列何者正確？ (13)
(1)於引擎高溫時拆卸壓力式水箱蓋應先行洩壓
(2)冷卻系統應於高溫時進行壓力試驗檢漏作業
(3)操作水箱壓力試驗器之加壓壓力不能超過 1.5 kg/cm^2
(4)水箱進行測試時加壓之壓力降低速度很快，則表示水箱沒有洩漏。

解 (2)冷卻系統應於低溫時進行壓力試驗檢漏作業。
(4)水箱進行測試時加壓之壓力降低速度很快，則表示水箱有洩漏。

( ) 245. 有關機器腳踏車水冷式冷卻系統冷卻液之敘述，下列何者正確？ (134)
(1)以純水作為冷卻液可減少水道發生腐蝕或積垢現象
(2)市售之防銹劑多以甲醇甘油調製而成
(3)半永久式防凍劑以酒精為主劑製成，在 60%添加比例時可降低水的冰點至－58℃
(4)將沸點比水高之乙烯乙二醇與水以 6：4 之比例調製成的防凍劑，可將水之冰點降至－45℃。

解 市售之防銹劑多使用三乙醇胺、磷酸鹽或有機磷酸鹽等。

( )246. 有關機器腳踏車冷卻系統檢修引擎溫度過高原因之敘述，下列何者正確？ (134)
　　　(1)水箱蓋壓力活門破損
　　　(2)水泵之傳動鍊條緊度過鬆
　　　(3)電動式水箱風扇之溫度開關太晚閉合
　　　(4)冷卻水道內積存過多氣泡未排除。

解　水泵之傳動鍊條緊度過鬆，由於是鍊條傳動，所以並不會影響，如果是皮帶傳動，則會影響傳動效率(溫度會高一點)。

( )247. 機器腳踏車燃油噴射系統燃油管路相對於進氣歧管油壓需保持規定值，下列何者會影 (124)
　　　響該壓力之規定值？
　　　(1)燃油泵浦　　　　　　　　　　　　(2)燃油穩壓器
　　　(3)ECU　　　　　　　　　　　　　　(4)油管破損或管夾鬆動。

解　ECU 故障時，會影響作動元件之作用，但不會影響燃油管路油壓之高低。

( )248. 機器腳踏車燃油噴射系統下列何者影響噴射系統冷車加油不順的可能原因？ (123)
　　　(1)燃油管路洩漏或壓力不足　　　　　(2)火星塞積污或型號不對
　　　(3)噴油嘴流量劣化或減少　　　　　　(4)電瓶電壓低於 11.8V。

( )249. 機器腳踏車燃油噴射系統，下列何者不影響噴射系統進氣歧管真空明顯變大之情形？ (123)
　　　(1)電瓶電壓　　　　　　　　　　　　(2)噴射時間
　　　(3)引擎溫度　　　　　　　　　　　　(4)進氣管路上之部份元件洩漏。

解　噴射系統進氣歧管真空明顯改變(變大)，是因為歧管管路有破損或元件安裝有洩漏的關係，但是與電瓶電壓、噴射時間及引擎溫度無直接的關係。

( )250. 機器腳踏車燃油噴射系統，有關怠速空氣旁通閥之說明，下列敘述何者正確？ (123)
　　　(1)隨著節流閥體積碳程度，ECU 控制自動增加開啟時間補償
　　　(2)本體內部裝有電磁閥
　　　(3)使用 8～16V 電瓶電源
　　　(4)清潔此部品時應長時間噴入清潔劑清潔。

解　怠速空氣旁通閥需定時清潔此部品，使用清潔劑清潔時，等待幾分鐘後讓積碳溶解再用 AIR 噴除溶液，不可時間太長。

( )251. 機器腳踏車燃油噴射系統，下列何者是 ECU 依怠速目標引擎運轉設定值，而計算的 (134)
　　　控制值？
　　　(1)噴油時間　　　　　　　　　　　　(2)燃油泵浦 5 秒鐘泵油
　　　(3)點火正時　　　　　　　　　　　　(4)怠速空氣旁通閥開啟時間。

( )252. 機器腳踏車燃油噴射系統燃油泵浦能迴轉，但油壓均無法上升，則下列敘述何者正 (124)
　　　確？
　　　(1)油管破裂或脫落　　　　　　　　　(2)燃油濾網阻塞
　　　(3)燃油泵浦內安全閥釋放壓力太高　　(4)燃油壓力調節器壓力太低。

解　燃油泵浦內安全閥釋放壓力太高(只是燃油壓力高於標準)，並不會有油壓無法上升的問題。

(　) 253. 有關機器腳踏車燃油噴射系統容易造成火星塞污黑原因，下列敘述何者正確？ (134)
    (1)冷車起動時，電瓶壓降持續低於規範值狀態下
    (2)熱值較高的火星塞
    (3)長期處於起動後，隨即將電門關閉之使用狀態
    (4)起動後熱車行駛 2～3 公里以上，火星塞即可自潔。

解　火星塞污黑是燃燒不完全(熱值較低)所致，熱值較高的火星塞燃燒後顏色呈灰白色，中央電極會有磨損融化的現象。

(　) 254. 機器腳踏車燃油噴射系統下列何者是由 ECU 根據編碼齒飛輪上之對應齒數所控制之 (123)
    部品？
    (1)燃油噴嘴 (2)怠速空氣旁通閥
    (3)點火線圈 (4)進氣溫度及壓力感知器。

解　曲軸位置感知器是由 ECU 根據編碼齒飛輪上之對應齒數所控制，再由電腦(ECU)來控制燃油噴嘴、怠速空氣旁通閥、點火線圈、汽油泵浦等部品。

(　) 255. 有關 V 型 2 缸機器腳踏車汽缸壓縮壓力測量與判斷之敘述，下列何者正確？ (23)
    (1)汽缸壓縮壓力之測量以量缸錶實施最準確
    (2)汽缸壓縮壓力測量時應取下空氣濾芯及讓節氣門轉到全開位置
    (3)若所測得之壓力值比正常值高出許多，其可能原因為燃燒室積碳
    (4)若相鄰 2 缸所測得之壓力值相同且比正常值為低，其可能原因為汽缸床破損。

解　(1)汽缸壓縮壓力之測量，以壓縮壓力錶實施最準確；
    (4)若相鄰 2 缸所測得之壓力值相同，且比正常值為低，從火星塞孔加入少許機油後再測量，壓力就達到標準，其可能原因為活塞環、活塞與汽缸磨損所致。

(　) 256. 機器腳踏車燃油噴射系統若無汽油進入燃燒室，其故障原因檢查項目，下列何者正 (124)
    確？
    (1)檢查燃油噴嘴是否阻塞
    (2)檢查燃油噴嘴內部電阻
    (3)檢查點火線圈一次電阻
    (4)用耳聽判定，於主開關 KEY-ON 時，燃油泵浦是否作動。

解　燃油噴射系統若無汽油進入燃燒室，應該是查修噴油嘴有無供電及作動的問題，而不是檢查點火線圈一次電阻(與噴油無關)。

(　) 257. 有關機器腳踏車燃油噴射系統燃油壓力調節器功能異常時，可能產生異常現象，下列 (124)
    敘述何者正確？
    (1)汽油壓力過低
    (2)排氣 CO 值過低或過高
    (3)燃油泵浦無法穩定作動
    (4)引擎熄火後，油路中無法維持殘壓。

解　燃油壓力調節器功能異常，並不會影響燃油泵浦無法穩定作動，因油壓高低，並不會影響燃油泵作動(還是會持續運轉)。

(　) 258. 機器腳踏車燃油噴射系統節流閥體下列敘述何者正確？　　　　　　　　　　(134)
　　　　　(1)可依據閥門開度調節進氣量
　　　　　(2)可改變 ECU 電壓值
　　　　　(3)可連動 TPS，使 ECU 偵測閥門開度
　　　　　(4)空氣濾清器芯等進氣相關組件應予定期保養與清潔。

解　可改變 ECU 電壓值的是節流閥位置感知器，不是節流閥體。

(　) 259. 機器腳踏車燃油噴射系統有關節流閥體敘述下列何者正確？　　　　　　　　(134)
　　　　　(1)可取代化油器機種之節氣門位置
　　　　　(2)本體上有調整或基準螺絲，部品保養時可任意調整
　　　　　(3)本體裝有 TPS
　　　　　(4)閥門開度由加油導線控制。

解　本體上有調整或基準螺絲，部品保養時不可任意調整(出廠時已有調校設定)。

(　) 260. 機器腳踏車燃油噴射系統噴射引擎之檢修下列何者正確？　　　　　　　　　(123)
　　　　　(1)燃油泵浦之供應油壓較低，有可能造成引擎熄火或運轉不順
　　　　　(2)欲檢測燃油壓力，連接燃油壓力錶時需洩壓
　　　　　(3)燃油噴嘴滴油、霧化不良，有可能是燃油噴嘴故障所致
　　　　　(4)燃油噴嘴無作用時，只需檢測燃油噴嘴線頭之供應電壓為 12 V 即可。

解　燃油噴嘴無作用時，需檢測燃油噴嘴線頭之供應電壓為 12 V，也要檢查噴嘴有無作動。

(　) 261. 有關機器腳踏車燃油噴射系統中當引擎熄火時，能保持燃油泵浦與燃油壓力調節器， (123)
　　　　　出油管路內一定的殘壓並能防止產生氣阻現象，與下列何者無關？
　　　　　(1)濾油網　　　　　　　　　　　　　(2)燃油泵浦單向閥
　　　　　(3)燃油泵浦安全閥　　　　　　　　　(4)燃油壓力調節器。

(　) 262. 有關機器腳踏車燃油噴射系統若冷車可起動，但慢慢加油車子不動，加重油又可行駛 (134)
　　　　　時應進行下列哪些檢查？
　　　　　(1)引擎真空吸力　　　　　　　　　　(2)引擎壓縮壓力
　　　　　(3)燃油泵浦輸出油壓　　　　　　　　(4)燃油壓力調節器。

解　故障現象與燃油供應有關(與引擎壓縮壓力較無直接關係)。

(　) 263. 有關機器腳踏車燃油噴射系統 ISC 更換，下列敘述何者正確？　　　　　　　(23)
　　　　　(1)拆下的 ISC 馬達 O 環後可再重複使用
　　　　　(2)安裝 ISC 馬達 O 環時要塗佈少量機油
　　　　　(3)務必設定 ISC 馬達之基準位置
　　　　　(4)只確認怠速轉速，不用確認引擎溫度。

解　(1)拆下的 ISC 馬達 O 環後需更換新品。
　　(4)確認怠速轉速，也需確認引擎溫度(引擎溫度會影響 ISC 馬達開度及引擎轉速)。

(　) 264. 有關機器腳踏車燃油噴射系統不論引擎的負荷如何改變,燃油噴嘴與歧管壓力差值永 (124)
遠要保持一定,下列何者非其控制依據?
(1)燃油噴嘴　　　　　　　　　　　　(2)進氣溫度／壓力感知器
(3)燃油壓力調節器　　　　　　　　　(4)點火線圈。

解　燃油噴嘴與歧管壓力差值永保一定值,是由燃油壓力調節器所控制。

(　) 265. 有關機器腳踏車燃油噴射系統進氣溫度感知器,以下何者敘述何者正確? (123)
(1)內部構造、感溫作用與汽缸頭溫度感知器相似
(2)內部構造有熱敏電阻
(3)參考電壓為 DC5V
(4)進氣溫度高時,電阻變大。

解　噴射系統進氣溫度感知器(屬於負溫度係數熱敏電阻),進氣溫度高時,電阻變小。

(　) 266. 有關機器腳踏車燃油噴射系統燃油噴嘴之噴射量多寡是由 ECU 來控制,下列敘述何 (134)
者錯誤?
(1)燃油噴嘴開度大小　　　　　　　　(2)燃油噴嘴開啟時間
(3)進氣歧管真空吸力　　　　　　　　(4)燃油噴嘴針閥開口面積。

解　噴射系統燃油噴嘴之噴射量多寡,是由 ECU 控制噴嘴開啟時間來決定,與噴嘴開度大小、進氣歧管真
空吸力及燃油噴嘴針閥開口面積無關。

(　) 267. 如下圖所示,為噴油嘴控制電路圖,下列有關噴油嘴控制的敘述,何者正確? (123)
(1)執行噴油嘴開關動作的控制電路,係由 NPN 之功率晶體,控制噴油嘴電磁線圈的
搭鐵迴路
(2)若 C 極與 E 極短路,則當點火開關 ON 時,噴油嘴一直噴油,導致溢流(overflow),
引擎無法起動
(3)若 C 極斷路,則當點火開關 ON 時,噴油嘴不噴油,引擎無法起動
(4)當稽納二極體斷路而點火開關 ON 時,噴油嘴一直噴油,造成溢流現象。

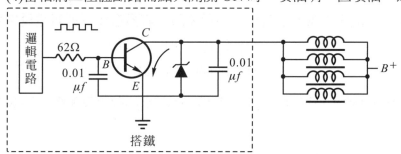

(　) 268. 有關機器腳踏車燃料噴射系統噴油嘴之敘述,下列何者錯誤? (234)
(1)內設電磁線圈由電腦控制噴油作用
(2)作用時以通電電壓來控制噴油量
(3)電磁線圈之線圈匝數與通電無效時間成反比例變化
(4)高電阻式噴油嘴之控制電路需串聯減壓電阻。

解 (2)作用時以通電時間來控制噴油量。

(3)電磁線圈之線圈匝數與通電無效時間成正比例變化。

(4)低電阻式噴油嘴之控制電路需串聯減壓電阻。

( ) 269. 有關一般機器腳踏車燃油噴射系統燃油泵之敘述，下列何者正確？ (13)

(1)主開關開啓時，燃油泵會運轉 5～10 秒，屬正常現象

(2)在燃油輸出口有一釋壓閥，可防止供油壓力過高

(3)有一單向閥，在引擎熄火後供油管內可維持殘壓

(4)通常馬達的電樞轉子是裝在葉輪與吸入口之間，以減少阻力。

解 (2)在燃油吸入口(進油口)有一釋壓閥，可防止供油壓力過高。

(4)通常馬達的電樞轉子是裝在吸入口與葉輪後面。

( ) 270. 有關機器腳踏車電子燃油噴射系統之敘述，下列何者錯誤？ (24)

(1)噴油嘴作用是屬電磁作動式

(2)噴油量皆由燃油壓力之高低所控制

(3)燃油壓力調節器作用異常時混合比會改變

(4)引擎溫度低時，電腦控制噴油時間較短。

解 (2)噴油量皆由噴油嘴的開啓時間及燃油壓力之高低所控制。

(4)引擎溫度低時，電腦控制噴油時間增加；避免引擎運轉熄火。

( ) 271. 有關機器腳踏車燃油噴射系統之敘述，下列何者正確？ (14)

(1)在拆燃油管前，應先釋放燃油壓力

(2)釋放油壓時，應拆下火星塞以避免引擎發動運轉

(3)洩壓時無須啓動引擎

(4)洩壓時最常拆卸的零件是燃油泵繼電器或燃油泵接頭。

解 (2)釋放油壓時，只要拆保險絲、燃油繼電器或燃油泵接頭即可，不需拆下火星塞。

(3)洩壓時須啓動引擎至無法再發動時(表示油管內無汽油；油壓下降接近零)。

( ) 272. 機器腳踏車之燃油噴射系統中，當回油管有阻塞現象時，容易造成下列何種現象？ (23)

(1)混合氣過稀　　　　　　　　　(2)噴油量增加

(3)供油管油壓過高　　　　　　　(4)汽油濾清器阻塞。

解 噴射系統中，當回油管有阻塞現象時，會產生無法回油的現象(造成油壓升高及噴油量會比正常壓力時增加)。

( ) 273. 有關葉輪式燃油泵之敘述，下列何者錯誤？ (12)

(1)一般都裝置在燃油箱外

(2)因吐出脈動大需加裝油壓穩定閥

(3)馬達電源極性不易接反

(4)由直流馬達驅動屬積極式供油作用。

解 (1)一般都裝置在燃油箱內。

(2)因吐出脈動大需加裝脈動緩衝器。

( ) 274. 有關機器腳踏車燃油噴射空氣系統之敘述，下列何者正確？ (34)
　　　(1)壓力計量式之空氣計量，可直接檢測出進氣量
　　　(2)空氣流量計量式之空氣計量屬間接計量式
　　　(3)節流閥速度法之空氣計量較不準確現已不採用
　　　(4)因進氣歧管之壓力受空氣流速影響，故壓力計量式又稱速度密度式。

( ) 275. 有關機器腳踏車燃油噴射系統組件功能之敘述，下列何者正確？ (123)
　　　(1)油壓調節閥之功能為使燃油壓力相對於進氣歧管保持在 2.5Bar 之正壓差
　　　(2)葉輪式燃油泵之供油壓力超過 4.0 kg/cm^2 時其安全閥會開啟
　　　(3)燃油泵之單向閥係在引擎熄火時將吐出口關閉以防止油管內產生氣阻現象
　　　(4)電腦控制噴油嘴線圈通電時間來決定其噴油壓力。

　解　電腦控制噴油嘴線圈通電時間來決定其噴油量的多寡。

( ) 276. 有關機器腳踏車燃油噴射系統噴油嘴電磁線圈之敘述，下列何者正確？ (134)
　　　(1)通電時間為無效時間與有效時間之總和
　　　(2)通電有效時間越長噴油壓力越高
　　　(3)線圈匝數越多通電無效時間越長
　　　(4)電瓶電壓越高通電無效時間越短。

　解　噴射系統噴油嘴電磁線圈，通電有效時間越長，開啟時間愈長，噴油量愈多。

( ) 277. 有關機器腳踏車燃油噴射系統產生爆震原因之敘述，下列何者正確？ (14)
　　　(1)使用燃料之辛烷值太低　　　　　(2)燃燒室溫度太低
　　　(3)壓縮比太低　　　　　　　　　　(4)點火太早。

　解　燃燒室溫度太高及壓縮比太高才會發生爆震。

( ) 278. 有關機器腳踏車燃油噴射系統怠速空氣旁通閥(ABV)之敘述，下列何者正確？ (123
　　　(1)依引擎溫度變化而自動控制怠速 4)
　　　(2)相當於化油器引擎快怠速機構之功能
　　　(3)作用時機為冷引擎啟動時及啟動後溫車期間
　　　(4)當進氣溫度在 0℃ 以下時該閥門會控制其達全開之位置。

( ) 279. 有關機器腳踏車燃油噴射系統燃油壓力調節器之敘述，下列何者正確？ (123)
　　　(1)依節流閥開度大小調整供油之回油量
　　　(2)相當於化油器引擎浮筒室油面高度之功能
　　　(3)保持引擎運轉時供油管油壓為 2.5±0.3 kg/cm^2
　　　(4)若將其真空管拔除則供油管油壓會降低至 2.0 kg/cm^2 以下。

　解　噴射系統燃油壓力調節器，若將其真空管拔除，則供油管油壓會升高至 2.55 kg/cm^2 以上(油壓不會降低)。

( ) 280. 有關機器腳踏車燃油噴射系統感知器將訊號輸入電腦方式之敘述，下列何者正確？ (234)
　　　(1)改變電流　　　　　　　　　　　(2)改變電阻
　　　(3)改變電壓　　　　　　　　　　　(4)改變頻率。

( )281. 下列何種時機會造成機器腳踏車燃油噴射之電子控制系統將點火正時延後？ (13)
(1)引擎溫度升高時　　　　　　　　　(2)引擎轉速升高時
(3)進氣歧管壓力升高時　　　　　　　(4)混合比過濃時。

解　燃油噴射之電子控制系統，只要有爆震或重負載時，會將點火正時延後。

(1)引擎溫度升高時(會產生爆震，需將點火正時延後)。

(3)進氣歧管壓力升高時[引擎轉速下降(低速)，需將點火正時延後]。

( )282. 有關機器腳踏車燃油噴射系統進氣歧管壓力感知器之敘述，下列何者錯誤？ (124)
(1)量測進氣歧管之氣流速度，屬於速度密度型
(2)內部壓製電阻－電感電路以檢測歧管之真空變化
(3)其輸出電壓與歧管壓力成正比
(4)引擎在全負荷時歧管真空大，輸出電壓約為 1V。

解　進氣歧管壓力感知器其輸出電壓與歧管壓力成反比(歧管是負壓)。

( )283. 有關機器腳踏車燃油噴射系統轉倒感知器之敘述，下列何者錯誤？ (23)
(1)由霍爾感測元件構成
(2)當車輛傾倒超過 45°時電腦切斷供油及點火
(3)當車輛扶正後引擎即恢復正常運轉
(4)通常裝在車身中心軸線處。

( )284. 有關機器腳踏車燃油噴射系統曲軸位置感知器之敘述，下列何者正確？ (123)
(1)相當於脈衝線圈構造屬自發電型感知器
(2)利用飛輪之編碼齒使感知器之線圈磁場變化，產生感應電壓訊號
(3)輸出電壓約為 0.8～100V/ACV
(4)此感知器若無訊號產生則引擎無法高速運轉。

解　噴射系統曲軸位置感知器無訊號產生時，則引擎無法發動運轉。

( )285. 有關一般機器腳踏車燃油噴射系統含氧感知器之敘述，下列何者正確？ (123)
(1)用來偵測排放廢氣之含氧量
(2)其輸出電壓在 0.1～0.9V 之間
(3)輸出電壓與內、外管含氧濃度差成正比之變化
(4)輸出電壓若大於 0.45V，表示混合比稀需延長噴射時間。

解　混合比濃，含氧感知器輸出電壓高(0.45～0.90 V)，需縮短噴射時間；混合比稀，含氧感知器輸出電壓低(0.10～0.45 V)，需延長噴射時間。

( )286. 有關機器腳踏車燃油噴射系統含氧感知器之敘述，下列敘述何者正確？ (124)
(1)安裝在排氣管前處，有螺牙鎖入，安裝時要注意扭力值及密合度
(2)含氧感知器溫度低於 350℃，無訊號輸出給 ECU
(3)使用 5 V 電源輸入給含氧感知器
(4)暖車後 A/F 愈濃，輸出電壓(給 ECU)愈高。

解　加熱型含氧感知器供應電源為 12V。

(　)287. 為減少空氣汙染及促使車輛使用三元觸媒轉化器，下列關於觸媒轉換器之敘述何者錯　(34)
　　　　誤？

(1)觸媒轉化器內含鉑、鈀與銠等貴重金屬

(2)能處理 CO、HC 和 NOx

(3)工作溫度約為 500～700℃

(4)不需搭配含氧感知器使用。

解 觸媒轉換器之工作溫度約為 300℃以上需搭配含氧感知器做閉迴路控制。

(　)288. 下列對機器腳踏車之油箱，化油器蒸發氣中 HC 之敘述何者正確？　(13)

(1)過量排放至大氣中會造成喉嚨痛及眼睛痠痛

(2)造成機油劣化

(3)無法經由三元觸媒轉換器轉化

(4)可經由 EGR 控制。

解 (2)造成機油劣化(沖淡)是活塞與汽缸間之吹漏氣造成。

(4)EGR 控制是減少 NO$_x$ 的排放。

(　)289. 機器腳踏車汽缸壓縮壓力測量多缸引擎，下列敘述何者正確？　(234)

(1)相鄰二缸汽缸壓力均低，可能為進氣歧管墊片漏氣

(2)各缸壓力高於標準，則表示汽缸有積碳

(3)若壓力太低由火星塞孔加入約 10～15cc 之機油，再測試汽缸壓力時，如明顯上升
　　表示汽缸磨損不良

(4)若壓力太低由火星塞孔加入約 10～15cc 之機油，再測試汽缸壓力時，若汽缸壓力
　　無明顯上升則表示汽門卡住或漏氣。

解 相鄰二缸汽缸壓力均低，可能為汽缸床漏氣。

(　)290. 機器腳踏車燃油噴射系統下列何者為全晶體式點火系統之優點？　(124)

(1)省油　　　　　　　　　　　　(2)空氣污染較少

(3)高速性能較差　　　　　　　　(4)火星塞火花強。

解 全晶體式點火系統之優點省油、空氣污染較少、高速性能較佳及火星塞火花強。

(　)291. 有關機器腳踏車燃油噴射系統二次空氣電磁閥之敘述，以下何者形容為正確？　(123)

(1)裝置在汽缸頭單向閥與二次空氣罐之間(2)可用 Ω 錶量出電阻

(3)裝置功能為提高觸媒淨化能力　　　(4)使用 5 V 電源。

解 噴射系統二次空氣電磁閥電源為 12 V。

(　)292. 有關機器腳踏車燃油噴射系統曲軸位置感知器(CPS)下列敘述何者正確？　(123

(1)相當於脈衝線圈構造　　　　　　　　　　　　4)

(2)由 ECU 根據 CPS 信號計算出引擎轉速

(3)由 ECU 根據 CPS 信號計算出曲軸位置

(4)CPS 是靠編碼齒飛輪與 CPS 切割磁力線產生電壓。

(　) 293. 有關燃油噴射機器腳踏車，其點火系統異常時，針對該項故障檢查項目，下列何者正確？　(1234)

(1)檢查點火線圈低壓側電阻　　　　(2)檢查火星塞電極是否污染

(3)檢查 ECU→點火線圈、導線、插頭　(4)檢查該系統保險絲是否斷路。

(　) 294. 有關機器腳踏車燃油噴射系統中，對於 ECU 與點火線圈之設定，其通電時間之敘述，下列何者錯誤？　(124)

(1)改變點火正時　　　　　　　　(2)改變點火角度

(3)改變點火充磁時間　　　　　　(4)改變點火線圈的高壓側電阻。

解　ECU 與點火線圈之設定，其通電時間只能改變點火充磁時間(轉速高、低，充磁時間不同)。

(　) 295. 下列何者非機器腳踏車進行怠速無負荷測試 HC/CO 濃度測試分析之儀器？　(134)

(1)火焰離子分析器　　　　　　　(2)非發散性紅外線分析器

(3)化學散光分析器　　　　　　　(4)矽質發綠光分析儀。

(　) 296. 下列何者為實施汽缸漏氣試驗時可以檢出之故障情形　(24)

(1)進氣歧管洩漏　　　　　　　　(2)汽缸床洩漏

(3)燃燒室積碳　　　　　　　　　(4)活塞環嚴重磨損。

解　汽缸漏氣試驗時可以檢測進、排氣門氣密狀況、(活塞、活塞環與汽缸氣密狀況)及汽缸床氣密狀況；無法檢測出進氣歧管洩漏及燃燒室積碳狀況。

(　) 297. 有關引擎汽缸量測之敘述，下列何者錯誤？　(123)

(1)測量活塞環開口間隙時應將活塞環置於汽缸最頂端處量測

(2)汽缸失圓之形成原因主要為汽缸內部潤滑不良

(3)汽缸斜差之形成原因主要為活塞側推力之影響

(4)一般皆以量缸錶實施汽缸失圓及斜差之測量。

解　(1)測量活塞環開口間隙時應將活塞環置於汽缸最頂端下方 1 cm 左右位置處量測(依廠家規定)。

(2)汽缸失圓之形成原因主要為汽缸衝擊面與軸向面壓力(活塞之側推力)的不平均。

(3)汽缸斜差之形成原因主要為活塞側推力之影響。

(　) 298. 有關汽門腳間隙測量與調整之敘述，下列何者錯誤？　(123)

(1)汽門間隙之測量以分厘卡實施最準確

(2)汽門間隙調整時一定要在引擎溫車後實施

(3)汽門間隙調整時活塞應位於汽門重疊之曲軸角度實施

(4)汽門間隙若比標準還小，則汽門打開時間變長。

工作項目④ 檢修、更換電系相關裝備

單選題

答

( ) 1. 機器腳踏車電路圖中，下圖所示電子元件之符號代表 | (2)
(1)電磁線圈   (2)變壓器
(3)電感器   (4)鐵芯電感器。

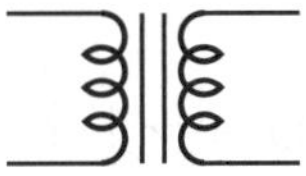

( ) 2. 機器腳踏車電路圖中，下圖所示電子元件之符號代表 | (3)
(1)稽納二極體   (2)發光二極體
(3)二極體   (4)電晶體。

( ) 3. 機器腳踏車電路圖中，下圖所示電子元件之符號代表 | (4)
(1)電晶體   (2)發光二極體
(3)二極體   (4)稽納二極體。

( ) 4. 機器腳踏車電路圖中，下圖所示電子元件之符號代表 | (4)
(1)PNP 電晶體   (2)NNP 電晶體
(3)PNN 電晶體   (4)NPN 電晶體。

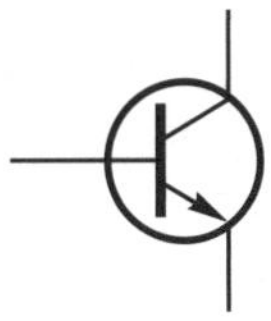

( ) 5. 機器腳踏車電路圖中，下圖所示的電路為 | (2)
(1)運算放大器   (2)矽控整流器
(3)達靈頓放大電路   (4)發電機整流電路。

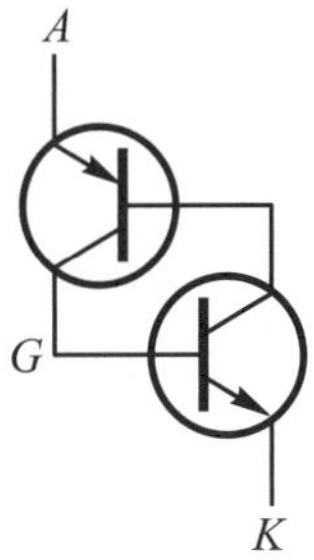

( )6. 機器腳踏車電路圖中，下圖所示的電路為 　　　　　　　　　　　　　(3)
(1)運算放大器　　　　　　　　　　　　(2)矽控整流器
(3)達靈頓放大電路　　　　　　　　　　(4)發電機整流電路。

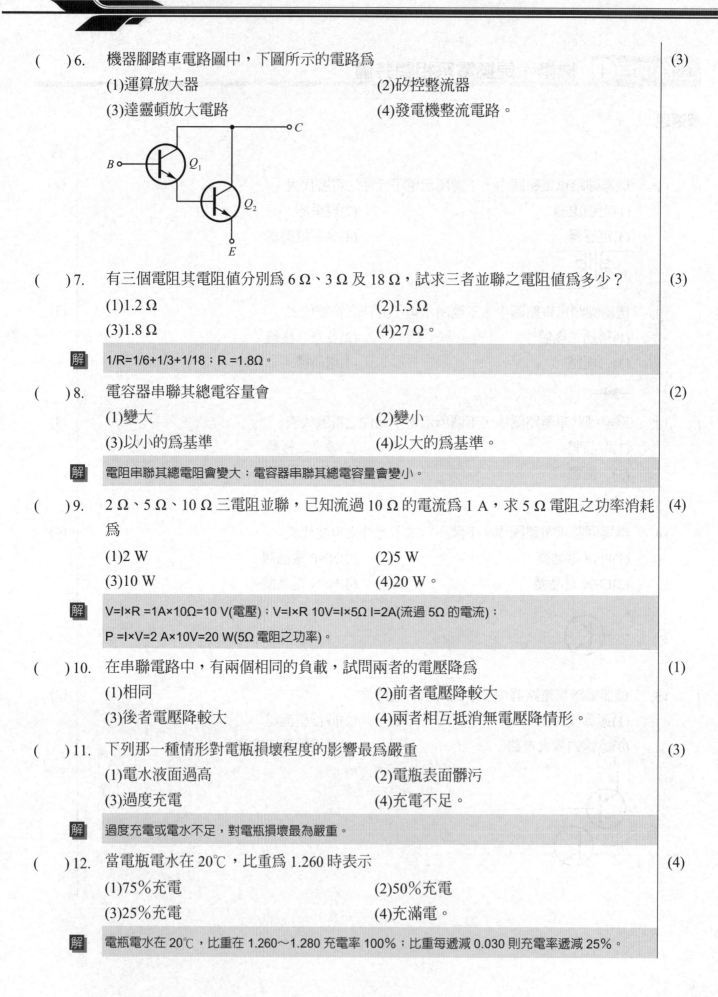

( )7. 有三個電阻其電阻值分別為 $6\,\Omega$、$3\,\Omega$ 及 $18\,\Omega$，試求三者並聯之電阻值為多少？ (3)
(1)$1.2\,\Omega$　　　　　　　　　　　　(2)$1.5\,\Omega$
(3)$1.8\,\Omega$　　　　　　　　　　　　(4)$27\,\Omega$。

解 1/R=1/6+1/3+1/18；R =1.8Ω。

( )8. 電容器串聯其總電容量會 (2)
(1)變大　　　　　　　　　　　　　　　(2)變小
(3)以小的為基準　　　　　　　　　　　(4)以大的為基準。

解 電阻串聯其總電阻會變大；電容器串聯其總電容量會變小。

( )9. $2\,\Omega$、$5\,\Omega$、$10\,\Omega$ 三電阻並聯，已知流過 $10\,\Omega$ 的電流為 $1\,A$，求 $5\,\Omega$ 電阻之功率消耗 (4)
為
(1)$2\,W$　　　　　　　　　　　　　　(2)$5\,W$
(3)$10\,W$　　　　　　　　　　　　　(4)$20\,W$。

解 V=I×R =1A×10Ω=10 V(電壓)；V=I×R 10V=I×5Ω I=2A(流過 5Ω 的電流)；
P =I×V=2 A×10V=20 W(5Ω 電阻之功率)。

( )10. 在串聯電路中，有兩個相同的負載，試問兩者的電壓降為 (1)
(1)相同　　　　　　　　　　　　　　　(2)前者電壓降較大
(3)後者電壓降較大　　　　　　　　　　(4)兩者相互抵消無電壓降情形。

( )11. 下列那一種情形對電瓶損壞程度的影響最為嚴重 (3)
(1)電水液面過高　　　　　　　　　　　(2)電瓶表面髒污
(3)過度充電　　　　　　　　　　　　　(4)充電不足。

解 過度充電或電水不足，對電瓶損壞最為嚴重。

( )12. 當電瓶電水在 20℃，比重為 1.260 時表示 (4)
(1)75％充電　　　　　　　　　　　　　(2)50％充電
(3)25％充電　　　　　　　　　　　　　(4)充滿電。

解 電瓶電水在 20℃，比重在 1.260～1.280 充電率 100％；比重每遞減 0.030 則充電率遞減 25％。

( ) 13. 機器腳踏車自動點燈照明系統之感應元件是 　(3)
(1)發光二極體 　　(2)稽納二極體
(3)光敏電阻 　　(4)雙極性電晶體。

解 自動點燈照明系統是由光敏電阻來控制電路的作用。

( ) 14. 機器腳踏車服務站師傅修理燈光系統時更換了一顆 12 V 60 W/55 W 燈泡，此燈泡可 　(3)
能為
(1)煞車燈燈泡 　　(2)方向燈燈泡
(3)前燈燈泡 　　(4)遠光指示燈燈泡。

解 12V 60W/55W 燈泡是雙燈絲燈泡，依瓦特數 60W/55W 應為前燈燈泡。

( ) 15. 機器腳踏車前燈照明亮度之單位為 　(4)
(1)伏特 　　(2)瓦特
(3)燭光 　　(4)流明。

( ) 16. 下列何者是啟動繼電器之英文名稱？ 　(4)
(1)MAIN SWITCH 　　(2)FLASHER RELAY
(3)TEMPERATURE SWITCH 　　(4)STARTER RELAY。

解 MAIN SWITCH：主開關；FLASHER RELAY：閃光器；TEMPERATURE SWITCH：溫度開關；
STARTER RELAY：起動繼電器。

( ) 17. 針對機器腳踏車 HID 系統之敘述，下列何者錯誤？ 　(1)
(1)K 值是指流明值 　　(2)W 值是指功率值
(3)A 值是指電流值 　　(4)V 值是指電壓值。

解 HID 系統之 K 值是指色溫。

( ) 18. 有關現在機器腳踏車用 LED(發光二極體)燈光模組的敘述，下列何者錯誤？ 　(2)
(1)與同樣亮度之一般燈泡相比較，其消耗的電流較小
(2)模組中每一個 LED 之間，是採用串聯的方式
(3)LED 的亮度與通過的電流有關
(4)若將 LED 的電壓正極和負極反接，則不會發光。

解 模組中每一個 LED 之間，是採用並聯的方式(LED 一個損壞，其他還能作用)。

( ) 19. 有關機器腳踏車磁電機發電系統之敘述，下列何者正確？ 　(4)
(1)發電電流由轉子流出 　　(2)磁極數目愈多，整流後之充電電壓愈低
(3)發電所需之磁場由靜子所提供 　　(4)整流器具有調整輸出電壓的功能。

解 (1)發電電流由靜子流出。
(2)磁極數目愈多，整流後之充電電壓愈高。
(3)發電所需之磁場由轉子所提供。

( ) 20. 若打開機器腳踏車的前燈開關,在電門打開但引擎未發動時前燈不亮,而引擎剛發動後,前燈亮度會隨引擎轉速高低而變化很大,則下列何者最為不可能? (4)

(1)此前燈電源是來自電瓶,而電瓶沒電

(2)此前燈電源來自發電機,而電瓶沒電

(3)此前燈電源來自發電機,而電瓶充滿電

(4)此前燈電源是來自電瓶,而電瓶充滿電。

解 前燈系統,如果電門打開,但引擎未發動時,前燈不亮,但引擎剛發動後,前燈亮度會隨引擎轉速高低而變化很大,則此系統為 AC 點燈系統,此前燈電源是來自發電機線圈(ACG 線圈)而且亮度變化大,乃是電瓶未飽電狀態(沒有平衡功能)。

( ) 21. 一般 50 cc 二行程機器腳踏車噴合油警告燈亮起,下列那一種情況最不可能發生? (1)

(1)加入不同廠牌之噴合油   (2)噴合油油量不足

(3)噴合油感測器短路   (4)噴合油泵浦損壞。

( ) 22. 下列對車用電子元件之敘述,何者有誤? (4)

(1)矽控整流器(S.C.R)是以小的閘極電流,來控制導通較大的陽極電流

(2)就電晶體的用途而言,可用於放大電路或震盪電路並可當開關使用

(3)發光二極體通常簡稱為 LED

(4)二極體於電子電路中同時具有整流與濾波之功能。

解 二極體於電子電路中只有整流功能,沒有濾波功能。

( ) 23. 針對電瓶之敘述,下列何者錯誤? (1)

(1)電解水在基準溫度 30℃時之比重為 1.260～1.280

(2)屬於化學反應來進行存放電過程

(3)新電瓶應加入電解水後才可使用

(4)放電後,電解水比重會降低。

解 電解水在基準溫度 20℃時之比重為 1.260～1.280。

( ) 24. 針對電瓶之敘述,下列何者正確? (1)

(1)AH 為電容量之表示

(2)兩個 12 V 5 AH 串聯時,可獲得較大之輸出電流量

(3)每個分電池之開路電壓約為 2.5 V

(4)電解水之比重並不會隨著充電作用而升高。

解 (2)兩個 12 V 5 AH 串聯時,可獲得較大之輸出電壓。

解 (3)每個分電池之開路電壓約為 2.1～2.2 V。

解 (4)電解水之比重會隨著充電作用而比重升高。

( ) 25. 下列何者非 H.I.D.系統之組件名稱? (3)

(1)HID 燈泡   (2)燈光繼電器

(3)起動器   (4)昇壓器。

解 H.I.D.系統之組件有 HID 燈泡、燈光繼電器及昇壓器等。

( ) 26. 針對機器腳踏車各部燈光顏色之交通法規規定,下列敘述何者錯誤? (2)
(1)前燈為黃、白光顏色 (2)煞車燈為紅、白光顏色
(3)方向燈為紅、黃光顏色 (4)小燈為紅、黃光顏色。

解 煞車燈燈色應為紅色,亮度應較尾燈明亮。

( ) 27. 某機器腳踏車使用 12 V 之電瓶,其點火系統電路中,通過一次線圈之電流為 4A,而 (1)
線圈電阻為 2 Ω,於電路中可能串聯之外電阻為

(1)1 Ω (2)2 Ω
(3)3 Ω (4)4 Ω。

解 V=I×R;12 V = 4 A×R;R=3Ω;外電阻為 3Ω−2Ω=1Ω。

( ) 28. 關於電流,A 技師說:電子流之方向,由正極流向負極;B 技師說:電流之方向,由 (3)
負極流向正極,以下敘述何者正確?
(1)A 對 B 錯 (2)A 錯 B 對
(3)A 與 B 都錯 (4)A 與 B 都對。

解 電子流之方向,由負極流向正極;電流之方向,由正極流向負極。

( ) 29. A 技師說:串聯機器腳踏車上之所有電系元件,通過每個元件之電流值均相同;B 技 (4)
師說:並聯機器腳踏車上之所有電系元件,通過每個元件之電壓值亦全部相同,以下
敘述何者正確?
(1)A 對 B 錯 (2)A 錯 B 對
(3)A 與 B 都錯 (4)A 與 B 都對。

解 串聯通過每個元件之電流值一樣(總電壓值需相加);並聯通過每個元件之電壓值一樣(總電流值需相加)。

( ) 30. 一機器腳踏車使用內電阻 0.5 Ω 之電瓶,當引擎轉速 3000 rpm 時,充電電壓為 14 V, (3)
當時電瓶電壓為 12 V,則充電電流為

(1)2 A (2)3 A
(3)4 A (4)5 A。

解 14V − 12V = 2V(電壓差);V=I×R → 2V=I×0.5Ω → I=4A。

( ) 31. 機器腳踏車使用之 C.D.I.點火系統中,當點火線圈之二次線圈產生互感應作用時,電 (1)
容器作動為何?
(1)放電 (2)充電
(3)斷路 (4)不作用。

解 點火線圈之一次線圈作動時(充磁),電容器為充電狀態;點火線圈之二次線圈作動時(產生高壓電),電
容器作動為放電狀態。

( ) 32. A 技師說:C.D.I.點火系統中,點火線圈之電源來自於 A.C.G.之激磁線圈;B 技師說: (4)
C.D.I.點火系統中,矽控整流器(SCR)由 A.C.G.之脈衝(拾波)線圈觸發,以下敘述何者
正確?
(1)A 對 B 錯 (2)A 錯 B 對
(3)A 與 B 都錯 (4)A 與 B 都對。

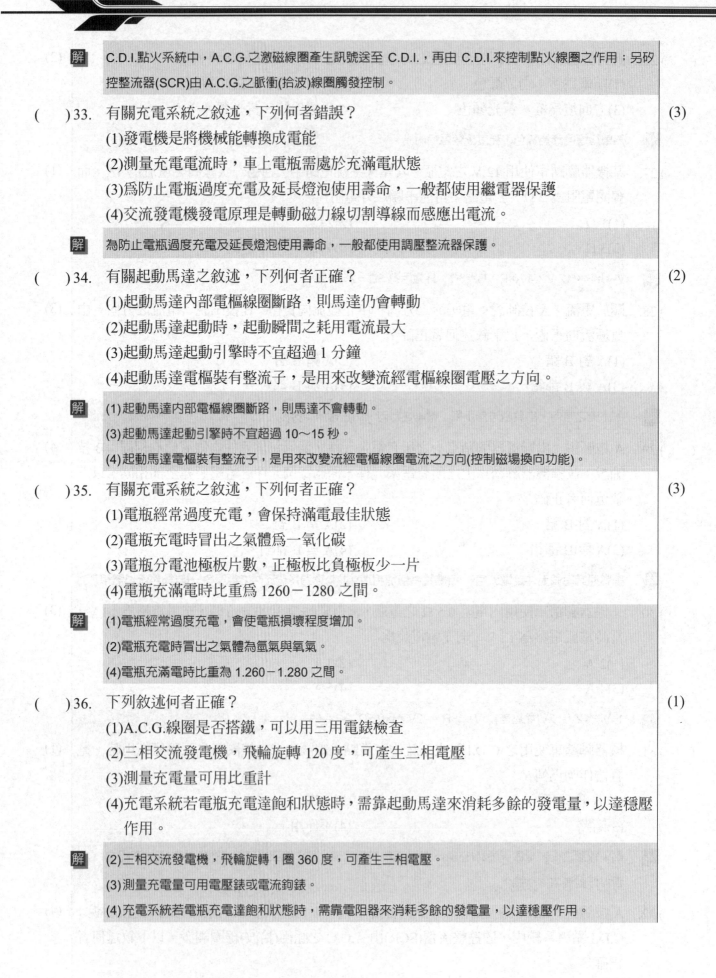

解　C.D.I.點火系統中，A.C.G.之激磁線圈產生訊號送至 C.D.I.，再由 C.D.I.來控制點火線圈之作用；另矽控整流器(SCR)由 A.C.G.之脈衝(拾波)線圈觸發控制。

(　) 33. 有關充電系統之敘述，下列何者錯誤？　　　　　　　　　　　　　　　　　　　(3)

(1)發電機是將機械能轉換成電能

(2)測量充電電流時，車上電瓶需處於充滿電狀態

(3)爲防止電瓶過度充電及延長燈泡使用壽命，一般都使用繼電器保護

(4)交流發電機發電原理是轉動磁力線切割導線而感應出電流。

解　為防止電瓶過度充電及延長燈泡使用壽命，一般都使用調壓整流器保護。

(　) 34. 有關起動馬達之敘述，下列何者正確？　　　　　　　　　　　　　　　　　　　(2)

(1)起動馬達內部電樞線圈斷路，則馬達仍會轉動

(2)起動馬達起動時，起動瞬間之耗用電流最大

(3)起動馬達起動引擎時不宜超過 1 分鐘

(4)起動馬達電樞裝有整流子，是用來改變流經電樞線圈電壓之方向。

解　(1)起動馬達內部電樞線圈斷路，則馬達不會轉動。

(3)起動馬達起動引擎時不宜超過 10～15 秒。

(4)起動馬達電樞裝有整流子，是用來改變流經電樞線圈電流之方向(控制磁場換向功能)。

(　) 35. 有關充電系統之敘述，下列何者正確？　　　　　　　　　　　　　　　　　　　(3)

(1)電瓶經常過度充電，會保持滿電最佳狀態

(2)電瓶充電時冒出之氣體爲一氧化碳

(3)電瓶分電池極板片數，正極板比負極板少一片

(4)電瓶充滿電時比重爲 1260－1280 之間。

解　(1)電瓶經常過度充電，會使電瓶損壞程度增加。

(2)電瓶充電時冒出之氣體為氫氣與氧氣。

(4)電瓶充滿電時比重為 1.260－1.280 之間。

(　) 36. 下列敘述何者正確？　　　　　　　　　　　　　　　　　　　　　　　　　　　(1)

(1)A.C.G.線圈是否搭鐵，可以用三用電錶檢查

(2)三相交流發電機，飛輪旋轉 120 度，可產生三相電壓

(3)測量充電量可用比重計

(4)充電系統若電瓶充電達飽和狀態時，需靠起動馬達來消耗多餘的發電量，以達穩壓作用。

解　(2)三相交流發電機，飛輪旋轉 1 圈 360 度，可產生三相電壓。

(3)測量充電量可用電壓錶或電流鉤錶。

(4)充電系統若電瓶充電達飽和狀態時，需靠電阻器來消耗多餘的發電量，以達穩壓作用。

(　) 37. 下列敘述何者正確？　　　　　　　　　　　　　　　　　　　　　　　　(2)

(1)檢驗二極體的電阻，順向電阻大，逆向電阻小

(2)所謂 AC 照明，是指頭燈照明的電源為 A.C.G.

(3)頭燈的反光罩是來減少頭燈之光度

(4)夜間行車，可以更換較大瓦特數之燈泡。

解　(1)檢驗二極體的電阻，順向電阻小，逆向電阻大。

(3)頭燈的反光罩是來增加頭燈之光度。

(4)夜間行車，不可以更換較大瓦特數之燈泡。

(　) 38. 針對機器腳踏車之燈光規定，下列規定何者錯誤？　　　　　　　　　　　(4)

(1)頭燈：應為單燈式或二燈式對稱裝設

(2)尾燈：頭燈開啟時，尾燈應同時開啟，且不可單獨熄滅

(3)煞車作用時，煞車燈應為續亮，不得閃爍

(4)方向燈：閃爍次數每分鐘在 80 次以上，160 次以下。

解　方向燈：閃爍次數每分鐘在 60 次以上，120 次以下。

(　) 39. 機器腳踏車前燈系統，燈泡較正常值為暗時，其可能之故障原因何者為非？　(4)

(1)燈泡瓦特數不同　　　　　　　　　　(2)燈光線路搭鐵不良

(3)繼電器白金接觸不良　　　　　　　　(4)前燈開關損壞。

解　前燈開關損壞，燈泡不會亮(不會亮變暗)。

(　) 40. 針對線路之敘述下列何者錯誤？　　　　　　　　　　　　　　　　　　　(3)

(1)W 線為白色電線　　　　　　　　　　(2)Y/G 線為黃底綠色電線

(3)GR 線為橘色電線　　　　　　　　　(4)LG/L 線為淡綠底藍色電線。

解　GR 線線色為灰色電線。

(　) 41. 針對下圖之敘述下列何者錯誤？　　　　　　　　　　　　　　　　　　　(2)

(1)此為雙芯燈泡

(2)針對 2、3 腳進行電阻量測時，為並聯電阻值

(3)針對 1、2 腳進行電阻量測時，若電阻值為∞時，為斷路

(4)針對 1、3 腳進行電阻量測時，若電阻值為 0 時，為短路。

解　針對 2、3 腳進行電阻量測時，為串聯電阻值(雙燈絲電阻值)。

(　)42. 針對下圖之敘述下列何者錯誤？　　　　　　　　　　　　　　(3)

(1)此為 6 腳式接頭

(2)開關於 OFF 狀態時，B/W 與 G 端，電阻值應為 0Ω

(3)開關於 ON 狀態時，R2 與 B 端，電阻值應為∞Ω

(4)開關於 LOCK 狀態時，B/W 與 G 端，電阻值應為 0Ω。

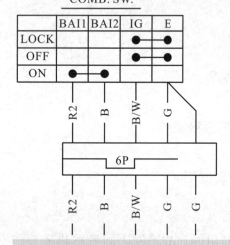

主開關
COMB. SW.

	BAI1	BAI2	IG	E
LOCK			●	●
OFF			●	●
ON	●	●		

R2　B　B/W　G

6P

R2　B　B/W　G　G

解　開關於 ON 狀態時，R2 線頭與 B 線頭，電阻值應接近於 0Ω(導通)。

(　)43. 關於電瓶，下列敘述何者正確？　　　　　　　　　　　　　　(1)

(1)電容量=放電電流×時間　　　　(2)電容量=放電電阻×時間

(3)電容量=放電電壓×時間　　　　(4)電容量=放電率×時間。

解　AH(電容量)＝A(放電量)×H(至最終放電電壓所需時間)。

(　)44. A 技師說：火星塞之電極磨損會影響跳火電壓。B 技師說：火星塞陶瓷端產生咖啡色　(4)
　　　之色澤為漏電現象。C 技師說：火星塞積碳嚴重，會使引擎怠速抖動。D 技師說：若
　　　選錯火星塞熱值，會影響跳火電壓。上述何者正確？

(1)AB　　　　　　　　　　　　(2)BC

(3)CD　　　　　　　　　　　　(4)ABCD。

(　)45. 針對起動馬達之敘述，下列何者錯誤？　　　　　　　　　　　　(4)

(1)馬達電樞彎曲變形時，起動電流會變大

(2)起動繼電器的目的為保護起動按鈕開關

(3)馬達碳刷過度磨損時，起動時容易產生火花

(4)起動繼電器是利用小電流控制高電壓。

解　起動繼電器是利用小電流控制大電流(保護起動馬達延長使用壽命)。

(　)46. 有關機器腳踏車之 NGK 火星塞符號為 BR8HSA，下列敘述何者有誤？　　　　(4)

(1)B－代表螺牙直徑為 14 mm　　　(2)R－代表電阻型

(3)H－代表螺牙長度 12.7 mm　　　(4)S－比賽型。

解　S-標準型。

(2) 47. 有關火星塞熱值之敘述，下列何者正確？
(1)絕緣瓷芯細長的火星塞，散熱容易，為冷式火星塞
(2)熱值是由中央電極之溫度決定
(3)NGK 火星塞號數愈大熱值愈熱
(4)CHAMPION 火星塞號數愈大熱值愈冷。

解 (1)絕緣瓷芯細長的火星塞，散熱不容易(路徑長)，為熱式火星塞。
(3)NGK 火星塞號數愈大熱值愈冷。
(4)CHAMPION 火星塞號數愈大熱值愈熱。

(2) 48. 有關機器腳踏車之檢修，現象為低速運轉不良，檢修時發現點火系統火花微弱，下列
敘述何者最不可能？
(1)火星塞髒污　　　　　　　　　(2)空氣濾清器阻塞
(3)點火線圈故障　　　　　　　　(4)CDI 損壞。

解 點火系統點火電壓太低與空氣濾清器阻塞(會使混合氣變濃)無關。

(4) 49. 有關打檔式機器腳踏車之檢修，現象為引擎無法起動且起動馬達無法旋轉，下列敘述
何者最不可能？
(1)起動繼電器無法作用　　　　　(2)主鑰匙開關故障
(3)電瓶電壓低　　　　　　　　　(4)煞車燈開關損壞。

解 離合器空檔開關損壞，會影響打檔式機器腳踏車之起動(煞車燈開關損壞會影響塑膠車之起動)。

(4) 50. 某型機器腳踏車車主，換用耗電流較小的 LED 方向燈，卻發覺燈光閃爍速度改變，
則採取下列何種方式可以改善上述缺點並保持其亮度不變？
(1)在 LED 燈座的電源線串聯一電容
(2)在 LED 燈座的電源線與接地間並聯一電容
(3)在 LED 燈座的電源線串聯一電阻
(4)在 LED 燈座的電源線與接地間並聯一電阻。

(4) 51. 某型機器腳踏車車主，為求省電換用耗電流較小的 LED 方向燈，發覺燈光閃爍速度
變快後交給車店修理，車店只加裝了電阻就將閃爍速度調回原來的速度且亮度不變，
則下列敘述何者正確？
(1)這樣既可省電、LED 燈的溫度也較低，一舉兩得
(2)這樣可省電、但 LED 燈的溫度會升高
(3)這樣可省電、而 LED 燈的溫度也不會受影響
(4)這樣無法省電。

(4) 52. 將四行程機器腳踏車的火星塞拆下，發覺表面積黑油及黑碳，下列何者最不可能為其
原因？
(1)汽門導管磨損　　　　　　　　(2)汽缸磨損
(3)活塞環磨損　　　　　　　　　(4)空燃比過稀。

解 空燃比過稀會造成火星塞過熱(不會有積黑油及黑碳的污損)。

( ) 53. 將二行程機器腳踏車的火星塞拆下，發覺表面積黑油及黑碳，下列何者最可能為其原因？ (2)
(1)汽缸磨損　　　　　　　　　　　　(2)噴合油混合比例不正確
(3)活塞環磨損　　　　　　　　　　　　(4)空燃比過稀。

解　二行程機器腳踏車的火星塞表面積黑油及黑碳，大部分是 CCI(噴合油)過量，燃燒不完全所產生。

( ) 54. 下列敘述何者錯誤？ (4)
(1)火星塞間隙過小，可能造成燃燒不完全
(2)火星塞間隙過大，高速時可能會產生失火(miss fire)的現象
(3)若能供電壓足夠，火星塞間隙愈大，跳火的火花愈大
(4)引擎若常常以低速運轉時，可選用冷型的火星塞，以避免汽缸過熱。

解　引擎若常常以低速運轉時，可選用熱型的火星塞，以避免燃燒不完全及起動不易的現象。

( ) 55. 一般機器腳踏車的噴油嘴有兩條電線，若與電腦(ECM)相接的為 A 線，另一條為 B 線，在正常運轉情況下，下列敘述何者正確？ (2)
(1)當噴油嘴沒噴油時，A 線為 0 V，B 線為 0 V
(2)當噴油嘴沒噴油時，A 線為 12 V，B 線為 12 V
(3)當噴油嘴噴油時，A 線為 12 V，B 線為 0 V
(4)當噴油嘴噴油時，A 線為 12 V，B 線為 12 V。

解　當噴油嘴噴油時，使用三用電錶電壓檔量測時，A 線為 0 V，B 線亦為 0 V；當噴油嘴沒噴油時，A 線為 12 V，B 線亦為 12 V。

( ) 56. 機器腳踏車以電瓶為電源，經負載後直接由下列何項元件搭鐵以形成完整迴路？ (4)
(1)起動馬達外殼　　　　　　　　　　(2)電容器
(3)電盤　　　　　　　　　　　　　　(4)車架。

解　機器腳踏車車架沒有絕緣的地方(沒有漆絕緣)，都是電路搭鐵的位置。

( ) 57. 如下圖所示，三用電錶探棒分別接二次線圈及火星塞頭下列敘述何者正確？ (2)
(1)若量出的 Ω 值為∞時，表示搭鐵　　(2)若量出的 Ω 值為∞時，表示斷路
(3)若量出的 Ω 值為∞時，表示正常　　(4)若量出的 Ω 值為∞時，表示短路。

解　正常值為 7～12 KΩ(依廠家規範)，若量出的 Ω 值為∞時，表示斷路。

( ) 58. 如下圖所示，當線圈系統作用正常時，下列敘述何者正確？ (2)

(1)若量出的 Ω 值為∞時，表示搭鐵 (2)若量出的 Ω 值為∞時，表示斷路

(3)若量出的 Ω 值為∞時，表示正常 (4)若量出的 Ω 值為∞時，表示短路。

解 繼電器線圈腳接電源後(繼電器白金有接合聲音)線圈正常，再使用三用電錶(歐姆檔)量測，電阻值需趨近於零(導通)，表示繼電器作用正常；若電阻值需趨近於∞(不導通)，表示繼電器接點斷路。

( ) 59. 電瓶充電時其反應的化學式(正極板－電水－負極板)？ (2)

(1)$PbO_2 + 2H_2SO_4 + Pb \rightarrow PbSO_4 + 2H_2O + PbSO_4$

(2)$PbSO_4 + 2H_2O + PbSO_4 \rightarrow PbO_2 + 2H_2SO_4 + Pb$

(3)$PbO + 2H_2SO_4 + Pb_2 \rightarrow PbSO_4 + 2H_2O + PbSO_4$

(4)$PbSO_4 + 2H_2O + PbSO_4 \rightarrow 2PbO + 2H_2SO_4$。

( ) 60. 電瓶放電時其反應的化學式(正極板－電水－負極板)？ (1)

(1)$PbO_2 + 2H_2SO_4 + Pb \rightarrow PbSO_4 + 2H_2O + PbSO_4$

(2)$PbSO_4 + 2H_2O + PbSO_4 \rightarrow PbO_2 + 2H_2SO_4 + Pb$

(3)$PbO + 2H_2SO_4 + Pb_2 \rightarrow PbSO_4 + 2H2O + PbSO_4$

(4)$PbSO_4 + 2H_2O + PbSO_4 \rightarrow 2PbO + 2H_2SO_4$。

( ) 61. 保險絲最大電流容量約為導線安全電流的 (1)

(1)1.5～2 倍 (2)5 倍

(3)3 倍 (4)4 倍。

( ) 62. 機器腳踏車之電瓶電容量是 (3)

(1)固定式電容量 (2)放電率越大電容量越低

(3)放電率越大電容量越高 (4)放電率與電容量沒有關聯性。

複選題：

( ) 63. 常用的半導體材料有 (14)

(1)鍺 (2)石墨

(3)銀 (4)矽。

解 現今的二極體大多是使用矽來生產，鍺半導體材料有時也會用到。

(　) 64. 歐姆定律：電路中 　　　　　　　　　　　　　　　　　　　　　　(13)

(1)電流大小與加於該電路之電動勢成正比

(2)電流大小與加於該電路之電動勢成反比

(3)電流大小與加於該電路的總電阻成反比

(4)電流大小與加於該電路的總電阻成正比。

解　由公式 V＝I×R 可知，V 與 I 或 R 成正比；I 與 R 成反比。

(2)電流大小與加於該電路之電動勢成正比。

(4)電流大小與加於該電路的總電阻成反比。

(　) 65. 有關車用電子元件之說明，下列敘述何者正確？ 　　　　　　　　(123)

(1)矽控整流器(SCR)是以小的閘極電流，來控制導通較大的陽極電流

(2)電晶體的用途可用於放大電路、震盪電路並可當開關用

(3)發光二極體簡稱 LED

(4)二極體只能用於整流電路，無法用於檢波電路。

解　檢波電路通常含有二極體或非線性放大器，所以二極體能用於整流電路及檢波電路。

(　) 66. 電瓶電容量之大小與下列何者有關？ 　　　　　　　　　　　　　(123)

(1)極板數量　　　　　　　　　　　　(2)極板面積

(3)溫度高低　　　　　　　　　　　　(4)分電池數量。

解　電瓶電容量之大小與放電率大小、溫度高低、極板面積大小、厚度與數量及最終終止電壓有關；與分電池的數量無關(分電池數量與電壓有關)。

(　) 67. 有關電瓶之敘述，下列何者正確？ 　　　　　　　　　　　　　　(23)

(1)免保養電瓶格子板採用鉛銻合金

(2)免保養電瓶格子板採用鉛鈣合金

(3)相同充電條件下，免保養電瓶充電時所產生之熱量較低

(4)相同充電條件下，免保養電瓶充電時所產生之氣體較多。

解　(1)免保養電瓶格子板採用鉛鈣合金(鉛酸電瓶格子板採用鉛銻合金)。

(4)相同充電條件下，免保養電瓶充電時所產生之氣體較小(所以電水消失量比較少)。

(　) 68. 相同測試條件下，有關機器腳踏車 12V 起動馬達之特性，下列敘述何者正確？ 　(13)

(1)轉速低時電流大　　　　　　　　　(2)轉速高時電流大

(3)轉速低時扭矩大　　　　　　　　　(4)轉速高時扭矩大。

解　轉速低時耗用電流大；轉速低時扭矩大，轉速高時扭矩小(轉速與扭矩成反比)。

(　) 69. 有關起動馬達整流子的功能是 　　　　　　　　　　　　　　　　(34)

(1)將交流電變成直流電　　　　　　　(2)控制磁場電流的大小

(3)收受電瓶的電，送入電樞線圈　　　(4)控制磁場換向功能，使馬達保持運轉。

解　起動馬達整流子的功能是將電引導進入電樞線圈，並且控制磁場換向功能，使馬達能保持同向運轉。

( ) 70. 有關直流發電機與交流發電機的說明，下列敘述何者正確？　(23)
(1)直流發電機的發電線圈固定不轉動　　(2)交流發電機的靜子線圈固定不轉動
(3)直流發電機低轉速時發電量小　　　　(4)交流發電機低轉速時發電量小。

解 (1)交流發電機的發電線圈(靜子線圈)固定不轉動。
(4)交流發電機低轉速時發電量大(目前車輛多數採用)。

( ) 71. 如下圖所示，請依據克希荷夫電流定律進行分析，下列敘述何者正確？　(14)
(1) $I_1 = 3\ A$　　　　　　　　　　(2) $I_1 = 5\ A$
(3) $I_4 = 3\ A$　　　　　　　　　　(4) $I_4 = 1\ A$。

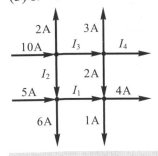

解 輸入＝輸出；$I_1 = 4\ A + 1\ A - 2\ A = 3\ A$；$I_2 = 6\ A + 3\ A - 5\ A = 4\ A$。
$I_3 = 10\ A - 4\ A - 2\ A = 4\ A$；$I_4 = 3\ A + 2\ A - 4\ A = 1\ A$。

( ) 72. 如下圖所示，下列敘述何者正確？　(24)
(1)電阻器 1 是用來保護大燈燈泡　　(2)電阻器 1 是用來保護穩壓器
(3)電阻器 1 是用來保護大燈開關　　(4)電阻器 1 是用來平衡充電流。

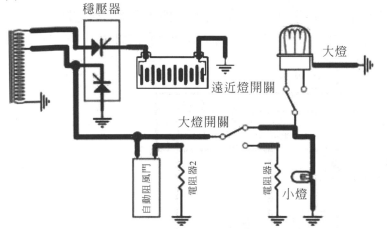

(　) 73. 如下圖所示，當按啓動按鈕時，下列敘述何者正確？

(1)安全整流器是用來保護啓動繼電器

(2)有入檔時，安全整流器是用來防止離合器開關的電流，流通到空檔燈

(3)若安全整流器斷路，打空檔不拉離合器時，啓動繼電器無法作動

(4)安全整流器是用來保護空檔燈的。

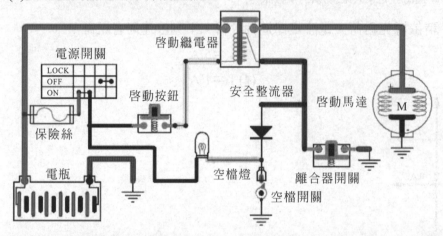

解　安全整流器是打檔車在電源開關 ON，按啓動按鈕時(有入檔時)，用來防止離合器開關的電流，流通到空檔燈；若安全整流器斷路，打空檔不拉離合器時，啓動繼電器無法作動(山葉 FZR 使用此電路)。

(　) 74. 如下圖所示，下列敘述何者正確？　　　　　　　　　　　　　　　　(34)

(1)安全繼電器裡面的二極體是用來保護安全繼電器

(2)安全繼電器裡面的二極體可提供電源給空檔燈

(3)安全繼電器裡面的二極體是用來防止離合器開關的電源流通到空檔燈

(4)打空檔或拉離合器時安全繼電器可提供電源給啓動繼電器線圈。

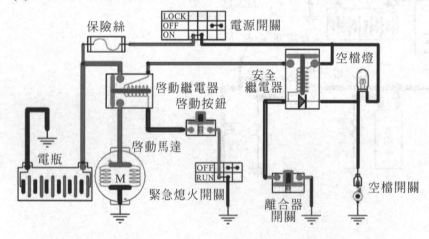

(　) 75. 有關機器腳踏車半波整流發電機之敘述，下列何者正確？　　　　　　(234)

(1)大燈電壓比充電電壓高

(2)充電電壓比大燈電壓高

(3)高速時穩壓器是用短路方式來穩定大燈亮度

(4)大燈線圈和穩壓器並聯連接。

解　大燈電壓與充電電壓一樣。

( ) 76. 有關機器腳踏車電瓶和穩壓器的功用，下列敘述何者正確？ (124)

(1)起動引擎時電瓶供給起動馬達搖轉引擎所需之大量電流

(2)起動引擎時電瓶電壓需要 9.6 V 以上

(3)機車若不接電瓶時穩壓器可平衡電系電壓

(4)發電機發出電壓高於電瓶電壓時，電瓶吸存發電機之剩餘電流。

解 電瓶的功用為當發電機電壓過低於電瓶電壓時，由電瓶供給車子所有電氣部分的用電，另一個功用為平衡電裝品用電，所以機車若不接電瓶時，穩壓器無法平衡電系電壓(電氣設備容易因電壓過高而損壞)。

( ) 77. 針對電源、電壓和電流的討論，下列何者正確？ (14)

(1)有電源則同時有電壓　　　　　　　(2)有電源則同時有電壓和電流

(3)有電壓則同時有電源和電流　　　　(4)有電流則同時有電源和電壓。

解 有電源則同時有電壓但不見的有電流；有電流則同時有電源和電壓；但有電壓但不見的有電流。

( ) 78. 針對串聯、並聯、開路、閉路及短路的討論，下列何者正確？ (34)

(1)串聯之連接是每負載的電壓都等於總電壓或電源電壓

(2)並聯之連接是電流流過每一負載時的電流值都是相同，但電壓就互相分擔

(3)電流由電源流出，經過負載後返回電源另一方，整個完整的路徑稱為閉路迴路

(4)電流由電源流出，而未經負載返回電源的另一方，這稱為短路之迴路。

解 (1)串聯之連接是每負載的電壓值相加等於總電壓或電源電壓。

(2)並聯之連接是電流流過每一負載時的電流值相加後等於總電流或電源電流，但電壓是相同的。

( ) 79. 針對機器腳踏車充電系統的討論，下列何者正確？ (13)

(1)充電是定電壓充電　　　　　　　　(2)充電是定電流充電

(3)充電時電瓶電壓越高則電流越小　　(4)充電時的充電電流和電瓶電壓無關。

解 充電系統是定電壓充電，充電電流依電瓶狀況(電壓高低)而不同，被充電電瓶電壓高(電壓差小)充電電流小；被充電電瓶電壓低(電壓差大)充電電流大。

( ) 80. 針對機器腳踏車交流點燈系統的討論，下列何者正確？ (24)

(1)會燒燈泡是發電機不良

(2)會燒燈泡是穩壓器不良

(3)會燒燈泡，用三用電錶無法量測

(4)穩壓器的接地線不良或斷路，也會燒燈泡。

解 會燒燈泡(電壓太高)是穩壓器控制不良(包含接地線不良或斷路)，檢修時可使用三用電錶量測發電機輸出之電壓值是否符合規定(可判斷發電機線圈是否正常)。

( ) 81. 針對瓦特定律 P=IE，下列敘述何者正確？ (14)

(1)電功率與電壓及電流成正比　　　　(2)電功率與電壓及電流成反比

(3)電壓越小電功率越大　　　　　　　(4)電流越大電功率越大。

解 由公式可知 P(電功率)與 I(電流)及 E(電壓)成正比；I(電流)與 E(電壓)成反比。

( ) 82. 機器腳踏車測試起動馬達時，轉速慢且耗電流大，其可能之異常組件為何？ (12)
(1)電樞軸彎曲 　　　　　　　　　　(2)電樞線圈短路或搭鐵
(3)整流子污垢 　　　　　　　　　　(4)電刷接觸不良。

( ) 83. 可防止電瓶的電流倒流到發電機的組件是？ (23)
(1)保險絲 　　　　　　　　　　　　(2)二極體
(3)SCR 　　　　　　　　　　　　　(4)電阻器。

解 二極體及 SCR 皆可防止電瓶的電流倒流到發電機(避免損壞發電機)。

( ) 84. 下列敘述中何者是交流電的特性？ (13)
(1)可任意改變電壓大小 　　　　　　(2)可儲存於電瓶中
(3)電流方向會隨著時間而改變 　　　(4)電流方向不會隨著時間而改變。

解 (2)不可儲存於電瓶中(電瓶是直流電)。
(4)電流方向會隨著時間而改變。

( ) 85. 關於電的作用，下列敘述何者正確？ (1234)
(1)發熱作用 　　　　　　　　　　　(2)化學作用
(3)磁場作用 　　　　　　　　　　　(4)物理作用。

( ) 86. 關於串聯迴路，下列敘述何者正確？ (234)
(1)電壓不變 　　　　　　　　　　　(2)電流不變
(3)電壓會變 　　　　　　　　　　　(4)總電阻為各分電阻之總和。

解 串聯迴路總電壓值相加(電壓會變)。

( ) 87. 機器腳踏車之交流點燈系統，開大燈時總負載 58 W，下列敘述何者正確？ (24)
(1)檢查發電機開路電壓須達 12 V，則發電機作用正常
(2)用一組 12 V 負載測量發電機電流 7 A 以上，則發電機作用正常
(3)檢查發電機開路電 12 V 以上，會燒毀燈泡
(4)會燒毀燈泡是因為穩壓器不良。

解 (1)檢查發電機開路電壓須達 12 V 以上，則發電機作用正常。
(3)檢查發電機開路電 12 V 以上，並不會燒毀燈泡。
※另 $P = I \times E = 7\,A \times 12\,V = 84\,W \times 70\%$ 以上 $= 58.8\,W$。
所以用一組 12 V 負載測量發電機電流 7 A 以上，則發電機作用正常。

( ) 88. 檢查電瓶充電時，下列敘述何者不正確？ (124)
(1)只需測量電壓 　　　　　　　　　(2)只需測量電流
(3)需電壓和電流一起測量 　　　　　(4)發動時憑個人經驗判斷。

解 測量充電系統是否正常，需依修護手冊規定，測量充電電壓、充電電流(負載時)。

( ) 89. 檢查機器腳踏車電路時，下列敘述何者正確？ (124)
(1)線路短路時，要用電流錶並限流來檢查
(2)用歐姆錶檢查線路時，不能有電源
(3)用電壓錶檢查線路時，不能有電源
(4)可用檢驗燈來取代電壓錶檢查線路電源。

解 用電壓錶檢查線路時，電路需有電源；使用歐姆錶檢查線路時，不能有電源。

( ) 90. 如下圖所示，使用示波器測量交流點燈系統之大燈電路波形，下列敘述何者正確？ (14)
(1)發電機正常 (2)發電機不良
(3)發電機部分短路 (4)穩壓器正常。

解 示波器正常波形。

( ) 91. 有關機器腳踏車之高壓電容放電式點火系統(CDI 點火)，下列敘述何者正確？ (34)
(1)CDI 點火和白金點火的高壓線圈可以通用
(2)CDI 點火是磁場自感和互感作用點火
(3)CDI 點火器內含點火時間提前處理裝置
(4)CDI 點火是把發電機的電量儲存到電容器內，再集中放電。

解 (1)CDI 點火(無接點點火)和白金點火的高壓線圈不可以互換通用(點火線圈有三種 AC、DC 及 CDI 三種；不可互換)。
(2)CDI 點火是利用線圈自感應和互感應作用點火。

( ) 92. 有關機器腳踏車之高壓電容放電式點火系統(CDI 點火)，下列敘述何者不正確？ (234)
(1)CDI 可以知道引擎轉速和曲軸位置 (2)CDI 只知道引擎轉速不知道曲軸位置
(3)CDI 只知道曲軸位置不知道引擎轉速 (4)CDI 是靠 TPS 才能知道曲軸位置。

解 CDI 可以知道引擎轉速，如需曲軸位置訊號，需靠 TPS 才能知道曲軸位置訊號。

( ) 93. 一般市售機器腳踏車所採用液晶碼錶顯示，下列敘述何者正確？ (124)
(1)採用微電腦做數位顯示效果及圖形顯示
(2)液晶顯示簡稱 LCD 顯示
(3)液晶顯示可由注視角度改變，亦可由溫度來改變
(4)不需借外界光源亦可顯示在螢幕上。

( ) 94. 有關機器腳踏車使用 HID 前燈，下列敘述何者正確？　　　　　　　(134)
(1)非一般鹵素車燈
(2)採用高科技將氖、氟氣體充填石英內管
(3)透過精密安定器將 12 V 瞬間提高至 23000 V
(4)在燈泡石英內管兩極間形成一束超強電弧光。

解 HID 前燈採用高科技，將氙氣(Xenon)氣體充填石英內管。

( ) 95. 有關機器腳踏車使用 HID 前燈，下列敘述何者正確？　　　　　　　(123)
(1)只要 35W 的電力，省電環保　　　(2)亮度提高約 300%
(3)壽命長　　　　　　　　　　　　(4)HID 為氣體充電式前燈白色發光。

解 HID 為氣體放電式前燈白色發光。

( ) 96. 有關機器腳踏車儀錶板燈泡使用 LED，下列敘述何者正確？　　　　(1234)
(1)使用 LED 可製成發光色彩豐富
(2)優點是體積小，壽命長
(3)燈泡內發光處是凸面鏡設計
(4)將七個 LED 組合起來時，則可顯示 0～9 阿拉伯數字。

( ) 97. 有關機器腳踏車後燈採用 LED 排列，下列敘述何者正確？　　　　　(124)
(1)LED 稱為發光二極體
(2)在 PN 接合二極體加與順向電壓導通電流，就會發光且 LED 的優點耗電小，壽命
　　長
(3)亮燈與熄燈的反應時間性較慢
(4)LED 的發光顏色由半導體材料決定。

解 亮燈與熄燈的反應時間性較快。

( ) 98. 有關機器腳踏車前輪速度感知器，下何敘述何者正確？　　　　　　(13)
(1)此種感知器構造為霍爾 IC 式
(2)其感應信號來源皆安裝於輪圈上的感應元件
(3)此設計大多使用於電子式儀錶
(4)可利用感知器上螺距調整感應間隙。

工作項目5 檢修、調整及更換煞車系統

單選題

答

( ) 1. 有關機器腳踏車之油壓煞車系統，下列敘述何者正確？　　　　　　(4)
(1)煞車系統發生氣阻，乃煞車管路中混入空氣而使制動力失效的現象
(2)煞車總泵和分泵分解以後應使用汽油清洗乾淨
(3)拆裝煞車系統之煞車油管接頭可使用一般開口扳手
(4)碟式煞車不需要調整煞車間隙。

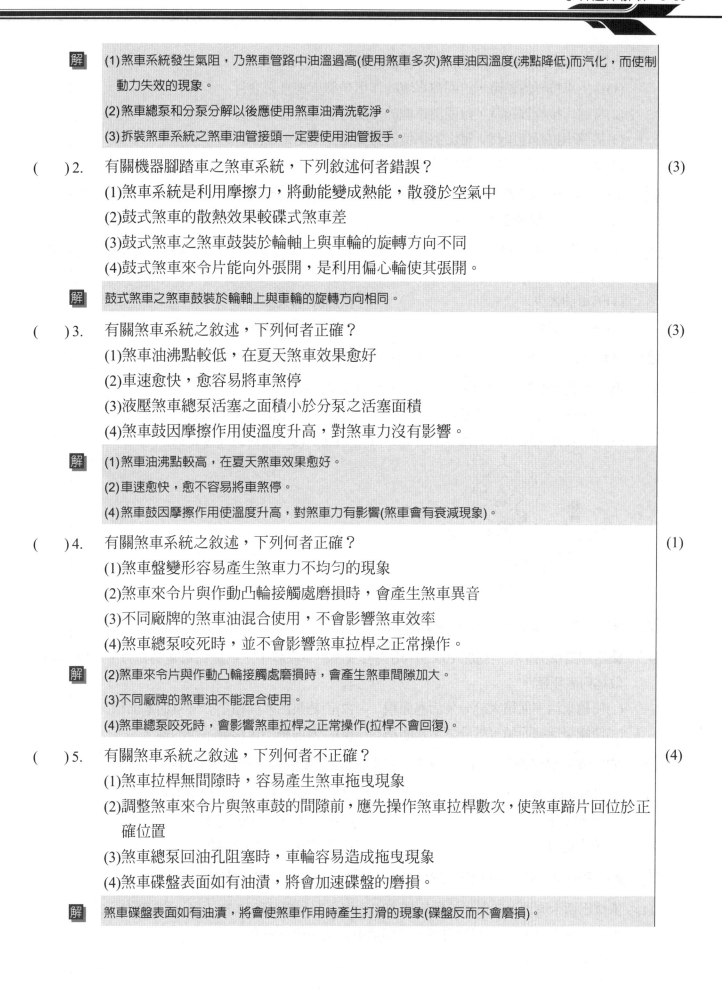

解 (1)煞車系統發生氣阻，乃煞車管路中油溫過高(使用煞車多次)煞車油因溫度(沸點降低)而汽化，而使制動力失效的現象。

(2)煞車總泵和分泵分解以後應使用煞車油清洗乾淨。

(3)拆裝煞車系統之煞車油管接頭一定要使用油管扳手。

( ) 2. 有關機器腳踏車之煞車系統，下列敘述何者錯誤？ (3)

(1)煞車系統是利用摩擦力，將動能變成熱能，散發於空氣中

(2)鼓式煞車的散熱效果較碟式煞車差

(3)鼓式煞車之煞車鼓裝於輪軸上與車輪的旋轉方向不同

(4)鼓式煞車來令片能向外張開，是利用偏心輪使其張開。

解 鼓式煞車之煞車鼓裝於輪軸上與車輪的旋轉方向相同。

( ) 3. 有關煞車系統之敘述，下列何者正確？ (3)

(1)煞車油沸點較低，在夏天煞車效果愈好

(2)車速愈快，愈容易將車煞停

(3)液壓煞車總泵活塞之面積小於分泵之活塞面積

(4)煞車鼓因摩擦作用使溫度升高，對煞車力沒有影響。

解 (1)煞車油沸點較高，在夏天煞車效果愈好。

(2)車速愈快，愈不容易將車煞停。

(4)煞車鼓因摩擦作用使溫度升高，對煞車力有影響(煞車會有衰減現象)。

( ) 4. 有關煞車系統之敘述，下列何者正確？ (1)

(1)煞車盤變形容易產生煞車力不均勻的現象

(2)煞車來令片與作動凸輪接觸處磨損時，會產生煞車異音

(3)不同廠牌的煞車油混合使用，不會影響煞車效率

(4)煞車總泵咬死時，並不會影響煞車拉桿之正常操作。

解 (2)煞車來令片與作動凸輪接觸處磨損時，會產生煞車間隙加大。

(3)不同廠牌的煞車油不能混合使用。

(4)煞車總泵咬死時，會影響煞車拉桿之正常操作(拉桿不會回復)。

( ) 5. 有關煞車系統之敘述，下列何者不正確？ (4)

(1)煞車拉桿無間隙時，容易產生煞車拖曳現象

(2)調整煞車來令片與煞車鼓的間隙前，應先操作煞車拉桿數次，使煞車蹄片回位於正確位置

(3)煞車總泵回油孔阻塞時，車輪容易造成拖曳現象

(4)煞車碟盤表面如有油漬，將會加速碟盤的磨損。

解 煞車碟盤表面如有油漬，將會使煞車作用時產生打滑的現象(碟盤反而不會磨損)。

( )6. 有關油壓煞車系統之敘述下列何者正確？ (2)

(1)當煞車拉桿放鬆時，拉回煞車塊的作用是煞車總泵之油封

(2)當煞車拉桿放鬆時，拉回煞車塊的作用是煞車分泵之油封

(3)當煞車拉桿作用時，壓出煞車塊的力量是煞車總泵之油封

(4)當煞車拉桿作用時，壓出煞車塊的力量是煞車分泵之油封。

解 油壓煞車系統，當煞車拉桿作用時，壓出煞車塊的力量是煞車總泵之油壓；當煞車拉桿放鬆時，拉回煞車塊的作用是煞車分泵之油封。

( )7. 關於機器腳踏車之煞車油壓系統，當煞車拉桿作用時，拉桿會有回彈的現象，有可能之原因為 (4)

(1)煞車油太少　　　　　　　　　(2)煞車油太多

(3)煞車碟盤磨損　　　　　　　　(4)煞車碟盤變形。

解 煞車碟盤變形，煞車作用時，碟盤會推回煞車分泵活塞，使煞車拉桿會有回彈的現象。

( )8. 關於大型重型機車下圖所示之作業，下列敘述何者正確？ (3)

(1)煞車總泵之活塞間隙量測　　　(2)煞車總泵活塞及皮碗施以機油潤滑

(3)煞車總泵活塞及皮碗施以煞車油潤滑　(4)煞車總泵之彈簧間隙量測。

解 圖示為施以 BF(Brake Fluid)煞車油潤滑之圖樣。

( )9. 機器腳踏車煞車拉柄施加 10 kg 作用力於液壓煞車系統中，為提高車輪制動力，下列敘述何者正確？ (2)

(1)使總泵活塞面積大於分泵活塞面積　(2)使總泵活塞面積小於分泵活塞面積

(3)使總泵活塞面積等於分泵活塞面積　(4)活塞面積不會影響系統油壓。

解 碟式煞車利用巴斯葛原理的觀念，讓總泵活塞面積小於分泵活塞面積，產生更大的車輪制動力。

( )10. 有關機器腳踏車油壓煞車系統之敘述，如果拉柄游隙太大，會產生何種現象？ (2)

(1)車輪咬死　　　　　　　　　　(2)無法產生足夠的油壓

(3)煞車拖曳　　　　　　　　　　(4)煞車來令片加速磨損。

解 拉柄游隙太大，會產生無法產生足夠的油壓(行程變大，所以必須調整拉柄游隙)。

( )11. 依據巴斯卡原理，於煞車拉柄施加 10 kg 作用力，總泵產生 50 kg/cm² 之壓力，當煞車分泵並產生 100 kg 制動力時，試問煞車分泵面積為何？ (4)

(1)5 cm　　　　　　　　　　　　(2)4 cm

(3)3 cm　　　　　　　　　　　　(4)2 cm。

解 P(壓力)＝F(力量)/A(面積)；依巴斯葛原理，總泵與分泵壓力一樣：$50 \text{ kg/cm}^2 = 100 \text{ kg}/A$；$A = 2\text{cm}$。

( ) 12. 關於液壓煞車系統，下列敘述何者正確？   (1)
    (1)煞車總泵內回油孔較出油孔大
    (2)煞車作用時活塞堵住出油孔
    (3)分泵活塞的回程量相當於來令片磨損量
    (4)煞車總泵儲油室油面下降一定為油管滲漏所造成。

( ) 13. 依據煞車油品規範   (2)
    (1)DOT3 號煞車油沸點高於 DOT4 號煞車油
    (2)DOT3 號煞車油沸點低於 DOT4 號煞車油
    (3)DOT3 號煞車油之沸點與 DOT4 號煞車油相同
    (4)DOT3 號煞車油之沸點與 DOT4 號煞車油之沸點無法比較。

解 煞車油沸點溫度比較 DOT5＞DOT4＞DOT3。

( ) 14. 鼓式煞車可將煞車來令片回復原位的元件為何？   (4)
    (1)定位銷   (2)凸輪
    (3)輪軸   (4)回拉彈簧。

解 鼓式煞車可將煞車來令片回復原位的元件是回拉彈簧；碟式煞車可將煞車來令片回復原位的元件是油封(封圈)。

( ) 15. 如下圖所示，下列敘述何者正確？   (3)
    (1)此動作為量測刹車碟盤的厚度   (2)此動作為量測刹車碟盤的不平度
    (3)此動作為量測刹車碟盤的偏搖度   (4)此動作為量測刹車碟盤的失圓度。

碟盤

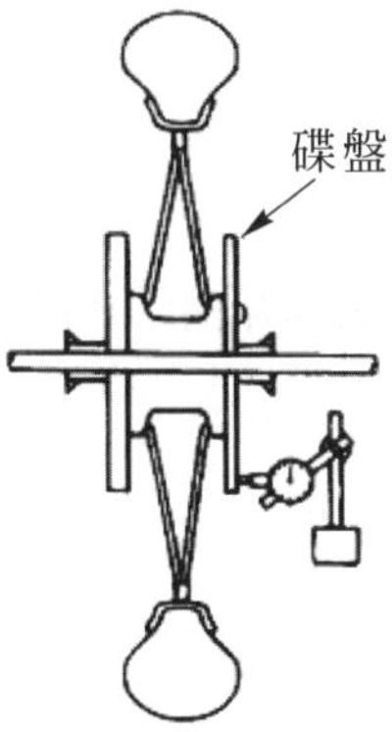

解 使用針盤量規量測煞車碟盤的偏搖度(超過廠家規範需更換)。

( ) 16. 碟式煞車蹄片中間的溝槽的目的？   (4)
    (1)增加磨擦力   (2)美觀
    (3)增加強度   (4)磨損極限位置。

解 煞車蹄片中間的溝槽是磨損極限位置(需更換煞車蹄片)。

(　)17. 若油壓碟煞系統正常，沒有漏油的現象，但在騎乘一段時間後，發覺主缸油量減少，　(4)
則下列敘述何者正確？
(1)不正常，可能水分進入主缸
(2)正常，因為煞車時太熱，把煞車油蒸發掉了
(3)不正常，一定是選錯了煞車油
(4)正常，因為煞車塊的磨耗。

解　煞車塊的磨耗會使煞車卡鉗活塞推的更出來(所以煞車主缸油量液面會降低)。

(　)18. 下列有關一般機器腳踏車煞車系統的敘述，何者正確？　(3)
(1)裝碟煞系統的車較裝鼓式的貴，所以碟煞的煞車力一定比鼓煞的煞車力大
(2)碟煞的煞車碟盤挖洞是為了散熱，所以洞愈大愈好
(3)鼓煞在下坡路段長時間煞車後，其煞車力降低較碟煞明顯
(4)下大雨機器腳踏車在室外剛起步時，碟煞煞車力與鼓式相較，比較不會降低。

解　鼓煞在下坡路段長時間煞車後，其煞車力降低較碟煞明顯(散熱效果較差)。

(　)19. 更換新的碟式煞車塊後，下列那一步驟最先實施？　(3)
(1)檢查煞車油高度　　　　　　　　(2)調整煞車間隙
(3)拉壓煞車拉柄數次　　　　　　　(4)調整拉柄間隙。

解　讓煞車卡鉗的活塞回到定位(因安裝煞車塊時需將煞車卡鉗活塞推回)。

(　)20. 如果車速自 20 km/hr 增至 60 km/hr，理論上車輛煞停所產生之熱能增至幾倍？　(4)
(1)2　　　　　　　　　　　　　　　(2)4
(3)6　　　　　　　　　　　　　　　(4)9。

解　$E = 1/2\ mv^2$ 車速增加 3 倍(20 km/hr 增至 60 km/hr)熱能增加 9 倍($v^2 = 3^2 = 9$)。

(　)21. 有一機器腳踏車以 90km/hr 等速前進，若欲在 5 秒時煞停，則此機器腳踏車的等減速　(2)
度為 m/sec² ？
(1)3　　　　　　　　　　　　　　　(2)5
(3)7　　　　　　　　　　　　　　　(4)9。

解　90km/hr＝90×1000/3600＝25 m/sec；$V = V_0 + at$；$0 = 25 + 5a$；$a = -5\ m/sec^2$。

(　)22. 如下圖所示為液壓煞車拉桿，AB 距離為 15 cm，BC 距離 3 cm，則在 A 點施力 20 kg，　(4)
則 C 點產生多少推力？
(1)40 kg　　　　　　　　　　　　　(2)60 kg
(3)80 kg　　　　　　　　　　　　　(4)100 kg。

解 20 kg×15 cm＝F×3 cm；F＝100 kg。

(4) 23. 關於機器腳踏車之煞車系統，下列敘述何者錯誤？

(1)停車距離為反應距離與煞車距離之和

(2)駕駛者在煞車反應時間內，車子所行駛的距離，稱為反應距離

(3)煞車反應時間易受交通環境、視線及天候影響

(4)車子行駛速度愈快時，則煞車反應時間必定愈長。

解 車子行駛速度愈快時，則煞車反應時間必定愈短。

(2) 24. 關於機器腳踏車之外張型鼓式煞車系統，下列敘述何者錯誤？

(1)前輪煞車機構一般採用把手式　　　　(2)後輪煞車機構皆採用腳踏式

(3)煞車蹄片的外張由煞車凸輪操作　　　(4)煞車蹄片的內縮靠煞車回拉彈簧。

解 後輪鼓式煞車機構有用腳踏式(打檔車)及把手式(塑膠車)兩種。

(3) 25. 關於機器腳踏車之煞車系統，下列敘述何者錯誤？

(1)油壓煞車系統之作用乃依據巴斯卡(Pascal's principle)原理設計

(2)油壓煞車系統作用時，分泵活塞面積愈大，則該輪之煞車力愈大

(3)若施於總泵推桿的力量固定，則總泵之活塞面積愈大時，其所產生的油壓愈大

(4)若採用分泵活塞面積大於總泵活塞面積之設計，則煞車時煞車踏板的踏力可較小。

解 若施於總泵推桿的力量固定，則總泵之活塞面積愈大時，其所產生的油壓愈小。

P(壓力)＝F(力量)/A(面積)，油壓與總泵之活塞面積成反比。

(2) 26. 關於機器腳踏車之煞車油，下列敘述何者錯誤？

(1)煞車油中一般需添加抗氧化劑及抗腐蝕劑

(2)沸點要低，煞車時才不會產生氣阻現象

(3)需具備潤滑性，以減少皮碗及油封之磨損

(4)煞車油不產生沈澱物，表示其化學特性安定。

解 沸點要高，煞車時才不會產生氣阻現象。

(3) 27. 關於機器腳踏車之煞車油，下列敘述何者正確？

(1)不可具備潤滑性，以免造成煞車產生打滑之現象

(2)物理特性要佳，以免產生沈澱物而阻塞煞車管路

(3)沸點要高，煞車時較不容易產生氣阻現象

(4)煞車管路元件由於長時間接觸煞車油因而產生腐蝕屬於正常現象。

解 煞車油要有適當的潤滑性(潤滑煞車管路)、對於金屬、橡膠不會產生腐蝕、膨脹之影響；沸點要高，以防產生氣阻；化學安定性要佳，以防止產生沈澱。

(4) 28. 關於外張型鼓式煞車系統，在連續使用煞車後的熱膨脹，下列敘述何者正確？

(1)將會減小煞車間隙，增進煞車效果

(2)將會減小煞車間隙，增進自動煞緊作用之效果

(3)雖減小煞車間隙，但對煞車作用無任何影響

(4)將會增大煞車間隙，進而影響煞車效果。

> **解** 連續使用煞車後的熱膨脹，會使煞車來令片與煞車鼓間隙變大，煞車行程變大，也會產生煞車衰減問題。

(　)29. 關於機器腳踏車之碟式煞車系統，下列敘述何者錯誤？ 　 (3)
(1)煞車時轉向把手抖動，其可能原因為煞車圓盤變形
(2)煞車作用不良，其原因可能為煞車系統中有空氣存在
(3)碟式煞車系統需經常調整煞車間隙，以維持煞車效能
(4)碟式煞車系統一般採油壓式操作。

> **解** 碟式煞車系統不需調整煞車間隙(有自動調整功能)。

複選題

答

(　)30. 檢修鼓式煞車來令片需施作工作項目，下列敘述何者正確？ 　 (123)
(1)檢查煞車來令片厚度　　　　　　　(2)調整煞車自由間隙
(3)調整煞車鋼索長短度　　　　　　　(4)檢查煞車油油量。

> **解** 鼓式煞車不需檢查煞車油油量(沒有煞車總缸)。

(　)31. 更換碟式煞車來令片後，需施作之工作項目，下列敘述何者正確？ 　 (14)
(1)檢查煞車作用高度　　　　　　　　(2)調整來令片間隙
(3)更換加大厚度來令片　　　　　　　(4)檢查煞車油量。

> **解** 更換碟式煞車來令片，不需調整來令片間隙(自動調整)，而且依廠家規定更換標準之來令片(不得隨意加厚來令片厚度)。

(　)32. 更換碟式煞車總缸後，需施作之工作項目，下列敘述何者正確？ 　 (124)
(1)檢查煞車油面高度　　　　　　　　(2)檢查煞車作用高度
(3)檢查煞車卡鉗　　　　　　　　　　(4)檢查煞車總缸油管接頭。

> **解** 更換碟式煞車總缸後，只需對煞車總缸油管接頭、煞車油面高度及煞車作用高度做檢查調整；煞車卡鉗不需檢查(沒有拆到)，但油路需放空氣檢查有無煞車作用。

(　)33. 更換碟式煞車卡鉗後，需施作之工作項目，下列敘述何者正確？ 　 (134)
(1)檢查卡鉗油管接頭　　　　　　　　(2)檢查煞車來令片間隙
(3)檢查卡鉗作用　　　　　　　　　　(4)檢查煞車作用。

> **解** 碟式煞車不需檢查煞車來令片間隙(會自動調整)。

(　)34. 鼓式煞車不良需更換的零件有 　 (234)
(1)煞車碟盤　　　　　　　　　　　　(2)煞車鼓
(3)煞車來令片　　　　　　　　　　　(4)煞車鋼索。

> **解** 煞車碟盤不是鼓式煞車之構件。

(　)35. 碟式煞車總缸活塞與卡鉗活塞之內徑比，下列敘述何者錯誤？ 　 (124)
(1)活塞內徑大小相同　　　　　　　　(2)煞車卡鉗活塞內徑較小
(3)煞車卡鉗活塞內徑較大　　　　　　(4)煞車卡鉗活塞內徑較小且較多只。

解 碟式煞車總缸活塞較小，卡鉗活塞之內徑較大，而且活塞各只有一個。

( ) 36. 液壓碟式煞車較鼓式煞車之優點有   (13)

    (1)散熱較快   (2)有自動煞緊作用

    (3)有自動調整間隙作用   (4)煞車制動力相同。

解 液壓碟式煞車之優點有散熱快、有自動調整間隙作用；但煞車制動力較鼓式煞車差(沒有自動煞緊作用)。

( ) 37. 機器腳踏車鼓式煞車之優點有   (12)

    (1)順向有自動煞緊作用   (2)保修零件較廉價

    (3)有自動調整間隙作用   (4)散熱較碟式煞車快。

解 (3)鼓式煞車沒有自動調整間隙作用。

(4)散熱較碟式煞車為慢。

( ) 38. 機器腳踏車鼓式煞車零件有   (24)

    (1)煞車碟盤   (2)煞車鼓

    (3)煞車卡鉗   (4)煞車鋼索。

解 煞車碟盤、煞車卡鉗為碟式煞車之構件。

( ) 39. 機器腳踏車碟式煞車，當壓下煞車把手時感覺煞車作用軟軟之原因   (234)

    (1)煞車卡鉗活塞內徑太大   (2)煞車油路中產生氣阻

    (3)煞車總缸內有空氣   (4)煞車油管內有空氣。

解 當壓下煞車把手時感覺煞車作用軟軟的，可能是油路內有空氣(需排放空氣)，與煞車卡鉗活塞內徑太大無關。

( ) 40. 機器腳踏車煞車總缸活塞磨損嚴重時，下列敘述何者正確？   (14)

    (1)煞車作用壓力不足   (2)煞車有自動煞緊作用

    (3)作用時煞車能有自動調整間隙作用   (4)煞車把手作用行程過大。

( ) 41. 機器腳踏車液壓煞車正常，當煞車把手鬆開後之作動情形，下列敘述何者正確？ (12)

    (1)煞車油壓不足，煞車無作用   (2)煞車來令片無作用

    (3)煞車來令片咬死   (4)煞車有自動煞緊作用。

解 煞車把手鬆開後：

(3)煞車來令片不會咬死(無煞車作用)。

(4)煞車不會有自動煞緊作用(無煞車作用)。

( ) 42. 機器腳踏車液壓煞車系統，當煞車把手鬆開後煞車咬死之原因有   (234)

    (1)煞車油液面太低   (2)煞車總缸活塞卡死

    (3)煞車卡鉗咬死   (4)煞車總缸回油孔阻塞。

解 煞車把手鬆開後煞車咬死與煞車油液面太低無關(不會有咬死的現象)。

( ) 43. 液壓煞車油號數之敘述，下列何者正確？   (24)

    (1)煞車油號數大粘度低   (2)煞車油號數小粘度低

    (3)煞車油號數越小越耐高溫   (4)煞車油號數越大越耐高溫。

解 　煞車油號數大粘度高、越耐高溫。

(　) 44. 針對煞車油之特性，下列敘述何者正確？ 　　　　　　　　　　(123)

(1)能耐高壓 　　　　　　　　　　　　(2)吸水性低

(3)能耐高溫 　　　　　　　　　　　　(4)吸水性高。

解 　吸水性高，會使煞車油沸點降低，容易產生氣阻。

(　) 45. 機器腳踏車液壓煞車之煞車制動力不足時，下列敘述何者正確？ 　(234)

(1)煞車油面太高 　　　　　　　　　　(2)煞車總缸活塞漏油

(3)煞車卡鉗活塞漏油 　　　　　　　　(4)煞車油路氣阻。

解 　煞車油油面太低或管路有空氣，才會使煞車制動力不足。

(　) 46. 有關碟式油壓煞車系統，下列敘述何者錯誤？ 　　　　　　　　(124)

(1)使用過的煞車油可重複使用 　　　　(2)不同廠牌煞車油可混合使用

(3)目前煞車油一般採用 DOT3 及 DOT4 　(4)煞車來令片沾到機油可正確騎乘。

解 　(1)使用過的煞車油不可重複使用。

(2)不同廠牌煞車油不可混合使用。

(4)煞車來令片沾到機油不可騎乘(需清理；否則影響煞車效能)。

(　) 47. 有關煞車系統，下列敘述何者錯誤？ 　　　　　　　　　　　　(234)

(1)其功用是將車輛減速及停住 　　　　(2)煞車油不用定期檢查

(3)更換煞車油管不用洩空氣 　　　　　(4)煞車油沾到車身覆蓋不會損傷表面。

解 　(2)煞車油需依規定定期檢查(否則沸點會降低，且煞車油會變質、變髒)。

(3)更換煞車油管後，油路一定要洩放空氣。

(4)煞車油沾到車身覆蓋會損傷表面，需用清水清理表面。

(　) 48. 機器腳踏車碟式煞車卡鉗之構件有 　　　　　　　　　　　　　(134)

(1)活塞 　　　　　　　　　　　　　　(2)回拉彈簧

(3)放氣螺栓 　　　　　　　　　　　　(4)油封。

解 　回拉彈簧為鼓式煞車之構件。

(　) 49. 機器腳踏車碟式煞車之構件有 　　　　　　　　　　　　　　　(124)

(1)煞車總缸 　　　　　　　　　　　　(2)煞車圓盤

(3)煞車鼓 　　　　　　　　　　　　　(4)煞車卡鉗。

解 　煞車鼓為鼓式煞車之構件。

工作項目⑥ 檢修、調整及更換懸吊系統

單選題

答

( ) 1. 液氣混合式避震器中充入氮氣，最主要原因是氮氣 (2)
(1)價格低廉容易取得 (2)受熱時體積變化小
(3)散熱效率佳 (4)具環保經濟效益。

解 氮氣是惰性氣體，受熱時體積變化小。

( ) 2. 大型重型機車懸吊機構，針對下圖之作業，下列敘述何者錯誤？ (4)
(1)此動作是調整避震器的阻尼係數
(2)往"S"方向調整，可使避震器作用較軟
(3)往"H"方向調整，可使避震器作用較硬
(4)此動作是調整機器腳踏車直立時，車身之高度。

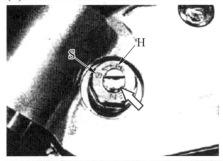

解 此動作是調整避震器的阻尼係數，往"S"方向調整，可使避震器較軟，往"H"方向調整，可使避震器較硬，與車身高度無關。

( ) 3. 關於下圖之檢查工作(兩手置於輪軸之兩端交互前後搖動)，下列敘述何者正確？ (2)
(1)在檢查避震器的上下跳動間隙 (2)在檢查轉向裝置的左右間隙
(3)在檢查煞車來令片間隙 (4)在檢查前輪軸間隙。

( ) 4. 關於下圖之檢查工作，下列敘述何者正確？ (4)

(1)在檢查煞車拉桿的距離 　　　　(2)在檢查煞車拉桿的作用拉力

(3)在檢查手油門轉動拉力 　　　　(4)在檢查轉向作用拉力。

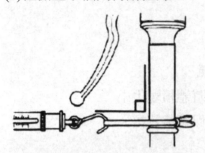

解　用繩索綁住把手，使用彈簧秤拉動，是否符合廠家規範(檢查轉向作用之拉力)。

( ) 5. 關於大型重型機車下圖所示之作業，下列敘述何者正確？ (4)

(1)油門接合間隙檢查 　　　　(2)油門轉動部份施以機油潤滑

(3)油門轉動滑槽間隙檢查 　　　　(4)油門轉動部份施以黃油潤滑。

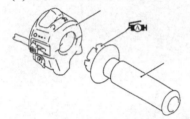

解　圖示為施以黃油潤滑之圖樣。

( ) 6. 針對下圖之敘述下列何者錯誤？ (3)

(1)往左側調整時可調成較硬之程度 　　　　(2)往右側調整時可調成較軟之程度

(3)此為調整油壓阻尼係數值 　　　　(4)此為調整彈簧阻尼係數值。

調整孔

解　可使用避震器彈簧勾形調整工具，調整彈簧阻尼係數值(往左硬；往右軟)，以增進避震效果，左右兩側
需調一樣的位置(硬度)。

( ) 7. 機器腳踏車後雙避震器系統之後輪偏擺故障，下列何者非可能之故障原因？ (3)

(1)輪圈變形 　　　　(2)輪胎偏磨耗

(3)轉向軸軸承間隙過小 　　　　(4)左右後避震器彈簧疲乏。

解　轉向軸軸承間隙過小，會使轉向時轉向力變重，與後輪偏擺無關。

(　) 8. 下列敘述何者爲非？　　　　　　　　　　　　　　　　　　　　　　　　　　(4)

(1)把手與前輪呈直角對應

(2)左右轉動把手如有不順暢，即滾珠軸承損壞

(3)轉動手把無法自然到底，係轉向軸固定扭力過高所造成

(4)轉向軸滾珠軸承，上方鋼珠數量多於下方(靠近輪胎側)鋼珠數量。

解 轉向軸滾珠軸承，上方鋼珠數量少於下方(靠近輪胎側)鋼珠數量(以三陽機車爲例)。

(　) 9. 有關一般速克達車型機器腳踏車後輪懸吊系統的敘述，下列何者正確？　　　　(2)

(1)含有彈簧，主要功能是將震動的能量吸收

(2)長時間在不良路面騎乘時，懸吊系統發熱是正常現象

(3)當懸吊系統漏油時，車身會下垂

(4)長期使用後，若發現吸震效果不佳，是因爲彈簧老化。

解 長時間在不良路面騎乘時，懸吊系統(因避震器壓縮及拉伸)發熱是正常現象。

(　) 10. 下列敘述，何者錯誤？　　　　　　　　　　　　　　　　　　　　　　　　　(2)

(1)越野型機器腳踏車的前輪懸吊系統需比速克達型具備較長的衝程

(2)若將越野型機器腳踏車的前輪直徑換小，可增加起步時的力量，加速更快

(3)機器腳踏車緊急煞車時，前懸吊會略爲下沉是正常現象

(4)懸吊系統不良不會影響機器腳踏車的加速性。

解 前輪直徑換小，可增加起步時的力量，但加速更慢。

(　) 11. 避震器之圈狀彈簧設計成不同圈距其安裝方向？　　　　　　　　　　　　　　(3)

(1)上疏下密　　　　　　　　　　　　　(2)下疏上密

(3)依廠家規範安裝　　　　　　　　　　(4)依排氣量大小有不同規定。

解 避震器之圈狀彈簧採用等圈距彈簧(依廠家規範安裝)。

(　) 12. 關於避震器下列敘述何者錯誤？　　　　　　　　　　　　　　　　　　　　　(3)

(1)避震器的阻力可分爲壓縮和回彈兩部份

(2)避震器存在的最大理由，它是用來抵擋彈簧壓縮後再將輪胎壓回地面的力量，減緩
　　反彈的衝擊並保持車輛的平穩

(3)當作動速度增加時，阻力的增加會和避震器作動速度變化率的平方成反比

(4)當我們以一固定的速度壓縮或拉伸避震器其所產生的阻力就稱爲阻尼。

解 當作動速度增加時，阻力的增加會和避震器作動速度變化率的平方成正比(速度增加 2 倍，阻力會增加
4 倍)。

(　) 13. 懸吊系統中減震器鬆軟無力，則　　　　　　　　　　　　　　　　　　　　　(1)

(1)彈簧之震動加速　　　　　　　　　　(2)彈簧之震動拖滯

(3)地面震動會直接傳達車體　　　　　　(4)車輪承擔全部震動。

(　) 14. 關於筒型伸縮式(Telescope type)前輪懸吊裝置，下列敘述何者錯誤？　　　　　　　(3)

(1)此種型式因外型類似望遠鏡，故又稱為望遠鏡型懸吊裝置

(2)一般越野機器腳踏車大都採用此種型式

(3)其作用行程小，且橫向剛性較弱為其缺點

(4)價格昂貴為其缺點之一。

解　其作用行程大，且橫向剛性較強是優點。

(　) 15. 關於機器腳踏車之行駛，下列敘述何者錯誤？　　　　　　　　　　　　　　　　(2)

(1)懸吊系統可緩和輪胎與地面的衝擊震動，使騎乘舒適

(2)於凹凸路面行駛時，懸吊系統可使輪胎適時彈離地面，以緩衝跳動

(3)機器腳踏車行駛於規則凹凸之路面，車子容易產生上下跳動之現象

(4)機器腳踏車行駛於顛簸之路面時，車子容易產生前後俯仰(Pitching)的現象。

解　於凹凸路面行駛時，懸吊系統需使輪胎保持貼地性(不能彈離地面)及減少輪胎與地面的震動，而不是使輪胎適時彈離地面以緩衝跳動。

(　) 16. 關於機器腳踏車之避震器，下列敘述何者正確？　　　　　　　　　　　　　　　(3)

(1)懸吊系統受到衝擊時，避震器可迅速收縮或回彈以緩和衝擊

(2)單作用式避震器指的是在彈簧受到壓縮時產生作用之避震器

(3)雙作用式避震器可有效控制經常性的震動，避震效果甚為良好

(4)油壓式避震器之避震筒內，當注滿避震器油時，其避震效果最佳。

解　(1)懸吊系統受到衝擊時，避震器需緩和收縮或回彈以減少衝擊。

(2)單作用式避震器指的是在彈簧受到伸張(回彈)時產生作用之避震器。

(4)油壓式避震器之避震筒內之液壓油，需依規定添加，其避震效果最佳。

(　) 17. 關於機器腳踏車之懸吊系統，下列敘述何者錯誤？　　　　　　　　　　　　　　(4)

(1)懸吊系統包含前懸吊與後懸吊機構

(2)懸吊系統之設計需考慮全車重量分配與重心位置

(3)懸吊系統之設計，全車的行駛動態特性為主要考慮因素之一

(4)懸吊系統通常裝置於輪胎與車軸之間。

解　避震器通常裝置於輪胎與車軸之間。

(　) 18. 關於機器腳踏車產生上下跳動(Bounce)與前後俯仰(Pitching)現象，下列敘述何者錯誤？　　　　　　　　　　　　　　　　　　　　　　　　　　　　　　　　(4)

(1)當前後懸吊的震動頻率相同時，車子通常會產生跳動現象

(2)行駛於不規則的凹凸路面時，車子通常會發生上下跳動與前後俯仰的現象

(3)車子行駛於顛簸或碎石路面，會產生前後俯仰的現象

(4)短軸距的機器腳踏車因具有較大旋轉慣性距，因此行駛中較不易產生俯仰現象。

解　長軸距的機器腳踏車因具有較大旋轉慣性距，因此行駛中較不容易產生(可以抵抗)前後俯仰現象。

複選題

	答

( ) 19. 針對油壓式避震器之敘述，下列何者正確？ (14)
(1)單作用油壓筒作用時，是彈簧回跳時產生作用
(2)可增加彈簧的彈性
(3)可增加乘載重量
(4)雙作用油壓筒作用時，是彈簧壓縮及回跳時產生作用。

解　避震器存在的最大理由，它是用來抵擋彈簧壓縮後再將輪胎壓回地面的力量，減緩反彈的衝擊並保持車輛的平穩，並沒有增加彈簧的彈性或增加乘載重量的功用。

( ) 20. 針對機器腳踏車乘員的舒適度，下列何者不影響？ (24)
(1)避震器　　　　　　　　　(2)風阻係數
(3)輪胎壓力　　　　　　　　(4)車輛外型。

解　風阻係數、車輛外型與空氣阻力有關，但並不影響懸吊系統的舒適性。

( ) 21. 針對懸吊系統圈狀彈簧之敘述，下列何者正確？ (23)
(1)可傳遞動力　　　　　　　(2)較不會產生摩擦力
(3)較具彈性　　　　　　　　(4)變形量較小。

解　圈狀彈簧不可傳遞動力而且變形量較大是其缺點。

( ) 22. 針對筒型伸縮(望遠鏡)式前叉之內外管受刮傷或彎曲變形，下列處置何者正確？ (34)
(1)可矯直使用　　　　　　　(2)磨平後使用
(3)更換內管後使用　　　　　(4)更換外管後使用。

解　筒型伸縮(望遠鏡)式避震器，前叉之內外管有刮傷或彎曲變形，依規定更換內管或外管(彎曲時內外管一起更換)。

( ) 23. 影響機器腳踏車轉向操控性的系統組件為何？ (124)
(1)前避震器彈簧　　　　　　(2)前避震器阻尼器
(3)前輪煞車　　　　　　　　(4)轉向桿軸承。

解　煞車不影響轉向之操控性。

( ) 24. 針對懸吊系統之敘述，下列何者正確？ (14)
(1)添加前叉油過量，常為前叉漏油原因之一
(2)如屬左右成對之後避震器，其中有一支因漏油或損壞，僅更換該支即可
(3)後懸吊避震器漏油，並不影響操控性能
(4)油封及防塵套等，不可重複使用。

解　(2)如屬左右成對之後避震器，其中有一支因漏油或損壞，需兩側都更換。
(3)後懸吊避震器漏油，會影響操控性能(穩定性不良)。

( ) 25. 有關後輪懸吊系統，下列敘述何者錯誤？　　　　　　　　　　　　　(134)
(1)有支持後輪的功能但不具緩衝性
(2)其緩衝構件包含線圈彈簧及避震器
(3)緩衝器(避震器)的作動原理是筒中油路與門閥的上下作動，產生速度不變之功能
(4)緩衝器的線圈彈簧一般皆為上疏下密設計。

解 (1)有支持後輪的功能，也必須具緩衝性。
(3)緩衝器(避震器)的作動原理是筒中油路與門閥的上下作動，產生速度改變之功能。
(4)緩衝器的線圈彈簧一般皆為上疏下密設計(不一定，採用等距彈簧)。

( ) 26. 下列何者不是懸吊系統阻尼器的功能？　　　　　　　　　　　　　　(14)
(1)增強彈簧的震動　　　　　　　　　(2)提高輪胎的貼地性
(3)提高駕駛者的安全性　　　　　　　(4)提高乘載重量。

解 阻尼器(避震器)的功能，它是用來抵擋彈簧壓縮後再將輪胎壓回地面的力量，減緩反彈的衝擊並保持車輛的平穩，並沒有增加彈簧的彈性或提高乘載重量的功用。

工作項目 7 　檢修、更換車輪相關裝備

單選題

答

( ) 1. 有關車輪平衡之敘述，下列何者正確？　　　　　　　　　　　　　　(3)
(1)車輪平衡只包含輪胎之平衡
(2)車輪平衡應先做動平衡再做靜平衡
(3)實施車輪靜平衡時，停留在最下端之點是車輪最重之點
(4)車輪靜平衡不良，會造成行駛時左右擺動。

解 車輪平衡包含輪胎及鋼圈平衡，有靜平衡及動平衡兩種，一般先執行靜平衡再執行動平衡，靜平衡不良輪胎上下跳動，動平衡不良輪胎左右擺動。

( ) 2. 有關輪胎之敘述，下列何者正確？　　　　　　　　　　　　　　　　(3)
(1)胎壓過高會造成車輛行駛後，胎面兩側部分產生磨耗
(2)胎壓過低會造成車輛行駛後，胎面中央部分產生磨耗
(3)扁平輪胎之斷面高度較斷面寬度小
(4)輪胎側面標示 TUBELESS 表示該輪胎為有內胎輪胎。

解 胎壓過高會造成車輛行駛後，胎面中間產生磨耗；胎壓過低會造成車輛行駛後，胎面兩側產生磨耗，輪胎側面標示 TUBELESS 表示該輪胎為無內胎輪胎。

( ) 3. 有關輪胎之敘述，下列何者正確？　　　　　　　　　　　　　　(3)

(1)輪胎應儲放於陽光充足及通風良好的地方

(2)輪胎之內徑大於鋼圈之直徑，輪胎安裝才會容易

(3)輪胎除支撐車輛重量外，也有吸收路面衝擊震動的功用

(4)輪胎應設置存放架將輪胎橫置存放。

解 輪胎應儲放於陽光無法照射的地方(才不致於硬化及龜裂)，輪胎之內徑與鋼圈之直徑需配合(一樣)，輪胎應設置存放架並將輪胎直放擺設。

( ) 4. 指輪胎能否牢牢的抓住地面之功能稱為　　　　　　　　　　　　(4)

(1)爬升力　　　　　　　　　　　　(2)黏度

(3)漂浮現象　　　　　　　　　　　(4)抓地性。

( ) 5. 針對輪胎之敘述，下列何者錯誤？　　　　　　　　　　　　　　(3)

(1)胎紋兩邊磨損嚴重屬胎壓不足現象

(2)平衡時，先做靜平衡再做動平衡

(3)輪胎側邊會烙印製造日期之年、月、日

(4)胎面紋路之設計可方便排水及散熱。

解 輪胎側邊會烙印出廠(生產)的日期(出廠的週次及西元年份)。

( ) 6. 如下圖測量位置量測胎紋深度值為 0.3mm，標準磨耗值為 0.8mm，其可能原因為何？(4)

(1)胎壓過高

(2)胎體磨損

(3)輪胎緩衝層磨損

(4)胎壓不足。

解 輪胎側邊胎紋深度低於標準值，表示輪胎兩側磨損(胎壓不足的緣故)。

( ) 7. 下列何者非造成前輪偏擺之原因？　　　　　　　　　　　　　　(3)

(1)輪圈變形　　　　　　　　　　　(2)輪胎偏磨耗

(3)轉向軸軸承間隙過小　　　　　　(4)車輪軸承間隙過大。

解 轉向軸軸承間隙過小，會造成轉向困難(轉向過緊)，並不會造成前輪偏擺。

( ) 8. 如下圖所示，輪胎胎壁符號 4907 所代表之意義，下列敘述何者正確？(3)

(1)製造時間為 2007 年 9 月 4 日

(2)製造時間為 2007 年 4 月 9 日

(3)製造時間為 2007 年 12 月份

(4)製造時間為 2004 年 9 月 7 日。

> **解** 輪胎側邊會烙印出廠(生產)的日期，前兩碼是當年的週次；後兩碼是當年的年份(西元後兩碼)，例如 4907 是 2007 年第 49 週(第 12 個月第 1 週)出廠的輪胎。

( ) 9. 如右圖所示輪胎胎壁中，DOT 所代表意義為何？　　　　　　　(1)

    (1)Department of Transportation

    (2)Departure of Transportation

    (3)Depasture of Tire

    (4)Department of Tire。

( ) 10. 關於軸承編號 6202Z，下列敘述何者正確？　(2)

    (1)62 代表內徑大小　　　　　　(2)02 代表內徑大小

    (3)20 代表內徑大小　　　　　　(4)2Z 代表內徑大小。

> **解** 軸承編號：6－軸承型式，2－最大負載，02－軸承內徑，Z－一側有鋼片保護。

( ) 11. 當機器腳踏車在平直路面高速行駛時，車輪產生左右擺動之現象，下列何種情況最有 (3) 可能？

    (1)胎壓過高　　　　　　　　　(2)靜平衡不良

    (3)動平衡不良　　　　　　　　(4)後避震器漏油。

( ) 12. 當機器腳踏車在平直路面定速行駛時，車輪產生上下規律跳動之現象，下列何種情況 (2) 最有可能？

    (1)胎壓過低　　　　　　　　　(2)靜平衡不良

    (3)動平衡不良　　　　　　　　(4)後避震器漏油。

> **解** 靜平衡不良會產生上下跳動的現象。

( ) 13. 關於輪胎胎面花紋，下列敘述何項不是設計重點？　(4)

    (1)增加耐磨程度　　　　　　　(2)增加排水效果

    (3)增加行駛穩定性　　　　　　(4)增加載重能力。

> **解** 輪胎的胎面花紋設計重點與增加載重能力無關。

( ) 14. 在輪胎結構中，輪胎側面橡膠層主要功用為保護輪胎結構中那一部分？　(2)

    (1)胎面　　　　　　　　　　　(2)胎體

    (3)緩衝層　　　　　　　　　　(4)胎唇。

( ) 15. 車輪規格 90/90－10 50J，下列敘述何者正確？　(3)

    (1)90/90 其單位是英吋　　　　(2)50 代表速度標示，且 51 比 50 速度高

    (3)輪胎周長約為 130 cm　　　(4)J 代表荷重，且 K 比 J 能承受之荷重較大。

> **解** 輪胎規格：90－輪胎寬度 90mm，90－高寬比 90%，10－輪圈直徑 18 英吋，
>
> 50－負載指數，J－輪胎速限(K 的輪胎速限比 J 的輪胎速限高)。
>
> 圓周長＝直徑×圓周率＝(8.1+25.4+8.1)×3.14＝130.6cm，
>
> 輪胎高→高寬比(0.9)＝輪胎高×9cm，所以輪胎高＝8.1cm。

(　) 16. 如下圖所示，檢查後輪發現左右搖動有明顯之間隙並有叩叩之響聲，其可能之故障原因為何？　(2)
(1)正常現象　(2)輪軸承磨損　(3)輪軸彎曲　(4)輪圈變形。

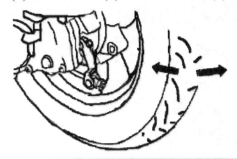

解　如圖用手檢查輪胎，如果左右晃動表示輪軸承磨損或輪軸未鎖緊。

(　) 17. 3.50－10 51J 的輪胎，若傳動系統減速比為 4：1，當引擎轉速在 4000 rpm 時，其時速約為多少？　(3)
(1)60 km/hr　(2)70 km/hr　(3)80 km/hr　(4)90 km/hr。

解　V：輪速，ω：角速度，
r：半徑＝2 倍輪胎高(3.5 吋×25.4mm×2)＋鋼圈外徑(10 吋×25.4mm)＝215.9mm＝0.2159m。
V＝r×ω×3600/1000＝r×(2πN/60$i_g i_o$)×(3600/1000)＝0.2159m×(2×3.14×4000/60×4×1)×3.6＝81 km/hr。

(　) 18. 如下圖所示，針盤量規之最小刻度值為 0.01 mm，旋轉輪軸時，如果指針在 10 的位置，則彎曲度為多少？　(2)
(1)10 mm　(2)0.05 mm　(3)5 mm　(4)0.1 mm。

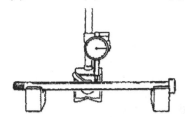

解　0.010mm/2＝0.005mm。

複選題

答

(　) 19. 有關於輪胎胎壓，下列敘述何者正確？　(134)
(1)胎壓太低，散熱不易，容易爆胎　　(2)胎壓太低，加速磨損，但轉向容易
(3)胎壓太高，阻泥減少，不利減震作用　(4)胎壓太高，輪胎過圓，中央磨損加速。

解　胎壓太低，加速輪胎兩側磨損，易使轉向困難加重。

(　) 20. 有關輪胎之敘述下列何者正確？　(12)
(1)充氣不足，會輪胎兩側磨損　　　　(2)胎壓太高，輪胎胎面中間磨損
(3)靜平衡不良時，輪胎容易左右震動　(4)動平衡不良時，輪胎容易上下震動。

解

氣壓太低 → 輪胎兩側過度磨損	靜平衡	A 輪胎最重之點 / 離心力	徑向(上、下)震動
氣壓太高 → 輪胎中心過度磨損	動平衡		橫向(左、右)震動

( ) 21. 有關輪胎之敘述下列何者正確？ (124)

(1)胎面愈寬，其抓地力越大

(2)於乾燥路面時，光面輪胎之抓地力較有花紋胎面爲大

(3)輪胎抓地力之大小與胎壓成正比

(4)輻射層輪胎較斜紋輪胎不易發生變形。

解 輪胎抓地力之大小與胎壓有關(適當的胎壓)。

( ) 22. 有關輪胎之敘述下列何者正確？ (134)

(1)輻射層輪胎其輪胎線層爲徑向排列

(2)無內胎輪胎在外側均註有"Tube"字樣

(3)一般標示爲 120/70 SR12 之輪胎，其胎寬爲 120 mm

(4)車輪平衡包括靜平衡與動平衡。

解 無內胎輪胎在外側均註有"TUBELESS"字樣。

( ) 23. 影響輪胎使用壽命最大的因素 (34)

(1)低速行駛 (2)高速行駛

(3)胎壓過低 (4)胎壓過高。

解 影響輪胎使用壽命最大的因素是胎壓。

( ) 24. 有關輪胎磨耗不均的原因，下列敘述何者正確？ (234)

(1)煞車鼓磨損 (2)輪胎胎壓不足

(3)輪胎方向安裝錯誤 (4)輪胎胎壓過高。

解 輪胎磨耗不均的原因，與煞車鼓磨損無關。

( ) 25. 有關機器腳踏車之輪胎，下列敘述何者正確？ (24)

(1)無內胎輪胎是以內襯膠代替內胎 (2)無內胎輪胎其氣嘴裝在輪圈上

(3)有內胎較無內胎之重量爲輕 (4)輪胎胎壓過低，行駛時容易發熱。

( ) 26. 有關無內胎輪胎，下列敘述何者正確？ (134)

(1)釘刺時不致急速漏氣 (2)行駛中散熱性較差

(3)貫穿傷之修理較容易 (4)與輪圈組合後重量較輕。

解 行駛中散熱性較佳。

( ) 27. 下列何者是直條胎紋的優點？   (124)

    (1)對直行行駛容易   (2)轉彎時防止橫向滑行

    (3)驅動力大   (4)高速行駛，乘坐較舒適。

解 驅動力大，是橫花紋輪胎及塊狀花紋輪胎之優點。

工作項目⑧ 檢修、調整及更換傳動系統

單選題

答

( ) 1. 關於下圖離合器片之量測，下列敘述何者正確？   (1)

    (1)不平度   (2)失圓度   (3)偏擺度   (4)厚度。

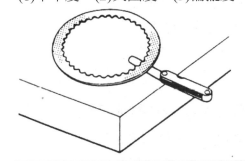

解 在測量平台上使用厚薄規量測離合器片之不平度(量測前需將離合器片擦拭乾淨)。

( ) 2. 機器腳踏車之 CVT 自動變速系統，從停   (2)

止狀態到加速前進，皮帶在後普利盤上的

位置變化為

    (1)從低到高

    (2)從高到低

    (3)沒規則

    (4)不變。

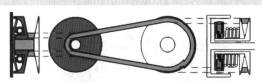

怠速狀態轉速未達到能夠讓小彈簧打開
故離合器尚未接合上碗公後輪軸不做動

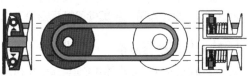

轉速達到一定普利珠因慣性向外作動，
普利盤向外推擠皮帶前半段靠外部開始
帶動，後半段皮帶因為大彈簧壓縮往中
心靠，離合器達一定轉速，離合器就會
張開碗公離合器接合帶動輪軸開始轉動

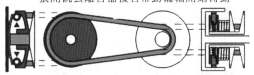

轉速達到一定傳動變速完成，類似腳踏
車的最高速檔前面大齒輪後面小齒輪

解 皮帶在後普利盤上的位置變化為從高到低；前驅動盤上的位置變化為從低到高。

( ) 3. 有關機器腳踏車離合器之敘述，下列何者錯誤？ (2)

(1)自動離合器利用引擎轉動之離心力作斷續的作用，使其動作圓滑，騎乘容易又舒適

(2)自動離合器無需離合器裝置

(3)手動式離合器係靠駕駛人操作使離合器斷續動作

(4)離合器位於曲軸與變速器之間。

解 自動離合器還是需要離合器裝置，利用離心力隨著引擎轉速提升而接合。

( ) 4. 有關機器腳踏車驅動鏈條之調整，下列敘述何者錯誤？ (3)

(1)調整驅動鏈條鬆緊度太鬆時，容易使鏈條脫落

(2)調整驅動鏈條鬆緊度太緊時，齒盤與鏈條容易磨損

(3)調整驅動鏈條鬆緊度時，兩邊調整螺帽或記號刻劃不可在相同的位置

(4)調整驅動鏈條鬆緊度時需架起主腳架。

解 調整驅動鏈條鬆緊度時，兩邊調整螺帽或記號刻劃需在相同的位置(否則後輪輪軸會偏斜、輪胎會偏擺)。

( ) 5. 一般軸承規格之標示方法如 6—2—04—C3，下列敘述何者正確？ (3)

(1)6 代表軸承外徑　　　　　　　　(2)2 代表軸承種類

(3)04 代表軸承內徑　　　　　　　　(4)C3 代表最大負荷。

解 軸承規格標示之意義：

6 代表軸承種類；2 代表軸承最大負荷；04 代表軸承內徑；C3 代表有間隙的軸承。

( ) 6. 如下圖為組裝 CVT 離合器時，針對壓縮彈簧之敘述，下列何者正確？ (4)

(1)壓縮彈簧較密端朝向 A　　　　　(2)壓縮彈簧較密端朝向 B

(3)壓縮彈簧較密端朝向 AB 均可　　(4)壓縮彈簧無疏密端之區分。

解 組裝 CVT 離合器時，壓縮彈簧無疏密端之區分(依廠家修護手冊規定)。

( ) 7. 關於 CVT 變速機構，若驅動盤與傳動盤的傳動有效半徑分別為 3 cm 與 5 cm，傳動效 (1)
率為 90％，當驅動盤的轉速為 2000rpm，試問傳動盤的轉速為多少？

(1)18　　　　　　　　　　　　　　(2)20

(3)22　　　　　　　　　　　　　　(4)24　轉／秒。

解 傳動效率＝減速比×轉速比 / 100%。

速比＝主動 rpm / 被動 rpm＝被動直徑 / 主動直徑。

轉速與扭力(半徑)成反比：(2000×90%)/ n ＝ 5/3；n ＝ 1080 rpm；1080rpm / 60s ＝ 18 轉/秒。

( ) 8. 影響傳動效率的元件，下列何者較無關？ (4)

(1)離合器　　　　　　　　　　　　(2)皮帶

(3)皮帶盤　　　　　　　　　　　　(4)變速齒輪組。

解 變速齒輪組與傳動效率無關(與減速比有關)。

( )9. 關於 CVT 變速機構，若驅動盤與傳動盤的轉速分別為 2000 rpm 與 2500 rpm，當驅動盤的傳動有效半徑為 5 cm，則傳動盤的傳動有效半徑為多少？ (4)

(1)2.5 cm   (2)3 cm

(3)3.5 cm   (4)4 cm。

解 傳動效率＝減速比×轉速比 / 100%。

速比＝主動 rpm / 被動 rpm＝被動直徑 / 主動直徑。

轉速與扭力(半徑)成反比；2000 / 2500＝d / 5；d＝4 cm。

( )10. 有關打檔式機器腳踏車驅動鏈條之敘述，下列何者錯誤？ (4)

(1)鏈條如有磨損，應更換驅動鏈條、被動鍊輪與主動鍊輪三件

(2)清潔驅動鏈條可使用乾淨機油或煤油

(3)潤滑驅動鏈條宜添加足夠的密封鏈條油或 SAE30-50 的機油

(4)為使驅動鏈條更容易清潔，可使用蒸汽清潔。

解 清潔驅動鏈條需要用可使用乾淨機油或煤油，不可使用蒸汽(容易生鏽)。

( )11. 有關打檔式機器腳踏車離合器拉柄游隙之檢修，下列敘述何者不正確？ (4)

(1)離合器拉柄游隙約為 10-20 mm

(2)離合器拉柄游隙微調時，由拉柄側調整螺帽調整

(3)離合器拉柄游隙調整時，由曲軸箱蓋附近之離合器導線調整螺帽調整

(4)調整時，先旋轉調整螺帽後，再將固定螺帽鎖緊。

解 調整時，先放鬆固定螺帽，再旋轉調整螺帽後(依廠家規定調整 10-20mm)，再將固定螺帽鎖緊。

( )12. 有關打檔式機器腳踏車之檢修，現象為轉向太緊，下列敘述何者最不可能？ (3)

(1)前輪輪胎胎壓不足   (2)轉向桿調整螺帽太緊

(3)前輪軸承磨損   (4)轉向桿珠碗損壞。

解 轉向太緊與前輪軸承磨損無關(軸承磨損會使車輪旋轉時搖晃、偏擺)。

( )13. 某 CVT 機器腳踏車車主，為了享受起步低速加速的快感將 CVT 進行改裝，改裝後雖達到目的，卻抱怨極速降低有上不大去的感覺，則下列何者是其可能原因？ (2)

(1)驅動盤裡的配重錘(滾珠)被換成太重的

(2)驅動盤裡的配重錘(滾珠)被換成太輕的

(3)傳動盤組中的大彈簧被換成彈力太強的

(4)與傳動盤組中的大彈簧無關。

解 驅動盤裡的配重錘(滾珠)被換成太輕的(有轉速、沒有扭力)。

( )14. CVT 型式之機器腳踏車，若離合器彈簧太軟(彈性係數太小)，會造成下列何種現象？ (1)

(1)起步時所需的引擎轉速較低   (2)極速降低

(3)起步時的扭力增加   (4)高速時輸出的扭力較低。

解 離合器彈簧太軟，起步時所需的引擎轉速較低；離合器彈簧太硬，起步時所需的引擎轉速高。

( ) 15. 有關機器腳踏車濕式離合器與乾式離合器比較之敘述，下列何者正確？　(1)
(1)濕式較乾式的散熱佳　　　　　(2)濕式較乾式的輸出動力損失小
(3)濕式較乾式的構造簡單　　　　(4)濕式較乾式的噪音高。

解　(2)濕式較乾式的輸出動力損失大。
　　(3)濕式較乾式的構造複雜。
　　(4)濕式較乾式的噪音小。

( ) 16. 將 CVT 傳動系統之離合器外套拆下時，須先以何種工具固定外套，再以扳手將固定　(3)
螺帽拆下？
(1)老虎鉗　　　　　　　　　　　(2)螺絲起子
(3)萬能 Y 型固定器　　　　　　　(4)活動扳手。

解　

( ) 17. 下列何種型式離合器，運作時不需利用操作桿？　(3)
(1)乾式單板式　　　　　　　　　(2)濕式多板式
(3)自動離心式　　　　　　　　　(4)單向離合器。

( ) 18. 機器腳踏車變速齒輪機構中，下列何種元件與引擎曲軸連結？　(1)
(1)主軸　　　　　　　　　　　　(2)驅動軸
(3)副軸　　　　　　　　　　　　(4)移位叉。

( ) 19. 速克達型機器腳踏車之 V 型皮帶自動變速機構，當引擎發動後，加速時無法行駛，　(4)
其可能原因？
(1)驅動滑輪襯套磨損　　　　　　(2)起動小齒輪磨損
(3)驅動滑輪盤內滾子方向相反　　(4)驅動皮帶斷裂。

解　驅動皮帶斷裂，無法將動力傳至離合器(後皮帶盤)。

( ) 20. 濕式多片式離合器，其磨擦板浸在何種潤滑油中使用？　(1)
(1)機油　　　　　　　　　　　　(2)變速箱齒輪油
(3)煞車油　　　　　　　　　　　(4)汽油。

( ) 21. 速克達型機器腳踏車之 V 型皮帶自動變速機構，當負載大於引擎輸出時(如爬坡)，下　(1)
列敘述何者正確？
(1)扭力凸輪(導滾銷)會迫使傳動滑輪盤向內移動
(2)此時屬高速運轉低扭力輸出
(3)驅動滑輪盤直徑大於傳動滑輪盤直徑
(4)傳動滑輪盤向外移動。

解 當負載大於引擎輸出時(如爬坡)，轉速慢、離心力小，扭力凸輪(導滾銷)會迫使驅動滑輪盤向內移動(直徑最小)。

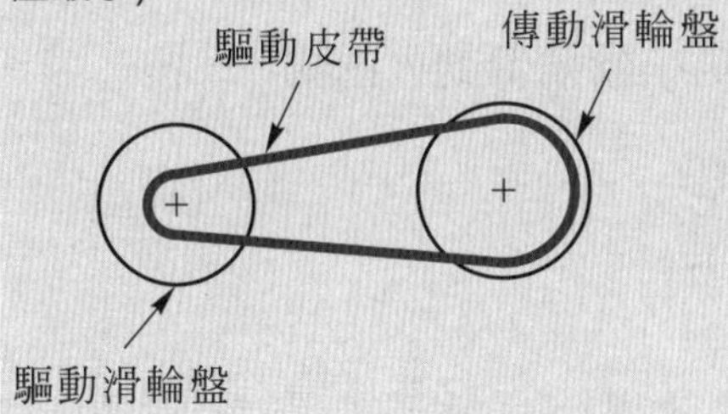

驅動皮帶　傳動滑輪盤

驅動滑輪盤

( ) 22. 如下圖所示，傳動皮帶的敘述下列何者較為正確？　　(2)

(1)規格編號是依 cd 寬度而定之

(2)皮帶磨損程度是否更換是依 ab 的寬度而定之

(3)摩擦力的傳遞是靠 cd 面

(4)皮帶 ac 面與 bd 面的夾角是 50 度。

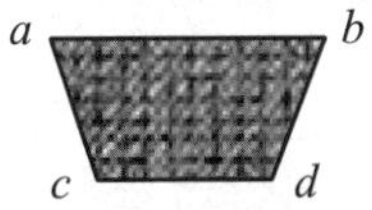

解 傳動皮帶磨損程度是依 ab 的寬度而定之(寬度變小，影響傳動效率，磨損超過極限值需更換)，亦需檢查有無龜裂橡膠棉紗是否脫落。

( ) 23. 機器腳踏車行駛時，對 CVT 傳動系統而言，當引擎輸出軸轉速固定時，動力需經過　　(3)
幾次變速才能傳遞至驅動輪？

(1)一次　　　　　　　　　　　(2)二次

(3)三次　　　　　　　　　　　(4)四次。

( ) 24. 速克達型齒輪箱通氣管有齒輪油流出是何種原因？　　(2)

(1)油太稀　　　　　　　　　　(2)油太髒堵塞回油孔

(3)正常現象　　　　　　　　　(4)油封破裂。

解 齒輪箱通氣管有齒輪油流出，表示油太髒堵塞回油孔，造成溢油的現象。

( ) 25. 如下圖，後輪軸在拆下後輪後，發現輪軸可以些微伸縮(約 2～3 mm)是何處故障？　　(1)

(1)正常現象　　　　　　　　　(2)齒輪組磨損

(3)軸承磨損　　　　　　　　　(4)油封損壞。

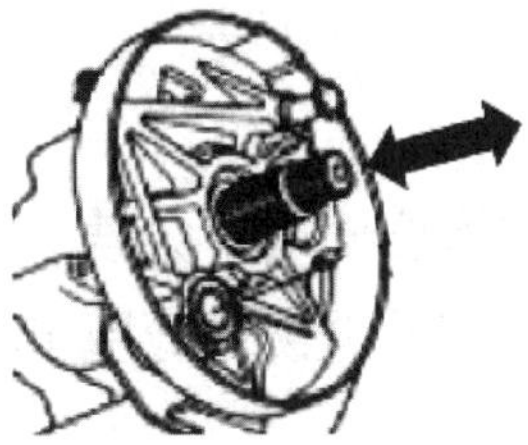

( ) 26. 傳動皮帶設計成齒狀，其主要目的為何？　　(2)

(1)增加摩擦力　　　　　　　　(2)有較小的曲率半徑

(3)增加散熱效果　　　　　　　(4)製造方便。

( ) 27. 關於最終傳動齒輪組，下列敘述何者錯誤？ (3)
(1)共有 4 個齒輪 (2)有 3 根軸
(3)齒形都一樣 (4)都是小齒輪帶動大齒輪。

( ) 28. 封閉式軸承，內部所填充的是何種潤滑黃油物質？ (1)
(1)MoS_2 (2)AlO_2
(3)Gear Oil (4)SO_2。

解 封閉式軸承使用的是耐高溫之二硫化鉬黃油。

( ) 29. 機器腳踏車於路上行駛時，當驅動力等於行駛阻力，則其行駛狀態為 (2)
(1)減速 (2)等速
(3)加速 (4)變速。

解 行駛阻力是滾動阻力(輪胎在路面滾動的摩擦力)，當驅動力等於行駛阻力，即為等速行駛。

( ) 30. 行駛中空氣的阻力與下列何者無關？ (4)
(1)車速 (2)空氣阻力係數
(3)駕駛的身材及穿著 (4)車重。

解 空氣阻力是機車向前移動時，空氣的阻力(與車速高低、空氣阻力係數大小及駕駛的身材胖瘦及穿著衣服有關)，與車重無關。

( ) 31. 下列敘述何者正確？ (2)
(1)滾動阻力與車重成反比
(2)斜坡阻力與車重有關
(3)高速檔較低速檔之動力傳動效率為低
(4)引擎到驅動輪間之傳動機件，其旋轉部分所產生之阻力與慣性阻力無關。

解 (1)滾動阻力與車重成正比。
(3)高速檔較低速檔之動力傳動效率為高。
(4)引擎到驅動輪間之傳動機件，其旋轉部分所產生之阻力與慣性阻力有關。

複選題

答

( ) 32. 針對碟煞系統量測，下列量測工具之搭配與使用何者正確？ (24)
(1)量測煞車來令片間隙使用厚薄規 (2)量測煞車碟盤偏擺度使用千分錶
(3)量測煞車碟盤厚度使用深度規 (4)量測煞車分泵活塞外徑使用分厘卡(測微器)。

解 依修護手冊規定：
(1)量測煞車來令片間隙使用鋼尺。
(3)量測煞車碟盤厚度使用外徑測微卡。

( ) 33. 針對機械原理之敘述與應用，下列何者正確？ (13)
(1)巴斯葛原理應用於液壓煞車系統　(2)阿克曼原理應用於液壓懸吊系統
(3)槓桿原理應用於鼓式煞車　　　　(4)阿基米德原理應用於輪胎摩擦力原理。

解 (2)阿克曼原理應用於轉向系統。

(4)阿基米德原理為浮體原理不應用於摩擦力。

( ) 34. 機器腳踏車之變速齒輪移位機構中，齒輪的類型有幾種？ (234)
(1)盆形齒輪　　　　　　　　　　(2)惰性齒輪
(3)移位齒輪　　　　　　　　　　(4)固定齒輪。

解 機器腳踏車之變速齒輪有固定齒輪、移位齒輪及惰性齒輪；沒有盆形齒輪。

( ) 35. 有關機器腳踏車變速箱齒輪移位機構中的齒輪，下列敘述何者正確？ (13)
(1)主軸齒數/副軸齒數=齒數比　　(2)齒輪轉速與齒輪扭力成反比
(3)齒輪齒數與齒輪轉速成反比　　(4)引擎運轉時，主軸齒輪為被動，副軸齒
　　　　　　　　　　　　　　　　　輪為主動。

解 (2)齒輪轉速與齒輪扭距成反比。

(4)引擎運轉時，主軸齒輪為主動，副軸齒輪為被動。

( ) 36. 有關齒輪機構之惰性齒輪的特性，下列敘述何者錯誤？ (14)
(1)主(副)軸轉動，齒輪惰轉　　　(2)齒輪轉動，主(副)軸固定
(3)主(副)軸和齒輪一起轉　　　　(4)惰性齒輪與移位齒輪特性不相同。

解 (1)主(副)軸轉動，齒輪不轉。

(4)惰性齒輪與移位齒輪基本特性相同(惰性齒輪主要提供方向改變及動力傳遞，移位齒輪主要提供減速
　比及動力傳遞)。

( ) 37. 針對下列機器腳踏車傳動系統之敘述何者正確？ (23)
(1)扭力比為燃料與空氣之比　　　(2)高寬比為輪胎寬度與輪胎高度之比
(3)齒數比為主軸齒數與副軸齒數之比　(4)混合比為汽缸總容積與燃燒室容積之比。

解 (1)燃料與空氣之比稱為混合比。

(4)汽缸總容積與燃燒室容積之比稱為壓縮比。

( ) 38. 針對機器腳踏車變速機構之敘述下列何者正確？ (13)
(1)循環檔變速殼的溝槽有相通　　(2)非循環檔變速殼的溝槽不相通
(3)國際檔變速殼的溝槽不相通　　(4)半循環檔變速殼的溝槽相通。

( ) 39. 有關離合器，下列敘述何者正確？ (234)
(1)濕式多片式，其摩擦片比鋼片少一片
(2)乾式離合器片的摩擦片不可以沾到油
(3)濕式多片式離合器的作動是利用摩擦力，使動力結合
(4)離心式乾式離合器片通常有三片。

解 濕式多片式，其摩擦片(主動片)比鋼片(被動片)多一片。

(　)40. 針對機器腳踏車離合器系統之敘述下列何者正確？　　　　(13)
(1)濕式多片式　　　　　　　　　(2)自動換位式
(3)自動離心式　　　　　　　　　(4)乾式單塊式。

解　CVT 無段變速採用之離合器為乾多片式(自動離心式)；打檔車採用之離合器為濕多片式。

(　)41. 針對 V 型皮帶，無段自動變速系統之敘述下列何者正確？　(123)
(1)低速時減速比大
(2)高速時，減速比小
(3)滾子是受到離心力的作動，壓迫並帶動驅動盤
(4)安裝驅動皮帶時其方向性不需注意。

解　安裝驅動皮帶時其方向性需注意(不得相反)；面向傳動，皮帶標示字樣如 KYMCO 是正的。

(　)42. 有關機器腳踏車之 V 型皮帶，無段自動變速系統之敘述下列何者正確？　(123)
(1)低速時，減速比大
(2)高速時減速比小
(3)高速時，前驅動盤直徑較大，致使後離心式離合器內的彈簧受壓縮，而皮帶輪直徑變小
(4)安裝前驅動盤內滾子不需注意其方向性。

解　安裝前驅動盤內滾子(普利珠)需注意其方向性。

(　)43. 有關機器腳踏車車架傳動鏈條系統，下列敘述何者正確？　(123)
(1)鏈節型式有直銷型與肩銷型
(2)安裝傳動鏈條接頭夾時，其開端需與鏈條旋轉為相反方向
(3)調整鏈條鬆弛度時，調整器兩端刻度需在相同位置上
(4)調整鏈條鬆弛度完成，鎖緊輪軸螺帽，將舊定位銷插入即可。

解　調整鏈條鬆弛度完成，鎖緊輪軸螺帽後，安裝新的定位銷。

(　)44. 正常情況下會影響機器腳踏車之高速性能不佳或馬力不足現象，下列敘述何者正確？(123)
(1)驅動皮帶磨損
(2)後輪離心式離合器內開閉盤彈簧力量不足
(3)配重滾子磨損
(4)驅動皮帶斷裂。

解　驅動皮帶斷裂，馬力即沒有輸出(低速與高速皆沒有)。

(　)45. 針對機器腳踏車齒輪箱產生噪音之可能原因，下列敘述何者正確？　(24)
(1)齒輪油量過高　　　　　　　　(2)齒輪油黏度號數過低
(3)齒輪油黏度號數過高　　　　　(4)齒輪油量過低。

解　齒輪箱產生噪音之可能原因為潤滑油量不足或黏度太低所致。

(　)46. 針對機器腳踏車驅動鏈條鬆緊度調整過緊，下列敘述何者正確？　(13)
(1)易使引擎負荷過重　　　　　　(2)傳動效果較佳
(3)鏈條容易斷裂　　　　　　　　(4)煞車效果較佳。

> 解　驅動鏈條鬆緊度調整需依廠家規範調整；過緊引擎負荷過重而且鍊條易斷裂。

工作項目⑨ 檢修、調整及更換車體相關裝備

單選題

答

(3) 1. 會造成鋼管式車架扭曲的原因為何？
(1)前叉變形
(2)胎壓不足
(3)引擎固定螺絲鎖緊扭力過大
(4)傳動鏈條過緊。

> 解　引擎固定螺絲鎖緊扭力過大是造成鋼管式車架扭曲的最主要原因。

(3) 2. 鋼管式車架，下列敘述何者正確？
(1)引擎在車架上固定點不超過 2 點
(2)引擎無法直接鎖緊固定於車架上
(3)鋼管經加熱後無法恢復其形狀及強度
(4)鋼管油漆剝落是鋼管變型的徵兆。

> 解　(1)引擎在車架上固定點 3～4 點。
> (2)引擎可直接鎖緊固定於車架上。
> (4)鋼管龜裂是鋼管變型斷裂的徵兆。

(1) 3. 機器腳踏車車架銹蝕，對電路系統有何影響？
(1)迴路電阻增加
(2)迴路電阻降低
(3)漏電
(4)系統迴路沒有影響。

> 解　車架銹蝕，對電路迴路電阻增加(搭鐵不良)。

(1) 4. 針對機器腳踏車之車體結構，下列敘述何者錯誤？
(1)搖臂式前懸吊系統損壞時，可直接更換為潛望式懸吊系統
(2)方向把手不可任意變更其長度及高度
(3)轉向軸主幹不可任意加長或縮短
(4)後搖臂不可任意加長或縮短。

(1) 5. 如下圖所示，前輪與把手轉軸之夾角稱為？
(1)後傾角
(2)拖曳距
(3)側傾角
(4)傾斜角。

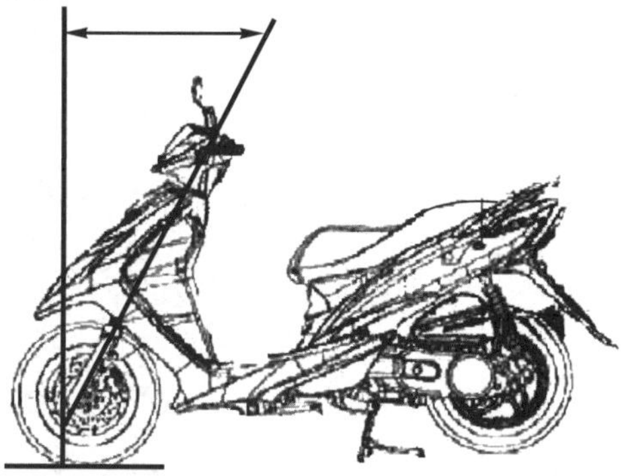

解 由機車側面看,前輪與把手轉軸之夾角,稱為後傾角(向後是＋;向前是－),正後傾角愈大,車輛愈保持正直行駛(但是轉向力量變大)。

( ) 6. 關於車身護蓋拆卸順序,下列所述何者正確? (2)
(1)前檔板→前下擾流板→底板→左右車體側蓋
(2)前檔板→左右車體側蓋→前下擾流板→底板
(3)底板→前下擾流板→左右車體側蓋→前檔板
(4)底板→左右車體側蓋→前下擾流板→前檔板。

解 車身護蓋拆卸順序由上方往下方拆卸為原則。

( ) 7. 鋼管式車架銲接方式,下列何者最不適宜? (2)
(1)氬銲 (2)氧乙炔氣銲 (3)CO_2銲 (4)電銲。

解 氧乙炔氣銲容易氧化生鏽。

( ) 8. 如下圖所示,機器腳踏車主配線上的束帶,必須確實固定於車架上,且須使線束接觸 (1)
束帶絕緣面,其 A 技師與 B 技師之固定方式何者正確?
(1)A 對 B 錯 (2)A 錯 B 對 (3)A 與 B 都錯 (4)A 與 B 都對。

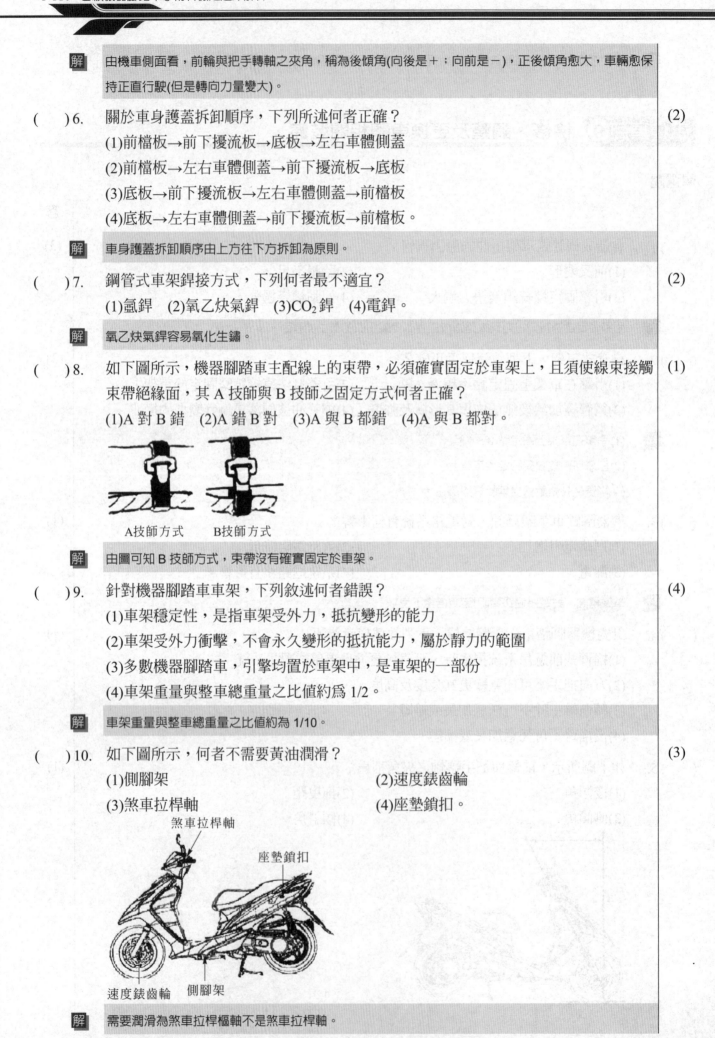

A技師方式　　B技師方式

解 由圖可知 B 技師方式,束帶沒有確實固定於車架。

( ) 9. 針對機器腳踏車車架,下列敘述何者錯誤? (4)
(1)車架穩定性,是指車架受外力,抵抗變形的能力
(2)車架受外力衝擊,不會永久變形的抵抗能力,屬於靜力的範圍
(3)多數機器腳踏車,引擎均置於車架中,是車架的一部份
(4)車架重量與整車總重量之比值約為 1/2。

解 車架重量與整車總重量之比值約為 1/10。

( ) 10. 如下圖所示,何者不需要黃油潤滑? (3)
(1)側腳架　　　　　　　　(2)速度錶齒輪
(3)煞車拉桿軸　　　　　　(4)座墊鎖扣。

煞車拉桿軸

座墊鎖扣

速度錶齒輪　側腳架

解 需要潤滑為煞車拉桿樞軸不是煞車拉桿軸。

複選題

答

( ) 11. 針對車架之敘述，下列何者正確？　(23)
(1)是屬機器腳踏車正電迴路的一部份　(2)構成之材料有鋁合金、低碳鋼
(3)為減輕其重量可採用碳纖維　(4)變形受損時可直接截斷並燒焊。

解 (1)是屬機器腳踏車負電迴路的一部份。
(4)變形受損時可需更換完整的車架。

( ) 12. 針對無接頭式密封鍊條，下列何者正確？　(234)
(1)鍊條髒時，可用煤油清洗
(2)清洗後可用 SAE80#油潤滑
(3)鍊條鬆弛度調整至規範值，絕對不可斬斷使用
(4)鍊條內充滿潤滑油，外圍用 O 環密封。

( ) 13. 機器腳踏車後輪軸定位銷，於安裝後需分叉之目的為何？　(23)
(1)美觀　(2)固定
(3)防脫落　(4)記號。

( ) 14. 有關車架傳動鍊條，下列何者錯誤？　(34)
(1)鏈節型式有直銷型與肩銷型
(2)傳動鏈條接頭夾的開端需與鏈條旋轉方向相反而裝入
(3)調整鏈條鬆弛度時，左右兩端調整器之刻劃可在不同位置刻度上
(4)調整鏈條鬆弛度完成，鎖緊輪軸螺帽，將舊定位銷插入即可。

( ) 15. 針對車架組件安裝之敘述，下列何者錯誤？　(23)
(1)組裝後輪時，舊有定位銷不論好壞，均應換用新品
(2)安裝軸承時，有型號面應朝內
(3)油封組裝後以看不見油封之型號為準
(4)拆裝前叉時，其油封及防塵套等皆須換新品。

解 安裝軸承時，有型號面應朝外，以利識別。

( ) 16. 調整後輪傳動鍊條時，車架上之後剎車間隙調整之敘述，下列何者錯誤？　(23)
(1)需要　(2)不需要
(3)隨便　(4)依廠家規範。

解 調整後輪傳動鍊條時，後剎車間隙調整需依廠家規範調整。

工作項目 ⑩ 檢驗與品質鑑定

單選題

答

(4)1. 針對機器腳踏車之設備規格，下列何者屬可變更之項目？
(1)渦輪增壓系統　　　　　　　　　(2)氮氣導入裝置設備
(3)車燈噴色或貼膠紙　　　　　　　(4)車身顏色。

(4)

> **解** 機車下列設備規格不得變更：
> 一、引擎設備：指引擎之機械或渦輪增壓系統、氮氣導入裝置設備。
> 二、車身設備：車燈噴色或貼膠紙。
> 三、排氣管數量或其左右側安裝位置。
> 四、其他經主管機關核定之項目。

(1)2. 針對大型重型機車之檢驗規定，下列敘述何者正確？
(1)自中華民國九十二年一月一日起，其出廠年份未滿五年者免予定期檢驗
(2)五年以上未滿八年者，每年至少檢驗一次
(3)八年以上者每年至少檢驗二次
(4)僅可於指定日期前一個月內持行車執照向公路監理機關申請檢驗。

(1)

> **解** 依據道路交通安全規則第四十四條規定：
> 領有牌照之大型重型機車，自中華民國九十二年一月一日起，其出廠年份未滿五年者免予定期檢驗，
> 五年以上未滿十年者，每年至少檢驗一次，十年以上者每年至少檢驗二次。大型重型機車所有人應於
> 指定日期前後一個月內持行車執照向公路監理機關申請檢驗。

(2)3. 機器腳踏車在五期環保標準中規定，對新車型之審驗須進行多少公里之耐久試驗後，
仍然能符合廢氣排放之標準？
(1)10000　　　　　　　　　　　　　(2)15000
(3)20000　　　　　　　　　　　　　(4)5000　公里。

(2)

> **解** 依交通工具空氣污染物排放標準，在五期環保標準中規定，新車型審驗須耐久試驗一萬五千公里仍符
> 合本標準，排放控制系統使用期限之保證期限及里程同為三年或一萬五千公里。

(1)4. 機器腳踏車在五期環保標準中規定，排氣量未達 150 cc，行車型態測定其 CO、HC 的
排放量不超過 g/km？
(1)2.0、0.8　　　　　　　　　　　　(2)0.8、2.0
(3)1.8、2.0　　　　　　　　　　　　(4)2.0、1.8。

(1)

(2)5. 關於大型重型機車之廢氣排放，下列敘述何者正確？
(1)引擎怠速運轉時，NO_X 之生成量較引擎高負荷運轉時為多
(2)空燃比愈小，CO 的生成量愈多
(3)燃燒效率愈高時，CO_2 之生成量愈少
(4)引擎溫度愈高時，HC 之生成量愈多。

(2)

解 (1)理論混合比時，NO_X 之生成量較引擎高負荷運轉時為多。

(3)燃燒效率愈高時，CO_2 之生成量愈高。

(4)引擎溫度愈高時，NO_X 之生成量愈多。

( )6. 關於大型重型機車之廢氣排放，下列敘述何者正確？ (1)

(1)變更汽門正時會影響 NO_X 值的含量

(2)在理論混合比處 NO_X 值較低

(3)點火時期延遲，容易造成 HC 值升高

(4)混合氣較稀時，燃燒後產生之 HC 值愈低。

解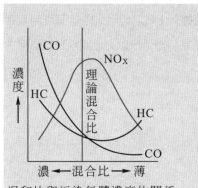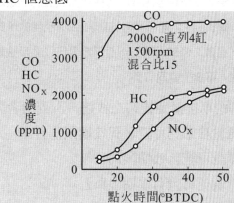

由圖可知，理論混合比處 NO_X 值較最高，點火時期延遲，容易造成 HC 值降低，混合氣較稀時，燃燒後產生之 HC 值升高。

( )7. 大型重型機車之汽油引擎當混合氣過濃時，對排氣的影響如何？ (3)

(1)CO 值升高，NO_X 值升高   (2)CO 值升高，NO_X 值不變

(3)CO 值升高，NO_X 值降低   (4)CO 值不變，NO_X 值升高。

解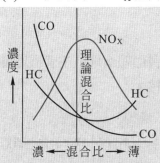

由圖可知，CO 值升高，NO_X 值降低。

( )8. 申請機器腳踏車強制險理賠，需檢附之相關證明文件下列何者為非？ (4)

(1)交通警察單位事故證明書

(2)就醫診斷證明書(必須符合健保局規定的合法診所及醫院)

(3)該診斷證明書的相關自負額收據(包括藥品及掛號費)

(4)民間國術館診斷證明書。

解 相關證明文件有：1.理賠申請書(表格由保險公司提供)。2.受益人身分證明。3.警憲單位處理證明文件(事故聯單)。4.合格醫師診斷書。5.同意查閱病歷聲明書。6.受益人領款收據。

(　) 9. 下列何者非申請機器腳踏車排氣定檢站所需檢附之證件？ 　(4)

(1)營利事業登記證或政府機關核發之證明文件

(2)檢驗站址之地址、土地所有權狀、使用執照及建築執照；其非自有者應附所有人使用同意書

(3)營業面積三十五平方公尺以上及檢驗場所十平方公尺以上之圖說

(4)工會同意書。

解　依據空氣污染防制法第四條規定：

申請表、公司登記、商業登記或政府機關核准登記之證明文件、負責人身分證明文件、檢驗站址之地址、土地所有權狀、使用執照及建築執照(或其他目的事業主管機關出具之證明文件)；其非自有者應附所有人使用同意書、營業面積三十五平方公尺以上及檢驗場所六平方公尺以上之圖說及其他經主管機關指定之文件；不需工會同意書。

(　) 10. 針對機器腳踏車排氣定檢站之敘述，下列何者錯誤？ 　(4)

(1)機車排氣檢驗站認可證之有效期限為五年

(2)標準氣體認可證有效期限為三年

(3)排氣分析儀認可證有效期限為五年

(4)電腦軟體認可證有效期限為五年。

解　依據空氣污染防制法第十條規定：

機車排氣檢驗站認可證之有效期限為五年；電腦軟體認可證有效期限為一年；排氣分析儀認可證有效期限為五年；標準氣體認可證有效期限為三年。

(　) 11. 針對機器腳踏車排氣定檢站人員管理之敘述，下列何者錯誤？ 　(2)

(1)檢驗人員應接受主管機關之調訓

(2)檢驗人員每年應接受四十小時以上之在職訓練

(3)檢驗人員發生異動時，應於離職或異動後七日內，以書面報請地方主管機關備查

(4)不得拒絕主管機關或其委託之專業檢驗測定機構之查核。

解　依據使用中機器腳踏車排放空氣污染物檢驗站設置及管理辦法第十三條規定：

機車氣檢驗應由檢驗人員為之。前項檢驗人員應接受主管機關之調訓及每年四小時以上之在職訓練，機車排氣檢驗站不得拒絕。檢驗人員發生異動時，機車排氣檢驗站之負責人應於離職或異動後七日內，以書面報請地方主管機關備查。

(　) 12. 針對廢氣排放對人體健康的影響，下列敘述何者錯誤？ 　(4)

(1)懸浮微粒：增加慢性支氣管炎病患的呼吸道症狀及氣喘發生的頻率

(2)一氧化碳：取代氧而與血紅素結合，減少運送至全身各組織之氧量造成腦組織缺氧

(3)碳氫化合物：對人體呼吸系統產生刺激並影響中樞神經

(4)氮氧化物：對皮膚產生潰爛性腐蝕之病變。

(　) 13. 交通工具排放空氣污染檢驗及處理辦法係依據空污法第 　(4)

(1)18　　　　　　　　　　　　　　(2)20

(3)34　　　　　　　　　　　　　　(4)26　條法規。

( ) 14. 廢氣經過觸媒轉換器之前後端，廢氣之質量差與進口之質量之比值稱為　　　　　　　　(2)

(1)電流比 　　　　　　　　　　　　　(2)淨化值率

(3)電壓值 　　　　　　　　　　　　　(4)電壓比。

( ) 15. 一氧化碳對人體健康的危害主要是　　　　　　　　　　　　　　　　　　　　　　(2)

(1)致癌 　　　　　　　　　　　　　　(2)降低氧氣輸送血紅素之功能

(3)氣管炎 　　　　　　　　　　　　　(4)肝傷害。

( ) 16. NDIR 分析儀前置過濾器，煙嘴過濾器及灰塵過濾器的濾心最多只能檢驗　　　　　　(1)

(1)30 　　　　　　　　　　　　　　　(2)50

(3)70 　　　　　　　　　　　　　　　(4)90　輛次。

( ) 17. 人體對電流的效應中，引起肌肉痙攣的電流值為　　　　　　　　　　　　　　　　(3)

(1)30mA 　　　　　　　　　　　　　(2)20mA

(3)10mA 　　　　　　　　　　　　　(4)1mA。

解 一般而言，人體觸電依電流的大小而有不同的傷害程度，如表一所示，通常人體只要通過 0.1 安培即可能致人於死。而 50 毫安則使心房顫動或停止。

電流(mA)	徵兆
0.3	感覺限制
1	戰慄
10	肌肉痙攣
30	昏迷
50	心房顫震、死亡
100	死亡

( ) 18. 人體對電流的效應中，引起昏迷的電流值為　　　　　　　　　　　　　　　　　　(1)

(1)30mA 　　　　　　　　　　　　　(2)20mA

(3)10mA 　　　　　　　　　　　　　(4)1mA。

( ) 19. 有關機器腳踏車之牌照，下列敘述何者錯誤？　　　　　　　　　　　　　　　　　(4)

(1)綠底白字牌照一面為輕型機車所使用

(2)白底黑字牌照一面為普通重型機車所使用

(3)黃底黑字牌照一面為 250 cc 以上 550 cc 以下大型重型機車所使用

(4)紅底白字牌照一面為 550 cc 以上大型重型機車所使用。

解 紅底白字牌照二面為 550 cc 以上大型重型機車(車牌應正面懸掛於車輛前後端之明顯適當位置；其前方號牌並得以直式或橫式之懸掛或黏貼方式為之)。

( ) 20. 自民國幾年起新出廠之普通重型機器腳踏車，必須加設防竊辨識碼，並由廠商開立加設完工證明單，始得辦理領牌？　　　　　　　　　　　　　　　　　　　　　　(2)

(1)95 年 1 月 1 日 　　　　　　　　　(2)96 年 7 月 1 日

(3)97 年 1 月 1 日 　　　　　　　　　(4)97 年 7 月 1 日。

解 交通部前於 95 年 9 月 17 日通過增修「道路交通安全規則」第 17 條之 1，規定汽機車必須完成加設防竊辨識碼，始得辦理領照，另內政部依據前述法令訂定之 「普通重型及輕型機器腳踏車特定零組件加設防竊辨識碼作業規定」，明令自 96 年 1 月 1 日起新出廠之機車，必須加設防竊辨識碼，並由廠商開立加設完工證明單，始得辦理領牌。此題沒有標準答案。

( ) 21. 下列哪一處之零件不屬於機器腳踏車加設防竊辨識碼之位置？ (3)
(1)里程錶外殼 (2)置物箱內面
(3)電瓶 (4)置物箱右車殼。

 機車紋身(加設防竊辨識碼)，通常印在可替換的塑膠零件上(里程錶外殼、車頭面板外殼、車頭內箱、腳踏底板、坐墊內面、置物箱內面、置物箱左車殼、置物箱右車殼及後車輪蓋)，或主要金屬零件上(電瓶不在範圍內)。

( ) 22. 有關 550 cc 以上大型重型機車之敘述，下列何者錯誤？ (2)
(1)行駛於快速公路，可配戴之安全帽型式應為全面式或露臉式
(2)行駛於快速公路，其輪胎任一點胎紋深度不得不足 2 公釐
(3)行駛於快速公路，應全天開亮頭燈
(4)行駛於快速公路途中，因機件故障無法繼續行駛時，應顯示危險警告燈，牽移離開車道，在故障車輛後方 100 公尺處設置可辨識之車輛故障警示設施及立即通知警察機關協助處理。

解 行駛於快速公路，其輪胎任一點胎紋深度不得不足 1 公釐。

( ) 23. 機器腳踏車排氣檢測時，數據為 HC 值過高，CO 值過低，其可能之原因為 (3)
(1)混合氣過濃 (2)空氣濾清器阻塞
(3)進汽歧管漏氣 (4)化油器浮筒室油面過高。

解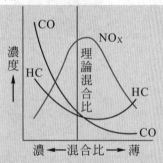
混和比與污染氣體濃度的關係
由圖可知，HC 值過高，CO 值過低，是混合氣太稀所產生(進氣歧管漏氣，會產生混合氣太稀的現象)。

( ) 24. 如右圖所示，排氣管中的箭頭所指螺絲孔的功用為何？ (2)
(1)量測引擎工作溫度
(2)引擎修維調整時量測廢氣污染物排放情形
(3)為方便製造排氣管而留下的孔
(4)量測引擎排氣量。

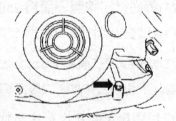

解 此位置為排氣管前端檢測口，可檢測燃燒室燃燒後未經觸媒轉換器轉換之燃燒廢氣，引擎維修調整皆可在此位置檢測。

( ) 25. 職業災害的定義規定於下列何法中？ 　(2)
(1)勞動基準法　　　　　　　　　(2)職業安全衛生法
(3)勞工保險條例　　　　　　　　(4)工廠法。

( ) 26. 關於機器腳踏車之分類，下列敘述何者正確？ 　(4)
(1)汽缸排氣量 50 cc 以上 250 cc 以下或電動機車 5 馬力以上 30 馬力以下為普通重型機車
(2)汽缸排氣量 50 cc 以上 250 cc 以下或電動機車 10 馬力以上 40 馬力以下為普通重型機車
(3)汽缸排氣量逾 250 cc 或電動機車逾 50 馬力以上為大型重型機車
(4)汽缸排氣量 50 cc 以上 250 cc 以下或電動機車 5 馬力以上 40 馬力以下為普通重型機車。

解 依道路交通安全規則第 3 條
六、機車：
(一)重型機車：
　1.普通重型機車：
　(1)汽缸總排氣量逾五十立方公分且在二百五十立方公分以下之二輪或三輪機車。
　(2)電動機車之馬達及控制器最大輸出馬力逾五馬力且在四十馬力(HP)以下之二輪或三輪機車。
　2.大型重型機車：
　(1)汽缸總排氣量逾二百五十立方公分之二輪或三輪機車。
　(2)電動機車之馬達及控制器最大輸出馬力逾四十馬力(HP)之二輪或三輪機車。

( ) 27. 關於五期環保法規之實施，對舊型式引擎機種(符合四期環保之化油器式、噴射式引擎)，僅能銷售至何時？ 　(4)
(1)97 年 7 月 1 日　　　　　　　(2)98 年 12 月 31 日
(3)98 年 7 月 1 日　　　　　　　(4)97 年 12 月 31 日。

( ) 28. 針對機器腳踏車之尺度限制，下列規定何者錯誤？ 　(4)
(1)全長：不得超過二‧五公尺
(2)全寬：重型及普通輕型機器腳踏車不得超過一‧三公尺
(3)全高：不得超過二公尺
(4)可得任意加掛邊車。

解 機車申請牌照檢驗項目及標準，依道路交通安全規則第 39-2 條第九項規定：九、不得加掛邊車。

( ) 29. 針對機器腳踏車申請牌照檢驗項目及標準，下列敘述何者錯誤？ 　(3)
(1)引擎或車身號碼與來歷憑證相符
(2)前後輪左右偏差合於規定
(3)各種喇叭合於規定並可視需求裝設可發出不同音調之喇叭
(4)左右兩側之照後鏡、擋泥板合於規定。

> **解** 依道路交通安全規則第 39-2 條，機車申請牌照檢驗項目及標準如下：
> 一、引擎或車身號碼與來歷憑證相符。
> 二、前後煞車效能合於規定。
> 三、前後輪左右偏差合於規定。
> 四、各種喇叭合於規定且不得裝設可發出不同音調之喇叭。
> 五、各種燈光與標誌應符合附件七規定。
> 六、車輛型式、顏色與紀錄相符。
> 七、左右兩側之照後鏡、擋泥板合於規定。
> 八、各部機件齊全作用正常。
> 九、不得加掛邊車。

複選題

	答

(　) 30. 針對庫存外胎之最佳方法為　　　　　　　　　　　　　　　　　(34)
　　　　(1)平放堆置　　　　　　　　　　　(2)穿心懸掛
　　　　(3)設架直立　　　　　　　　　　　(4)定時翻轉接觸位置。

> **解** 外胎存放之最佳方法為直立擺放並定時翻轉接觸位置(避免變形)。

(　) 31. 機器腳踏車排放空氣污染之檢驗分為　　　　　　　　　　　　　(123)
　　　　(1)新車型審驗　　　　　　　　　　(2)新車檢驗
　　　　(3)使用中車輛檢驗　　　　　　　　(4)改裝後檢驗。

> **解** 排放空氣污染之檢驗分為新車型審驗、新車檢驗及使用中車輛檢驗三種。

(　) 32. 廢氣分析錶不能檢測引擎之　　　　　　　　　　　　　　　　　(34)
　　　　(1)不同轉速的燃料混合比　　　　　(2)空氣濾清器的阻塞情形
　　　　(3)引擎轉速　　　　　　　　　　　(4)二次空氣回收量。

> **解** 廢氣分析錶只能針對氣體偵測濃度含量，不能檢測引擎轉速及二次空氣回收量。

(　) 33. 進行進氣導管真空錶試驗時，若引擎於怠速時，指針有規律地跌落數吋，則表示　(34)
　　　　(1)汽門咬死　　　　　　　　　　　(2)節氣門卡住
　　　　(3)汽門漏氣　　　　　　　　　　　(4)汽門燒壞。

> **解** 引擎怠速真空度正常值為 430～560 mm-Hg，如果真空錶指針有規律地跌落數吋，有可能為汽門漏氣或汽門燒壞。

(　) 34. 試驗單缸噴射引擎之汽缸壓縮壓力時，除節氣門全開外　　　　　(13)
　　　　(1)電瓶效能需達廠家規範　　　　　(2)冷車時測試，拆除火星塞
　　　　(3)熱車後測試，拆除火星塞　　　　(4)暖車時測試，拆除火星塞。

> **解** 測試汽缸壓縮壓力時，引擎需熱車後，拆除火星塞並將高壓線搭鐵及節氣門全開(而且電瓶效能需達廠家規範)。

.

( ) 35. 針對觸媒轉換器反應功能之敘述，下列何者正確？ (14)
(1)使 NOx 還原成 N_2
(2)使 NOx 氧化成 O_2
(3)CO 還原成 CO_2
(4)HC 氧化成 H_2O。

解 將 CO 氧化成 CO_2，HC 氧化成 H_2O 與 CO_2，Nox 則還原成 N_2 與 O_2。

( ) 36. 音量錶可用以檢查 (13)
(1)喇叭噪音
(2)檢查喇叭音質
(3)檢查引擎、排氣管的噪音
(4)引擎振動。

解 音量錶可用以檢查噪音(喇叭、引擎及排氣管噪音皆可)，但無法檢查音質及引擎振動。

( ) 37. 針對車用油料之敘述，下列何者有誤？ (12)
(1)汽油抗爆性係依辛烷值來表示
(2)API 係依潤滑油之服務品質來分類
(3)SAE 係依潤滑油之維修等級來分類
(4)汽油冷啟動性係依異辛烷值來表示。

解 (1)汽油抗爆性係依辛烷值號數來表示。
(2)API 係依潤滑油之品質性能來分類。

( ) 38. 針對指針式電錶之歸零校正敘述，下列何者有誤？ (13)
(1)歐姆錶不可校正
(2)無法歸零之可能原因為錶內電池電壓太低
(3)無法歸零時可能為歐姆錶游絲彈簧太強
(4)歸零時需將紅、黑探棒相碰觸來進行。

解 指針式電錶歐姆錶需校正歸零；無法歸零時可能為歐姆錶電池沒電(與游絲彈簧強弱無關)。

( ) 39. 針對量具之單位換算，下列何者有誤？ (34)
(1)1 in= 2.54 cm
(2)1 kg/cm^2 = 100 kpa
(3)1 atm = 76 cmHg
(4)1 kg = 98 N。

解 1atm = 76cm-Hg；1kg =9.8N。

( ) 40. 有關汽油性質之敘述，何項有誤？ (13)
(1)含硫量高，可燃性好
(2)與酒精混合，也可作為引擎之燃料
(3)揮發點過高，易產生汽阻
(4)含膠量越低越好。

解 (1)含硫量高，可燃性愈不好，而且燃燒後產生二氧化硫氣體，低溫及有水份存在時，對於金屬具有腐蝕作用。
(3)揮發點過高，不易產生汽阻。

( ) 41. 目前四氣體(4-gas)廢氣分析儀不能測量廢氣中的 (13)
(1)SO
(2)CO
(3)NO
(4)CO_2。

解 四氣體(4-gas)廢氣分析儀可測 CO、HC、CO_2、O_2。

( ) 42. 某技師冷車發動時，在裝有觸媒轉換器之機器腳踏車，發現機器腳踏車之引擎運轉平 (14)
順，怠速正常，但廢氣分析儀指示 CO 及 HC 值過高；引擎達到正常工作溫度時，CO
及 HC 值又恢復至正常值，此現象表示
(1)引擎正處於溫車時期　　　　　　　(2)含氧感知器故障
(3)引擎溫度感知器故障　　　　　　　(4)系統一切正常。

解 觸媒轉換器需達到工作溫度後，才進行廢氣之淨化(氧化、還原)作用。

( ) 43. 當機器腳踏車在節氣門全關及減速期間，有關廢氣之排放下列敘述何者正確？ (14)
(1)CO 與 NOx 會減少　　　　　　　　(2)HC 與 NOx 會增加
(3)CO 會減少，NOx 會增加　　　　　(4)HC 會增加，NOx 會減少。

解 節氣門全關及減速期間，混合氣變稀，所以 CO 與 NOx 會減少、HC 會增加。

工作項目 ⑪ 服務場之經營與管理、交車任務

單選題

答

( ) 1. 針對維修站各項工作安全及機工具之檢查時機，下列何時最不恰當？ (3)
(1)每天已開始工作之後　　　　　　　(2)每天收工之前
(3)已經發生意外後　　　　　　　　　(4)隨時警覺。

解 事前預防重於事後處理；不能在已經發生意外事故後，才檢查工作安全及機工具。

( ) 2. 下列何者非一氧化碳中毒時之處理方法？ (4)
(1)打開窗戶
(2)將病患移置通風處
(3)病患呼吸困難時應立即施行人工呼吸
(4)立即將病患平躺並將腳部墊高，頭部放低促進血液循環。

解 一氧化碳中毒時之處理步驟為：1.迅速將病人移至新鮮流通空氣處。2.持續維持病人生命徵象穩定與高
通氣狀態。3.立即以面罩方式給予病人百分百氧氣。4.立即送醫。因此不是將病患平躺並將腳部墊高，
頭部放低促進血液循環，而是立即就醫。

( ) 3. 關於維修站廠房內消防安全之敘述，下列何者錯誤？ (1)
(1)火災發生進行通報時，應回報為 B、C、D 類火災類型
(2)需選擇泡沫式或乾粉式滅火器，並置放於明顯之位置
(3)廠內需加裝緊急照明設備
(4)廠內需張貼消防警語。

解 火災類型有 A、B、C、D 類火災四種類型。

( )4. 關於一個機器腳踏車技術從業人員之敘述，下列何者錯誤？ (3)
   (1)避免長時間與油類接觸，特別是使用過的引擎機油
   (2)不要穿著油污的衣物、鞋子
   (3)可使用煤油或其它溶劑清潔皮膚
   (4)工作服應定期清洗，並與個人衣物分開處理。

解 溶劑與皮膚接觸會溶解皮膚油脂而滲入組織，干擾生理機能、脫水；且因皮膚乾裂而感染污物及細菌。表皮膚角質溶解引起表皮角質化，刺激表皮引起紅腫及氣泡部份。溶劑滲入人體內則破壞血球及骨髓等；所以不應使用溶劑清潔皮膚。

( )5. 針對維修標準作業流程要求之敘述，下列何者較不正確？ (4)
   (1)穩定的品質保證　　　　　　　(2)提高維修作業標準
   (3)全員服務作業有依據　　　　　(4)用以提高營業額。

解 維修標準作業流程是為了提高服務品質，讓工作效率提高，提高營業額不在維修標準作業流程要求之內。

( )6. 針對工作環境之維護與整頓，下列敘述何者錯誤？ (3)
   (1)工具置於工具架上其位置標明清楚
   (2)用劃線區分通道及工作間範圍
   (3)儲貨區貨品疊起存放，保持有通道通行即可
   (4)同類的材料及應放置在相同位置，方便識別。

解 儲貨區貨品不可堆疊存放，也必須保持通道暢通。

( )7. 機車行店面照明燈管應裝於 (4)
   (1)易受碰撞處　　　　　　　　　(2)易燃物接觸處
   (3)接地導線上　　　　　　　　　(4)安全位置。

( )8. 目前國內的電源電壓沒有 (2)
   (1)單相 110V　　　　　　　　　(2)三相 500V
   (3)單相 220V　　　　　　　　　(4)三相 220V。

解 國內電源電壓有單相 110V、單相 220V、三相 220V 及三相 380V。

( )9. 當利用油劑或溶劑清洗機器腳踏車零件物品時，應戴上 (4)
   (1)棉手套　　　　　　　　　　　(2)石綿手套
   (3)皮革手套　　　　　　　　　　(4)橡皮手套。

解 利用油劑或溶劑清洗機器腳踏車零件物品時需穿戴防護手套(天然橡膠或合成橡膠製之橡皮手套)。

( )10. 機器腳踏車維修店儲存零件物料的原則為 (3)
   (1)隨便排放　　　　　　　　　　(2)放置在通道
   (3)排放平穩　　　　　　　　　　(4)愈高愈好。

解 依 5S 之整頓原則：必需品依規定定位、定方法擺放整齊有序，明確標示。

(　) 11. 下列敘述何者為誤？ (2)

  (1)堆放物料應整齊、清潔

  (2)可用金屬棒攪拌酸液

  (3)人力搬運物料發生傷害中以不安全的習慣居多

  (4)不可徒手將酸液自瓶子倒出。

解　攪拌酸液需使用玻璃棒。

(　) 12. 泡沫滅火器及乾粉滅火器之有效年限為 (3)

  (1)各為 1 年

  (2)各為 2 年

  (3)泡沫滅火器者 1 年，乾粉滅火器 3 年

  (4)泡沫滅火器 3 年，乾粉滅火器 2 年。

解　1.自民國 91 年起(CNS 1387 於 91.9.23 第 9 次修正)，CNS 的主管機關 － 經濟部標準檢驗局隨後亦

  修訂相關規定時刪除「乾粉滅火器藥劑有效使用期限 3 年」的規定。

  2.經濟部於 93 年函釋「滅火器應依商標法針對該商品整體予以標示有效日期或有效期限」，該法所稱

  之「有效日期或有效期限」係整具滅火器(包含瓶體、押板……)之期限，並未包含乾粉藥劑。

  3.96 年 4 月 30 日修訂公佈之 CNS 1387 及消防相關法規，確實沒有乾粉滅火器藥劑效期規定。此題有

  待勞動部修正。

(　) 13. 由可燃性物體(如汽油、溶劑、酒精、油脂)所引發的火災是屬於 (2)

  (1)A 類火災　　　　　　　　　(2)B 類火災

  (3)C 類火災　　　　　　　　　(4)D 類火災。

解　火災分類：

類別	名稱	說明	備註
A 類火災	普通火災	普通可燃物如木製品、紙纖維、棉、布、合成只樹脂、橡膠、塑膠等發生之火災。通常建築物之火災即屬此類。	可以藉水或含水溶液的冷卻作用使燃燒物溫度降低,以致達成滅火效果。
B 類火災	油類火災	可燃性液體如石油、或可燃性氣體如乙烷氣、乙炔氣、或可燃性油脂如塗料等發生之火災。	最有效的是以掩蓋法隔離氧氣,使之窒熄。此外如移開可燃物或降低溫度亦可以達到滅火效果。
C 類火災	電氣火災	涉及通電中之電氣設備,如電器、變壓器、電線、配電盤等引起之火災。	有時可用不導電的滅火劑控制火勢,但如能截斷電源再視情況依 A 或 B 類火災處理,較為妥當。
D 類火災	金屬火災	活性金屬如鎂、鉀、鋰、鋯、鈦等或其他禁水性物質燃燒引起之火災。	這些物質燃燒時溫度甚高,只有分別控制這些可燃金屬的特定滅火劑能有效滅火。〔通常均會標明專用於何種金屬〕

(　) 14. 一天工作 8 小時，噪音音壓不宜超過 (3)

  (1)70 分貝　　　　　　　　　(2)80 分貝

  (3)90 分貝　　　　　　　　　(4)100 分貝。

解　依勞工安全衛生設施規則第 300 條規定。

( ) 15. 下列敘述何者正確？ 　　(2)
(1)清潔煞車元件可以用高壓空氣吹之
(2)若誤吞食電瓶水，可先飲用大量的清水或牛奶，再服用植物油，並立即就醫
(3)煞車油只會損害噴漆件之表面，不會傷害塑膠或橡膠物件的結構性
(4)為使維修人員不吸入引擎廢氣，維修時對引擎排放之廢氣只需用電扇吹散即可。

( ) 16. 安全檢查最基本的依據是 　　(1)
(1)安全法令　　　　　　　　　　　(2)安全標準
(3)個人經驗　　　　　　　　　　　(4)工廠要求。

( ) 17. 電流對人體的效應，即可引起心臟顫振、死亡的最小電流值為多少？ 　　(3)
(1)10mA　　　　　　　　　　　　(2)30mA
(3)50mA　　　　　　　　　　　　(4)100mA。

解 一般而言，人體觸電依電流的大小而有不同的傷害程度，如表一所示，通常人體只要通過 0.1 安培即可能致人於死。而 50 毫安則使心房顫動或停止。

電流(mA)	徵兆
0.3	感覺限制
1	戰慄
10	肌肉痙攣
30	昏迷
50	心房顫震、死亡
100	死亡

( ) 18. 一般人體表面燒燙傷多少以上，生命就會有危險？ 　　(3)
(1)20%　　　　　　　　　　　　(2)30%
(3)40%　　　　　　　　　　　　(4)50%。

( ) 19. 氣態有害物在空氣中濃度最常用之單位為何？ 　　(4)
(1)g/L　　　　　　　　　　　　(2)g/cc
(3)ppb　　　　　　　　　　　　(4)ppm。

解 氣態濃度最常用之單位為 ppm(百萬分之一)。

( ) 20. 觸電事故的傷害程度，與下列何項因素無關？ 　　(4)
(1)通過人體的電流大小和時間　　　(2)電壓的高低
(3)人體電阻值　　　　　　　　　　(4)接觸面積的大小。

解 電擊電流的大小決定於觸電的電壓和人體阻抗；人體阻抗有人體內阻抗和皮膚阻抗組成。人體內阻抗，其值取決於電流路徑與接觸面積大小無關。

( ) 21. 發生火災可能的原因，下列敘述何者錯誤？ 　　(4)
(1)由於電荷聚集產生靜電火花引燃易燃物
(2)因線路接頭不良時所發生火花引燃易燃物
(3)因電路短路引起的高溫
(4)保險絲容量太小。

解 保險絲容量太小，過載時保險絲容易燒掉(不會引起火災)，保險絲容量太大，有可能引起火災。

(　) 22. 針對服務站之服務品質要求，下列敘述何者錯誤？　(1)

    (1)電瓶新品使用前僅須添加蒸餾水於各分電池內即可

    (2)進行更換煞車油時，須將總泵、油管、分泵之煞車油全部換新

    (3)安裝火星塞時，須依規定鎖緊扭力

    (4)輪胎胎壓需依規範值充填。

解 電瓶新品使用前需添加已調配好之電解水(硫酸稀釋比重 1.260～1.280)於各分電池內。

(　) 23. 針對服務站之服務品質要求，下列規定何者正確？　(4)

    (1)更換煞車塊時，僅需更換已磨損之煞車塊即可，不須整組更換

    (2)後雙組式避震器，單邊漏油時，僅需更換單支避震器即可

    (3)前輪輪胎磨損時，需將前後輪胎同時更換，以策安全

    (4)單邊方向燈燈泡損壞時，僅須更換損壞的燈泡即可。

解 (1)更換煞車塊時，需整組更換。

(2)後雙組式避震器，單邊漏油時，需更換雙組避震器(懸吊系統受力作用平均)。

(3)前輪輪胎磨損時，只需將前輪輪胎更換即可。

(　) 24. 下列何項非新車客戶交車前之檢查項目？　(3)

    (1)隨車工具　　　　　(2)輪胎胎壓

    (3)引擎汽缸壓力　　　(4)煞車拉桿間隙。

解 引擎汽缸壓力為檢修工作，非新車客戶交車前之檢查項目。

(　) 25. 下列何者非新車客戶交車前所需核對之編號？　(4)

    (1)引擎號碼　　　　　(2)車身號碼

    (3)車牌號碼　　　　　(4)駕照號碼。

解 駕照號碼非交車前所需核對之工作項目。

複選題

答

(　) 26. 滅火方法有很多種，下列敘述何者不正確？　(34)

    (1)油料洩漏引起火災可關閉進口，停止輸送為隔離法

    (2)以水冷卻火場溫度為冷卻法

    (3)閉燃燒空間使火自然熄滅為覆蓋法

    (4)以不燃性泡沫覆蓋燃燒物為抑制法。

> 解 滅火方法：
>
> 1. 隔離法：將燃燒中的物質燃料移開或是斷絕其供應，以削弱火勢或阻止其繼續延燒而滅火。常見的方法為開闢防火巷及防火牆、防火門的設置。其他如可燃性液體加入不燃性液體，以降低其濃度，使液面蒸發之可燃性氣體減少；又如油料漏油引起火災，應立即關閉進口、停止油料的輸送。
>
> 2. 冷卻法：將燃燒物冷卻，使其熱能減低至燃燒點以下，可使火自然熄滅。常用的方法為水冷卻法及滅火劑冷卻法。因為水的氣化熱與比熱較大，例如使 1 公克的水氣化為水蒸氣約需 539 卡的熱，使 1 立方公分的水蒸發為水蒸氣，其體積增加 1700 倍。因此水不但是最好的冷卻劑，還可做為空氣的稀釋劑。
>
> 3. 窒息法：使燃燒中的氧氣含量減少，可以達到窒息火災的目的。通常空氣中氧的含量為 21%，如降低至 16%，可以控制可燃性液體的燃燒，減少至 3%，便可控制可燃性固體的燃燒。
> 窒息法的要領：
> (1)以不燃性氣體覆蓋燃燒物：灌注比重大的不燃性氣體，如二氧化碳滅火劑於燃燒物上。
> (2)以固體覆蓋燃燒物：燃燒面積不大時，使用砂石、土塊、棉被等物覆蓋消滅火源。
> (3)使用不燃性泡沫覆蓋燃燒物：適用於可燃性液體，如油類、酒精、溶劑等火災。
> (4)密閉燃燒空間：等待氧氣消耗殆盡，火源自然熄滅。
>
> 4. 抑制法：破壞燃燒中的游離子，使其連鎖作用失效。例如，加入鹵化烷或乾粉等滅火劑。

( ) 27. 一般安全鞋在鞋間內墊鋼頭及底部鋼板，其主要目的為何？　　　　　　　　　　(14)

(1)防止鋼釘踏穿　　　　　　　　　　(2)防止滑倒

(3)防止有害物危害皮膚　　　　　　　(4)防止物體掉落傷害腳趾。

> 解 於工作場所內為防止物體掉落傷害腳趾，安全鞋需選用於鞋間內墊鋼頭；如有鐵釘、螺絲釘、尖銳物會刺穿鞋底，應於在中底板部加裝防穿刺鋼板。

( ) 28. 有關手套之使用，下列何者正確？　　　　　　　　　　　　　　　　　　　　　(23)

(1)使用旋轉工具時可穿戴棉質手套　　(2)電氣用手套之材質為橡膠

(3)隔熱用手套之材質為厚牛皮　　　　(4)更換機油時可穿戴尼龍手套。

> 解 使用旋轉工具作業時，因手指有觸及之虞者，不得使用手套；更換機油時需穿戴防護手套(天然橡膠或合成橡膠製之橡皮手套)。

( ) 29. 工作時不慎燒傷時下列敘述何者正確？　　　　　　　　　　　　　　　　　　　(12)

(1)處置部位表面滲出體液，呈粉紅色、起水泡是屬於第 2 級燒傷

(2)緊急處理之五步驟：沖、脫、泡、蓋、送

(3)直接於患部敷蓋冰塊

(4)將水泡刺破再剪掉並塗抹藥水。

解 燒燙傷五大步驟：

沖：流動的冷水沖洗傷口 15 至 30 分鐘。

脫：水中小心除去衣物。

泡：冷水持續浸泡 15 至 30 分鐘。

蓋：傷口覆蓋乾淨布巾。

送：趕快送醫院急救。

燒燙傷分級表：

	外觀	知覺	過程
第一度	輕度至重度的紅斑、皮膚受壓變蒼白、皮膚乾燥、細小且薄的水泡。	疼痛、感覺過敏、麻辣感，冷可以緩和疼痛。	不適會持續 48 小時，3 至 7 日內脫皮。
第二度	大且厚層的水泡蓋住廣泛的區域。水腫、斑駁紅色的底層、上皮有破損、表面上潮濕發亮、會滴水。	疼痛、感覺過敏、對冷空氣會敏感。	表淺的部份皮層燒傷在 10 至 14 日內癒合，深部的部份皮層皮膚燒傷需要 21 至 28 日，癒合的速度根據燒傷深度與是否有感染的存在而不同。
第三度	不同變化，如深紅色、黑色、白色、棕色、乾燥表面及水腫。脂肪露出、組織潰壞。	幾乎不痛、麻木的。	全層皮膚壞死，2、3 週後化膿且液化，不可能自然癒合，瘢痕引起畸形或失去功能，在焦痂下面，微血管叢生合成纖細胞。

( ) 30. 下列何者不適用於撲滅電氣火災？　(12)

(1)純水滅火器　　(2)泡沫滅火器

(3)BC 乾粉滅火器　　(4)ABC 乾粉滅火器。

解 滅火器的種類有四種：

1.粉劑滅火筒

　功能：可撲滅各類別的火警，故名為"ABC"型。

2.二氧化碳氣滅火筒

　功能：可撲滅易燃液體／易燃氣體及電器裝置／汽車機件的火警，故名為"BC"型。

3.泡沫滅火筒

　功能：可撲滅木材／紙張／布匹及易燃液體 的火警，故名為"AB"型。

4.清水滅火筒

　功能：只可撲滅木材／紙張／布匹的火警，故名為"A"型。

( ) 31. 針對工廠火災之敘述，下列何者正確？　(13)

(1)可燃性液體如汽油，與可燃性氣體如液化石油氣等引起之火災稱為 B 類火災

(2)一般可燃物發生之火災稱為 D 類火災

(3)通電中之電器設備發生之火災稱為 C 類火災

(4)金屬火災及瓦斯火災稱為 A 類火災。

( ) 32. 機器腳踏車噴射引擎之汽油泵的性能檢驗，優先檢驗的項目是 (12)
(1)輸油量　　　　　　　　　　(2)輸油壓力
(3)眞空度　　　　　　　　　　(4)膜片彈簧之彈力。

解 汽油泵的性能檢驗，優先檢驗的項目是輸油量及輸油壓力。

( ) 33. 顧客之機器腳踏車維修完畢後，應先進行下列哪些工作？ (14)
(1)收拾工具　　　　　　　　　(2)洗車
(3)計價　　　　　　　　　　　(4)逐項檢視顧客交修項目是否完成。

( ) 34. 服務站之工作環境，下列何者需要特別重視？ (12)
(1)通風　　　　　　　　　　　(2)照明
(3)廣告招牌　　　　　　　　　(4)空調廠房。

解 服務站經營管理首重 5S，工作環境特別重視通風與照明。

( ) 35. 在工作場所使用電動手工具時，應注意防止 (14)
(1)感電　　　　　　　　　　　(2)扭傷
(3)刺傷　　　　　　　　　　　(4)潮濕工作環境　的傷害。

解 使用電動手工具最容易發生傷害事故是電擊，所以需避免感電及潮濕工作環境的傷害。

( ) 36. 下列何者非一氧化碳對人體健康的危害？ (134)
(1)致癌　　　　　　　　　　　(2)降低血液運送氧氣的能力
(3)肺傷害　　　　　　　　　　(4)氣管炎。

解 一氧化碳(CO)進入人體後，它比氧更容易被血液所吸收，破壞原本血液輸送氧氣的功能，與血液之血紅素(Hb)結合，影響血液帶氧之能力，因而對人體產生窒息效應而致命。

( ) 37. 依交通工具空氣汙染物排放標準，機器腳踏車各期排放標準何者正確？ (124)
(1)第二期排放標準自民國 80 年 7 月 1 日 (2)第三期排放標準自民國 87 年元月 1 日
(3)第四期排放標準自民國 95 年 7 月 1 日 (4)第五期排放標準自民國 96 年 7 月 1 日。

解 第四期排放標準自民國 93 年 1 月 1 日。

( ) 38. 交通工具排放空氣汙染物超過排放標準者，下列何者正確？ (123)
(1)排放氣狀污染物中僅有一種污染物超過排放標準者，每次新臺幣一千五百元
(2)排放氣狀污染物中有二種污染物超過排放標準但皆未超過排放標準一‧五倍者，每次新臺幣三千元
(3)排放氣狀污染物中有二種污染物超過排放標準且均超過排放標準一‧五倍者，每次新臺幣六千元
(4)排放氣狀污染物中有三種污染物超過排放標準者但皆未超過排放標準一‧五倍者，每次新臺幣一萬二千元。

解 依交通工具排放空氣污染物罰鍰標準，機器腳踏車超過排放標準項目只有前三個選項內容，並沒有第四個選項排放氣狀污染物中有三種污染物超過排放標準者之罰鍰。

(　) 39. 顧客委修機器腳踏車故障現象時應 (23)

(1)知道怎麼做即可　　　　　　　　(2)逐項登錄於委修單上

(3)依序覆頌委修事項、並請顧客確認　(4)直接紀錄於空白紙，再找時間檢修。

解　顧客委修故障時應逐項登錄於委修單上並依序覆頌委修事項、並請顧客確認後，再立即檢修故障發生的原因。

(　) 40. 以有禮貌的行為善待顧客，做必要的說明、指導，屬下列何種行為？ (34)

(1)指派　　　　　　　　　　　　　(2)協同

(3)確認　　　　　　　　　　　　　(4)服務。

術科題庫解析

壹、機器腳踏車修護乙級技術士技能檢定術科測試應檢須知

(發應檢人、監評人員、術科測試承辦單位)

一、應檢人不得穿戴有機器腳踏車相關廠牌標誌之衣帽，如違反規定，需更換術科辦理單位所提供之工作服始得參加應試，如堅持穿戴有廠牌標誌服裝者，則不得參加當場次之測試。

二、應檢人應依照規定時間、地點報到，遲到者對於未參與之抽籤及說明相關程序不得有異議。應檢人報到時間結束後 15 分鐘內未進場，則以逾時棄權論，不准進場應試。

三、檢定項目、測試操作時間與成績配分：(本術科測試共分 4 站)

站別	檢定項目	測試操作時間	成績配分
第一站	檢修汽油引擎	30 分鐘	25 分
第二站	檢修電系	30 分鐘	25 分
第三站	檢修車體相關裝備	30 分鐘	25 分
第四站	全車綜合檢修	30 分鐘	25 分
各站測試操作時間合計		120 分鐘	100 分

註記：

1. 各站另供應檢人準備時間為 5 分鐘 (包含：填寫表單基本資料、閱讀試題及工具準備)。

2. 本試題應檢時間含抽籤及說明時間、應檢人各站準備時間、測試操作時間、應檢設備恢復、輪站時間、成績統計及登錄等合計至少需 240 分鐘。

四、及格標準：

　★ (一) 各站之工作技能每一單項配分以二分法方式評分 (即該單項得滿分或零分)。

　　(二) 得分 60 分以上者為及格，未達 60 分者為不及格，但各站評分有評定缺考、棄考或得零分之任何記錄之一者，即使總分達到 60 分以上，總評亦評為不及格。

五、應檢人除本試題所規定之應檢人自備工具表外，其他術科測試使用之工具、設備、器材等，均由術科承辦單位準備提供使用。應檢人如自備三用電錶，應於測試前經監評長檢查後才可用於術科測試。

六、各站試題構件拆卸時得使用氣 (電) 動工具，唯構件安裝時不得使用。

七、應檢人對工具、儀器、設備應小心使用，如有故意損壞，視情節輕重由監評人員會同監評長評估照價索賠，必要時取消其檢定資格，不得繼續應檢。

八、應檢人應遵守工廠安全規則，並隨時注意本身工作安全，如違反安全規定者 (如人身、機具等危害時)，經監評人員記錄具體事實，得取消其檢定資格，不得繼續應檢。

九、應檢人應保持工作區及工具、設備器材等之清潔與完整性，如有重大違規者，經監評人員記錄事實，該站得評定零分。

十、本試題參照機器腳踏車修護乙級技術士技能檢定規範。

十一、**抽籤規定：本試題採配題抽籤方式，每場測試前由術科測試編號最小之應檢人為代表，會同監評長及監評人員，依時間配當表準時辦理抽籤，抽出當場次所有應檢人各站分組應試之題目，應檢人未到場者或遲到者不得有異議。**

十二、本檢定測試時，應檢人全程皆不得攜帶本試題內容或術科測試應檢參考資料進入測試現場，如有違反時以重大違規評定。另應檢人各站測試操作後應將答案紙繳回，未繳回者該站以零分計算。

十三、場地所提供機具設備規格，係依據機器腳踏車修護職類乙級術科測試場地及機具設備評鑑自評表最新規定準備，應檢人如需參考可至技能檢定中心全球資訊網／合格場地專區／術科測試場地及機具設備評鑑自評表下載。

貳、機器腳踏車修護乙級技術士技能檢定
術科測試檢定場地主要設備表

(由術科辦理單位填寫後，於術科測試日期 14 天前寄給應檢人，以寄出之郵戳日期為準)

檢定項目	檢定用引擎或車輛或主件廠牌、年份、型式 (含備份)	檢定用主要儀器、設備廠牌、型式 (含備份)
第一站：檢修汽油引擎		
第二站：檢修電系		
第三站：檢修車體相關裝備		
第四站：全車綜合檢修		

註記：1. 由術科辦理單位填寫後寄給應檢人。

　　　 2. 上表為場地單位準備之檢定用引擎、車輛及主要儀器、設備。

　　　 3. 備份之設備、引擎、車輛之廠牌型式以 1 ～ 2 種為原則。

術科承辦單位：＿＿＿＿＿＿＿＿＿＿＿＿(印)

參、機器腳踏車修護乙級技術士技能檢定術科測試
第一站檢修汽油引擎試題說明

(本站應檢人依配題抽籤結果,就所抽中之崗位及試題進行測試)

一、題　　目:檢修汽油引擎

二、說　　明:

(一) 應檢人準備時間為 5 分鐘 (包含:填寫表單基本資料、閱讀試題及工具準備),檢定時其測試操作時間為 30 分鐘,本站合計 35 分鐘。

(二) 使用儀器、工具依修護手冊工作程序檢查指定車輛之汽油引擎是否正常。

(三) 檢查結果如有不正常,請依檢定場地提供之修護資料,所列工作程序進行檢修、調整至正常或達廠家規範。

(四) 依據故障情況,應檢人得要求更換零件或總成。

(五) 規定測試操作時間內或提前完成工作,應檢人須將相關答案填寫於答案紙上。

(六) 檢定場地提供相關儀器 (含專用診斷測試器)、使用說明書及修護資料。

(七) 應檢人於測試過程中可要求指導相關儀器 (含專用診斷測試器) 之使用,但時間不予扣除。

(八) 電路線束可設故障,插頭前端 20 公分裸露線區內准予拆開檢修。

(九) 為保護檢定場所之電瓶及相關設備,若採電動起動,每次打馬達時間不得超過 10 秒,連續打馬達次數以 2 次為原則;若無法發動時,則須另行檢查,才可再次起動。

(十) 本站應檢人依配題抽籤之結果,就下列 6 題試題中所抽中之 1 題進行測試,每題兩個故障點,各系統各設一個故障:

　　A 崗位第一題:檢修引擎電路及燃油系統。

　　A 崗位第二題:檢修引擎燃油及構件系統。

　　A 崗位第三題:檢修引擎電路及構件系統。

　　B 崗位第一題:檢修引擎電路及燃油系統。

　　B 崗位第二題:檢修引擎燃油及構件系統。

　　B 崗位第三題:檢修引擎電路及構件系統。

三、評審要點：

(一) 測試操作時間：30 分鐘 (含答案紙填寫時間) 測試時間終了，經監評人員制止仍繼續操作者，則該工作技能項目成績不予計分。

(二) 技能標準：

1. 能正確選擇及使用手工具。

2. 能正確選擇及使用測試儀器、量具。

3. 能正確選擇修護資料。

4. 能正確依修護資料工作程序檢查、測試及判斷故障。

5. 能正確依修護資料工作程序調整或更換故障零件。

6. 能正確填寫故障檢修項目。

7. 能正確填寫測量項目。

8. 能正確完成全部檢修工作、系統作用正常。

(三) 工作安全與態度 (本項為扣分項目)：

1. 更換錯誤零件 (每次扣 4 分)。

2. 工作中必須維持整潔狀態，工具、儀器等不得置於地上，違者得每件扣 1 分，最多扣 5 分。

3. 工具、儀器使用後必須歸定位，違者得每件扣 1 分，最多扣 5 分。

4. 不得有危險動作及損壞工作物，違者扣本站總分 5 分。

5. 服裝儀容及工作態度須合乎常規，並穿著工作鞋 (全包覆式)，違者扣本站總分 5 分。

6. 有重大違規者 (如作弊)，本站以零分計，並於扣分備註欄內記錄事實。

參、機器腳踏車修護乙級技術士技能檢定術科測試
第一站檢修汽油引擎試題答案紙 -1(發應檢人)

姓名：＿＿＿＿＿＿＿　檢定日期：＿＿＿＿＿＿＿　崗位 / 題號：＿＿＿＿＿

術科測試編號：＿＿＿＿＿＿＿＿＿　監評人員簽名：＿＿＿＿＿＿＿＿＿

(一) 填寫故障檢修項目

說明：1. 將已完成之工作項目內容分別依現場修護資料用詞 (亦可依產業界之一般常態用詞或內容，如電瓶＝電池＝蓄電池) 填寫於下列各欄位。

2. 故障現象、維修方式 (清潔、潤滑、鎖緊、調整、更換)、更換零件名稱或調整位置，三個欄位皆填寫無誤時，該項才予評定為正確。

3. 未完成工作項目不予計分。

工作項目	應檢人填寫			評審結果 (監評人員填寫)		
	故障現象	維修方式	更換零件名稱或調整位置	正確	不正確	備註
1						
2						

(二) 填寫測量項目

說明：1. 應試前，由監評人員先行依本站測量項目表之內容指定適當之測量項目、位置並填入測量項目欄，供應檢人應考。該測量項目應有標準值，且須與應檢人所施作之車型相同。

2. 標準值以修護資料規範為準，需註明頁碼。

3. 應檢人填寫實測值時須請監評人員當場確認，否則不予計分。

4. 標準值、頁碼、實測值及判斷四個欄位皆須填寫無誤，且依程序進行量測過程及實測值誤差值在該儀器或量具之要求精度內，該項才予評定為正確。

5. 未註明單位者不予計分。

項次	測量項目 (監評人員填寫)	測量結果 (應檢人填寫)				評審結果 (監評人員填寫)			
		標準值	頁碼	實測值	判斷	量測過程	實測值	正確	不正確
1	□車上測量　□工作臺測量				□正常 □不正常	□依程序 □未依程序			
2	□車上測量　□工作臺測量				□正常 □不正常	□依程序 □未依程序			

故障設置編號及項目：(由監評人員於應檢人本站術科測試操作結束後填入，包含所對應之故障點編號代碼及項目名稱)

1.＿＿＿＿＿＿＿＿＿　　2.＿＿＿＿＿＿＿＿＿

參、機器腳踏車修護乙級技術士技能檢定術科測試
第一站檢修汽油引擎試題答案紙 -2(發應檢人)

姓名：_____　檢定日期：_____　題號：_____

術科測試編號：_____　　　監評人員簽名：_____

(三) 領料單 (應檢人如更換零件時，需填寫零件名稱及數量並簽名確認)

項次	零件名稱	數量	領料簽名欄	評審結果 (監評人員填寫)	
				正確	不正確
1					
2					
3					
4					
5					

※ 監評人員得告知應檢人如須更換零件時，應先填寫領料單。

參、機器腳踏車修護乙級技術士技能檢定術科測試
第一站檢修汽油引擎試題監評說明

一、題　　目：檢修汽油引擎

二、說　　明：

(一) 請先閱讀應檢人試題說明 (準備時間為 5 分鐘，測試操作時間為 30 分鐘，本站合計 35 分鐘)，並要求應檢人應檢前先閱讀試題說明，再依試題說明操作。

(二) 每輪序應試前請先檢查工具、儀器、設備相關修護 (操作) 資料是否齊全，並確認功能正常後 (若需使用廢氣分析儀器、電腦診斷儀器，則需將該儀器連接、開啟至檢測功能畫面) 於車輛、儀器、設備功能正常確認表簽名。

(三) 應試前，由監評人員依本站測量項目表之內容，指定相關試題 2 項測量項目及測量位置，填入答案紙之測量項目欄，供應檢人應試。該測量項目應有標準值，且須與應檢人所施作之系統相同。(若指定為車上測量時，其測量項目不得與故障設置項目重複)。

(四) 告知應檢人填寫測量項目實測值時，須知會監評人員當場確認，否則不予計分。

(五) 應試前監評人員須依該應檢試題功能性評定需求，事先將應檢車輛外殼或周邊附件等先行拆除後 (各試題拆除程度均應一致)，方得進行應檢人測試操作。

(六) **本站設有 A、B 崗位各 3 題共計 6 題，每題設置 2 項故障，監評人員依檢定現場設備狀況並考量 30 分鐘測試操作時間限制，依監評協調會抽出之群組內容設置故障，各崗位第一題檢修引擎電路及燃油系統，第二題檢修引擎燃油及構件系統，第三題檢修引擎電路及構件系統，每題各系統各設一個故障，兩個故障點設置不得為同一系統。如故障設置為點火系統，應檢人可更換火星塞 1 次，免予扣分。**

(七) 故障設置前，須先確認設備正常無誤後，再設置故障且所設置故障之異常現象須明確；電路線束可設故障且准予在插頭端 20 公分處裸露線束區內檢測線束之導通性。

(八) 本站故障設置須確保起動系統馬達能正常運轉。

(九) 應檢人依所填寫之領料單進行領料時，監評人員不得再要求應檢人說明、檢測該零組件之故障原因、情形，且須提供正常無瑕疵之相關零組件。

三、評審要點：

(一) 測試操作時間限時 30 分鐘 (含答案紙填寫時間)，時間到未完成者，應即令應檢人停止操作，並依已完成的工作項目評分，未完成的部分不給分。

(二) 評審表中已列各項目的配分，合乎該項目的要求即給該項目的全部配分，否則不給分。

(三) 依評審表項目逐項評分。

第一站檢修汽油引擎試題故障設置群組
(不良之定義－為斷路、短路、搭鐵……等)

系統	編號	故障設置項目	編號	故障設置項目
		群組 1		
引擎電路系統	1	自動旁通起動器 (閥) 不良	2	相關保險絲不良
	3	CDI 或全晶體數位點火器不良	4	噴射怠速空氣旁通閥或 ISC 不良
	5	火星塞不良	6	防盜器作用不良
	7	ECU 繼電器不良	8	噴射燃油噴嘴不良 (線圈斷路或短路)
	9	火星塞蓋不良	10	點火線圈二次線圈不良
	11	主配線接頭不良或相關構件接頭不良 (化油器)	12	噴射節氣門位置感知器 (TPS) 不良
	13	點火線圈一次線圈不良	14	主開關不良 (無法熄火或無法發動)
	15	點火系統低壓 (一次) 電路導線接頭不良	16	噴射曲軸位置感知器不良
	17	噴射相關構件導線接頭不良 (電源線或訊號線斷路)	18	噴射燃油泵繼電器不良
	19	引擎無法熄火 (CDI 不良)	20	脈衝線圈不良
	21	噴射引擎溫度感知器不良	22	飛輪轉子定位鍵不良
	23	噴射曲軸位置感知器與編碼齒間隙不良	24	燃油線路不良 (斷路、電壓降過大、搭鐵)
	25	含氧感知器不良		
引擎燃油系統	26	汽油管阻塞或彎摺	27	油箱沒有油或阻塞
	28	汽油濾清器阻塞	29	噴射燃油泵不良 (濾網阻塞)
	30	噴射燃油泵不良 (油泵無法泵油)	31	噴射燃油壓力調節器不良 (負壓管破裂、阻塞)
	32	噴射燃油噴嘴滴油	33	噴射燃油噴嘴阻塞
	34	燃油噴嘴回油管阻塞	35	噴射燃油壓力調節器不良 (本體 O 環破損)
引擎構件系統	36	進汽歧管內 O 環破損	37	噴射怠速旁通閥不良 (積碳或阻塞)
	38	噴射燃油噴嘴與歧管結合之 O 環破損	39	進汽歧管不良 (漏氣現象)
	40	空氣濾清器連接管破裂	41	廢氣排放系統相關構件不良
	42	汽門間隙過大或過小 (進汽門或排汽門)	43	進汽歧管本體上之負壓管鬆動、阻塞或破裂
	44	空氣濾清器濾芯污穢阻塞	45	副水箱不良
	46	鏈條張力器不良	47	噴射進汽歧管與汽缸頭結合之隔熱板不良

第一站檢修汽油引擎試題故障設置群組
(不良之定義－為斷路、短路、搭鐵……等)

群組 2				
系統	編號	故障設置項目	編號	故障設置項目
引擎電路系統	1	主配線接頭不良或相關構件接頭不良 (化油器)	2	點火線圈不良 (機種錯誤、使用他廠牌、斷路…..)
	3	噴射曲軸位置感知器與編碼齒間感應不良	4	噴射相關構件導線接頭不良 (電源線或訊號線斷路)
	5	噴射怠速空氣旁通閥或 ISC 不良 (線圈斷路或短路)	6	火星塞不良
	7	噴射進氣壓力感知器不良	8	ECU 繼電器不良
	9	自動旁通起動器 (閥) 不良	10	火星塞蓋不良
	11	噴射節氣門位置感知器 (TPS) 不良	12	脈衝線圈不良
	13	相關保險絲不良	14	點火系統低壓 (一次) 電路導線接頭不良
	15	燃油線路不良 (斷路、壓降過大、搭鐵)	16	防盜器作用不良
	17	電瓶無電或電瓶樁頭接觸不良	18	CDI 或全晶體數位點火器不良
	19	主開關不良 (無法熄火或無法發動)	20	傾 (轉) 倒感知器不良
	21	含氧感知器不良	22	飛輪轉子定位鍵磨損
	23	引擎 (汽缸頭) 溫度感知器 (ETS) 不良		
引擎燃油系統	24	汽油管阻塞或彎折	25	油箱沒有油或阻塞
	26	汽油濾清器阻塞	27	噴射燃油壓力調節器不良 (負壓管破裂、阻塞)
	28	噴射燃油泵濾網阻塞	29	汽油泵不良
	30	噴射燃油泵油壓不足	31	燃油噴嘴回油管阻塞
	32	噴射燃油噴嘴不良 (機種錯誤、使用他廠牌…)	33	噴射燃油壓力調節器不良 (本體 O 環破損)
引擎構件系統	34	進汽歧管本體上之負壓管鬆動、阻塞或破裂	35	汽門間隙過大或過小 (進汽門或排汽門)
	36	廢氣排放系統相關構件不良	37	噴射怠速旁通閥不良 (積碳或阻塞)
	38	噴射燃油噴嘴與歧管結合之 O 環破損	39	噴射節流閥體阻塞
	40	空氣濾清器連接管破裂	41	噴射節流閥體不良
	42	燃料蒸發控制系統 (EEC) 負壓管破損	43	二次空氣導入控制閥 (AICV) 不良
	44	鏈條張力器不良	45	化油器隔熱板破裂

第一站檢修汽油引擎試題測量項目表

	測量項目	可用量具				測量位置	
		游標卡尺	溫度計	水箱壓力測試器	厚薄規	車上測量	工作臺測量
潤滑及冷卻系統	機油泵轉子端面與本體之間隙				V		V
	機油泵內轉子與外轉子之間隙				V		V
	機油泵外轉子與本體之間隙				V		V
	水箱蓋壓力活門開啟壓力值			V			V
	節溫器全開溫度值		V				V

	測量項目	可用量具				測量位置	
		游標卡尺	分厘卡	針盤量規	厚薄規	車上測量	工作臺測量
汽缸頭及氣門組件	進、排氣門凸輪升程	V	V				V
	進、排氣門桿與導管間隙			V			V
	汽缸頭平面度				V		V
	汽門彈簧自由長度	V					V

	測量項目	可用量具				測量位置	
		游標卡尺	分厘卡	量缸錶	厚薄規	車上測量	工作臺測量
汽缸及活塞組件	活塞環及環溝之間隙				V		V
	汽缸失圓			V			V
	汽缸斜差			V			V
	汽缸體平面度				V		V
	連桿大端左右間隙值				V		V

	測量項目	可用量具				測量位置	
		燃油油壓錶	指針式三用電錶	數位式三用電錶	機車電路檢修儀器	車上測量	工作臺測量
燃油及引擎噴射系統	燃油噴嘴端燃油壓力	V				V	
	燃油噴嘴電阻值		V	V	V	V	V
	節氣門位置感知器 (TPS) 電阻值		V	V	V	V	V
	燃油泵電阻值		V	V	V	V	V
	怠速空氣旁通閥電阻值		V	V	V	V	V
	進氣溫度感知器電阻值		V	V	V	V	V
	含氧感知器加熱器電阻值		V	V	V	V	V
	傾 (轉) 倒感知器輸出電壓值 (線路檢測)		V	V	V	V	
	引擎溫度 (水溫) 感知器電阻值		V	V	V	V	V

	測量項目	可用儀器				測量位置	
		指針式三用電錶	數位式三用電錶	機車電路檢修儀器		車上測量	工作臺測量
點火系統	點火線圈一次側電阻值	V	V	V		V	V
	點火線圈二次側電阻值	V	V	V		V	V
	脈波 (衝) 線圈電阻值	V	V	V		V	V
	脈波 (衝) 線圈電壓值	V	V	V		V	
	激磁線圈電壓值	V	V	V		V	
	激磁線圈電阻值	V	V	V		V	V
	火星塞蓋電阻值	V	V			V	V

肆、機器腳踏車修護乙級技術士技能檢定術科測試
第一站檢修汽油引擎評審表

姓名＿＿＿＿＿＿＿＿＿＿＿＿　檢定日期＿＿＿＿＿＿＿＿＿＿｜得｜
術科測試編號＿＿＿＿＿＿＿　監評人員簽名＿＿＿＿＿＿＿＿｜分｜

(請勿於測試結束前先行簽名)

評審項目		評定		備註
測試操作時間	限時 30 分鐘 ( ) 分 ( ) 秒	配分	得分	
一、工作技能 1. 採二分法方式評分 2. 第 4 至 6 項、7 至 9 項分別為同一故障項目評分組，評分組不採連鎖給分方式	1. 正確選擇及使用手工具。	1 分	( )	
	2. 正確選擇及使用測試儀器、量具。	1 分	( )	
	3. 正確選擇修護資料。	1 分	( )	
	4. 正確依修護資料工作程序檢查、測試及判斷故障 (1)。	3 分	( )	
	5. 正確依修護資料工作程序調整或更換故障零件 (1)。	2 分	( )	
	6. 正確填寫故障檢修項目 (1)。	2 分	( )	依答案紙 -1(一)：項目 1
	7. 正確依修護資料工作程序檢查、測試及判斷故障 (2)。	3 分	( )	
	8. 正確依修護資料工作程序調整或更換故障零件 (2)。	2 分	( )	
	9. 正確填寫故障檢修項目 (2)。	2 分	( )	依答案紙 -1(一)：項目 2
	10. 正確依修護資料工作程序量測並填寫測量結果 (1)。	2 分	( )	依答案紙 -1(二)：項次 1
	11. 正確依修護資料工作程序量測並填寫測量結果 (2)。	2 分	( )	依答案紙 -1(二)：項次 2
	12. 正確完成工作技能 4,5,7,8 的四項之全部檢修工作、引擎能發動且作用正常。	4 分	( )	(不含工作技能 6,9)

評審項目		評定		備註
測試操作時間	限時 30 分鐘 (　) 分 (　) 秒	配分	得分	
二、工作安全與態度 (本部分採扣分方式,最多扣至本站 0 分)	1. 更換錯誤零件。	每次扣 4 分	(　)	依答案紙 -2(三)
	2. 工作中必須維持整潔狀態,工具、儀器等不得置於地上,違者得每件扣 1 分,最多扣 5 分	扣 1～5 分	(　)	
	3. 工具、儀器使用後必須歸定位,違者得每件扣 1 分,最多扣 5 分	扣 1～5 分	(　)	
	4. 不得有危險動作及損壞工作物,違者:	扣 5 分	(　)	
	5. 服裝儀容及工作態度須合乎常規,並穿著工作鞋(全包覆式),違者:	扣 5 分	(　)	
	6. 有重大違規者 (如作弊等)。	本站 0 分	(　)	
合　　計		25 分		

※ 評審表工作技能項目評定為零分、工作安全與態度項目評定為扣分者,均需於評審表備註欄或答案紙上註明原因。

第一、二題：檢修汽油引擎(檢修引擎電路、燃油系統及構件系統) (噴射式)(以三陽 FIGHTER 125cc 為例)

 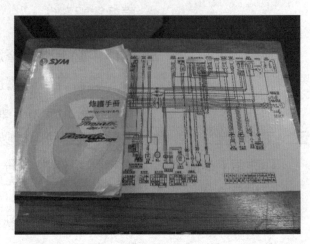

重點提醒：

1. 測試前，請先確認車輛功能正常後，於車輛儀器設備功能正常確認表簽名確認。
2. 利用 5 分鐘填寫資料及準備檢修工具 (LED 檢測燈、三用電錶及跳火量規)、維修手冊及電路圖。
3. 發現故障，舉手告知監評人員並紀錄故障原因。
4. 填寫領料單向監評人員領取新零件 (有些故障設置不需換件，只需調整即可)。
5. 確認維修系統之功能正常 (使用電腦診斷器診斷系統)。
6. 工作完畢，確實將場地工具、設備歸位及清潔。

1.檢查點火系統作用	NG	不正常時舉手告知監評人員，紀錄故障原因，填寫領料單並排除故障

步驟一

打開主開關 ON 檢查引擎燈是否亮 (3～6 秒後熄滅)。

步驟二

按壓煞車拉桿並起動引擎，如果引擎運轉正常則 OK，如果未能發動，則檢查點火系統。

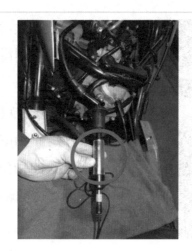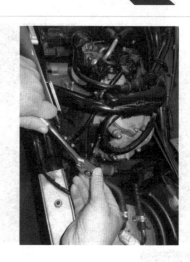

步驟三

拆下高壓線圈火星塞帽蓋，連接火星塞跳火量規測試有無跳火 (跳火量規之跳火間隙調整為 1.1 ～ 1.2mm 左右，並在油箱上方鋪設乾淨抹布)。

🔺 如果有跳火，屬於正常作用，最後拆下火星塞檢查火星塞狀況 (可換一個火星塞不扣分)。

🔺 如果沒有跳火，請進行下一個檢修步驟。

步驟四

將 LED 檢測燈接腳插入高壓線圈兩個線頭 (紅及黑 / 白)，並起動引擎 (打馬達) 觀察 LED 檢測燈燈泡是否閃爍。

🔺 如果 LED 檢測燈燈泡有閃爍，則有可能是高壓線圈損壞，填寫領料單並更換高壓線圈排除故障。

🔺 如果 LED 檢測燈燈泡沒有閃爍，請進行下一個檢修步驟。

步驟五

將 LED 檢測燈接腳插入曲軸位置感知器兩個線頭 (藍 / 黃及綠 / 白)，並起動引擎 (打馬達) 觀察 LED 檢測燈燈泡是否閃爍。

▌如果 LED 檢測燈燈泡有閃爍，則有可能引擎控制電腦損壞，請進行下一個檢修步驟。

▌如果 LED 檢測燈燈泡沒有閃爍，則有可能是曲軸位置感知器損壞，填寫領料單並更換曲軸位置感知器排除故障 (如有必要可進行曲軸位置感知器阻抗值量測)。

步驟六

主開關 KEY ON，使用 LED 檢測燈，一支接腳插入引擎控制電腦＃ 19 腳位 (紅)，另一支接腳搭鐵，檢測有無電源進入引擎控制電腦 (燈泡亮表示有電源)。

▌如果 LED 檢測燈燈泡有亮，表示電源有進入引擎控制電腦，再確認引擎控制電腦搭鐵腳 (＃ 17 腳位 (黑)) 是否正常搭鐵 (如果搭鐵正常)，則填寫領料單並更換引擎控制電腦排除故障。

▌如果 LED 檢測燈燈泡沒有亮，請進行下一個檢修步驟。

步驟七

主開關 KEY ON，使用 LED 檢測燈，一支接腳量測主開關 (黑) 線頭，另一支接腳搭鐵，如果 LED 燈泡沒亮表示電源不正常，如果再量測主開關 (紅) 線頭，LED 燈泡亮則表示主開關損壞，填寫領料單並更換主開關排除故障，如果主開關 (紅) 線頭沒電源，請進行下一個檢修步驟。

步驟八

使用 LED 檢測燈，量測保險絲盒之主開關保險絲有無電源，如果無電源，則有可能保險絲損壞或電瓶沒電，填寫領料單並進行更換保險絲或電瓶排除故障。

2.檢查燃料系統作用 　NG　 不正常時舉手告知監評人員，
紀錄故障原因，填寫領料單並排除故障

步驟一

用手掐住燃油泵出油管，主開關 KEY ON 時 (3 ～ 6 秒內)，檢查油管有無脈動的現象 (燃油泵也有運轉的聲音) 及目視檢查汽油濾清器狀況 (亦可以使用風槍測試導通狀況)。

⚠ 如果油管有脈動的現象，則拆開噴油嘴檢查有無噴油作用 (可以拆開火星塞查看火星塞有無潮濕，亦可以量測噴油嘴阻抗值)。

⚠ 如果油管沒有脈動的現象，請進行下一個檢修步驟。

步驟二

主開關 KEY ON(3 ～ 6 秒內)，使用 LED 檢測燈，一支接腳插入燃油泵 (紅 / 白線)，另一支接腳搭鐵。

⚠ 如果 LED 燈泡亮，表示電源有送到燃油泵，則有可能是燃油泵損壞，填寫領料單並更換**燃油泵**排除故障。

⚠ 如果 LED 燈泡不亮，請進行下一個檢修步驟。

❗ 如果 LED 燈泡亮，表示主開關電源有送到燃油泵繼電器，則再進行下一個檢修步驟。

❗ 如果 LED 燈泡不亮，請進行下一個檢修步驟 (請回到上一個**檢查點火系統作用**之**步驟七**及**步驟八**做檢修)。

步驟三

主開關 KEY ON，使用 LED 檢測燈，一支接腳插入燃油泵繼電器 (黑線)，另一支接腳搭鐵。

步驟四

燃油泵繼電器接腳位置，有兩腳位為銀色－線圈接腳、有兩腳位為銅色 - 接點接腳，將線圈接腳連接電瓶正、負電源，量測燃油泵繼電器接點有無導通狀況 (電阻值接近為零表示接點導通)，如果不導通表示繼電器損壞，填寫領料單並**更換燃油泵繼電器**排除故障。

3.檢查進氣系統作用 NG 不正常時舉手告知監評人員，紀錄故障原因，填寫領料單並排除故障

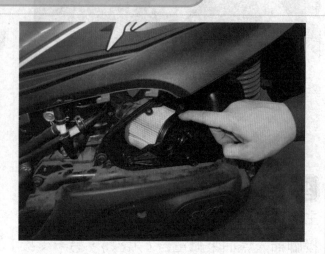

步驟一

拆下空氣濾清器外殼，檢查空氣濾芯狀況及目視檢查進氣系統連接橡皮管狀況。

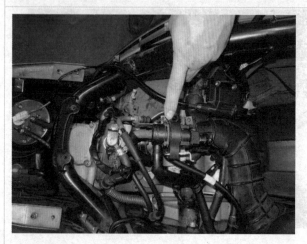

步驟二

發動引擎檢查怠速狀況是否正常，如果沒有怠速 (但加速後引擎維持中高速運轉)，有可能怠速空氣旁通閥故障，請檢查怠速空氣旁通閥空氣管是否導通及阻抗值是否正常，如果不正常則填寫領料單並更換怠速空氣旁通閥或空氣管排除故障。

步驟三

如果起動引擎時，引擎無壓縮聲音，則檢查氣門間隙是否正常。

4.檢查點火系統、燃料系統及進氣系統後,再連接診斷電腦確認各系統正常作用

確認各系統正常,無故障碼。

🔧 第三題：檢修汽油引擎 (引擎電路及構件系統)
(化油器式)(以光陽 豪邁如意 125cc 為例)

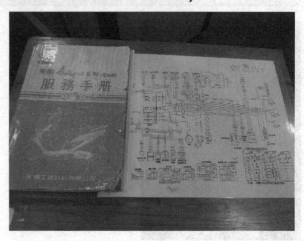

🔵 重點提醒：

1. 測試前，請先確認車輛功能正常後，於車輛儀器設備功能正常確認表簽名確認。

2. 利用 5 分鐘填寫資料及準備檢修工具 (LED 檢測燈、三用電錶、跳火量規、轉速錶等)、維修手冊及電路圖。

3. 發現故障，舉手告知監評人員並紀錄故障原因。

4. 填寫領料單向監評人員領取新零件 (有些故障設置不需換件，只需調整即可)。

5. 確認維修系統之功能正常。

6. 工作完畢，確實將場地工具、設備歸位及清潔。

1.檢查點火系統作用	NG ➤	不正常時舉手告知監評人員，紀錄故障原因，填寫領料單並排除故障

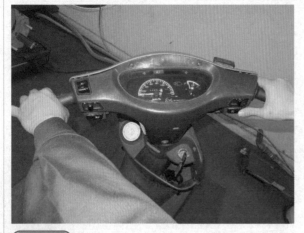
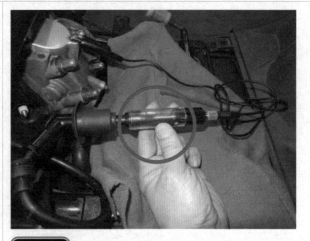

步驟一

主開關 ON，按壓煞車拉桿並起動引擎，如果引擎運轉正常則 OK，如果未能發動，則檢查點火系統。

步驟二

拆下點火線圈火星塞帽蓋，連接火星塞跳火量規測試有無跳火 (跳火量規之跳火間隙調整為 0.6 ～ 0.7mm 左右，並在油箱上方鋪設乾淨抹布)。

如果有跳火，屬於正常作用，最後拆下火星塞檢查火星塞狀況 (可換一個火星塞不扣分)。

如果沒有跳火，請進行下一個檢修步驟。

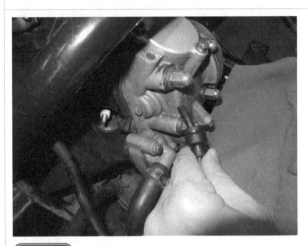

步驟三

拆下點火線圈火星塞帽蓋，將高壓線接近引擎搭鐵處 (10mm 位置)，並起動引擎 (打馬達) 測試有無跳火。

如果有跳火，則有可能火星塞帽蓋損壞，填寫領料單並更換**火星塞帽蓋**排除故障。

如果沒有跳火，請進行下一個檢修步驟。

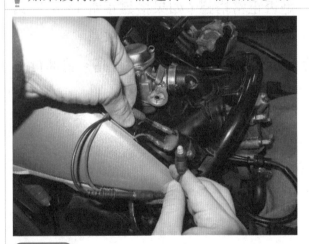

步驟四

將 LED 檢測燈接腳插入點火線圈兩個線頭 (黑 / 黃及綠)，並起動引擎 (打馬達) 觀察 LED 檢測燈燈泡是否閃爍。

如果 LED 檢測燈燈泡有閃爍，則有可能是點火線圈損壞，填寫領料單並更換**點火線圈**排除故障。

如果 LED 檢測燈燈泡沒有閃爍，請進行下一個檢修步驟。

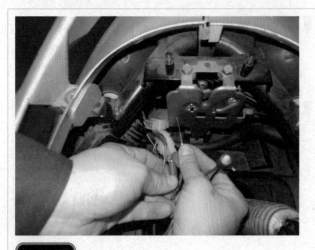

步驟五

將 LED 檢測燈接腳插入脈衝信號器線頭 (藍 / 黃) 另一接腳接觸置物箱鎖搭鐵，並起動引擎 (打馬達) 觀察 LED 檢測燈燈泡是否閃爍。

▌如果 LED 檢測燈燈泡有閃爍，則有可能 CDI 組損壞，請進行下一個檢修步驟。

▌如果 LED 檢測燈燈泡沒有閃爍，則有可能是脈衝信號器損壞，填寫領料單並更換**脈衝信號器**排除故障 (如有必要可進行脈衝信號器阻抗值量測)。

步驟六

主開關 KEY ON，使用 LED 檢測燈，一支接腳插入 CDI 組 (黑 / 藍或黑) 線頭，另一支接腳接觸置物箱鎖搭鐵，檢測有無電源進入 CDI 組 (燈泡亮表示有電源)。

▌如果 LED 檢測燈燈泡有亮，表示電源有進入 CDI 組，再確認 CDI 組搭鐵腳 (綠) 是否正常搭鐵 (如果搭鐵正常)，則填寫領料單並更換 **CDI 組**排除故障。

▌如果 LED 檢測燈燈泡沒有亮，請進行下一個檢修步驟。

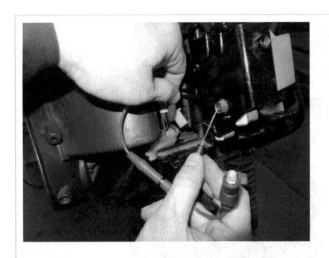 

步驟七

主開關 KEY ON，使用 LED 檢測燈，一支接腳量測主開關 (黑 / 藍或黑) 線頭，另一支接腳搭鐵，如果 LED 燈泡沒亮表示電源不正常，如果再量測主開關 (紅) 線頭，LED 燈泡亮則表示主開關損壞，填寫領料單並更換**主開關**排除故障，如果主開關 (紅) 線頭沒電源，請進行下一個檢修步驟。

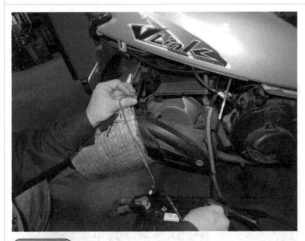

步驟八

使用 LED 檢測燈，量測紅線之保險絲盒之線頭查看有無電源，如果無電源，則有可能保險絲損壞或電瓶沒電，填寫領料單並進行更換**保險絲**或**電瓶**排除故障。

| 2.檢查進氣系統作用 | NG | 不正常時舉手告知監評人員，紀錄故障原因，填寫領料單並排除故障 |

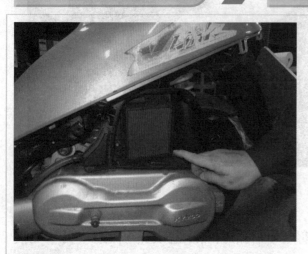

步驟一

拆下空氣濾清器外殼，檢查空氣濾芯狀況及目視檢查進氣系統連接橡皮管狀況。

步驟二

如果起動引擎時，引擎無壓縮聲音，則檢查氣門間隙是否正常。

步驟三

檢查進氣歧管有無漏氣及油封是否被損。

步驟四

發動引擎，使用引擎轉速表檢查怠速狀況是否正常。

測量項目應檢流程

依監評人員指定測量項目	
確認測量項目與可用量具	確認測量位置

⬇

進行修護手冊查閱	
查閱測量項目規範標準值	紀錄標準值與頁碼

⬇

進行測量項目量測	
依規範標準程序量測	紀錄實測值並判斷正常與否

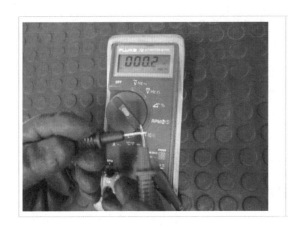

數位式三用電錶：測量電阻時，必須選用歐姆檔位，並先行測量內電阻值，以扣除之。

第一站　檢修汽油引擎試題　測量項目表

測量項目	可用量具				測量位置	
	游標卡尺	溫度計	水箱壓力測試器	厚薄規	車上測量	工作臺測量
機油泵轉子端面與本體之間隙				V		V

潤滑及冷卻系統

4.潤滑系統　　　（K）KYMCO

| 整備資料 | 4－1 | 引擎機油／濾油網 | 4－2 |
| 故障診斷 | 4－1 | 機油泵浦 | 4－7 |

整備資料

作業上注意事項
・本章之作業引擎在車體上實施。
・機油泵浦拆卸時，注意引擎內部不可有異物滲入。
・機油泵浦不可分解。到使用界限時，必須交換整組。
・機油泵浦安裝後，檢查各部機油是否洩漏。

基本資料　　　　　　　　　　　　　　單位：mm

項　目		標準值	使用限度
機油泵浦	內轉子與外轉子之間隙	－	0.12
	外轉子與泵體之間隙	－	0.12
	轉子端面與泵體之間隙	0.05-0.10	0.2

故障診斷

機油量減少
・機油自然消耗
・機油洩漏
・活塞環磨耗・安裝不良
・氣門導管油封磨損

引擎燒損
・油壓無，或油壓太低
・機油道路阻塞
・未使用指定機油

4-1　　　　　　　　　　　　　　　　　—46—

依指定測量項目於修護手冊(光陽 G5 FI 125)總目錄查找對應章節→查閱潤滑系統。

頁碼：4-1，第 46 頁

標準值：0.05-0.10mm

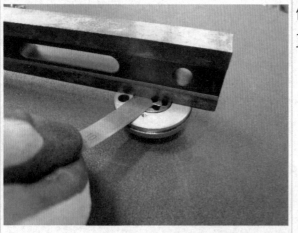

依規範標準程序量測，紀錄實測值並判斷正常與否。

測量項目	可用量具				測量位置	
	游標卡尺	溫度計	水箱壓力測試器	厚薄規	車上測量	工作臺測量
機油泵內轉子與外轉子之間隙				V		V

依指定測量項目於修護手冊 (光陽 G5 FI 125) 總目錄查找對應章節→查閱潤滑系統。

頁碼：4-1，第 46 頁

標準值：0.12mm 以下

4. 潤滑系統　◎ KYMCO

| 整備資料 | 4-1 | 引擎機油／濾油網 | 4-2 |
| 故障診斷 | 4-1 | 機油泵浦 | 4-7 |

整備資料

作業上注意事項

・本章之作業引擎在車體上實施。
・機油泵浦拆卸時，注意引擎內部不可有異物滲入。
・機油泵浦不可分解。到使用界限時，必須交換整組。
・機油泵浦安裝後，檢查各部機油是否洩漏。

基本資料　　　　　　　　　　　　單位：mm

項	目	標準值	使用限度
機油泵浦	內轉子與外轉子之間隙	—	0.12
	外轉子與泵體之間隙	—	0.12
	轉子端面與泵體之間隙	0.05-0.10	0.2

故障診斷

機油量減少

・機油自然消耗
・機油洩漏
・活塞環磨耗、安裝不良
・氣門導管油封磨損

引擎燒損

・油壓無、或油壓太低
・機油通路阻塞
・未使用指定機油

4-1 ────────── — 46 —

潤滑及冷卻系統

依規範標準程序量測，紀錄實測值並判斷正常與否。

測量項目	可用量具				測量位置	
	游標 卡尺	溫度計	水箱壓力 測試器	厚薄規	車上 測量	工作臺 測量
機油泵外轉子與 本體之間隙				V		V

依指定測量項目於修護手冊 (光陽 G5 FI 125) 總目錄查找對應章節→查閱潤滑系統。

頁碼：4-1，第 46 頁

標準值：0.12mm 以下

4. 潤滑系統　KYMCO

| 整備資料 …………………………4－1 | 引擎機油／濾油網 …………………4－2 |
| 故障診斷 …………………………4－1 | 機油泵浦 …………………………4－7 |

整備資料

作業上注意事項

‧本章之作業引擎在車體上實施。

‧機油泵浦拆卸時，注意引擎內部不可有異物滲入。

‧機油泵浦不可分解，到使用界限時，必須交換整組。

‧機油泵浦安裝後，檢查各部機油是否洩漏。

基本資料　　　　　　　　　　　　單位：mm

項	目	標準值	使用限度
機油泵浦	內轉子與外轉子之間隙	－	0.12
	外轉子與泵體之間隙	－	0.12
	轉子端面與泵體之間隙	0.05-0.10	0.2

故障診斷

機油量減少	引擎燒損
‧機油自然消耗	‧油壓無，或油壓太低
‧機油洩漏	‧機油通路阻塞
‧活塞環磨耗、安裝不良	‧未使用指定機油
‧氣門導管油封磨損	

4-1 ——————————— － 46 －

依規範標準程序量測，紀錄實測值並判斷正常與否。

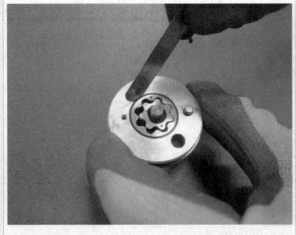

潤滑及冷卻系統

測量項目	可用量具				測量位置	
	游標卡尺	溫度計	水箱壓力測試器	厚薄規	車上測量	工作臺測量
水箱蓋壓力活門開啟壓力值			V			V

潤滑及冷卻系統

5.冷卻系統　　　　Ⓚ KYMCO

規格

水箱蓋之開啟壓力		$0.9\pm0.15kg/cm^2$	－
溫度調節開始溫度	開始啟開溫度	82±2℃	－
	全開	95℃	－
	全開口量	3mm 以上	－
冷卻水容量		全容量約 1500c.c	水箱及水管－1160c.c 預備水箱－340c.c

冷卻水之比重表

濃度℃ / 冷卻水濃度％	0	5	10	15	20	25	30	35	40	45	50
5	1.009	1.009	1.008	1.008	1.007	1.006	1.005	1.003	1.001	0.999	0.997
10	1.018	1.017	1.017	1.016	1.015	1.014	1.013	1.011	1.009	1.007	1.005
15	1.028	1.027	1.026	1.025	1.024	1.022	1.020	1.018	1.016	1.014	1.012
20	1.036	1.035	1.034	1.033	1.031	1.029	1.027	1.025	1.023	1.021	1.019
25	1.045	1.044	1.043	1.042	1.040	1.038	1.036	1.034	1.031	1.028	1.025
30	1.053	1.051	1.051	1.049	1.047	1.045	1.043	1.041	1.038	1.035	1.032
35	1.063	1.062	1.060	1.058	1.056	1.054	1.052	1.049	1.046	1.043	1.040
40	1.072	1.070	1.068	1.066	1.064	1.062	1.059	1.056	1.053	1.050	1.047
45	1.080	1.078	1.076	1.074	1.072	1.069	1.056	1.063	1.062	1.057	1.054
50	1.086	1.084	1.082	1.080	1.077	1.074	1.071	1.068	1.065	1.062	1.059
55	1.095	1.093	1.091	1.088	1.085	1.082	1.079	1.076	1.073	1.070	1.067
60	1.100	1.098	1.095	1.092	1.089	1.086	1.083	1.080	1.077	1.074	1.071

冷卻水混合表（兼有防止生銹、凍結之作用）

使用地域最低溫	混合比率	光 陽 特 使 水 箱 精	蒸 餾 水
－9℃	20%		
－15℃	30%	360c.c.	1140c.c.
－25℃	40%		
－37℃	50%		
－44.5℃	55%		

冷卻水使用上注意事項：
● 請使用指定混合比率之冷卻水。（光陽特使水箱精 1 罐
　(360c.c.)＋蒸餾水(1140c.c.)之調合比率為 30%）
● 請勿與他廠牌混合使用。
● 冷卻水有毒性，請勿飲用。
● 冷卻水之混合比率依照使用地域最低氣溫還要降低 5℃ 為
　混合比率做基準。

5-3 ————————————— －138－

依指定測量項目於修護手冊 (光陽 VENOX 250) 總目錄查找對應章節→查閱冷卻系統。

頁碼：5-3，第 138 頁

標準值：$0.9\pm0.15Kg/cm^2$。

依規範標準程序量測，紀錄實測值並判斷正常與否。

測量項目	可用量具				測量位置	
	游標卡尺	溫度計	水箱壓力測試器	厚薄規	車上測量	工作臺測量
節溫器全開溫度值		V				V

潤滑及冷卻系統

5. 冷卻系統　　　　　　　　　　KYMCO

規格

水箱蓋之開啟壓力		0.9±0.15kg/cm²	―
溫度調節開始溫度	開始啟開溫度	82±2℃	―
	全開	95℃	―
	全開口量	3mm 以上	―
冷卻水容量		全容量約 1500c.c	水箱及水管－1160c.c 預備水箱－340c.c

冷卻水之比重表

溫度℃ 冷卻水濃度%	0	5	10	15	20	25	30	35	40	45	50
5	1.009	1.009	1.008	1.008	1.007	1.006	1.005	1.003	1.001	0.999	0.997
10	1.018	1.017	1.017	1.016	1.015	1.014	1.013	1.011	1.009	1.007	1.005
15	1.028	1.027	1.026	1.025	1.024	1.022	1.020	1.018	1.016	1.014	1.012
20	1.036	1.035	1.034	1.033	1.031	1.029	1.027	1.025	1.023	1.021	1.019
25	1.045	1.044	1.043	1.042	1.040	1.038	1.036	1.034	1.031	1.028	1.025
30	1.053	1.051	1.051	1.049	1.047	1.045	1.043	1.041	1.038	1.035	1.032
35	1.063	1.062	1.060	1.058	1.056	1.054	1.052	1.049	1.046	1.043	1.040
40	1.072	1.070	1.068	1.066	1.064	1.062	1.059	1.056	1.053	1.050	1.047
45	1.080	1.078	1.076	1.074	1.072	1.069	1.056	1.063	1.062	1.057	1.054
50	1.086	1.084	1.082	1.080	1.077	1.074	1.071	1.068	1.065	1.062	1.059
55	1.095	1.093	1.091	1.088	1.085	1.082	1.079	1.076	1.073	1.070	1.067
60	1.100	1.098	1.095	1.092	1.089	1.086	1.083	1.080	1.077	1.074	1.071

冷卻水混合表（兼有防止生銹、凍結之作用）

使用地域最低溫	混合比率	光陽特使水箱精	蒸餾水
－9℃	20%		
－15℃	30%	360c.c.	1140c.c.
－25℃	40%		
－37℃	50%		
－44.5℃	55%		

冷卻水使用上注意事項：
● 請使用指定混合比率之冷卻水。（光陽特使水箱精 1 罐
(360c.c.)+蒸餾水(1140c.c.)之調合比率為 30%）
● 請勿與他廠牌混合使用。
● 冷卻水有毒性，請勿飲用。
● 冷卻水之混合比率依照使用地域最低氣溫還要降低 5℃為
混合比率做基準。

5-3 ──────────── －138－

依指定測量項目於修護手冊 (光陽 VENOX 250) 總目錄查找對應章節→查閱冷卻系統。

頁碼：5-3，第 138 頁

標準值：95℃。

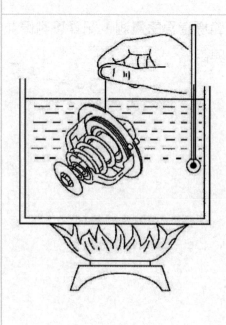

依規範標準程序量測，紀錄實測值並判斷正常與否。

測量項目	可用量具				測量位置	
	游標卡尺	分厘卡	針盤量規	厚薄規	車上測量	工作臺測量
進、排汽門凸輪升程	V	V				V

汽缸頭及氣門組件

7. 汽缸頭、氣門　◎ KYMCO

整備資料

作業上注意事項

· 汽缸頭之整備在引擎上作業。

· 組合時，初期潤滑，氣門導管活動部，氣門臂滑動面，凸輪軸滑動面塗布二硫化鉬或機油。

· 凸輪軸之潤滑，是由引擎機油經汽缸頭機油通路供給，汽缸頭組合前機油通路必須先行清除乾淨。

· 部品分解後，檢查測定前先洗後使用壓縮空氣吹乾。

· 部品拆卸後，依照順序記號排列，組合時依放置反順序組合。

準備基準　　　　　　　　　　　單位：mm

項目		標準值	使用限度
氣門間隙（冷間）	IN	0.12mm	－
	EX	0.12mm	－
汽缸頭壓縮壓力		12.8kg/cm²-570rpm	－
汽缸頭面歪曲		－	
凸輪凸角高度	IN	29.532	29.13
	EX	29.485	29.08
氣門搖臂內徑	IN	10.000-10.015	10.10
	EX	10.000-10.015	10.10
氣門搖臂軸外徑	IN	9.972-9.987	9.91
	EX	9.972-9.987	9.91
氣門座角度	IN	1.0	1.8
	EX	1.0	1.8
氣門桿外徑	IN	4.975-4.990	4.90
	EX	4.955-4.970	4.90
氣門導管內徑	IN	5.000-5.012	5.30
	EX	5.000-5.012	5.30
氣門桿與導管間隙	IN	0.010-0.037	0.08
	EX	0.030-0.057	0.10

7-1 ──────────── －112－

依指定測量項目於修護手冊 (光陽 G5 FI 125) 總目錄查找對應章節→查閱汽缸頭、氣門。

頁碼：7-1，第 112 頁

標準值：進汽門凸輪升程 29.532mm
　　　　排汽門凸輪升程 29.485mm

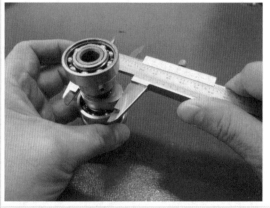

例一：使用游標卡尺依規範標準程序量測，紀錄實測值並判斷正常與否。

例二：使用分厘卡依規範標準程序量測，紀錄實測值並判斷正常與否。

測量項目	可用量具				測量位置	
	游標卡尺	分厘卡	針盤量規	厚薄規	車上測量	工作臺測量
進、排汽門桿與導管間隙			V			V

汽缸頭及氣門組件

7. 汽缸頭、氣門 (K) KYMCO

整備資料
作業上注意事項
· 汽缸頭之整備在引擎上作業。
· 組合時，初期潤滑，氣門導管活動部、氣門臂滑動面、凸輪軸滑動面塗布二硫化鉬或機油。
· 凸輪軸之潤滑，是由引擎機油經汽缸頭機油通路供給，汽缸頭組合前機油通路必須先行清除乾淨。
· 部品分解後，檢查測定前先洗後使用壓縮空氣吹乾。
· 部品拆卸後，依照順序記號排列，組合時依放置反順序組合。

準備基準　　　　　　　　　　　　　　　　單位：mm

項　目		標　準　值	使　用　限　度
氣門間隙（冷間）	IN	0.12mm	—
	EX	0.12mm	—
汽缸頭壓縮壓力		12.8kg/cm²-570rpm	—
汽缸頭面歪面			—
凸輪凸角高度	IN	29.532	29.13
	EX	29.485	29.08
氣門搖臂內徑	IN	10.000-10.015	10.10
	EX	10.000-10.015	10.10
氣門搖臂軸外徑	IN	9.972-9.987	9.91
	EX	9.972-9.987	9.91
氣門座角度	IN	1.0	1.8
	EX	1.0	1.8
氣門桿外徑	IN	4.975-4.990	4.90
	EX	4.955-4.970	4.90
氣門導管內徑	IN	5.000-5.012	5.30
	EX	5.000-5.012	5.30
氣門桿與導管間隙	IN	0.010-0.037	0.08
	EX	0.030-0.057	0.10

7-1　　　　　　　　　　　　　　－112－

依指定測量項目於修護手冊 (光陽 G5 FI 125) 總目錄查找對應章節→查閱汽缸頭、氣門。

頁碼：7-1，第 112 頁

標準值：進汽門桿與導管間隙
0.010-0.037mm
排汽門桿與導管間隙
0.030-0.057mm

依規範標準程序量測，紀錄實測值並判斷正常與否。

測量項目	可用量具				測量位置	
	游標卡尺	分厘卡	針盤量規	厚薄規	車上測量	工作臺測量
汽缸頭平面度				V		V

汽缸頭及氣門組件

7.汽缸頭、氣門

燃燒室積碳物清除。

＊注意不可損傷到汽缸頭接合面。

檢查
汽缸頭
檢查火星塞孔、氣門孔附近是否龜裂。
使用直角規及厚薄規檢查汽缸頭歪曲面
使用限度：0.05mm 以上修正或交換

氣門彈簧
測量彈簧自由長度。
使用限度：彈簧 34.1mm 以下交換

氣門，氣門導管
檢查氣門桿之彎曲、燒損。
氣門與導管作動是否順暢、
各氣門桿外徑測定。
使用限度：4.9mm 以下交換

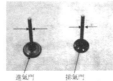

－119－ **7-8**

依指定測量項目於修護手冊 (光陽 G5 FI 125) 總目錄查找對應章節→查閱汽缸頭、氣門。

頁碼：7-8，第 119 頁

標準值：0.05mm 以上修正或交換

依規範標準程序量測，紀錄實測值並判斷正常與否。

測量項目	可用量具				測量位置	
	游標卡尺	分厘卡	針盤量規	厚薄規	車上測量	工作臺測量
汽門彈簧自由長度	V					V

汽缸頭及氣門組件

7.汽缸頭、氣門

燃燒室積碳物清除，

＊注意不可損傷到汽缸頭接合面。

檢查
汽缸頭
檢查火星塞孔，氣門孔附近是否龜裂，
使用直角規及厚薄規檢查汽缸頭歪曲面。
使用限度：0.05mm 以上修正或交換

氣門彈簧
測量彈簧自由長度。
使用限度：彈簧 34.1mm 以下交換

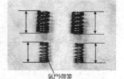

氣門，氣門導管
檢查氣門桿之彎曲，燒損，
氣門與導管作動是否順暢，
各氣門桿外徑測定。
使用限度：4.9mm 以下交換

－119－　　　　　7-8

依指定測量項目於修護手冊 (光陽 G5 FI 125) 總目錄查找對應章節→查閱汽缸頭、氣門。

頁碼：7-8，第 119 頁

標準值：34.1mm 以下交換

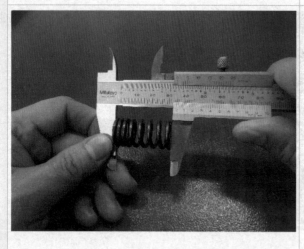

依規範標準程序量測，紀錄實測值並判斷正常與否。

測量項目	可用量具				測量位置	
	游標卡尺	分厘卡	量缸錶	厚薄規	車上測量	工作臺測量
活塞環及環溝之間隙				V		V

汽缸及活塞組件

8.汽缸、活塞 KYMCO

檢查活塞，活塞銷，活塞環。
取下活塞環。
* 注意勿使活塞環損傷或折斷。
活塞環溝附著積碳清除乾淨。

依指定測量項目於修護手冊 (光陽 G5 FI 125) 總目錄查找對應章節→查閱汽缸、活塞。
頁碼：8-3，第 130 頁
標準值：頂環 0.09mm 以上交換
第二環 0.09mm 以上交換

裝上活塞環，測量活塞環溝之間隙。
使用限度：頂環：0.09mm 以上交換。
　　　　　第二環：0.09mm 以上交換。

取下活塞環，各活塞環，裝在汽缸底部。
* 用活塞頭部把活塞環在汽缸內壓入。
測量活塞環合口間隙。
使用限度：0.5mm 以上交換。

活塞銷孔內徑測定。
使用限度：15.04mm 以下交換。

8-3 —130—

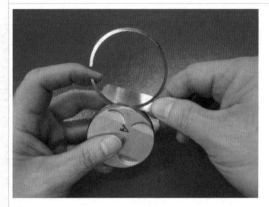

依規範標準程序量測，紀錄實測值並判斷正常與否。

測量項目	可用量具				測量位置	
	游標 卡尺	分厘卡	量缸錶	厚薄規	車上 測量	工作臺 測量
汽缸失圓			V			V

8.汽缸、活塞 KYMCO

測定活塞銷外徑。
使用限度：14.96mm 以下交換。

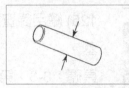

活塞外徑測定。
＊活塞外徑，對準活塞銷孔 90° 方向，活塞
裙部下端約 9mm 位置測定。

使用限度：52.3mm 以下交換

活塞與活塞銷之間隙。
使用限度：0.02mm 以上交換

檢查汽缸
汽缸內面刮傷，磨耗，損傷檢查。
與活塞銷成 90° 直角方向(X－Y 方向)
分上、中、下三個位置測量汽缸內徑。
使用限度：52.5mm 以下修正或交換。

汽缸與活塞銷之間隙以最大值間隙為準。
使用限度：0.1mm 以下修正或交換。

各測定值為真圓度（X 方向－Y 方向之差）而
圓筒度（X 或 Y 方向之上、中、下位置內徑之
差）以最大值為準。

使用限度：真圓度：0.05mm 以上修正或交換
　　　　　　圓筒度：0.05mm 以上修正或交換

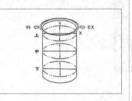

－131－　　　　　　　　　　　　　**8-4**

汽缸及活塞組件

依指定測量項目於修護手冊 (光陽 G5 FI
125) 總目錄查找對應章節→查閱汽缸、
活塞。

頁碼：8-4，第 131 頁

標準值：0.05mm 以上修正或交換

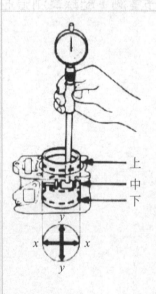

依規範標準程序量測，紀錄實測值並判斷
正常與否。

註：真圓度測定值為 X 方向－ Y 方向之差，
　　以最大值為準。

測量項目	可用量具				測量位置	
	游標卡尺	分厘卡	量缸錶	厚薄規	車上測量	工作臺測量
汽缸斜差			V			V

汽缸及活塞組件

8.汽缸、活塞　◎ KYMCO

測定活塞銷外徑。
使用限度：14.96mm 以下交換。

活塞外徑測定。

✱ 活塞外徑，對準活塞銷孔 90°方向，活塞裙部下端約 9mm 位置測定。

使用限度：52.3mm 以下交換

活塞與活塞銷之間隙。
使用限度：0.02mm 以上交換

檢查汽缸
汽缸內面刮傷，磨耗，損傷檢查。
與活塞銷成 90°直角方向(X－Y 方向)
分上、中、下三個位置測量汽缸內徑。
使用限度：52.5mm 以下修正或交換。

汽缸與活塞銷之間隙以最大值間隙為準。
使用限度：0.1mm 以下修正或交換。

各測定值為真圓度（X 方向－Y 方向之差）而圓筒度（X 或 Y 方向之上、中、下位置內徑之差）以最大值為準。

使用限度：真圓度：0.05mm 以上修正或交換
圓筒度：0.05mm 以上修正或交換

—131—　　　　　　　　　　　　　　8-4

依指定測量項目於修護手冊 (光陽 G5 FI 125) 總目錄查找對應章節→查閱汽缸、活塞。

頁碼： 8-4，第 131 頁

標準值：0.05mm 以上修正或交換

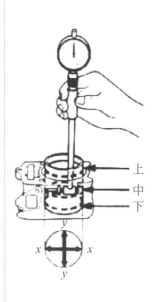

依規範標準程序量測，紀錄實測值並判斷正常與否。

註：圓筒度測定值為 X 或 Y 方向之上、中、下位置內徑之差，以最大值為準。

測量項目	可用量具				測量位置	
	游標卡尺	分厘卡	量缸錶	厚薄規	車上測量	工作臺測量
汽缸體平面度				V		V

汽缸及活塞組件

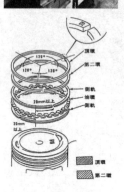

依指定測量項目於修護手冊 (光陽 G5 FI 125) 總目錄查找對應章節→查閱汽缸、活塞。

頁碼:8-5,第 132 頁

標準值:0.05mm 以上修正或交換

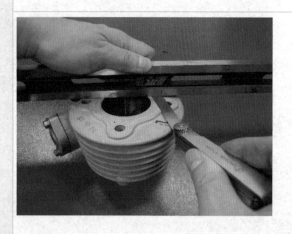

依規範標準程序量測,紀錄實測值並判斷正常與否。

測量項目	可用量具				測量位置	
	游標 卡尺	分厘卡	量缸錶	厚薄規	車上 測量	工作臺 測量
連桿大端 左右間隙值				V		V

汽缸及活塞組件

11.曲軸箱、曲軸　Ⓚ KYMCO

整備資料

作業上注意事項
・本章為曲軸箱分解中有關係到曲軸之作業說明，作業時必須將引擎拆卸才可操作。
・曲軸箱分解前請先將下列作業完成。
－汽缸頭(⇨7章)
－汽缸、活塞(⇨8章)
－驅動盤、被驅動盤(⇨9章)
－A、C交流發電機(⇨14章)
－空氣濾清器(⇨5章)
－後輪、後剎車、後懸吊(⇨13章)
－起動馬達(⇨16章)
－機油泵浦(⇨4章)

整備基準　　　　　　　　　　　　單位：mm

項　　　　　　目		標 準 值	使 用 限 度
曲　軸	連桿大端左右間隙	0.10－0.35	0.55
	連桿大端軸部直角方向間隙	0－0.008	0.05
	擺振		0.10

扭力值
曲軸箱固定螺栓　　　　　　0.9kg-m
凸輪鏈條調整導片固定螺栓　1.0kg-m
凸輪鏈條蓋螺栓　　　　　　0.9kg-m

工具
[專用工具]
拆卸器

故障診斷
引擎什音
・曲軸軸承鬆動
・曲軸銷軸承鬆動

11-1　　　　　　　　　　　　　　　　　－162－

依指定測量項目於修護手冊 (光陽 G5 FI 125) 總目錄查找對應章節→查閱曲軸箱、曲軸。

頁碼：11-1，第 162 頁

標準值：0.10-0.35mm

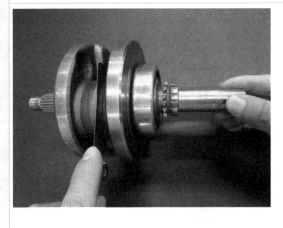

依規範標準程序量測，紀錄實測值並判斷正常與否。

測量項目	可用量具				測量位置	
	燃油油壓錶	指針式三用電錶	數位式三用電錶	機車電路檢修儀器	車上測量	工作臺測量
噴油嘴端燃油壓力	V				V	

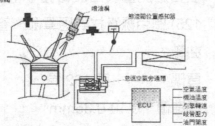

五、燃油噴射系統　　SYM

空氣旁通控制閥

說明：
由接收來自個感知體信號的 ECU，以角度輸出控制空氣旁通閥的開啟度，調整通往進氣岐管的旁通空氣量，以修正怠速轉速，使引擎運作趨於正常。
1. 引發啟動時：當引發啟動時，旁通閥開啟一段時間，使引擎空氣量增加，提高引擎怠速轉速，防止起動後初期引擎的不穩定及熄火。
2. 暖機：引擎油溫低時，旁通閥依油溫高低調整旁通空氣量，使引擎維持快怠速轉速。
3. 減速時：減速時，經由 ECU 控制，使旁通閥依油溫高低調整旁通閥空氣量，使引擎緩慢恢復回怠速狀態，以防止引擎熄火，同時避免進氣岐管負壓的上升，減少 HC 的排放。

噴油嘴
兩孔式噴嘴提供兩進氣腳各一道噴油量，可減少 HC 的排放；短型的固定軸，可輕易固定噴油嘴及接收來自燃油泵的油料，固定支架可限制噴油嘴左右旋轉滑動，噴油嘴的噴油由來自 ECU 的信號控制調閥間(Regulator)，利用膜片及彈簧使燃油壓力與岐管負壓壓差維持在 2.5bar 左右，使噴油嘴可以在不同引擎負載條件下，用噴油寬(時間)來控制噴油量。

燃油泵
軸內式電動燃油泵，依賴電池供應電源，由 ECU 控制開閉，於 2.5 bar 時可提供 14 l/h 油量。

含氧感知器

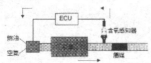

1. 含氧感知器輸出遲熱信號給 ECU，使燃油比控制在 14.7 附近，形成燃油閉路控制。
2. 當空燃比控制在當量點附近時，CO/HC/Nox 有最高的轉化效率。
3. 加熱電阻(兩白色) <200kΩ (30~45kΩ)

5-18

依指定測量項目於修護手冊 (三陽 Fighter 125) 總目錄查找對應章節→查閱燃油噴射系統。
頁碼：5-18
標準值：2.5 bar 左右

1. 卸離汽油泵線束接頭以切斷電源後，發動引擎待自行熄火後，關閉主開關電源。
2. 卸離噴油嘴端燃油管路，接上三通燃油壓力錶。
3. 接上汽油泵線束接頭，打馬達發動引擎後，紀錄燃油壓力實測值並判斷正常與否。
4. 卸離汽油泵線束接頭以切斷電源後，發動引擎待自行熄火後，關閉主開關電源。
5. 卸離三通燃油壓力錶，裝回噴油嘴端燃油管路。

燃油及引擎噴射系統

測量項目	可用量具				測量位置	
	燃油油壓錶	指針式三用電錶	數位式三用電錶	機車電路檢修儀器	車上測量	工作臺測量
噴油嘴電阻值		V	V	V	V	V

五、燃油噴射系統 SYM

噴射系統主要構成元件機能說明

ECU 燃油噴射系統控制單元：

- 使用 DC 8~16V 電源，共有 22 支接腳之功能插座。
- 硬體構成的部份係由 8 位元微電腦為控制核心，內含引擎狀況感知器的處理界面功能迴路，以及旁通閥、噴油嘴、燃油幫浦、電晶體點火線圈的驅動元件。
- 軟體構成的部份主要是以控制器中監控策略運作程式為主，其內容包括控制策略，陣列資料(MAP)與自我診斷等程式。

燃油噴嘴：

- 使用 DC 8~16V 電源，共有 2 支接腳之插座。
- 其主要構成元件為高阻抗電壓驅動型電磁針閥。
- 2 支接腳之插座分別為電源及接地。透過 ECU 的控制來決定噴油正時及燃油噴嘴之開啟時間長短。配合 4 氣閥引擎，獨特設計的兩孔式噴嘴可提供兩個值進汽閥各一道噴油量，可減少 HC 的排放。

燃油泵：

- 使用 DC 8~16V 電源，共有 2 支接腳之插座。
- 2 支接腳之插座分別為電源及接地，ECU 透過電源的控制、管理燃油泵之作動。
- 其主要是以低耗電之直流馬達，驅動輪葉型泵浦，供應電壓為 12V，並維持供油管路內 2.5 Bar 之壓力，可提供 14 公升/小時之油量。
- 燃油泵裝置於汽油箱中，並於吸入端裝設有燃油過濾器，以防止油泵吸入異物，而損傷油泵及噴油嘴。

怠速空氣旁通閥：

- 使用 DC 8~16V 電源，共有 2 支接腳之插座。
- 2 支接腳之插座分別為電源及接地，透過 ECU 的控制、管理怠速旁通空氣閥之作動。
- 其主要構成元件為高阻抗之電壓驅動型電磁閥。
- ECU 藉由接收來自各感知器的信號，以角度輸出控制怠速空氣旁通閥的開啟度，調整通往進氣歧管的旁通管空氣量，以修正怠速轉速，使引擎運作趨於正常。

電晶體式點火線圈：

- 使用 DC 8~16V 電源，共有 2 支接腳之插座。
- 2 支接腳之插座分別為電源及接地。其主要構成為高轉換比率的變壓器。
- 透過電腦程式點火正時控制方式，從點火正時(TDC)/曲軸轉角感知器、油門感知器引擎溫度感知器、進氣溫感知器，所發出的信號，配合引擎轉速，將由 ECU 決定適當的點火正時，由晶體控制一次電流之斷續，產生 25000~30000 伏特之二次高壓，觸發火星塞跳火，此種方式不但可使引擎的輸出功能達到最大限度，還有助於提高燃料消耗效率及污染的改善。

5-4

依指定測量項目於修護手冊 (三陽 Fighter 125) 總目錄查找對應章節→查閱燃油噴射系統。

頁碼：5-4

標準值：無

1. 採車上測量為例。
2. 卸離噴油嘴線束接頭。
3. 使用數位型三用電錶歐姆檔位測量噴油嘴電阻值。
4. 紀錄實測值並判斷正常與否。
5. 裝回噴油嘴線束接頭。

燃油及引擎噴射系統

測量項目	可用量具				測量位置	
	燃油油壓錶	指針式三用電錶	數位式三用電錶	機車電路檢修儀器	車上測量	工作臺測量
節流閥位置感知器電阻值		V	V	V	V	V

燃油及引擎噴射系統

SYM　　　　五、燃油噴射系統

進氣溫度及壓力感知器：
• 使用 ECU 提供之 DC 5V 電源，共有 4 支接腳之插座，1 支電源接腳；2 支訊號輸出接腳及 1 支接地接腳。
• 進氣壓力感知器其主要構成元件為一感壓電晶體 IC，參考電壓 DC 5V；輸出電壓範圍：DC 0~5V。
• 是一種結合壓力與溫度感應的感知器，可量測進氣的絕對壓力與溫度，針對環境溫度與水平高度條件，進行噴油量的修正。

引擎溫度感知器：
• 使用 ECU 提供之 DC 5V 電源，共有 2 支接腳之插座，1 支電壓輸出接腳；1 支為接地接腳。
• 其主要構成是一負溫度係數(溫度上升電阻變小)的熱敏電阻。
• 裝置於汽缸頭上，隨引擎溫度感知器內的電阻，隨著所感應到的溫度變化，而轉換成電壓信號送至 ECU 計算出當時的引擎溫度，ECU 再依引擎暖機狀態修正噴油時間及點火角度。

節流閥位置感知器：
• 使用 ECU 提供之 DC 5V 電源，共有 3 支接腳之插座，1 支為電源接腳；1 支為電壓輸出接腳；1 支為接地接腳。
• 其主要構成是一精密型的可變電阻，輸入電壓範圍：DC 5V。
• 裝置於節流閥體旁，藉由節流閥(油門)轉動時，所輸出之線性變化電壓信號，提供 ECU 判斷與當時的節流閥位置(開度)，並依此信號配合產生最適當的噴油量及點火時間控制。

節流閥體：
• 節流閥體係噴射燃油系統調節進氣流量的機構(作用功能類似化油器)。
• 節流閥之轉軸同步帶動節流閥位置感知器，使 ECU 能即時偵測到節流閥開度。
• 節流閥體上的導管，是用於連接怠速空氣通閥，並藉由 ECU 控制怠速空氣旁通閥，來調節怠速時旁通之空氣量，以達到穩定怠速之目的。

曲軸位置/轉速感知器：
• 不需外部電源供應，共有 2 支各別信號接腳之插頭。
• 其主要構成為變化磁阻感應線圈，輸出電壓範圍：±0.8~100V。
• 感應器與飛輪之間距須有 0.7~1.1mm。
• 磁感式感知器，是利用飛輪上齒盤(24-1 齒)的旋轉切割感應線圈的磁場之變化與感知器產生的感應電壓信號，以供 ECU 判斷、計算出當時的引擎轉速與曲軸位置，並配合產生最適當的噴油及點火時間控制。

5-5

依指定測量項目於修護手冊 (三陽 Fighter 125) 總目錄查找對應章節→查閱燃油噴射系統。

頁碼：5-5

標準值：無

1. 採車上測量為例。
2. 卸離節流閥位置感知器線束接頭。
3. 使用數位型三用電錶歐姆檔位測量節流閥位置感知器電阻值。
4. 紀錄實測值並判斷正常與否。
5. 裝回節流閥位置感知器線束接頭。

測量項目	可用量具				測量位置	
	燃油油壓錶	指針式三用電錶	數位式三用電錶	機車電路檢修儀器	車上測量	工作臺測量
燃油泵電阻值		V	V	V	V	V

依指定測量項目於修護手冊 (三陽 Fighter 125) 總目錄查找對應章節→查閱燃油噴射系統。

頁碼：5-4

標準值：無

燃油及引擎噴射系統

五、燃油噴射系統　**SYM**

噴射系統主要構成元件機能說明

ECU 燃油噴射系統控制單元:

- 使用 DC 8~16V 電源，共有 22 支接腳之功能插座。
- 硬體構成的部份係由 8 位元微電腦為控制核心，內含引擎狀況感知器的處理界面功能迴路，以及旁通閥、噴油嘴、燃油幫浦、電晶體點火線圈之驅動元件。
- 軟體構成的部份主要是以控制器中監控策略運作程式為主，其內容包括控制策略，陣列資料(MAP)與自我診斷等程式。

燃油噴嘴:

- 使用 DC 8~16V 電源，共有 2 支接腳之插座。
- 其主要構成元件為高阻抗電壓驅動型電磁閥。
- 2 支接腳之插座分別為電源及接地。透過 ECU 的控制來決定噴油正時及燃油噴嘴之開啟時間長短。配合 4 氣閥引擎，獨特設計的兩孔式噴嘴可提供兩個進汽閥各一道噴油量，可減少 HC 的排放。

燃油泵:

- 使用 DC 8~16V 電源，共有 2 支接腳之插座。
- 2 支接腳之插座分別為電源及接地，ECU 透過電源的控制、管理燃油泵之作動。
- 其主要是以低耗電之直流馬達，驅動輪葉型泵浦，供應電壓為 12V，並維持供油管路內 2.5 Bar 之壓力，可提供 14 公升小時之油量。
- 燃油泵裝置於汽油箱中，並於吸入端裝設有燃油過濾器，以防止油泵吸入異物，而損傷油泵及噴油嘴。

怠速空氣旁通閥:

- 使用 DC 8~16V 電源，共有 2 支接腳之插座。
- 2 支接腳之插座分別為電源及接地，透過 ECU 的控制、管理怠速旁通空氣閥之作動。
- 其主要構成元件為高阻抗之電壓驅動型電磁閥。
- ECU 藉由接收來自各感知器的信號，以角度輸出控制怠速空氣旁通閥的開啟度，調整通往進氣岐管的旁通管空氣量，以修正怠速轉速，使引擎運作趨於正常。

電晶體式點火線圈:

- 使用 DC 8~16V 電源，共有 2 支接腳之插座。
- 2 支接腳之插座分別為電源及接地。其主要構成為高轉換比率的變壓器。
- 透過電腦程式點火正時控制方式，從點火正時(TDC)/曲軸轉角感知器、油門感知器引擎溫度感知器、進氣溫感知器，所發出的信號，配合引擎轉速，經由 ECU 決定適當的點火正時，由晶體控制一次電流之斷續，產生 25000~30000 伏特之二次高電，觸發火星塞跳火，此種方式不但可使引擎的輸出功能達到最大限度，還有助於提高燃料消耗效率及污染的改善。

5-4

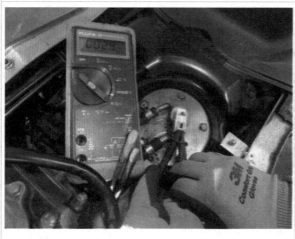

1. 採車上測量為例。
2. 卸離燃油泵線束接頭。
3. 使用數位型三用電錶歐姆檔位測量燃油泵電阻值。
4. 紀錄實測值並判斷正常與否。
5. 裝回燃油泵線束接頭。

測量項目	可用量具				測量位置	
	燃油油壓錶	指針式三用電錶	數位式三用電錶	機車電路檢修儀器	車上測量	工作臺測量
怠速空氣旁通閥電阻值		V	V	V	V	V

依指定測量項目於修護手冊 (三陽 Fighter 125) 總目錄查找對應章節→查閱燃油噴射系統。

頁碼：5-4

標準值：無

燃油及引擎噴射系統

五、燃油噴射系統　　　　　SYM

噴射系統主要構成元件機能說明

ECU 燃油噴射系統控制單元：

- 使用 DC 8~16V 電源，共有 22 支接腳之功能插座。
- 硬體構成的部份係由 8 位元微電腦為控制核心，內含引擎狀況感知器的處理界面功能週路，以及旁通閥、噴油嘴、燃油幫浦、電晶體點火線圈之驅動元件。
- 軟體構成的部份主要是以控制器中監控策略運作程式為主，其內容包括控制策略，陣列資料(MAP)與自我診斷等程式。

燃油噴嘴：

- 使用 DC 8~16V 電源，共有 2 支接腳之插座。
- 其主要構成元件為高阻抗電壓驅動型電磁針閥。
- 2 支接腳之插座分別為電源及接地。透過 ECU 的控制來決定噴油正時及燃油噴之開啟時間長短。配合 4 氣閥引擎，獨特設計的兩孔式噴嘴可提供兩個進汽閥各一道噴油量，可減少 HC 的排放。

燃油泵：

- 使用 DC 8~16V 電源，共有 2 支接腳之插座。
- 2 支接腳之插座分別為電源及接地，ECU 透過電源的控制、管理燃油泵之作動。
- 其主要為低耗電之直流馬達，驅動輪葉型泵浦，供應電壓為 12V，並維持供油管路內 2.5 Bar 之壓力，可提供 14 公升/小時之油量。
- 燃油泵裝置於汽油箱中，並於吸入端裝設有燃油過濾器，以防止油泵吸入異物，而損傷油泵及噴油嘴。

怠速空氣旁通閥：

- 使用 DC 8~16V 電源，共有 2 支接腳之插座。
- 2 支接腳之插座分別為電源及接地，透過 ECU 的控制、管理怠速旁通空氣閥之作動。
- 其主要構成元件為高阻抗之電壓驅動型電磁閥。
- ECU 藉由接收來自各感知器的信號，以角度輸出控制怠速空氣旁通閥的開啟度，調整通往進氣歧管的旁通管空氣量，以修正怠速轉速，使引擎運作趨於正常。

電晶體式點火線圈：

- 使用 DC 8~16V 電源，共有 2 支接腳之插座。
- 2 支接腳之插座分別為電源及接地。其主要構成為高轉換比率的變壓器。
- 透過電腦程式點火正時控制方式，從點火正時(TDC)/曲軸轉角感知器、油門感知及引擎轉速感知器、進氣溫感知器，所發出的信號，配合引擎轉速，經由 ECU 決定適當的點火正時，由晶體控制一次電流之節複，產生 25000~30000 伏特之二次高壓，觸發火星塞跳火，此種方式不但可使引擎的輸出功能達到最大限度，還有助於提高燃料消耗效率及污染的改善。

5-4

1. 採車上測量為例。
2. 卸離怠速空氣旁通閥線束接頭。
3. 使用數位型三用電錶歐姆檔位測量怠速空氣旁通閥電阻值。
4. 紀錄實測值並判斷正常與否。
5. 裝回怠速空氣旁通閥線束接頭。

測量項目	可用量具				測量位置	
	燃油油壓錶	指針式三用電錶	數位式三用電錶	機車電路檢修儀器	車上測量	工作臺測量
進氣溫度感知器電阻值	V	V	V	V	V	V

燃油及引擎噴射系統

五、燃油噴射系統

進氣溫度及壓力感知器：
- 使用 ECU 提供之 DC 5V 電源，共有 4 支接腳之插座，1 支電源接腳；2 支訊號輸出接腳及 1 支接地接腳。
- 進氣壓力感知器其主要構成元件為一壓電晶體 IC，參考電壓 DC 5V；輸出電壓範圍：DC 0~5V。
- 是一種結合壓力與溫度感應的感知器，可量測進氣的絕對壓力與溫度，針對環境溫度與水平高度條件，進行噴油量的修正。

引擎溫度感知器：
- 使用 ECU 提供之 DC 5V 電源，共有 2 支接腳之插座，1 支電壓輸出接腳；1 支為接地接腳。
- 其主要構成是一負溫度係數(溫度上升電阻變小)的熱敏電阻。
- 裝置於汽缸頭上，隨引擎溫度感知器內的電阻，隨著所感應到的溫度變化，而轉換成電壓信號送至 ECU 計算出當時的引擎溫度，ECU 再依引擎暖機狀態修正噴油時間及點火角度。

節流閥位置感知器：
- 使用 ECU 提供之 DC 5V 電源，共有 3 支接腳之插座，1 支為電源接腳；1 支為電壓輸出接腳；1 支為接地接腳。
- 其主要構成是一精密型的可變電阻，輸入電壓範圍：DC 5V。
- 裝置於節流閥體旁，藉由節流閥(油門)轉動時，所輸出之線性變化電壓信號，提供 ECU 判斷與感知當時的節流閥位置(開度)，並依此信號配合產生最適當的噴油量及點火時間控制。

節流閥體：
- 節流閥體係噴射燃油系統調節進氣流量的機構(作用功能類似化油器)。
- 節流閥之轉軸同步帶動節流閥位置感知器，使 ECU 能即時偵測到節流閥開度。
- 節流閥體上的導管，是用於連接怠速空氣旁通閥，並藉由 ECU 控制怠速空氣旁通閥，來調節怠速時旁通之空氣量，以達到穩定怠速之目的。

曲軸位置/轉速感知器：
- 不需外部電源供應，共有 2 支各別信號接腳之插座。
- 其主要構成為變化磁阻感應線圈，輸出電壓範圍：±0.8~100V。
- 感應器與飛輪之間距須在 0.7~1.1mm。
- 磁感式感知器，是利用飛輪上齒盤(24-1 齒)的旋轉切割感應線圈的磁場之變化與感知器產生的感應電壓信號，以供 ECU 判斷、計算出當時的引擎轉速與曲軸位置，並配合產生最適當的噴油及點火時間控制。

5-5

依指定測量項目於修護手冊 (三陽 Fighter 125) 總目錄查找對應章節→查閱燃油噴射系統。
頁碼：5-5
標準值：無

1. 採車上測量為例。
2. 卸離進氣溫度感知器線束接頭。
3. 使用數位型三用電錶歐姆檔位測量進氣溫度感知器電阻值。
4. 紀錄實測值並判斷正常與否。
5. 裝回進氣溫度感知器線束接頭。

測量項目	可用量具				測量位置	
	燃油 油壓錶	指針式 三用電錶	數位式 三用電錶	機車電路 檢修儀器	車上 測量	工作臺 測量
含氧感知器加熱器 電阻值		V	V	V	V	V

燃油及引擎噴射系統

五、燃油噴射系統 　　　　　　　　　 SYM

含氧感知器：

- 使用 DC 8~16V 電源，共有 4 支接腳之插座，1 支為電源接腳；1 支為加熱控制接腳；1 支為接地接腳；1 支為 O2 信號接腳。
- 含氧感知器輸出週續信號給 ECU 使燃油比控制在 14.7 附近形成燃油閉迴路控制。
- 當空燃比控制在當量點附近時，CO/HC/Nox 有最高的轉化效率。
- 加熱電阻(兩白色) 　<200kΩ (30~45kΩ)

可變進氣岐管機構(VIP)：

- VIP 電磁閥使用 DC 8~16V 電源，共有 2 支接腳之插座，1 支電壓輸入接腳；1 支為接地接腳。
- 加油門：當引擎轉速高於 6000(rpm)且油門開度大於 56%時，可變進氣岐管不作動，此時為雙管進氣。
- 回油門：當引擎轉速低於 5400(rpm)且油門開度小於 20%時，可變進氣岐管作動，此時為單管進氣。
- 電磁閥(如圖四所示)主要功用為接受 ECU 觸發訊號，讓負壓導通或不導通，讓制動閥作動。
　1. 額定電壓：DC12 (V)
　2. 最低作動電壓：8.5(V)
　3. 絕緣阻抗：1(MΩ)以上

5-6

依指定測量項目於修護手冊 (三陽 Fighter 125) 總目錄查找對應章節→查閱燃油噴射系統。

頁碼：5-6

標準值：小於 200KΩ

1. 採車上測量為例。
2. 卸離含氧感知器線束接頭。
3. 使用數位型三用電錶歐姆檔位測量含氧感知器加熱器電阻值。
4. 紀錄實測值並判斷正常與否。
5. 裝回含氧感知器線束接頭。

測量項目	可用量具				測量位置	
	燃油油壓錶	指針式三用電錶	數位式三用電錶	機車電路檢修儀器	車上測量	工作臺測量
傾 (轉) 倒感知器輸出電壓值 (線路檢測)		V	V	V	V	

<table>
<tr>
<td rowspan="3">燃油及引擎噴射系統</td>
<td>

SYM　　　四、燃油噴射系統

傾倒感知器
機能說明：
· 控制電力繼電器之線圈電源，共有 3 支接腳之插座。
· 當車輛傾斜角度大於 65 度時，傾倒感知器會執行 ECU 系統斷電。此時若要再次重新啟動引擎，需要重新打開主開關一次。
· 為一安全裝置，當車輛傾倒後，將供給 ECU 之電源切斷使引擎熄火。

檢測步驟：
· 因傾倒感知器為電子式控制機構，拆下後無法針對單體進行量測。
· 量測傾倒感知器輸電壓黑接綠色(接地)，量測供電電壓。
· 正常狀態下，主開關電源開啟後，量測電力繼電器或 ECU 之紅/黃線接線綠(接地)，量測供電電壓，即可判定傾倒感知器是否正常。

檢測判定：
電壓值：供電電壓=電瓶電壓
車輛於直立狀態下，電力繼電器或 ECU 供應電子零件電力，約 1V。
車輛於傾倒狀態下，造成接地斷路，量測黑/白線電壓為供電電壓。

異常現象及處理方式：
· 傾倒感知器內部電路短路或斷路，或是接頭接觸不良。
· 檢查主配線線路有無異常。
· 傾倒感知器異常時，建議更換新品。

4-73

</td>
<td>

依指定測量項目於修護手冊 (三陽 GT 125) 總目錄查找對應章節→查閱燃油噴射系統。

頁碼：4-73

標準值：機車直立時，約 1V。

機車傾倒時，為供應電壓。

</td>
</tr>
<tr>
<td>

</td>
<td>

1. 主開關 ON，使用探針滑入傾 (轉) 倒感知器輸出電壓線 (黑 / 白線)。
2. 使用數位型三用電錶電壓檔位測量傾 (轉) 倒感知器輸出電壓值。
3. 紀錄實測值 (直立時 0.86V)。
註：機車直立時之正常電壓約 1V。

</td>
</tr>
<tr>
<td>

</td>
<td>

1. 將傾 (轉) 倒感知器傾斜角度 65 度以上 (以模擬機車車身傾倒時之狀況)。
2. 使用數位型三用電錶電壓檔位測量傾 (轉) 倒感知器輸出電壓值。
3. 紀錄實測值 (傾斜時 12.43V) 並判斷正常與否。
4. 主開關 OFF。
註：機車傾斜時之正常電壓為供應電壓 (電瓶電壓) 值。

</td>
</tr>
</table>

<table>
<tr><td rowspan="4">燃油及引擎噴射系統</td><td rowspan="2">測量項目</td><td colspan="4">可用量具</td><td colspan="2">測量位置</td></tr>
<tr><td>燃油
油壓錶</td><td>指針式
三用電錶</td><td>數位式
三用電錶</td><td>機車電路
檢修儀器</td><td>車上
測量</td><td>工作臺
測量</td></tr>
<tr><td>引擎溫度(水溫)
感知器電阻值</td><td></td><td>V</td><td>V</td><td>V</td><td>V</td><td>V</td></tr>
<tr><td colspan="3">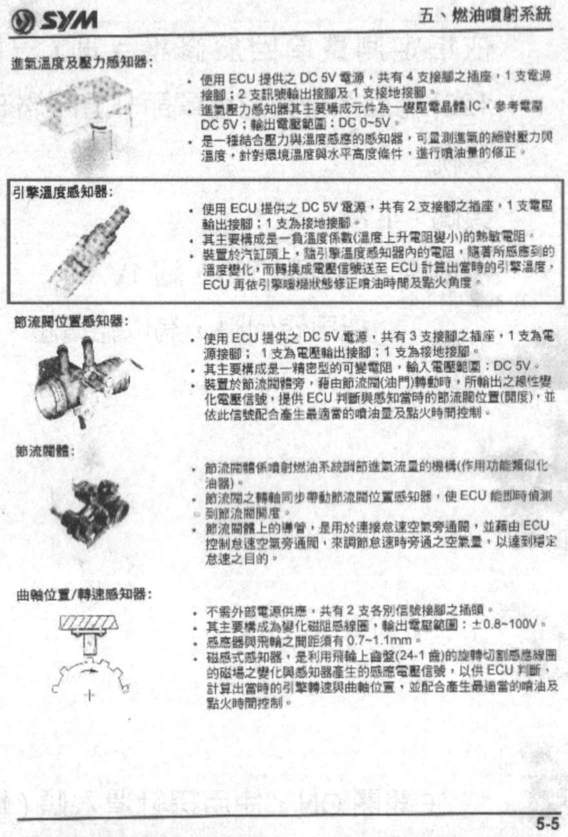
SYM 五、燃油噴射系統
進氣溫度及壓力感知器：
．使用 ECU 提供之 DC 5V 電源，共有 4 支接腳之插座，1 支電源接腳；2 支訊號輸出接腳及 1 支接地接腳。
．進氣壓力感知器其主要構成元件為一變壓電晶體 IC，參考電壓 DC 5V；輸出電壓範圍：DC 0~5V。
．是一種結合壓力與溫度感應的感知器，可量測進氣的絕對壓力與溫度，針對環境溫度與水平高度條件，進行噴油量的修正。
引擎溫度感知器：
．使用 ECU 提供之 DC 5V 電源，共有 2 支接腳之插座，1 支電壓輸出接腳；1 支為接地接腳。
．其主要構成是一負溫度係數(溫度上升電阻變小)的熱敏電阻。
．裝置於汽缸頭上，隨引擎溫度感知器內的電阻，隨著所感應到的溫度變化，而轉換成電壓信號送至 ECU 計算出當時的引擎溫度，ECU 再依引擎暖機狀態修正噴油時間及點火角度。
節流閥位置感知器：
．使用 ECU 提供之 DC 5V 電源，共有 3 支接腳之插座，1 支為電源接腳； 1 支為電壓輸出接腳；1 支為接地接腳。
．其主要構成是一精密型的可變電阻，輸入電壓範圍：DC 5V。
．裝置於節流閥體旁，藉由節流閥(油門)轉動時，所輸出之線性變化電壓信號，提供 ECU 判斷與感知當時的節流閥位置(開度)，並依此信號配合產生最適當的噴油量及點火時間控制。
節流閥體：
．節流閥體係噴射燃油系統調節進氣流量的機構(作用功能類似化油器)。
．節流閥之轉軸同步帶動節流閥位置感知器，使 ECU 能即時偵測到節流閥開度。
．節流閥體上的導管，是用於連接怠速空氣旁通閥，並藉由 ECU 控制怠速空氣旁通閥，來調節怠速時旁通之空氣量，以達到穩定怠速之目的。
曲軸位置/轉速感知器：
．不需外部電源供應，共有 2 支各別信號接腳之插頭。
．其主要構成為變化磁阻感線圈，輸出電壓範圍：±0.8~100V。
．感應器與飛輪之間距須有 0.7~1.1mm。
．磁感式感知器，是利用飛輪上齒盤(24-1 齒)的旋轉切割感應線圈的磁場之變化與感知器產生的感應電壓信號，以供 ECU 判斷、計算出當時的引擎轉速與曲軸位置，並配合產生最適當的噴油及點火時間控制。
5-5</td><td colspan="4">依指定測量項目於修護手冊(三陽 Fighter 125)總目錄查找對應章節→查閱曲軸箱、曲軸。
頁碼：5-5
標準值：無</td></tr>
<tr><td></td><td colspan="3"></td><td colspan="4">1. 採車上測量為例。
2. 卸離引擎溫度感知器線束接頭。
3. 使用數位型三用電錶歐姆檔位測量引擎溫度感知器電阻值。
4. 紀錄實測值並判斷正常與否。
5. 裝回引擎溫度感知器線束接頭。</td></tr>
</table>

測量項目	可用儀器			測量位置	
	指針式 三用電錶	數位式 三用電錶	機車電路 檢修儀器	車上 測量	工作臺 測量
點火線圈一次側 電阻值	V	V	V	V	V

15.點火系統 ⓚ **KYMCO**

整備情報	15－1	點火線圈檢查	15－4
故障診斷	15－2	脈衝線圈、點火時期檢查	15－5
CDI 組檢查	15－3		

整備資料

作業上注意事項
- 點火系統之檢查請依故障診斷表（⇨15-2）順序追蹤檢查。
- 點火系統為電氣式自動進角裝置，在 CDI 組內，所以點火時間不須調整。
- 點火系統之檢查，請依故障診斷表所列順序追蹤檢查。
- 點火系統之 CDI 不可脫落下或受強力衝擊是故障的主要原因拆卸時要特別注意。
- 點火系統之故障，為接頭插座的接觸不良原因較多，在整備之前先檢查接頭各部是否觸不良。
- 火星塞需使用之熱價是否適當，不適當的火星塞會使用聚運轉不順或燒損是主要原因。
- 本手冊之檢查是以最大電壓為主作說明，高壓線圈之抵抗值的檢查要領有一併的記載好與不良時的判定。
- 主開關之檢查請依照（⇨17-3）之導道表實施。
- 火星塞之檢查，請參閱第 3 章說明。
- A.C 發電機、脈衝線圈之拆卸請參照第 14 章說明。

整備基準

項　　目		標　準　值	
指定火塞	標　準	C7HSA	CR8E.9(一體式汽缸頭用)
	熱　型	C6HSA	
	冷　型	C8HAS	
火星塞間隙		0.6-0.7mm	
點火時期	"F" 記號時最大進角時	13" BTDC/1,700±100rpm 28" BTDC/5,000±100rpm	
高壓線圈抵抗值(20℃)	一次線圈	0.1-1.0Ω	
	二次線圈 有火星塞蓋	7-12KΩ	
	無火星塞蓋	3-5Ω	
脈衝線圈之抵抗值(20℃)		40-300Ω(20℃)	
高壓線圈一次閘最大電壓		12V 以上	
脈衝線圈最大電壓		2.1V 以上	

測試儀器
最大電壓錶附件
翼和卿三用電錶
或是抵抗值在 10MΩ/CDV 以上的市賣三用錶。

15-1 ──────────────────── ─176─

依指定測量項目於修護手冊 (光陽豪邁如
意 125) 總目錄查找對應章節→查閱點火
系統。

頁碼：15-1

標準值：0.1-1.0Ω

1. 採車上測量為例。
2. 卸離點火線圈一次側線束接頭。
3. 使用數位型三用電錶歐姆檔位測量點
   火線圈一次側電阻值。
4. 紀錄實測值並判斷正常與否。
5. 裝回點火線圈一次側線束接頭。

點火系統

測量項目	可用儀器			測量位置	
	指針式 三用電錶	數位式 三用電錶	機車電路 檢修儀器	車上 測量	工作臺 測量
點火線圈二次側 電阻值	V	V	V	V	V

依指定測量項目於修護手冊(光陽豪邁如意 125)總目錄查找對應章節→查閱點火系統。

頁碼:15-1

標準值:7-12KΩ

點火系統

15.點火系統　⊗ KYMCO

整備情報 ············15-1	點火線圈檢查 ············15-4
故障診斷 ············15-2	脈衝線圈、點火時期檢查 ····15-5
CDI 組檢查 ············15-3	

整備資料

作業上注意事項

- 點火系統之檢查需依故障診斷表 (⇨15-2) 順序追蹤檢查。
- 點火系統均電氣式自動進角裝置,在 CDI 組內,所以點火時間不須調整。
- 點火系統之檢查,請依故障診斷表所列順序追蹤檢查。
- 點火系統之 CDI 不可點著下或受強力衝擊是故障均主要原因拆卸時要特別注意。
- 點火系統之故障,為接頭連座的接觸不良原因較多,在整備之前先檢查接頭各部是否鬆不良。
- 火星塞使用之熱價是否適當,不適當的火星塞會使用整運轉不順或燒損是主要原因。
- 本手冊之檢查是以最大電壓為工作說明,高壓線圈之抵抗值的檢查要領有一并的記載好與不良時的判定。
- 主地線之檢查請依照 (⇨17-3) 之導通表實施。
- 火星塞之檢查,請參照第 3 章說明。
- A.C 發電機,脈衝線圈之拆卸詩參照第 14 章說明。

整備基準

項 目		標 準 值	
指定火塞	標 準	C7HSA	CR8E9(一體式汽缸頭用)
	熱 型	C6HSA	
	冷 型	C8HAS	
火星塞間隙		0.6-0.7mm	
點火時期	"F" 記號時最大進角時	13" BTDC/1,700±100rpm	
		28" BTDC/5,000±100rpm	
高壓線圈抵抗值(20℃)	一次線圈	0.1-1.0Ω	
	二次線圈	有火星塞蓋	7-12KΩ
		無火星塞蓋	3-5Ω
脈衝線圈之抵抗值(20℃)		40-300Ω(20℃)	
高壓線圈一次側最大電壓		12V 以上	
脈衝線圈最大電壓		2.1V 以上	

測試儀器

最大電壓錶附件
奧和牌三用電錶
或是抵抗值在 10MΩ/CDV 以上的市售三用錶。

15-1 ——————————————— →176→

1. 採車上測量為例。
2. 卸離點火線圈一次與二次側線束接頭。
3. 使用數位型三用電錶歐姆檔位測量點火線圈二次側電阻值。
4. 紀錄實測值並判斷正常與否。
5. 裝回點火線圈一次與二次側線束接頭。

測量項目	可用儀器				測量位置	
	指針式三用電錶	數位式三用電錶	機車電路檢修儀器		車上測量	工作臺測量
脈波(衝)線圈電阻值	V	V	V		V	V

依指定測量項目於修護手冊(光陽豪邁如意125)總目錄查找對應章節→查閱點火系統。

頁碼：15-1

標準值：40-300Ω(20℃)

點火系統

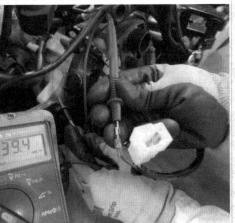

1. 採車上測量為例。
2. 卸離脈波(衝)線圈線束接頭。
3. 使用數位型三用電錶歐姆檔位測量脈波(衝)線圈電阻值。
4. 紀錄實測值並判斷正常與否。
5. 裝回脈波(衝)線圈線束接頭。

15.點火系統　KYMCO

整備資料
作業上注意事項
・點火系統之檢查請依故障診斷表(⇨15-2)順序追蹤檢查。
・點火系統為電氣式自動進角裝置，在CDI組內，所以點火時間不須調整。
・點火系統之檢查，請依故障診斷表所列順序追蹤檢查。
・點火系統之CDI不可脫落下或受強力使擊是故障的主要原因拆卸時要特別注意。
・點火系統之故障，為接頭插座的接觸不良原因較多，在整備之前先檢查接頭各部是否觸不良。
・火星塞使用之熱價是否適當，不適當的火星塞會使引擎運轉不順或燒損是主要原因。
・本手冊之檢查是以最大電壓為主作說明，高壓線圈之抵抗值的檢查要領有一并的記載好與不良時的判定。
・主開關之檢查請依照(⇨17-3)之導通表實施。
・火星塞之檢查，請參照第3章說明。
・A.C發電機，脈衝線圈之拆卸請參照第14章說明。

整備基準

項目		標準值	
指定火塞	標準	C7HSA	CR8E9(一體式汽缸頭用)
	熱型	C6HSA	
	冷型	C8HAS	
火星塞間隙		0.6-0.7mm	
點火時期	"F"記號時最大進角時	13° BTDC/1,700±100rpm 28° BTDC/5,000±100rpm	
高壓線圈抵抗值(20℃)	一次線圈	0.1-1.0Ω	
	二次線圈 有火星塞蓋	7-12KΩ	
	無火星塞蓋	3-5Ω	
脈衝線圈之抵抗值(20℃)		40-300Ω(20℃)	
高壓線圈一次側最大電壓		12V以上	
脈衝線圈最大電壓		2.1V以上	

測試儀器
最大電壓錶附件
興和牌三用電錶
或是抵抗值在10MΩ/CDV以上的市售三用錶。

15-1 　　　－176－

測量項目	可用儀器				測量位置	
	指針式三用電錶	數位式三用電錶	機車電路檢修儀器		車上測量	工作臺測量
脈波 (衝) 線圈電壓值	V	V	V		V	

依指定測量項目於修護手冊 (光陽豪邁如意 125) 總目錄查找對應章節→查閱點火系統。

頁碼：15-1

標準值：2.1V 以上

15. 點火系統　Ⓚ KYMCO

整備情報·················15-1　　點火線圈檢查·················15-4
故障診斷·················15-2　　脈衝線圈、點火時期檢查···15-5
CDI 組檢查···············15-3

整備資料

作業上注意事項

・點火系統之檢查請依故障診斷表 (⇨15-2) 順序追蹤檢查。
・點火系統為電氣式自動進角裝置，在 CDI 組內，所以點火時間不須調整。
・點火系統之檢查，請依故障診斷表所列順序追蹤檢查。
・點火系統之 CDI 不可墜落下或受強力衝擊是故障的主要原因拆卸時要特別注意。
・點火系統之故障，為接頭插座的接觸不良原因較多，在整備之前先檢查接頭各部是否觸不良。
・火星塞使用的熱價是否適當，不適當的火星塞會使引擎運轉不順或燒損是主要原因。
・本手冊之檢查是以最大電壓為工作說明，高壓線圈之抵抗值的檢查要領有一併的記載好與不良時的判定。
・主開關之檢查請依照 (⇨17-3) 之導通表實施。
・火星塞之檢查，請參照第 3 章說明。
・A.C 發電機、脈衝線圈之拆卸請參照第 14 章說明。

整備基準

項　目		標　準　值
指定火塞	標　準	C7HSA　CR8E9(一體式汽(紅頭用)
	熱　型	C6HSA
	冷　型	C8HAS
火星塞間隙		0.6-0.7mm
點火時期	"F" 記號時最大進角時	13° BTDC/1,700±100rpm 28° BTDC/5,000±100rpm
高壓線圈抵抗值(20℃)	一次線圈	0.1-1.0Ω
	二次線圈　有火星塞蓋	7-12KΩ
	無火星塞蓋	3-5Ω
脈衝線圈之抵抗值(20℃)		40-300Ω(20℃)
高壓線圈一次側最大電壓		12V 以上
脈衝線圈最大電壓		2.1V 以上

測試儀器

最大電壓錶附件
興和牌三用電錶
或是抵抗值在 10MΩ/CDV 以上的市售三用錶。

15-1　　　　　　　　　　　　　　　　　　—176—

1. 卸離脈波 (衝) 線圈線束接頭。
2. 主開關切換至 ON。
3. 配合打馬達作用，使用數位型三用電錶交流電壓檔位測量脈波 (衝) 線圈電壓值。
4. 紀錄實測值並判斷正常與否。
5. 主開關切換至 OFF，裝回脈波 (衝) 線圈線束接頭。

測量項目	可用儀器			測量位置	
	指針式 三用電錶	數位式 三用電錶	機車電路 檢修儀器	車上 測量	工作臺 測量
激磁線圈電壓值	V	V	V		V

點火系統

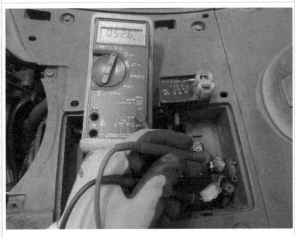

SYM 〔回本章目錄〕　十六、電器裝置

規格

充電系統

項　目		規　格
電瓶	容量 / 型式	12V6Ah / YTX7A-BS
	充電率	標準：0.6A/5~10 小時　急充：6A/0.5 小時
	電壓(20℃) 完全充電時	13.1V
	必須充電時	12.3V
交流發電機	出力特性	12V / 6.2A
	照明線圈阻抗值(20℃)	黃─白線間 0.1~0.8 Ω
	充電線圈阻抗值(20℃)	白─綠線間 0.2~1.0 Ω
漏電電流		1mA 以下
開始充電之引擎轉速		2000 rpm (頭燈 ON)
調壓器控制電壓		14.0±0.5 V
電阻器	阻抗值(20℃) 7.5Ω30W	7.0~8.0Ω
	阻抗值(20℃) 5Ω5W	4.5~5.5Ω

點火系統

項　目		規　格
火星塞	標準型號	NGK C7HSA (推薦使用)
	高速主體	NGK C8HSA
	低速主體	NGK C6HSA
	間隙	0.6~0.7 mm
點火線圈電阻值	一次線圈	0.21±10%Ω
	二次線圈	無蓋：3~5 KΩ
		有蓋：7~12 KΩ
點火正時	"F" 記號時	上死點前 13° / 1700 rpm
	進角特性	上死點前 28° / 4000 rpm
		上死點前 27° / 8000 rpm
脈波器之抵抗值(20℃)		50~200 Ω
激磁線圈之抵抗值(20℃)		400~800 Ω
點火線圈一次側最大電壓		95~400 V
脈波器電壓		1.7 V 以上
激磁線圈電壓		95~400 V

起動系統

項　目		規　格
起動馬達	樣式	直流式
	出力特性	0.5 KW

16-3

依指定測量項目於修護手冊 (三陽 PARTY 100) 總目錄查找對應章節→查閱電器裝置。

頁碼：16-3

標準值：95-400V

1. 卸離激磁線圈線束接頭。

2. 主開關切換至 ON。

3. 配合打馬達作用，使用數位型三用電錶交流電壓檔位測量激磁線圈電壓值。

4. 紀錄實測值並判斷正常與否。

5. 主開關切換至 OFF，裝回激磁線圈線束接頭。

測量項目	可用儀器				測量位置	
	指針式 三用電錶	數位式 三用電錶	機車電路 檢修儀器		車上 測量	工作臺 測量
激磁線圈電阻值	V	V	V		V	V

點火系統

依指定測量項目於修護手冊 (三陽 PARTY 100) 總目錄查找對應章節→查閱電器裝置。

頁碼：16-3

標準值：400-800Ω

SYM　　　回本章目錄　　　十六、電器裝置

規格

充電系統

項　目		規　格
電瓶	容量 / 型式	12V6Ah / YTX7A-BS
	充電率	標準：0.6A/5~10 小時　急充：6A/0.5 小時
	電壓(20℃) 完全充電時	13.1V
	必須充電時	12.3V
交流發電機	出力特性	12V / 6.2A
	照明線圈阻抗值(20℃)	黃─白線間 0.1~0.8 Ω
	充電線圈阻抗值(20℃)	白─綠線間 0.2~1.0 Ω
漏電電流		1mA 以下
開始充電之引擎轉速		2000 rpm (頭燈 ON)
調壓器控制電壓		14.0±0.5 V
電阻器	阻抗值(20℃) 7.5Ω30W	7.0~8.0Ω
	阻抗值(20℃) 5Ω5W	4.5~5.5Ω

點火系統

項　目		規　格
火星塞	標準型號	NGK C7HSA (推薦使用)
	高速主體	NGK C8HSA
	低速主體	NGK C6HSA
	間隙	0.6~0.7 mm
點火線圈電阻值	一次線圈	0.21±10%KΩ
	二次線圈 無蓋	3~5 KΩ
	有蓋	7~12 KΩ
點火正時	"F" 記號時	上死點前 13° / 1700 rpm
	進角特性	上死點前 28° / 4000 rpm
		上死點前 27° / 8000 rpm
脈波器之抵抗值(20℃)		50~200 Ω
激磁線圈之抵抗值(20℃)		400~800 Ω
點火線圈一次側最大電壓		95~400 V
脈波器電壓		1.7 V 以上
激磁線圈電壓		95~400 V

起動系統

項　目		規　格
起動馬達	樣式	直流式
	出力特性	0.5 KW

16-3

1. 採車上測量為例。
2. 卸離激磁線圈線束接頭。
3. 使用數位型三用電錶歐姆檔位測量激磁線圈電阻值。
4. 紀錄實測值並判斷正常與否。
5. 裝回激磁線圈線束接頭。

測量項目	可用儀器				測量位置	
	指針式 三用電錶	數位式 三用電錶	機車電路 檢修儀器		車上 測量	工作臺 測量
火星塞蓋電阻值	V	V	V			V

<table>
點火系統
</table>

SYM ［回本章目錄］ 十六、電器裝置

規格

充電系統

項　　目			規　　格
電瓶	容量 / 型式		12V6Ah / YTX7A-BS
	充電率		標準：0.6A/5~10 小時　急充：6A/0.5 小時
	電壓(20℃)	完全充電時	13.1V
		必須充電時	12.3V
交流發電機	出力特性		12V / 6.2A
	照明線圈阻抗值(20℃)		黃—白線間 0.1~0.8 Ω
	充電線圈阻抗值(20℃)		白—綠線間 0.2~1.0 Ω
漏電電流			1mA 以下
開始充電之引擎轉速			2000 rpm (頭燈 ON)
調壓器控制電壓			14.0±0.5 V
電阻器	阻抗值(20℃) 7.5Ω30W		7.0~8.0Ω
	阻抗值(20℃) 5Ω5W		4.5~5.5Ω

點火系統

項　　目		規　　格
火星塞	標準型號	NGK C7HSA (推薦使用)
	高速主體	NGK C8HSA
	低速主體	NGK C6HSA
	間隙	0.6~0.7 mm
點火線圈電阻值	一次線圈	0.21±10%Ω
	二次線圈	無蓋：3~5 KΩ
		有蓋：7~12 KΩ
點火正時	"F" 記號時	上死點前 13° / 1700 rpm
	進角特性	上死點前 28° / 4000 rpm
		上死點前 27° / 8000 rpm
脈波器之抵抗值(20℃)		50~200 Ω
激磁線圈之抵抗值(20℃)		400~800 Ω
點火線圈一次側最大電壓		95~400 V
脈波器電壓		1.7 V 以上
激磁線圈電壓		95~400 V

起動系統

項　　目		規　　格
起動馬達	樣式	直流式
	出力特性	0.5 KW

16-3

依指定測量項目於修護手冊 (三陽 PARTY 100) 總目錄查找對應章節→查閱電器裝置。

頁碼：16-3

標準值：4-7KΩ

註：有蓋規格值－無蓋規格值

1. 採工作臺測量為例。
2. 卸離火星塞帽蓋。
3. 使用數位型三用電錶歐姆檔測量火星塞蓋電阻值。
4. 紀錄實測值並判斷正常與否。
5. 裝回火星塞帽蓋。

伍、機器腳踏車修護乙級技術士技能檢定術科測試 第二站檢修電系試題說明

(本站應檢人依配題抽籤結果，就所抽中之崗位及試題進行測試)

一、題　　目：檢修電系

二、說　　明：

（一）應檢人準備時間為 5 分鐘 (包含：填寫表單基本資料、閱讀試題及工具準備)，檢定時其測試操作時間為 30 分鐘，本站合計 35 分鐘。

（二）使用儀器、工具依修護資料工作程序檢查指定車輛之電系系統是否正常。

（三）檢查結果如有不正常，請依修護資料工作程序檢修至正常或調整至廠家規範。

（四）依據故障情況，應檢人得要求更換零件或總成。

（五）規定測試操作時間結束或提前完成工作，應檢人須將已經修復之故障檢修項目及指定之測量項目填寫於答案紙上。

（六）檢定場地提供相關儀器 (含專用診斷測試器)、使用說明書及修護資料。

（七）應檢人於測試過程中可要求指導相關儀器 (含專用診斷測試器) 之使用，但時間不予扣除。

（八）電路線束可設故障，插頭前端 20 公分裸露線區內准予拆開檢修。

（九）本站應檢人依配題抽籤之結果，就下列試題中所抽中之 1 題進行測試，每題兩個故障點，各系統各設一個故障：

A 崗位第一題：檢修充電及燈光 (照明) 系統。

A 崗位第二題：檢修起動及信號 (喇叭、方向燈、煞車燈…) 系統。

B 崗位第一題：檢修充電及燈光 (照明) 系統。

B 崗位第二題：檢修起動及信號 (喇叭、方向燈、煞車燈…) 系統。

三、評審要點：

（一）測試操作時間：30 分鐘 (含答案紙填寫時間) 測試時間終了，經監評人員制止仍繼續操作者，則該工作技能項目成績不予計分。

（二）技能標準：

1. 能正確選擇及使用手工具。

2. 能正確選擇及使用測試儀器、量具。

3. 能正確選擇修護資料。

4. 能正確依修護資料工作程序檢查、測試及判斷故障。

5. 能正確依修護資料工作程序調整或更換故障零件。

6. 能正確填寫故障檢修項目。

7. 能正確塡寫測量項目。

8. 能正確完成全部檢修工作、系統作用正常。

(三) 工作安全與態度 (本項爲扣分項目) :

1. 更換錯誤零件 (每次扣 4 分)。

2. 工作中必須維持整潔狀態，工具、儀器等不得置於地上，違者得每件扣 1 分，最多扣 5 分。

3. 工具、儀器使用後必須歸定位，違者得每件扣 1 分，最多扣 5 分。

4. 不得有危險動作及損壞工作物，違者扣本站總分 5 分。

5. 服裝儀容及工作態度須合乎常規，並穿著工作鞋 (全包覆式)，違者扣本站總分 5 分。

6. 有重大違規者 (如作弊)，本站以零分計，並於扣分備註欄內記錄事實。

伍、機器腳踏車修護乙級技術士技能檢定術科測試
第二站檢修電系試題答案紙 -1(發應檢人)

姓名：＿＿＿＿＿＿＿＿＿＿　檢定日期：＿＿＿＿＿＿＿＿＿＿　崗位 / 題號：＿＿＿＿＿＿＿

術科測試編號：＿＿＿＿＿＿＿＿＿＿＿＿　監評人員簽名：＿＿＿＿＿＿＿＿＿＿＿＿＿

(一) 填寫故障檢修項目

說明：1.將已完成之工作項目內容分別依現場修護資料用詞 (亦可依業界之一般常態用詞或內容，如電瓶＝電池＝蓄電池等) 填寫於下列各欄位。

2.故障現象、維修方式 (清潔、潤滑、鎖緊、調整、更換)、更換零件名稱或調整位置，三個欄位皆填寫無誤時，該項才予評定為正確。

3.未完成工作項目不予計分。

工作項目	應檢人填寫			評審結果 (監評人員填寫)		
	故障現象	維修方式	更換零件名稱或調整位置	正確	不正確	備註
1						
2						

(二) 填寫測量項目

說明：1.應試前，由監評人員先行依本站測量項目表之內容指定適當之測量項目、位置並填入測量項目欄，供應檢人應考。該測量項目應有標準值，且須與應檢人所施作之車型相同。

2.標準值以修護資料規範為準，需註明頁碼。

3.應檢人填寫實測值時須請監評人員當場確認，否則不予計分。

4.標準值、頁碼、實測值及判斷四個欄位皆須填寫無誤，且依程序進行量測過程及實測值誤差值在該儀器或量具之要求精度內，該項才予評定為正確。

5.未註明單位者不予計分。

項次	測量項目 (監評人員填寫)	測量結果 (應檢人填寫)				評審結果 (監評人員填寫)			
		標準值	頁碼	實測值	判斷	量測過程	實測值	正確	不正確
1	□車上測量　□工作臺測量				□正常 □不正常	□依程序 □未依程序			
2	□車上測量　□工作臺測量				□正常 □不正常	□依程序 □未依程序			

故障設置編號及項目：(由監評人員於應檢人本站術科測試操作結束後填入，包含所對應之故障點編號代碼及項目名稱)

1.＿＿＿＿＿＿＿＿＿＿＿＿　2.＿＿＿＿＿＿＿＿＿＿＿＿

伍、機器腳踏車修護乙級技術士技能檢定術科測試
第二站檢修電系試題答案紙 -2(發應檢人)

姓名：_____　檢定日期：_____　崗位 / 題號：_____

術科測試編號：_____　監評人員簽名：_____

(三) 領料單 (應檢人如更換零件時，需填寫零件名稱及數量並簽名確認)

項次	零件名稱	數量	領料簽名欄	評審結果 (監評人員填寫)	
				正確	不正確
1					
2					
3					
4					
5					

※ 監評人員得告知應檢人如須更換零件時，應先填寫領料單。

伍、機器腳踏車修護乙級技術士技能檢定術科測試
第二站檢修電系試題監評說明

一、題　　目：檢修電系

二、說　　明：

(一) 請先閱讀應檢人試題說明 (準備時間為 5 分鐘，測試操作時間為 30 分鐘，本站合計 35 分鐘)，並要求應檢人應檢前先閱讀試題說明，再依試題說明操作。

(二) 每輪序應試前請先檢查工具、儀器、設備相關修護 (操作) 資料是否齊全，並確認功能正常後於車輛、儀器、設備功能正常確認表簽名。

(三) 應檢前，由監評人員依本站測量項目表之內容，指定相關試題 2 項測量項目及測量位置，填入答案紙之測量項目欄，供應檢人應考。**該測量項目應有標準值，且須與應檢人所施作之系統相同。(若指定為車上測量時，其測量項目不得與故障設置項目重複)。**

(四) 告知應檢人填寫測量項目實測值時，須知會監評人員當場確認，否則不予計分。

(五) 應試前監評人員須依該應檢試題功能性評定需求，事先將應檢車輛外殼或周邊附件等先行拆除後 (各試題拆除程度均應一致)，方得進行應檢人測試操作。

(六) **本站設有 A、B 崗位各 2 題共計 4 題，每題設置 2 項故障，監評人員依檢定現場設備狀況並考量 30 分鐘測試操作時間限制，依監評協調會抽出之群組內容設置故障，各崗位第一題檢修充電及燈光 (照明) 系統，第二題檢修起動及信號 (喇叭、方向燈、煞車燈…) 系統，每題各系統各設一個故障，兩個故障點設置不得為同一系統。**

(七) 故障設置前，須先確認設備正常無誤後，再設置故障且所設置故障之異常現象須明確；電路線束可設故障且准予在插頭端 20 公分處裸露線束區內檢測線束之導通性。

(八) 應檢人依所填寫之領料單進行領料時，監評人員不得再要求應檢人說明、檢測該零組件之故障原因、情形，且須提供正常無瑕疵之相關零組件。

三、評審要點：

(一) 測試操作時間限時 30 分鐘 (含答案紙填寫時間)，時間到未完成者，應即令應檢人停止操作，並依已完成的工作項目評分，未完成的部分不給分。

(二) 評審表中已列各項目的配分，合乎該項目的要求即給該項目的全部配分，否則不給分。

(三) 依評審表項目逐項評分。

第二站檢修電系試題故障設置群組
(不良之定義－為斷路、短路、搭鐵……等)

群組 1				
系統	編號	故障設置項目	編號	故障設置項目
充電及燈光(照明)系統	1	調壓 (穩壓) 整流器不良	2	電瓶不良
	3	發電機線圈不良	4	充電系統構件導線接頭不良
	5	飛輪轉子不良	6	主開關不良 (無電源)
	7	各式燈泡座不良	8	尾 (後) 燈燈具不良 (LED 式)
	9	遠近燈開關不良	10	遠燈指示燈不良
	11	電阻器不良	12	發電機線圈不良 (AC 照明線圈)
	13	燈光系統導線接頭不良	14	近燈繼電器不良
	15	置物箱燈不良	16	尾 (後) 燈不良
	17	相關保險絲不良	18	遠燈繼電器不良
	19	頭 (前) 燈開關不良	20	牌照燈不良
起動及信號(喇叭、方向燈、煞車燈)系統	21	電瓶不良	22	起動馬達搭鐵線不良
	23	起動馬達不良	24	起動繼電器不良
	25	起動開關 (起動按鈕) 不良	26	喇叭開關不良
	27	方向燈不良 (前、後、左、右)	28	煞車燈不良
	29	各式燈泡座不良	30	水溫錶不良
	31	煞車燈開關 (前輪 / 後輪) 不良	32	空檔指示燈不良
	33	燃油油量計 (燃油油面感知器) 不良	34	噴射引擎警示燈 (故障燈) 不良
	35	警示燈控制組不良	36	信號系統導線接頭不良
	37	主開關不良 (無電源)	38	IC KEY 指示燈不良
	39	相關保險絲不良	40	怠速熄火重新啟動系統不良
	41	離合器矽控整流器 (二極體) 裝置不良 (打檔車)	42	側腳架開關不良
	43	超車燈 (警示燈 / PASSING) 開關不良		

第二站檢修電系試題故障設置群組
(不良之定義－為斷路、短路、搭鐵……等)

群組 2				
系統	編號	故障設置項目	編號	故障設置項目
充電及燈光(照明)系統	1	調壓(穩壓)整流器不良	2	電瓶不良
	3	發電機線圈不良	4	充電系統構件導線接頭不良
	5	發電機線圈不良(AC照明線圈)	6	主開關不良(無電源)
	7	各式燈泡座不良	8	頭(前)燈燈泡不良
	9	頭(前)燈開關不良	10	儀錶照明燈不良
	11	置物箱燈開關不良	12	燈光系統導線接頭不良
	13	遠燈繼電器不良	14	電阻器不良(短路)
	15	相關保險絲不良	16	遠燈指示燈不良
	17	近燈繼電器不良	18	頭(前)燈燈泡座接線或接頭不良
	19	發電機充電線圈不良(三相)	20	調壓(穩壓)整流器不良(三相)
起動及信號(喇叭、方向燈、煞車燈)系統	21	電瓶不良	22	起動馬達搭鐵線不良
	23	起動繼電器不良	24	起動開關(起動按鈕)不良
	25	空檔開關不良(打檔車)	26	起動電流切斷繼電器不良
	27	各式燈泡座不良	28	燃油錶不良
	29	方向燈開關不良	30	閃光器不良
	31	煞車燈開關(前輪/後輪)不良	32	信號系統導線接頭不良
	33	喇叭不良	34	燃油油面感知器(燃油油量計)不良
	35	警示燈開關不良	36	儀錶板置物箱指示燈不良
	37	電阻器(LED)不良	38	主開關不良(無電源)
	39	離合器開關不良(打檔車)	40	R.P.M錶不良
	41	空檔指示燈不良	42	相關保險絲不良

第二站檢修電系試題測量項目表

	測量項目	可用量具			測量位置	
		指針式三用電錶	數位式三用電錶	機車電路檢修儀器	車上測量	工作臺測量
充電系統	充電線圈電阻值(半波)	V	V	V	V	V
	發電機線圈檢查(三相):黃1,黃2,黃3,電阻值及和車體搭鐵	V	V	V	V	V
	發電機線圈檢查(三相):黃1,黃2,黃3,電壓值及和車體搭鐵	V	V	V	V	
	頭(前)燈電阻器電阻值(粉紅色)	V	V	V	V	V
	全車電路漏電電流值	V	V	V	V	
	調壓(穩壓)整流器檢查電阻值或導通性(依修護手冊內容指定一項)	V			V	V
	發電機充電電壓及電流值		V	V	V	
	自動旁通起動器(閥)之電阻器電阻值	V	V	V	V	V
	自動旁通起動器(閥)電阻值(冷車)	V	V	V	V	V

	測量項目	可用量具			測量位置	
		指針式三用電錶	數位式三用電錶	機車電路檢修儀器	車上測量	工作臺測量
燈光照明系統	頭(前)燈線圈(AC點燈)電阻值	V	V	V	V	V
	調壓(穩壓)整流器檢查(半波):黃(+)/綠(-),電阻測量	V			V	V
	頭(前)大燈燈泡電阻值	V	V	V	V	V
	尾(後)燈燈泡電阻值	V	V	V	V	V
	遠光燈燈泡電壓值	V	V	V	V	
	電瓶開放迴路電壓	V	V	V	V	
	主開關通路檢查	V	V	V	V	V
	頭(前)燈開關通路檢查	V	V	V	V	V
	遠近燈開關通路檢查	V	V	V	V	V
	保險絲通路檢查	V	V	V	V	V

測量項目	可用量具			測量位置	
	指針式三用電錶	數位式三用電錶	機車電路檢修儀器	車上測量	工作臺測量
起動系統					
起動繼電器線圈電阻值	V	V		V	V
起動馬達線圈電阻值	V	V	V	V	V
電瓶起動搖轉電壓	V	V	V	V	
起動繼電器之作動檢查	V	V	V	V	V
煞車燈開關 (前輪 / 後輪) 通路檢查	V	V	V	V	V
起動開關 (起動按鈕) 通路檢查	V	V	V	V	V
起動繼電器電壓降檢查	V	V	V	V	
起動繼電器搭鐵回路檢查	V	V	V	V	
起動馬達電樞絕緣電阻檢查	V	V	V		V
起動馬達電刷架之導通檢查	V	V	V		V

測量項目	可用量具			測量位置	
	指針式三用電錶	數位式三用電錶	機車電路檢修儀器	車上測量	工作臺測量
信號系統					
主開關測量 - 引擎熄火開關檢查	V	V		V	V
主開關測量 - 電源開關檢查	V	V		V	V
燃油油面感知器 (燃油油量計) 電阻值 -E(空)	V	V		V	V
燃油油面感知器 (燃油油量計) 電阻值 -F(滿)	V	V		V	V
煞車燈泡電阻值	V	V		V	V
電瓶開放迴路電壓	V	V	V	V	
保險絲通路檢查	V	V	V	V	V
主開關通路檢查	V	V	V	V	V
喇叭開關通路檢查	V	V	V	V	V
方向燈開關通路檢查	V	V	V	V	V
警示燈開關通路檢查	V	V	V	V	V
超車燈開關通路檢查	V	V	V	V	V
方向燈燈泡電阻值	V	V	V	V	V

伍、機器腳踏車修護乙級技術士技能檢定術科測試
第二站檢修電系評審表

姓名＿＿＿＿＿＿＿＿＿＿＿　檢定日期＿＿＿＿＿＿＿＿＿　得

術科測試編號＿＿＿＿＿＿＿　監評人員簽名＿＿＿＿＿＿＿　分

(請勿於測試結束前先行簽名)

評審項目		評定		備註
測試操作時間	限時 30 分鐘 (　) 分 (　) 秒	配分	得分	
一、工作技能 1. 採二分法方式評分 2. 第 4 至 6 項、7 至 9 項分別為同一故障項目評分組，評分組不採連鎖給分方式	1. 正確選擇及使用手工具。	1 分	(　)	依答案紙 -1(一)：項目 1
	2. 正確選擇及使用測試儀器、量具。	1 分	(　)	
	3. 正確選擇修護資料。	1 分	(　)	
	4. 正確依修護資料工作程序檢查、測試及判斷故障 (1)。	3 分	(　)	
	5. 正確依修護資料工作程序調整或更換故障零件 (1)。	2 分	(　)	
	6. 正確填寫故障檢修項目 (1)。	2 分	(　)	
	7. 正確依修護資料工作程序檢查、測試及判斷故障 (2)。	3 分	(　)	
	8. 正確依修護資料工作程序調整或更換故障零件 (2)。	2 分	(　)	依答案紙 -1(一)：項目 2
	9. 正確填寫故障檢修項目（2）。	2 分	(　)	
	10.正確依修護資料工作程序量測並填寫測量結果 (1)。	2 分	(　)	依答案紙 -1(二)：項次 1
	11.正確依修護資料工作程序量測並填寫測量結果 (2)。	2 分	(　)	依答案紙 -1(二)：項次 2
	12.正確完成工作技能 4,5,7,8 的四項之全部檢修工作、系統作用正常。	4 分	(　)	(不含工作技能 6,9)

評審項目		評定		備註
測試操作時間	限時 30 分鐘 ( ) 分 ( ) 秒	配分	得分	
二、工作安全與態度 （本部分採扣分方式，最多扣至本站 0 分）	1. 更換錯誤零件。	每次扣 4 分	( )	依答案紙 -2(三)
	2. 工作中必須維持整潔狀態，工具、儀器等不得置於地上，違者得每件扣 1 分，最多扣 5 分	扣 1～5 分	( )	
	3. 工具、儀器使用後必須歸定位，違者得每件扣 1 分，最多扣 5 分	扣 1～5 分	( )	
	4. 不得有危險動作及損壞工作物，違者：	扣 5 分	( )	
	5. 服裝儀容及工作態度須合乎常規，並穿著工作鞋(全包覆式)，違者：	扣 5 分	( )	
	6. 有重大違規者 (如作弊等)。	本站 0 分	( )	
合　　計		25 分		

※ 評審表工作技能項目評定為零分、工作安全與態度項目評定為扣分者，均需於評審表備註欄或答案紙上註明原因。

第一題：檢修充電及燈光 (照明) 系統

重點提醒：

1. 測試前，請先確認車輛功能正常後，於車輛儀器設備功能正常確認表簽名確認。
2. 利用 5 分鐘填寫資料及準備檢修工具 [電壓檢測燈 (驗電筆)、三用電錶、電流鉤錶、繼電器測試線等]、維修手冊及電路圖。
3. 發現故障，舉手告知監評人員並紀錄故障原因。
4. 填寫領料單向監評人員領取新零件 (有些故障設置不需換件，只需調整即可)。
5. 確認維修系統之功能正常。
6. 工作完畢，確實將場地工具、設備歸位及清潔。

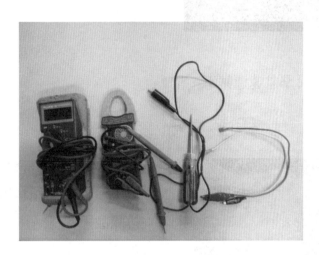

以光陽 kiwi 50cc 為例

| 1.檢查充電系統作用 | NG | 不正常時舉手告知監評人員，
紀錄故障原因，填寫領料單並排除故障 |

步驟一

起動系統正常後，發動引擎怠速運轉下，量測電瓶電壓。

▌如果電瓶電壓為 13.28V，表示表示充電系統正常 (**稍微加速後電壓會增加一點**)，如果電瓶電壓過高，請進行下一個檢修步驟。。

▌如果電瓶電壓與未發動前電瓶電壓一樣，表示充電系統未作用，請進行步驟三檢修步驟。

步驟二

依修護手冊規範，使用三用電錶量測電壓 / 整流器。

▌如果電阻值不符合規定，表示電壓 / 整流器不良，填寫領料單並更換**電壓 / 整流器**排除故障。

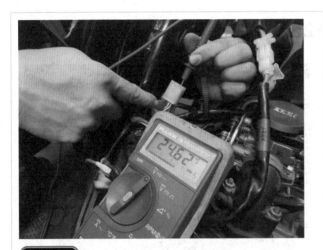

步驟三

拆下 A.C 發電機線圈接頭，在引擎怠速運轉下，使用三用電錶量測發電機線圈線頭 (白)，三用電錶另一探棒搭鐵，檔位選擇 ACV(交流)，量測交流電壓數據。

❗如果量測電壓為 24.62 V(16 ～ 25 V 左右)，表示 A.C 發電機線圈作用正常。

❗如果量測電壓未達 16 ～ 25 V 左右，表示 A.C 發電機線圈作用失效，填寫領料單並更換 **A.C 發電機線圈**排除故障。

以光陽 GP 125cc 為例

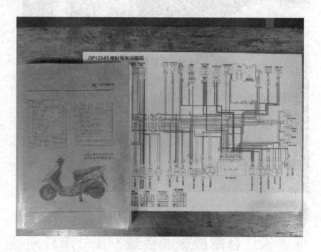

| 2.檢查前燈系統作用 | NG | 不正常時舉手告知監評人員，紀錄故障原因，填寫領料單並排除故障 |

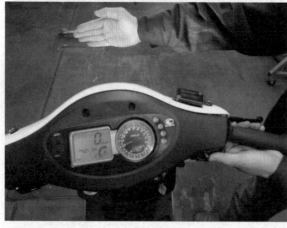

步驟一

主開關 ON，開啓前燈控制開關，檢查小燈及前燈狀況 (可以用手遮光判斷有無前燈狀況)，如果不正常，請進行下一個檢修步驟。

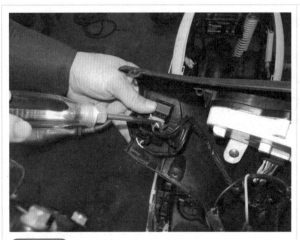

步驟二

使用驗電筆檢查前燈控制開關線頭(上排－黑線－前燈電源；下排－黑線－小燈電源)；另一端夾搭鐵，主開關 ON，開啟前燈控制開關，檢測電源是否有送至前燈控制開關。

■ 如果驗電筆燈泡亮起(上排及下排)，表示電源有送至前燈控制開關，作用正常。

■ 如果驗電筆燈泡未亮，請進行檢查喇叭系統作用之步驟四及步驟五(檢查電源是否有從主開關送出)。

步驟三

使用驗電筆檢查前燈控制開關線頭(棕)；另一端夾搭鐵，主開關 ON，開啟前燈控制開關(小燈位置)，檢測電源是否有送出。

■ 如果驗電筆燈泡亮起，表示小燈電源有送出，作用正常，再檢查前位置燈、後牌照燈、後燈及儀錶板燈燈泡狀況，如果不良，填寫領料單並更換前位置燈、後牌照燈、後燈及儀錶板燈燈泡排除故障。

■ 如果驗電筆燈泡未亮，填寫領料單並更換前燈控制開關排除故障。

步驟四

使用驗電筆檢查前燈控制開關線頭 (白 /
藍)；另一端夾搭鐵，主開關 ON，開啓
前燈控制開關 (前燈位置)，檢測電源是
否有送出。

⚠ 如果驗電筆燈泡亮起，表示前燈電源有送
　出，作用正常，請進行下一個檢修步驟。

⚠ 如果驗電筆燈泡未亮，填寫領料單並更換**前
　燈控制開關**排除故障。

步驟五

使用驗電筆檢查遠近光切換 / 超車燈開關
線頭 (白及藍)；另一端夾搭鐵，主開關
ON，開啓前燈控制開關 (前燈位置)，檢
測電源是否有送出。

藍色線 – 遠光燈電源

⚠ 如果驗電筆燈泡亮起，表示前燈電源有送
　出，作用正常，請進行下一個檢修步驟。

⚠ 如果驗電筆燈泡未亮，填寫領料單並更換**遠
　近光切換 / 超車燈開關**排除故障。

白色線 – 近光燈電源

⚠ 如果驗電筆燈泡亮起，表示前燈電源有送
　出，作用正常，請進行下一個檢修步驟。

⚠ 如果驗電筆燈泡未亮，填寫領料單並更換**遠
　近光切換 / 超車燈開關**排除故障。

步驟六

使用驗電筆檢查前燈燈泡線頭 (白及藍)；另一端夾搭鐵，主開關 ON，開啓前燈控制開關 (前燈位置)，檢測電源是否有送出。

▍前燈燈泡綠色搭鐵線需正常狀況下 (可使用三用電錶量測與搭鐵的電阻值，需趨近於零)。

▍如果驗電筆燈泡亮起，表示前燈電源有送至前燈燈泡，作用正常。

▍如果驗電筆燈泡未亮，填寫領料單並更換前燈燈泡排除故障。

第二題：檢修起動及信號 (喇叭、方向燈、煞車燈……) 系統

重點提醒：

1. 測試前，請先確認車輛功能正常後，於車輛儀器設備功能正常確認表簽名確認。
2. 利用 5 分鐘填寫資料及準備檢修工具 [電壓檢測燈 (驗電筆)、三用電錶、電流鉤錶、繼電器測試線等)]、維修手冊 (電路圖於手冊內)。
3. 發現故障，舉手告知監評人員並紀錄故障原因。
4. 填寫領料單向監評人員領取新零件 (有些故障設置不需換件，只需調整即可)。
5. 確認維修系統之功能正常。
6. 工作完畢，確實將場地工具、設備歸位及清潔。

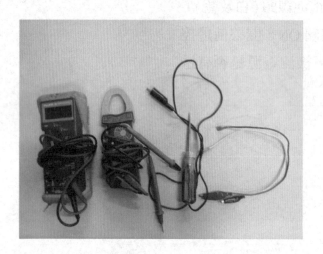

以光陽 kiwi 50cc 為例

NG

| 1.檢查起動系統作用 | 不正常時舉手告知監評人員，紀錄故障原因，填寫領料單並排除故障 |

步驟一

主開關 ON，按壓喇叭開關，檢查啦叭聲音 (可判斷電瓶狀況，如果啦叭聲音不響亮，請檢查電瓶電壓正常狀況為 12 ～ 13V 左右)，確認電瓶正常後，按壓煞車拉桿並起動引擎 (打馬達)，如果馬達運轉屬正常作用。

⚠ 如果馬達有運轉，屬於正常作用。

⚠ 如果馬達沒有運轉，請進行下一個檢修步驟。

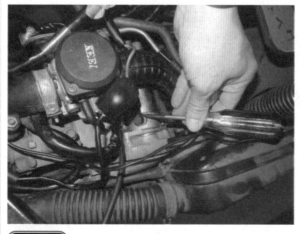

步驟二

使用驗電筆檢查起動馬達線頭 (紅 / 白)；另一端夾搭鐵，主開關 ON，按壓煞車拉桿並起動引擎 (打馬達)，檢測電源是否有進入起動馬達。

⚠ 如果驗電筆燈泡亮起，表示有送電至起動馬達但馬達不轉，則有可能馬達損壞或馬達搭鐵線接地不良，請進行步驟三檢修步驟。

⚠ 如果驗電筆燈泡不亮，請進行步驟四檢修步驟。

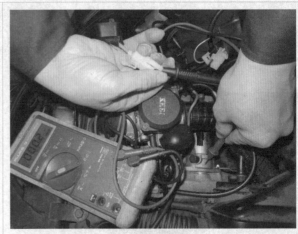

步驟三

使用三用電錶檢測起動馬達的電阻值 (一端量測馬達接頭；另一端夾搭鐵)。

⚠ 電阻值 **0.3 Ω-0.2 Ω (內阻) = 0.1 Ω**，屬於正常，如果電阻值太大，填寫領料單並更換起動馬達排除故障。

⚠ 如果馬達電阻值正常，則量測馬達搭鐵線之電阻值是否正常，**0.2 Ω-0.2 Ω (內阻) = 0 Ω**，電阻值趨近於零，屬於正常現象，如果電阻值太大，填寫領料單並更換起動馬達搭鐵線排除故障。

⚠ 如果驗電筆燈泡不亮，填寫領料單並更換**電瓶**排除故障。

⚠ 如果驗電筆燈泡亮起，表示電瓶有送電至起動繼電器，請進行下一個檢修步驟。

步驟四

使用驗電筆檢查起動繼電器線頭 (紅)；另一端夾搭鐵。

步驟五

主開關 ON，按壓煞車拉桿 (左 / 右都要檢查)，使用驗電筆檢查起動繼電器線頭 (綠 / 黃)；另一端夾搭鐵。

- 如果驗電筆燈泡不亮，請進行**步驟六**檢修步驟。
- 如果驗電筆燈泡亮起，表示煞車燈開關有送電至起動繼電器，請進行**步驟九**檢修步驟。

步驟六

主開關 ON，使用驗電筆檢查煞車燈開關線頭 (黑)；另一端夾搭鐵。

- 如果驗電筆燈泡亮起，表示電源有送電來，請進行**步驟八**檢修步驟。
- 如果驗電筆燈泡不亮，表示電源沒有送電來，請進行下一個檢修步驟。

步驟七

主開關 ON，使用驗電筆檢查主開關線頭 (紅)；另一端夾搭鐵。

⚠ 如果驗電筆燈泡亮起，表示主開關損壞，填寫領料單並更換主開關排除故障。

⚠ 如果驗電筆燈泡不亮，表示電源沒有送電來，請再檢修保險絲電源，如果沒電源，填寫領料單並更換保險絲排除故障。

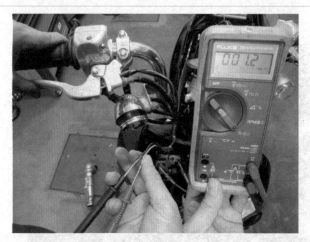

步驟八

主開關 ON，按壓煞車拉桿 (左 / 右都要檢查)，使用驗電筆檢查煞車燈開關線頭 (綠 / 黃)；另一端夾搭鐵。

⚠ 如果驗電筆燈泡不亮，請再檢查煞車燈開關電阻值 [1.2 Ω-0.2 Ω (內阻) = 1.0 Ω 屬於正常]，如果電阻值太大，填寫領料單並更換煞車燈開關排除故障。

⚠ 如果驗電筆燈泡亮起，表示煞車燈開關作用正常，電源有送出，請進行下一個檢修步驟。

步驟九

起動繼電器接腳位置，有兩腳位較細 - 線圈接腳、有兩腳位較粗 - 接點接腳，將線圈接腳連接電瓶正、負電源，量測起動繼電器接點有無導通狀況 [**0.2 Ω-0.2 Ω（內阻）= 0.0 Ω 接近於零，屬於正常現象**]，如果不導通表示繼電器損壞，填寫領料單並更換起動繼電器排除故障。

以光陽 GP 125cc 為例

| 2.檢查喇叭系統作用 | NG | 不正常時舉手告知監評人員，
紀錄故障原因，填寫領料單並排除故障 |

步驟一

主開關 ON，按壓喇叭開關，檢查喇叭作用狀況。

⚠ 如果喇叭有聲音，屬於正常作用。

⚠ 如果喇叭沒有聲音，請進行下一個檢修步驟。

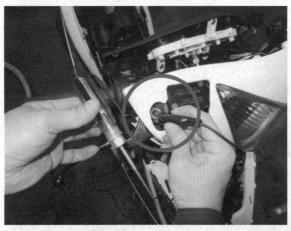

特別注意：

驗電筆之使用，可將夾線夾於正極或負極，再去測量點是否導通 (通電)，如左圖所示，將夾線夾於照後鏡座 (搭鐵) 或搭鐵良好的地方，再去測量正極電源。

步驟二

使用驗電筆檢查喇叭線頭 (淺綠)；另一端夾搭鐵，主開關 ON，按壓喇叭開關，檢測電源是否有進入喇叭。

⚠ 如果驗電筆燈泡亮起，表示有送電至啦叭，但喇叭不響，則有可能喇叭損壞或喇叭搭鐵線接地不良，請進行步驟三檢修步驟。

⚠ 如果驗電筆燈泡不亮，請進行步驟四檢修步驟。

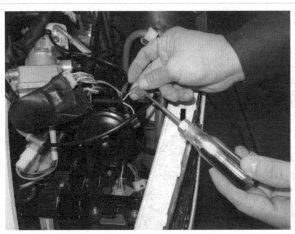 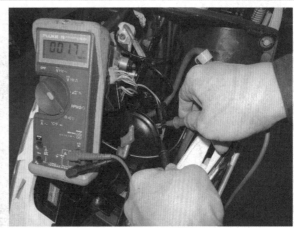

步驟三

使用驗電筆檢查喇叭接地頭 (綠)；另一端夾電源，檢測接地線是否有搭鐵，如有搭鐵正常，則使用三用電錶量測喇叭的電阻值 **1.7 Ω - 0.2 Ω(內阻) = 1.5 Ω**，屬於正常，如果電阻值太大，填寫領料單並更換喇叭排除故障。

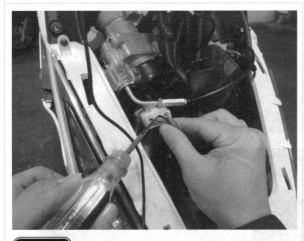

步驟四

使用驗電筆檢查主開關線頭 (黑 / 藍)；另一端夾搭鐵，主開關 ON，檢測電源是否有從主開關出來。

▌如果驗電筆燈泡亮起，表示電源有從主開關送出，屬於作用正常。

▌如果驗電筆燈泡不亮，請進行下一個檢修步驟。

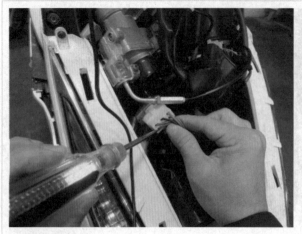
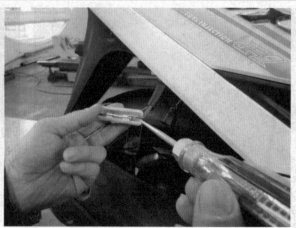

步驟五

使用驗電筆檢查主開關線頭(紅);另一端夾搭鐵,檢測電瓶電源是否有經保險絲送至主開關。

❗如果驗電筆燈泡亮起,表示電源有從電瓶經保險絲送至主開關,填寫領料單並更換主開關排除故障。

❗如果驗電筆燈泡不亮,請再檢修保險絲或電瓶,如果沒有電源,填寫領料單並更換保險絲或電瓶排除故障。

3.檢查燃油液位系統作用	NG	不正常時舉手告知監評人員,紀錄故障原因,填寫領料單並排除故障

步驟一

將主開關 ON,由液晶面板檢查燃油液位指示位置是否正常。

❗如果有顯示燃油液位,則系統正常。

❗如果沒有顯示燃油液位,請進行下一個檢修步驟。

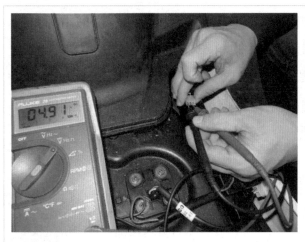
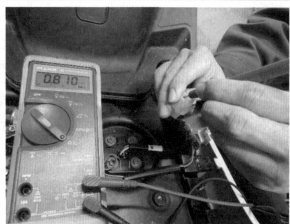

步驟二

拆下燃油計量器線頭，主開關 KEY ON，使用三用電錶，一支接腳接 (藍 / 白) 線頭，另一支接腳接 (黃 / 白) 線頭，檢測有無電源送至燃油計量器。

⚠️ 量測值 4.91V(大約 5V)，表示電源正常，再使用三用電錶量測燃油計量器電阻值 **810 Ω − 0.2 Ω = 809.8 Ω**(標準值：滿油 1000 ～ 1100 Ω；低油位 100 ～ 110 Ω)，如果電阻值太大，填寫領料單並更換**燃油計量器**排除故障。

步驟三

如果電源、燃油計量器皆正常，但液晶面板未顯示燃油液位，填寫領料單並更換**液晶面板總成 (儀錶板組)** 排除故障。

4.檢查煞車燈系統作用	NG	不正常時舉手告知監評人員，紀錄故障原因，填寫領料單並排除故障

⚠️ 如果煞車燈亮起，表示煞車燈系統正常。
⚠️ 如果煞車燈未亮，請進行下一個檢修步驟。

步驟一

主開關 ON，按壓煞車拉桿，檢查煞車燈作用狀況。

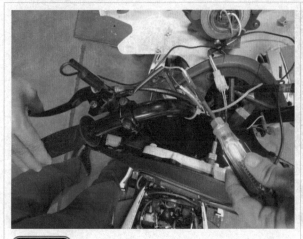

步驟二

使用驗電筆檢查煞車燈開關線頭(綠/黃)；另一端夾搭鐵，主開關 ON，按壓煞車拉桿，檢測電源是否有送出。

⚠ 如果驗電筆燈泡亮起，表示煞車燈電源有送出，填寫領料單並更換煞車燈燈泡排除故障。

⚠ 如果驗電筆燈泡未亮，請進行下一個檢修步驟。

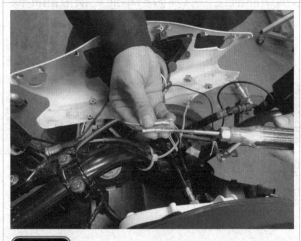

步驟三

使用驗電筆檢查煞車燈開關線頭(黑)；另一端夾搭鐵，主開關 ON，檢測電源是否有送至煞車燈開關。

⚠ 如果驗電筆燈泡亮起，表示煞車燈開關損壞，填寫領料單並更換煞車燈開關排除故障。

⚠ 如果驗電筆燈泡未亮，請進行**檢查喇叭系統作用之步驟四及步驟五**(檢查電源是否有從主開關送出)。

NG

5.檢查方向燈系統作用 ▶ 不正常時舉手告知監評人員，紀錄故障原因，填寫領料單並排除故障

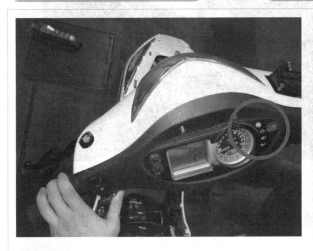

步驟一

主開關 ON，開啓方向燈開關，檢查方向燈指示燈及方向燈作用是否正常。

▮ 如果前、後方向燈及儀錶板方向指示燈皆有作用，表示系統正常。

▮ 如果作用不正常，請進行下一個檢修步驟。

步驟二

使用驗電筆檢查方向燈閃光器線頭 (黑 / 藍)；另一端夾搭鐵，主開關 ON，開啓方向燈開關，檢測電源是否有送至閃光器。

▮ 如果驗電筆燈泡亮起，表示電源有送至方向燈閃光器，請進行下一個檢修步驟。

▮ 如果驗電筆燈泡未亮，請進行**檢查喇叭系統作用**之**步驟四**及**步驟五** (檢查電源是否有從主開關送出)。

步驟三

使用驗電筆檢查方向燈開關線頭(橘-左邊；淺藍-右邊)；另一端夾搭鐵，主開關 ON，開啓方向燈開關，檢測電源是否有送至閃光器。

方向燈開關三線頭：

▮ 灰色-連接至閃光器(電源)、橘色-連接至左邊方向燈、淺藍-連接至右邊方向燈。

▮ 如果開啓左邊方向燈開關(量測橘色)，燈泡亮，表示電源有送出；如果開啓右邊方向燈開關(量測淺藍色)，燈泡亮，表示電源有送出。

▮ 如果開啓方向燈開關後，燈泡未亮，填寫領料單並更換方向燈開關排除故障。

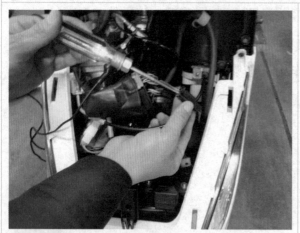

步驟四

使用驗電筆檢查各方向燈燈泡線頭(前、後、左、右)；另一端夾搭鐵，檢測電源是否送至各方向燈。

▮ 如果驗電筆燈泡亮起，表示電源有送至方向燈，請進行下一個檢修步驟。

▮ 如果驗電筆燈泡未亮，請再進行步驟三檢修步驟。

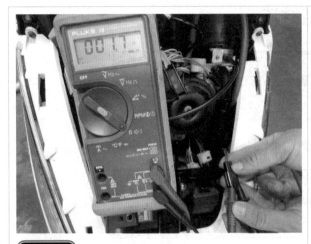

步驟五

使用三用電錶量測方向燈組電阻值。

❗ 量測值 1.7 Ω － 0.2 Ω(內阻) = 1.5 Ω 屬於正常，如果電阻值太大，填寫領料單並更換方向燈燈泡或燈座 (搭鐵不良) 排除故障。

測量項目應檢流程

依監評人員指定測量項目	
確認測量項目與可用量具	確認測量位置

進行修護手冊查閱	
查閱測量項目規範標準值	紀錄標準值與頁碼

進行測量項目量測	
依規範標準程序量測	紀錄實測值並判斷正常與否

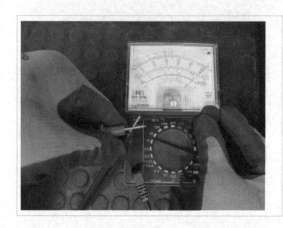

指針式三用電錶：測量電阻時，必須選用合適之歐姆檔位，並先進行調整歸零。

第二站　檢修電系試題　測量項目表

測量項目	可用量具			測量位置	
	指針式 三用電錶	數位式 三用電錶	機車電路 檢修儀器	車上 測量	工作臺 測量
充電線圈電阻值 (半波)	V	V	V	V	V

充
電
系
統

14. 電瓶、充電系統、A.C 發電機　Ⓚ KYMCO

A.C 發電機充電線圈

✱ A.C 發電機充電線圈之檢查,可在引擎上
作業。

檢查
拆下 A.C 發電機 3P 接頭。
使用三用錶測量 A、C 發電機白色線與車體搭
鐵之間抵抗值。
標準值:0.2~1.2Ω(20℃)
測定值超過標準值時 A.C 發電機線圈交換。

充電線圈線

A. C 發電機照明線圈

✱ A.C 發電機照明線圈之檢查可在引擎上作
業。

檢查
A.C 發電機 3P 接頭拆下。
使用三用錶測量 A.C 發電機黃色線與車體搭
鐵之間抵抗值。
標準值:0.1~1.0Ω(20℃)
測定值超過標準值時 A.C 發電機線圈交換
電阻器檢查
拆下前蓋。(⇨2-4)
測量電阻器導線與車體搭鐵之間抵抗值。
標準值:30W5.9Ω:5.0~7.0Ω
　　　　5W5.0Ω:4.0~6.0Ω

照明線圈線

電阻器

A.C 發電機之拆卸
拆卸
拆下右邊車體蓋。(⇨2-3)
拆下風扇蓋 4 支固定螺栓。
取下風扇蓋。

固定螺栓
風扇蓋

—171—　　　**14-6**

依指定測量項目於修護手冊 (光陽豪邁奔
騰 化油器系列) 總目錄查找對應章節→查
閱電瓶、充電系統、A.C 發電機。
頁碼:14-6,第 171 頁。
標準值:0.2-1.2Ω。

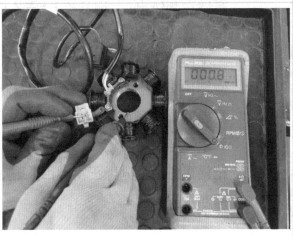

1. 採工作臺測量為例。
2. 使用數位型三用電錶歐姆檔位測量充
　 電線圈電阻值 (半波)。
3. 紀錄實測值並判斷正常與否。

測量項目	可用量具			測量位置	
	指針式 三用電錶	數位式 三用電錶	機車電路 檢修儀器	車上 測量	工作臺 測量
發電機線圈檢查 (三相)：黃 1，黃 2，黃 3，電阻值及和車體搭鐵	V	V	V	V	V

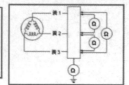
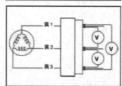

依指定測量項目於修護手冊 (三陽 Fighter 125) 總目錄查找對應章節→查閱電器裝置。

頁碼：16-7。

標準值：如左圖示。

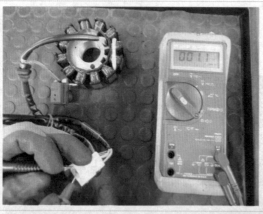

1. 採工作臺測量為例。
2. 使用數位型三用電錶歐姆檔位測量發電機線圈檢查(三相)：黃 1，黃 2，黃 3，相互之間電阻值。
3. 紀錄實測值並判斷正常與否。
4. 使用數位型三用電錶歐姆檔位測量發電機線圈檢查(三相)：黃 1，黃 2，黃 3，和車體搭鐵電阻值。
5. 紀錄實測值並判斷正常與否 (正常應不導通)。

充電系統

測量項目	可用量具			測量位置	
	指針式 三用電錶	數位式 三用電錶	機車電路 檢修儀器	車上 測量	工作臺 測量
發電機線圈檢查 (三相)：黃1，黃2，黃3，電壓值及和車體搭鐵	V	V	V	V	

充電系統

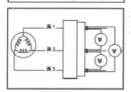

依指定測量項目於修護手冊 (三陽 Fighter 125) 總目錄查找對應章節→查閱電器裝置。

頁碼：16-7。

標準值：如左圖示。

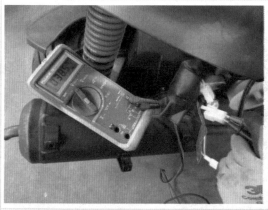
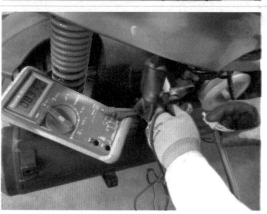

1. 使用數位型三用電錶交流電壓檔位測量發電機線圈檢查 (三相)：黃1，黃2，黃3，相互之間電壓值。
2. 紀錄實測值並判斷正常與否。
3. 使用數位型三用電錶交流電壓檔位測量發電機線圈檢查 (三相)：黃1，黃2，黃3，和車體搭鐵電壓值。
4. 紀錄實測值並判斷正常與否。

測量項目	可用量具			測量位置	
	指針式三用電錶	數位式三用電錶	機車電路檢修儀器	車上測量	工作臺測量
頭燈電阻器電阻值 (粉紅色)	V	V	V	V	V

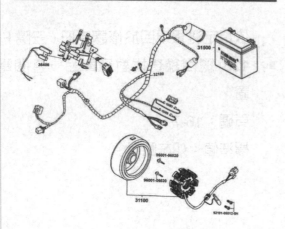

依指定測量項目於修護手冊 (光陽豪邁奔騰化油器系列) 總目錄查找對應章節→查閱電瓶、充電系統、A.C 發電機。

頁碼：14-0，第 165 頁。

標準值：7.5Ω。

充電系統

1. 採車上測量為例。
2. 確認主開關 OFF。
3. 使用數位型三用電錶歐姆檔位測量頭燈電阻器電阻值 (粉紅色)。
4. 紀錄實測值並判斷正常與否。

測量項目	可用量具			測量位置	
	指針式 三用電錶	數位式 三用電錶	機車電路 檢修儀器	車上 測量	工作臺 測量
全車電路漏電電流值	V	V	V	V	

充電系統

十六、電器裝置　 ◎ SYM

漏電測試

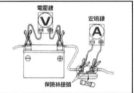

電瓶負極

將主開關轉至關閉位置,並將搭鐵(–)電線自電瓶上拆下。
在電瓶負極(-)接頭與搭鐵電線之間,連接安培錶(極性如左圖所示)。

⚠ 注意
• 測試電流時,先將電流錶之電流範圍調到較大刻度,再依序調到小範圍測試,以免因電流超過刻度上限而致電流錶與保險絲燒毀。
• 測試漏電電流時,主開關不能開啟(ON)。

如漏電電流超過標準值,即表示有短路現象。
漏電電流:1mA 以下。
在測量漏電電流的狀態下,逐一拆開各連接電線接點,以找出短路位置。

充電電壓/電流檢查

電壓錶　安培錶

保險絲接頭

⚠ 注意
• 在執行檢查之前,確定電瓶已充電完成。
• 使用完成充電,電壓大於 13.0V 之電瓶,若充電不足,電流量可能突然變動。
• 發動引擎時不可用起動馬達發動,否則大量電流自電瓶流出,電力消耗變大。

引擎溫車後,以充滿電之電瓶更換原有電瓶。於電瓶接頭上,連接數位式電壓錶量測電壓。在主保險絲之兩接頭間,連接安培錶量測電流。

⚠ 注意
• 請使用一具標記電流能正、負流動之安培錶,若使用僅標記一個方向之安培錶量測,放電為 0 安培。

⚠ 注意
• 勿使用任何短路的電線。
• 以安培錶連接電瓶正接頭與⊕電纜之間,雖然可以量測電流,但當起動馬達之電流突然波動,則會損壞電錶,應使用腳踏起動桿起動引擎。
• 連接安培錶量測電流時,應將主開關轉至 OFF 位置。當電流流動時,如拆開安培錶或電線,可能會損壞安培錶。

連接一具引擎轉速錶。
起動引擎並把頭燈打開至遠光燈位置。
逐漸增加引擎轉速,並測量在規定每分鐘轉速時之充電電壓/電流。
充電電流:0.6A 以上/2500rpm
　　　　 1.2A 以上/6000rpm
充電控制電壓:14.5 V/2000rpm

⚠ 注意
• 當更換一新電瓶時,須確認其充電電流與電壓均正常。

有關下述各項情況,問題大部份與充電系統有關,邊照故障檢查表之步驟。
① 充電電壓不能增加。並超過電瓶接頭處之電壓。充電電壓是在放電的方向。
② 充電電壓及電流大大超過標準值。

對於非上述之情況,大部份與充電系統無關,請執行下述檢查。邊照故障檢查表之步驟。
① 當引擎轉速超過規定之每分鐘轉速,才達到標準之充電電壓/電流。
　 • 由於使用超過規定功率之燈泡,造成過多之電負荷。
　 • 更換之電瓶老舊或容量不足。
② 充電電壓正常,但充電電流不正常
　 • 更換老舊或容量不足之電瓶。
　 • 所用電瓶之電量不足或過份充電。
　 • 安培錶保險絲燒斷。
　 • 安培錶連接不當。
③ 充電電流正常,但充電電壓不正常
　 • 電壓錶保險絲燒斷。

16-8

依指定測量項目於修護手冊 (三陽 Fighter 125) 總目錄查找對應章節→查閱電器裝置。

頁碼:16-8。

標準值:1mA 以下。

1. 確認主開關 OFF。
2. 卸離電瓶負極樁頭。
3. 使用數位型三用電錶電流檔位測量全車電路漏電電流值 (三用電錶 (+) 接電瓶負極線,三用電錶 (-) 接電瓶負極樁頭)。
4. 紀錄實測值並判斷正常與否。

調壓整流器檢查電阻值或導通性，依序檢查項目如下：

測量項目	可用量具			測量位置	
	指針式 三用電錶	數位式 三用電錶	機車電路 檢修儀器	車上 測量	工作臺 測量
調壓整流器檢查 (半波)：三用電錶 (+) 接白 (W)，三用電錶 (-) 接紅 (R)，電阻測量	V			V	V

<table>
<tr><td rowspan="2">充電系統</td><td>

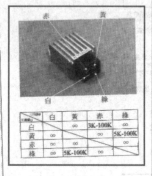

</td><td>

依指定測量項目於修護手冊 (光陽豪邁奔騰 化油器系列) 總目錄查找對應章節→查閱電瓶、充電系統、A.C 發電機。

頁碼：14-5，第 170 頁。

標準值：∞ Ω。

</td></tr>
<tr><td>

</td><td>

1. 採工作臺測量為例。
2. 使用指針式三用電錶歐姆檔位 (X1K) 檢查調壓整流器 (半波)：三用電錶 (+) 接白 (W)，三用電錶 (-) 接紅 (R)，測量電阻值。
3. 紀錄實測值並判斷正常與否。

</td></tr>
</table>

測量項目	可用量具			測量位置	
	指針式 三用電錶	數位式 三用電錶	機車電路 檢修儀器	車上 測量	工作臺 測量
調壓整流器檢查 (半波)：三用 電錶 (+) 接紅 (R)，三用電錶 (-) 接白 (W)，電阻測量	V			V	V

充
電
系
統

14.電瓶、充電系統、A.C 發電機　◎ KYMCO

調壓／整流器
主配線端回路檢查
拆下前蓋。(⇨2-4)
拆下調壓／整流器的 4P 插頭，依下列方法檢
查主配線端子間的導通性。

項目 (配線色)	判定
電瓶 (赤) 與車體搭鐵之間	有電瓶電壓
搭鐵線 (綠) 與車體搭鐵之間	有導通
照明線 (黃) 與車體搭鐵間 (電 阻線之插頭，自動旁路起動器 之插頭拆下，照明開關扳在 OFF 檢查)	A、C 發電機線圈有 電阻
充電線圈 (白) 與車體搭鐵之間	A、C 發電機線圈有 電阻

調整／整流器之檢查
主配線端檢查完全正常時，檢查調壓／整流器
之插頭是否接觸不良，調壓／整流器本體各端
子間抵抗值之測定。

✱・檢查中三用錶測試棒金屬部手指不可
　接觸，因人體上有阻抗要注意。
・使用以下指定之三用電錶檢查。指定
　以外之三用錶檢查抵抗值不一樣，檢
　查會不正確。
－興和牌三用錶
－三和牌三用錶
－興和牌三用錶 TH-5H
・測定檔位
－三和牌 KΩ 檔位
－興和牌 RX100Ω 檔位
・三用錶內的乾電池消耗會影響測定抵
　抗值如有異常時，檢查乾電池容量。
・興和牌三用錶表示值為 100 倍測定時
　要注意。

三用錶\	白	黃	赤	綠
白		∞	3K-100K	∞
黃	∞		∞	5K-100K
赤	∞	∞		∞
綠	∞	5K-100K	∞	

端子間之抵抗值得異常時調壓／整流器交換。

14-5 ──────────── ─170

依指定測量項目於修護手冊 (光陽豪邁奔
騰化油器系列) 總目錄查找對應章節→查
閱電瓶、充電系統、A.C 發電機。
頁碼：14-5，第 170 頁。
標準值：3K-100KΩ。

1. 採工作臺測量為例。
2. 使用指針式三用電錶歐姆檔位 (X1K)
   檢查調壓整流器 (半波)：三用電錶 (+)
   接紅 (R)，三用電錶 (-) 接白 (W)，測
   量電阻值。
3. 紀錄實測值並判斷正常與否。

測量項目	可用量具			測量位置	
	指針式 三用電錶	數位式 三用電錶	機車電路 檢修儀器	車上 測量	工作臺 測量
調壓整流器檢查 (三相)：三用 電錶 (+) 接黑，三用電錶 (-) 接 紅，電阻測量	V			V	V

十六、電器裝置　SYM

充電系統
充電線路

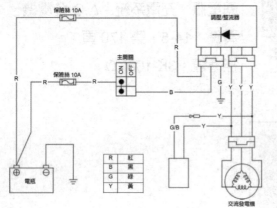

保險絲 10A
調壓/整流器
主開關
ON / OFF
保險絲 10A
電瓶
交流發電機

R	紅
B	黑
G	綠
Y	黃

調壓/整流器檢查 (KΩ)

+ -	黃1	黃2	黃3	紅	黑	綠
黃1		∞	∞	∞	∞	∞
黃2	∞		∞	∞	∞	∞
黃3	∞	∞		∞	∞	∞
紅	∞	∞	∞		∞	∞
黑	5000~30000	5000~30000	5000~30000	∞		1~35
綠	2000~20000	2000~20000	2000~20000	∞	1~35	

16-6

依指定測量項目於修護手冊 (三陽 Fighter 125) 總目錄查找對應章節→查閱電器裝置。

頁碼：16-6。

標準值：∞。

1. 採工作臺測量為例。
2. 使用指針式三用電錶歐姆檔位 (X1K) 檢查調壓整流器 (三相)：三用電錶 (+) 接黑，三用電錶 (-) 接紅，測量電阻值。
3. 紀錄實測值並判斷正常與否。

充電系統

測量項目	可用量具			測量位置	
	指針式 三用電錶	數位式 三用電錶	機車電路 檢修儀器	車上 測量	工作臺 測量
調壓整流器檢查 (三相)：三用電錶 (+) 接黑，三用電錶 (-) 接綠，電阻測量	V			V	V

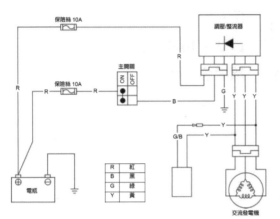

依指定測量項目於修護手冊 (三陽 Fighter 125) 總目錄查找對應章節→查閱電器裝置。

頁碼：16-6。

標準值：1-35 KΩ。

充電系統

1. 採工作臺測量為例。
2. 使用指針式三用電錶歐姆檔位 (X1K) 檢查調壓整流器 (三相)：三用電錶 (+) 接黑，三用電錶 (-) 接綠，測量電阻值。
3. 紀錄實測值並判斷正常與否。

測量項目	可用量具			測量位置	
	指針式三用電錶	數位式三用電錶	機車電路檢修儀器	車上測量	工作臺測量
調壓整流器檢查(三相):三用電錶(+)接紅,三用電錶(-)接黑,電阻測量	V			V	V

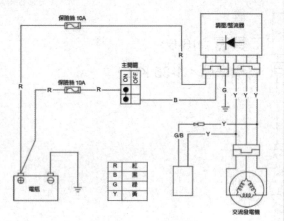

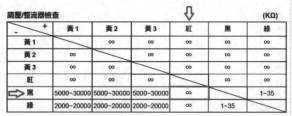

依指定測量項目於修護手冊(三陽 Fighter 125)總目錄查找對應章節→查閱電器裝置。

頁碼:16-6。

標準值:∞。

1. 採工作臺測量為例。
2. 使用指針式三用電錶歐姆檔位(X1K)檢查調壓整流器(三相):三用電錶(+)接紅,三用電錶(-)接黑,測量電阻值。
3. 紀錄實測值並判斷正常與否。

充電系統

測量項目	可用量具			測量位置	
	指針式 三用電錶	數位式 三用電錶	機車電路 檢修儀器	車上 測量	工作臺 測量
調壓整流器檢查 (三相)：三用 電錶 (+) 接紅，三用電錶 (-) 接 綠，電阻測量	V			V	V

充電系統

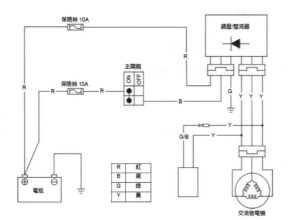

十六、電器裝置　⊛ SYM

充電系統
充電線路

保險絲 10A
調壓/整流器
R
主開關
ON
OFF
保險絲 10A
R
R
R
B
G/B
Y
Y
G
Y Y Y
R 紅
B 黑
G 綠
Y 黃
電瓶
交流發電機

調壓/整流器檢查　⬇　(KΩ)

-　+	黃1	黃2	黃3	紅	黑	綠
黃1		∞	∞	∞	∞	∞
黃2	∞		∞	∞	∞	∞
黃3	∞	∞		∞	∞	∞
紅	∞	∞	∞		∞	∞
黑	5000~30000	5000~30000	5000~30000	∞		1~35
⬆綠	2000~20000	2000~20000	2000~20000	∞	1~35	

16-6

依指定測量項目於修護手冊 (三陽 Fighter 125) 總目錄查找對應章節→查閱電器裝置。

頁碼：16-6。

標準值：∞。

1. 採工作臺測量為例。
2. 使用指針式三用電錶歐姆檔位 (X1K) 檢查調壓整流器 (三相)：三用電錶 (+) 接紅，三用電錶 (-) 接綠，測量電阻值。
3. 紀錄實測值並判斷正常與否。

測量項目	可用量具			測量位置	
	指針式三用電錶	數位式三用電錶	機車電路檢修儀器	車上測量	工作臺測量
調壓整流器檢查 (三相)：三用電錶 (+) 接綠，三用電錶 (-) 接黑，電阻測量	V			V	V

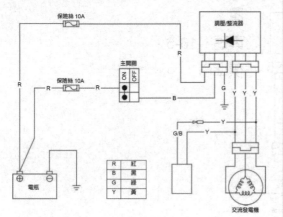

依指定測量項目於修護手冊 (三陽 Fighter 125) 總目錄查找對應章節→查閱電器裝置。

頁碼：16-6。

標準值：1-35 kΩ。

充電系統

1. 採工作臺測量為例。
2. 使用指針式三用電錶歐姆檔位 (X1K) 檢查調壓整流器 (三相)：三用電錶 (+) 接綠，三用電錶 (-) 接黑，測量電阻值。
3. 紀錄實測值並判斷正常與否。

測量項目	可用量具			測量位置	
	指針式 三用電錶	數位式 三用電錶	機車電路 檢修儀器	車上 測量	工作臺 測量
調壓整流器檢查 (三相)：三用電錶 (+) 接綠，三用電錶 (-) 接紅，電阻測量	V			V	V

充電系統

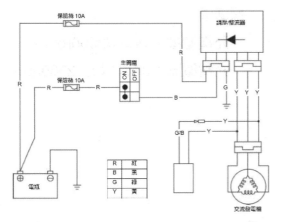

十六、電器裝置　🔆SYM

充電系統
充電線路

調壓/整流器檢查　(KΩ)

- ＼ +	黃1	黃2	黃3	紅	黑	綠
黃1		∞	∞	∞	∞	∞
黃2	∞		∞	∞	∞	∞
黃3	∞	∞		∞	∞	∞
▷紅	∞	∞	∞		∞	∞
黑	5000~30000	5000~30000	5000~30000	∞		1~35
綠	2000~20000	2000~20000	2000~20000	∞	1~35	

16-6

依指定測量項目於修護手冊 (三陽 Fighter 125) 總目錄查找對應章節→查閱電器裝置。

頁碼：16-6。

標準值：∞。

1. 採工作臺測量為例。
2. 使用指針式三用電錶歐姆檔位 (X1K) 檢查調壓整流器 (三相)：三用電錶 (+) 接綠，三用電錶 (-) 接紅，測量電阻值。
3. 紀錄實測值並判斷正常與否。

測量項目	可用量具			測量位置	
	指針式 三用電錶	數位式 三用電錶	機車電路 檢修儀器	車上 測量	工作臺 測量
發電機充電電壓及電流值		V	V	V	

充電系統

依指定測量項目於修護手冊 (三陽 Fighter 125) 總目錄查找對應章節→查閱電器裝置。

頁碼：16-8。

標準值：

　充電電壓：14.5V/2000rpm。

　充電電流：0.6A 以上 /2500rpm。

一、測量發電機充電電壓值

1. 發動引擎，並使引擎轉速固定於 2000rpm。

2. 使用數位型三用電錶電壓檔位測量發電機充電電壓值 (三用電錶 (+) 接電瓶正極樁頭，三用電錶 (-) 接電瓶負極樁頭)。

3. 紀錄發電機充電電壓實測值並判斷正常與否。

二、測量發電機充電電流值

1. 卸下主電源保險絲，置入保險絲跨接線。

2. 發動引擎，並使引擎轉速固定於 2500rpm。

3. 使用數位型勾錶電流檔位測量發電機充電電流值。

4. 紀錄發電機充電電流實測值並判斷正常與否。

測量項目	可用量具			測量位置	
	指針式 三用電錶	數位式 三用電錶	機車電路 檢修儀器	車上 測量	工作臺 測量
自動旁通器之電阻器電阻值	V	V	V	V	V

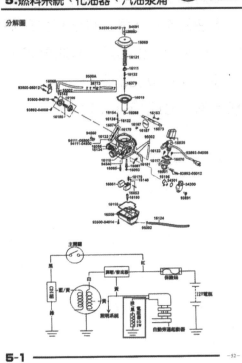

依指定測量項目於修護手冊(光陽豪邁奔騰化油器系列)總目錄查找對應章節→查閱燃料系統、化油器、汽油泵浦。

頁碼：5-1，第52頁。

標準值：5Ω。

充
電
系
統

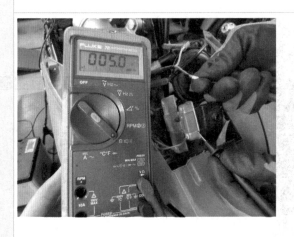

1. 採車上測量為例。
2. 確認主開關 OFF。
3. 使用數位型三用電錶歐姆檔位測量自動旁通器之電阻器電阻值。
4. 紀錄實測值並判斷正常與否。

測量項目	可用量具			測量位置	
	指針式 三用電錶	數位式 三用電錶	機車電路 檢修儀器	車上 測量	工作臺 測量
自動旁通器電阻值 (冷車)	V	V	V	V	V

充電系統

5.燃料系統、化油器、汽油泵浦　(K) KYMCO

化油器拆卸
拆下車體蓋。(⇨2-3)
拆下自動旁通起動器導線。

自動旁通起動器導線

放鬆洩油螺絲,把浮筒室汽油洩出來。
拆下化油器油管、負壓管。

汽油管　　濾清器速接束環

節流閥導線　　負壓管　進氣歧管束環

把節流閥導線調整螺帽、固定螺帽放鬆,拆下節流閥導線。
把化油器接進氣歧管之束環及空氣濾清器連接管束環螺絲放鬆,取下化油器。

空氣濾清器連接束環

節流閥導線

自動旁通起動器
作動檢查
檢查自動旁通起動器導線兩端抵抗值。
標準值:5Ω以下(引擎停止後10分以上)
導通性不良或抵抗值超過標準時,自動旁通起動器交換新品。

5-5 ————————— —56—

依指定測量項目於修護手冊 (光陽豪邁奔騰化油器系列) 總目錄查找對應章節→查閱燃料系統、化油器、汽油泵浦。

頁碼:5-5,第 56 頁。

標準值:5Ω 以下 (冷車)。

1. 採車上測量為例。
2. 確認主開關 OFF。
3. 使用數位型三用電錶歐姆檔位測量自動旁通器電阻值 (冷車)。
4. 紀錄實測值並判斷正常與否。

測量項目	可用量具			測量位置	
	指針式 三用電錶	數位式 三用電錶	機車電路 檢修儀器	車上 測量	工作臺 測量
大燈線圈 (AC 點燈) 電阻值	V	V	V	V	V

依指定測量項目於修護手冊 (光陽豪邁奔騰 化油器系列) 總目錄查找對應章節→查閱電瓶、充電系統、A.C 發電機。

頁碼：14-1，第 166 頁。

標準值：0.2-1.2Ω。

14.電瓶、充電系統、A.C 發電機　© KYMCO

整備資料

作業上注意

電解液（稀硫酸）為劇毒，衣服、皮膚、眼睛被滲到會燙傷，或失明之危險，萬一被滲到請使用大量的清水沖洗，然後給專明的醫師治療。

衣服滲到電瓶液時會與皮膚接觸，要將衣服脫掉使用大量的水沖洗。

· 電瓶是可以充電及放電返復操作，電瓶在放電後放置，會損壞，壽命縮短，電瓶性能會降低。通常使用約 2-3 年電瓶的性能會降低，性能降低（容量下降）之電瓶，再充補電後電壓會恢復。外加負荷時，電壓會急下降後再上升。

· 電瓶之過充電，一般過充電的症狀在電瓶的本體上可看出來，如果電瓶內部短路，在電瓶之端子就無電壓產生之症狀，調壓器無作動，則電瓶電壓會產生過，高電之壽命會縮短。

· 電瓶如長時間放置，電瓶會自行放電，電容量會降低約每 3 個月必須補充電。

· 新的電瓶注入電解液後，在一定的時間會產生電壓，容量不足時必須再行補充電，如果新的電瓶做補充電後，會延長電瓶的壽命。

· 充電系統之檢查，請依照故障診斷表上順序的做檢查。

· 電裝品如有電流在流通時，不可將接頭拆下，又接續會發生電壓過高，調壓／整流器內之電子另件會損壞。必須先將主開關 OFF 再作業。

· MF 電瓶不需要檢查，電解液及補充蒸餾水。

· 全部的充電系統負載情形之檢查。

· 除非在緊急狀況下，不可使用急速充電。

· 電瓶充電時，電瓶必須由車上取下然後，再行充電。

· 電瓶交換時請不要使用傳統式電瓶。

· 電瓶充電檢查時須使用三用電錶作業。

整備資料

項　目			標　準　值	
電瓶	容量／型式		12V/YTX7-BS，GTX7-BS	
	電壓（20℃）	完全充電時	13.1V	
		必須充電	12.3V	
	充電電流		標準：1.2A，急速：5.0A	
	充電時間		標準：5-10 小時，急速：30 分鐘	
A、C交流發電機	容量		150W/5,000rpm	
	照明線圈抵抗值(20℃)		白色線與車體搭鐵之間	0.2-1.2Ω
	充電性能		1.0A 以上／2500rpm	
			2.0A 以上／6000rpm	
調壓／整流器	型式		單相半波 SCR 充電 SCR 半波短路方式	
	限制電壓	照明限制	12.0~14.0V/5,000rpm(三用錶，R.P.M 錶)	
			13.5±0.4V	
		充電限制	14.5±0.5V/5000RPM	
電阻器	抵抗值(20℃)		30W7.5Ω	
	抵抗值(20℃)		5W5.0Ω	

14-1 ————— -166-

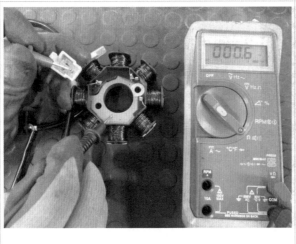

1. 採工作臺測量為例。
2. 使用數位式三用電錶歐姆檔位檢查大燈線圈 (AC 點燈) 電阻值。
3. 紀錄實測值並判斷正常與否。

燈
光
照
明
系
統

測量項目	可用量具			測量位置	
	指針式 三用電錶	數位式 三用電錶	機車電路 檢修儀器	車上 測量	工作臺 測量
調壓整流器檢查 (半波)：三用電錶 (+) 接黃 (Y)，三用電錶 (-) 接綠 (G)，電阻測量	V			V	V

燈光照明系統

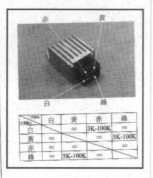

依指定測量項目於修護手冊 (光陽豪邁奔騰 化油器系列) 總目錄查找對應章節→查閱電瓶、充電系統、A.C 發電機。

頁碼：14-5，第 170 頁。

標準值：5K-100KΩ。

1. 採工作臺測量為例。
2. 使用指針式三用電錶歐姆檔位 (X1K) 檢查調壓整流器 (半波)：三用電錶 (+) 接黃 (Y)，三用電錶 (-) 接綠 (G)，測量電阻值。
3. 紀錄實測值並判斷正常與否。

測量項目	可用量具			測量位置	
	指針式 三用電錶	數位式 三用電錶	機車電路 檢修儀器	車上 測量	工作臺 測量
大燈燈泡電阻值	V	V	V	V	V

燈光照明系統

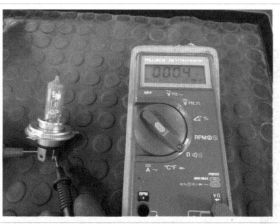

17. 燈泡類／儀錶／開關　Ⓚ **KYMCO**

整備資料

作業上注意事項
- 電裝品檢查測量時必須使用三用電錶作業。
- 保險絲燈泡類必須依照規格使用，以防止電裝品燒損或性能異常發生。
- 開關之導通測試，可從車上拆下檢查測定。

故障診斷

主開關 ON 方向燈，煞車燈不亮，喇叭不響
- 主開關不良
- 保險絲不良
- 電瓶無電（電不足）
- 燈泡不良
- 開關不良
- 喇叭不良
- 接頭接觸不良，或斷線

燃油錶不作動	燃油錶作動不準確
· 燃油錶不良	· 燃油錶不良
· 燃油計量器不良	· 燃油計量器不良
· 線路接頭接觸不良或斷線	· 燃油計量器浮筒不良

17-2

依指定測量項目於修護手冊 (光陽 GP 系列) 總目錄查找對應章節→查閱燈泡類 / 儀錶 / 開關。

頁碼：17-2。

標準值：無。

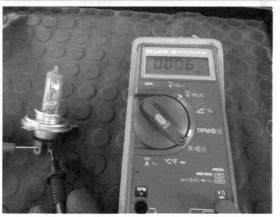

1. 採工作臺測量為例。
2. 使用數位式三用電錶歐姆檔位檢查大燈燈泡 (遠光) 電阻值。
3. 紀錄實測值並判斷正常與否。
4. 使用數位式三用電錶歐姆檔位檢查大燈燈泡 (近光) 電阻值。
5. 紀錄實測值並判斷正常與否。

測量項目	可用量具			測量位置	
	指針式 三用電錶	數位式 三用電錶	機車電路 檢修儀器	車上 測量	工作臺 測量
後燈燈泡電阻值	V	V	V	V	V

17.燈泡類／儀錶／開關　ⓀKYMCO

整備資料

作業上注意事項

‧電裝品檢查測量時必須使用三用電錶作業。

‧保險絲燈泡類必須依照規格使用，以防止電裝品燒損或性能異常發生。

‧開關之導通測試，可從車上拆下檢查測定。

故障診斷

主開關 ON 方向燈，煞車燈不亮，喇叭不響

‧主開關不良

‧保險絲不良

‧電瓶無電（電不足）

‧燈泡不良

‧開關不良

‧喇叭不良

‧接頭接觸不良，或斷線

燃油錶不作動

‧燃油錶不良

‧燃油計量器不良

‧線路接頭接觸不良或斷線

燃油錶作動不準確

‧燃油錶不良

‧燃油計量器不良

‧燃油計量器浮筒不良

17-2

依指定測量項目於修護手冊 (光陽 GP 系列) 總目錄查找對應章節→查閱燈泡類／儀錶／開關。

頁碼：17-2。

標準值：無。

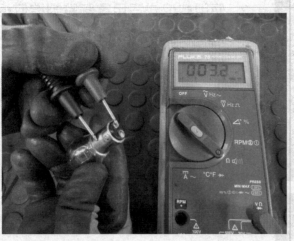

1. 採工作臺測量為例。

2. 使用數位式三用電錶歐姆檔位檢查後燈燈泡電阻值。

3. 紀錄實測值並判斷正常與否。

燈光照明系統

測量項目	可用量具			測量位置	
	指針式 三用電錶	數位式 三用電錶	機車電路 檢修儀器	車上 測量	工作臺 測量
遠光燈燈泡電壓值	V	V	V	V	

17.燈泡類／儀錶／開關　**◎ KYMCO**

整備資料

作業上注意事項
· 電裝品檢查測量時必須使用三用電錶作業。
· 保險絲燈泡類必須依照規格使用，以防止電裝品燒損或性能異常發生。
· 開關之導通測試，可從車上拆下檢查測定。

故障診斷

主開關 ON 方向燈，煞車燈不亮，喇叭不響
· 主開關不良
· 保險絲不良
· 電瓶無電（電不足）
· 燈泡不良
· 開關不良
· 喇叭不良
· 接頭接觸不良，或斷線

燃油錶不作動
· 燃油錶不良
· 燃油計量器不良
· 線路接頭接觸不良或斷線

燃油錶作動不準確
· 燃油錶不良
· 燃油計量器不良
· 燃油計量器浮筒不良

17-2

燈光照明系統

依指定測量項目於修護手冊 (光陽 GP 系列) 總目錄查找對應章節→查閱燈泡類 / 儀錶 / 開關。

頁碼：17-2。

標準值：無。

1. 卸離前燈燈泡電源線。
2. 主開關 ON，開啟照明開關，遠近開關切換至遠燈。
3. 使用數位式三用電錶電壓檔位測量遠光燈之電壓值。
4. 紀錄實測值並判斷正常與否。

測量項目	可用量具			測量位置	
	指針式 三用電錶	數位式 三用電錶	機車電路 檢修儀器	車上 測量	工作臺 測量
電瓶開放迴路電壓	V	V	V	V	

14.電瓶、充電系統、A.C發電機 KYMCO

電瓶、充電裝置之配置‧‧‧‧‧‧14－1　調整／整流器‧‧‧‧‧‧14－6
整備資料‧‧‧‧‧‧‧‧‧‧‧‧‧‧14－2　A.C發電機充電線圈‧‧‧14－7
故障診斷‧‧‧‧‧‧‧‧‧‧‧‧‧‧14－3　A.C發電機‧點火線圈‧‧‧14－7
電瓶‧‧‧‧‧‧‧‧‧‧‧‧‧‧‧‧14－4　A.C發電機拆卸‧‧‧‧‧‧14－7
充電系統‧‧‧‧‧‧‧‧‧‧‧‧‧‧14－5

整備資料

作業上注意

電解液（稀硫酸）為劇毒，衣服、皮膚、眼睛被滲到會受傷，或失明之危險，萬一被滲到請使用大量的清水沖洗，然後給專門的醫師治療。
衣服滲到電瓶液時會與皮膚接觸，要將衣服脫掉使用大量的水沖洗。

- 電瓶是可以充電及放電返復操作，電瓶在放電後放置，會損壞、壽命縮短。電瓶性能會降低，通常使用約2-3年電瓶的性能會降低。性能降低（容量下降）之電瓶，市充補電後電壓會恢復，另加負荷時，電壓會急下降後再上升。
- 電瓶之過充電，一般過充電的症狀在電瓶的本體上可看出來，如果電瓶內部短路，在電瓶之端子被無電壓產生之症狀，測器無作動，抑電瓶電壓會產生過，高電之壽命會縮短。
- 電瓶如長期間放置，電瓶會自行放電，電容量會降低約的3個月必須補充電。
- 新的電瓶注入電解液後，在一定的時間會產生電壓，容量不足時必須再行補充電。如果新的電瓶跟續充電後，會延長電瓶的壽命。
- 充電系統之檢查，請依照故障診斷表上順序的做檢查。
- 電裝品如有電流在流通時，不可將接頭拆下，又接續會發生電壓過高、腳壓／整流器內之電子另件會損壞，必須先將主開關OFF再作業。
- MF電瓶不需要檢查，電解液及補充蒸餾水。
- 全部的充電系統負載情形之檢查。
- 除非在緊急狀況下，不可使用急速充電。
- 電瓶充電時，電瓶必須由車上取下然後，內行充電。
- 電瓶交換時請不要使用傳統式電瓶。
- 電瓶充電後有時對使用三用電錶作業。

整備資料

項目		標準值	
電瓶	容量／型式	12V6Ah/MF	
	電壓(20℃) 完全充電時	13.1V	
	必須充電	12.3V	
	充電電流	標準：0.7A，急速：3.0A	
	充電時間	標準：5-10小時，急速：60分鐘	
A·C交流發電機	容量	150W/5,000rpm	
	照明線圈低抗値(20℃)	青／黃之間	1.0~1.8Ω
	充電性能	6.5A以上／1500rpm	
		10.8A以上／5000rpm	
	限制電壓	14.5±0.5V	

14-2

依指定測量項目於修護手冊(光陽GP系列)總目錄查找對應章節→查閱電瓶、充電系統、A.C發電機。

頁碼：17-2。

標準值：12.3-13.1V。

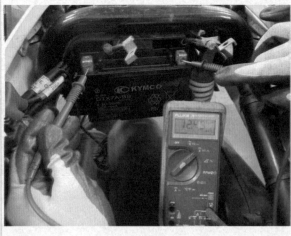

1. 拆下正、負極電瓶線。
2. 使用數位式三用電錶電壓檔位測量電瓶開放迴路電壓值(三用電錶(+)接電瓶正極椿頭，三用電錶(-)接電瓶負極椿頭)。
3. 紀錄實測值並判斷正常與否。

燈光照明系統

測量項目	可用量具			測量位置	
	指針式三用電錶	數位式三用電錶	機車電路檢修儀器	車上測量	工作臺測量
主開關通路檢查	V	V	V	V	V

17.燈泡類／儀錶／開關　 KYMCO

主開關
檢查
拆下前蓋。
拆下主開關導線接頭。
檢查接頭端子之間導通性。

位置＼顏色	黑	赤	黑/白	綠
CLOCK			○—○	
OFF			○—○	
ON	○—○			

主開關接頭

主開關固定螺絲

交換
拆下 2 支固定螺栓，取下主開關固定座。
拆下 2 支固定螺絲，取主開關交換。

信號開關總成檢查
拆下前、後蓋。
拆下手把開關接頭。
檢查接頭端子間導通性。

位置＼顏色	黑	茶	黑	白/藍
•				
⊏□⊐	○—○			
☀			○—○	

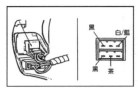

17-4

依指定測量項目於修護手冊(光陽 GP 系列)總目錄查找對應章節→查閱燈泡類/儀錶/開關。
頁碼：17-4。
標準值：如左圖示。

燈光照明系統

1. 採車上測量為例。
2. 卸離主開關線束接頭。
3. 使用數位式三用電錶歐姆檔位進行主開關通路檢查(檢查各端子間之導通狀況)。
4. 紀錄實測值並判斷正常與否。

測量項目	可用量具			測量位置	
	指針式 三用電錶	數位式 三用電錶	機車電路 檢修儀器	車上 測量	工作臺 測量
照明開關通路檢查	V	V	V	V	V

燈光照明系統

17.燈泡類／儀錶／開關　KYMCO

主開關

檢查
拆下前蓋。
拆下主開關導線接頭。
檢查接頭端子之間導通性。

位置＼顏色	黑	赤	黑/白	綠
CLOCK		○━━○		○
OFF				
ON	○━━○			

主開關接頭
主開關固定螺絲

交換
拆下 2 支固定螺栓，取下主開關固定座。
拆下 2 支固定螺絲，取主開關交換。

信號開關總成檢查
拆下前、後蓋。
拆下手把開關接頭。
檢查接頭端子間導通性。

位置＼顏色	黑	茶	黑	白/藍
•（ED）	○━━○			
☼			○━━○	

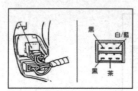
黑　白/藍
黑　茶

17-4

依指定測量項目於修護手冊 (光陽 GP 系列) 總目錄查找對應章節→查閱燈泡類 / 儀錶 / 開關。

頁碼：17-4。

標準值：如左圖示。

1. 採工作臺測量為例。
2. 使用數位式三用電錶歐姆檔位進行照明開關通路檢查 (檢查各端子間之導通狀況)。
3. 紀錄實測值並判斷正常與否。

測量項目	可用量具			測量位置	
	指針式三用電錶	數位式三用電錶	機車電路檢修儀器	車上測量	工作臺測量
遠近燈開關通路檢查	V	V	V	V	V

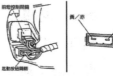

17.燈泡類／儀錶／開關　KYMCO

起動按鈕開關

	ST	E
放開		
壓入	○———○	
顏色	黃／赤	綠

喇叭按鈕開關

	NO	BAT Z
放開		
壓入	○———○	
顏色	淺綠	黑

方向燈開關

	R	L	WR
L		○———○	
N			
R	○———○		
顏色	空	橙	灰

前燈切換開關

	HL	HI	LO	PASS
PASS		○———○		○
近燈	○		○———○	
N				
遠燈	○	○———○		
顏色	白／藍	藍	白	黑

17-5

燈光照明系統

依指定測量項目於修護手冊（光陽 GP 系列）總目錄查找對應章節→查閱燈泡類／儀錶／開關。

頁碼：17-5。

標準值：如左圖示。

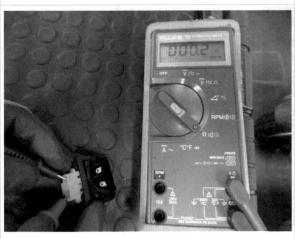

1. 採工作臺測量為例。
2. 使用數位式三用電錶歐姆檔位進行遠近燈開關通路檢查（檢查各端子間之導通狀況）。
3. 紀錄實測值並判斷正常與否。

測量項目	可用量具			測量位置	
	指針式三用電錶	數位式三用電錶	機車電路檢修儀器	車上測量	工作臺測量
保險絲通路檢查	V	V	V	V	V

17. 燈泡類／儀錶／開關　**KYMCO**

燈泡類，開關之配置圖 17-1	主開關、前燈控制開關 17-4
整備資料 17-2	煞車燈開關 17-6
故障診斷 17-2	喇叭 17-6
前燈／後燈／煞車燈／後方向燈	燃油計量器、燃油計量器 17-6
／牌照燈 17-3	儀錶 17-7
前方向燈 17-3	儀錶之分解 17-8

整備資料

作業上注意事項

· 電裝品檢查測量時必須使用三用電錶作業。
· 保險絲燈泡類必須依照規格使用，以防止電裝品燒損或性能異常發生。
· 開關之導通測試，可從車上拆下檢查測定。

故障診斷

主開關 ON 方向燈，煞車燈不亮，喇叭不響
· 主開關不良
· 保險絲不良
· 電瓶無電（電不足）
· 燈泡不良
· 開關不良
· 喇叭不良
· 接頭接觸不良，或斷線

燃油錶不作動
· 燃油錶不良
· 燃油計量器不良
· 線路接頭接觸不良或斷線

燃油錶作動不準確
· 燃油錶不良
· 燃油計量器不良
· 燃油計量器浮筒不良

17-2

依指定測量項目於修護手冊（光陽 GP 系列）總目錄查找對應章節→查閱燈泡類／儀錶／開關。

頁碼：17-2。

標準值：無。

1. 採工作臺測量為例。
2. 使用數位式三用電錶歐姆檔位檢查保險絲電阻值。
3. 紀錄實測值並判斷正常與否（正常應導通）。

測量項目	可用量具			測量位置	
	指針式 三用電錶	數位式 三用電錶	機車電路 檢修儀器	車上 測量	工作臺 測量
起動繼電器線圈電阻值	V	V		V	V

起動系統

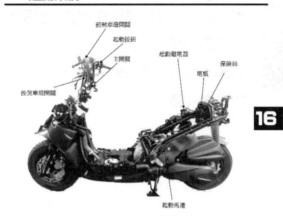

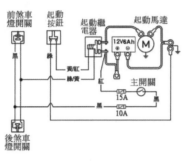

依指定測量項目於修護手冊 (光陽 GP 125) 總目錄查找對應章節→查閱起動系統。

頁碼：16-1。

標準值：無。

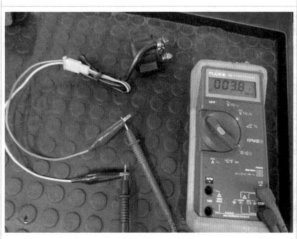

1. 採工作臺測量為例。
2. 使用數位型三用電錶歐姆檔位測量起動繼電器線圈電阻值。
3. 紀錄實測值並判斷正常與否。

測量項目	可用量具			測量位置	
	指針式 三用電錶	數位式 三用電錶	機車電路 檢修儀器	車上 測量	工作臺 測量
起動馬達線圈電阻值	V	V	V	V	V

起
動
系
統

16.起動系統　 KYMCO

起動馬達
拆卸

螺栓　起動馬達導線

✱ 起動馬達相關之整備之前，必須先將主開
關 OFF，把電瓶搭鐵線拆下，然後再將電
源打開試看起動達是否會作動，以確認安
全性。
先拆下起動馬達導線夾子。
拆下起動馬達 2 支固定螺栓，取下起動馬達。

把橡皮防水套捲起，拆下起動馬達接頭。

前蓋

分解
拆下外殼 2 支螺絲、前蓋、馬達外殼及其他
部品。

馬達外殼　　外殼螺絲

檢查
其他部品組合檢查。
表面之偏磨損、損傷、燒損（變色）時交換
新品。
換向器表面層間有附著金屬粉時必須洗掃
乾淨。

換向器

其他組合各接觸面間的導通性檢查。
換向器各表面層間與電樞軸之不可導通要
確認。

─183─　　　　　　　　　　　　　　　**16-2**

依指定測量項目於修護手冊 (光陽豪邁奔
騰化油器系列) 總目錄查找對應章節→查
閱起動系統。
頁碼：16-2，第 183 頁。
標準值：無。

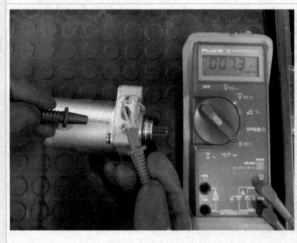

1. 採工作臺測量為例。
2. 使用數位式三用電錶歐姆檔位檢查起
動馬達線圈電阻值。
3. 紀錄實測值並判斷正常與否。

測量項目	可用量具			測量位置	
	指針式 三用電錶	數位式 三用電錶	機車電路 檢修儀器	車上 測量	工作臺 測量
電瓶起動搖轉電壓	V	V	V	V	

起動系統

16.起動系統　 **KYMCO**

起動馬達
拆卸

＊ 起動馬達拆卸前，必須先將上開關 OFF，
把電瓶搭鐵線拆下，然後再將電源打開試
著起動馬達是否會作動，以確認安全性。

先拆下起動馬達導線夾了。
拆下起動馬達 2 支固定螺栓，取下起動馬
達。

螺栓　起動馬達導線

起動馬達

起動繼電器
作動檢查
拆下車體查。
上開關打開在"ON"按下起動馬達按鈕時有"
咔答"聲音之檢查。
有聲音時為正常。
無聲音時：
　‧ 檢查起動繼電器電壓。
　‧ 檢查起動繼電器塔鐵回路。
　‧ 起動繼電器之作動檢查。

起動繼電器

起動繼電器電壓檢查
把主腳架立起來，測量起動繼電器接頭之綠
／黃線與車體搭鐵間之電壓。
主開關打開在"ON"，把煞車拉桿拉住，電瓶
電壓要良好。
無電瓶電壓時，煞車開關是否導通及導線檢
查。

綠／黃線

16-3

依指定測量項目於修護手冊 (光陽 GP
125) 總目錄查找對應章節→查閱起動系
統。

頁碼：16-3。

標準值：無。

1. 使用數位式三用電錶直流電壓檔位檢
　 查電瓶起動搖轉電壓：三用電錶 (+) 接
　 電瓶 + 極，三用電錶 (-) 接電瓶 - 極，
　 打馬達並觀察顯示電壓值。
2. 紀錄實測值並判斷正常與否 (正常應高
　 於 9.6V)。

測量項目	可用量具			測量位置	
	指針式 三用電錶	數位式 三用電錶	機車電路 檢修儀器	車上 測量	工作臺 測量
起動繼電器之作動檢查	V	V	V	V	V

起
動
系
統

16. 起動系統　Ⓚ KYMCO

起動繼電器搭鐵回路之檢查
拆下起動繼電器接頭。
導線接頭端子的黃／紅線與車體搭鐵間之導通檢查。
起動按鈕按下時接頭之黃／赤線與車體搭鐵導通要良好。
無導通時起動按鈕之導通性及導線檢查。

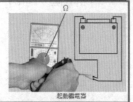

作動檢查
起動繼電器接下電瓶，接起動馬達的端子連接三用電錶(Ω檔位置)，(如右圖所示)
把完全充滿電的電瓶接在繼電器的黃／赤線與綠／黃線之間。
此時會聽到「答」聲，同時三用電錶指針指示在小Ω處 (愈小愈好)。
※注意：檢查時間勿太久，以免燒壞起動繼電器。

安裝
裝上起動馬達導線，確實裝好防塵套。
O環是否有損壞、檢查、異常時交換新品。
O環塗布機油，然後裝上起動馬達，鎖緊2支固定螺栓。

起動單向離合器
拆卸
拆下交流發電機。
拆下右曲軸箱蓋。

16-4

依指定測量項目於修護手冊 (光陽 GP 系列) 總目錄查找對應章節→查閱起動系統。

頁碼：16-4。

標準值：電阻值越小越好。

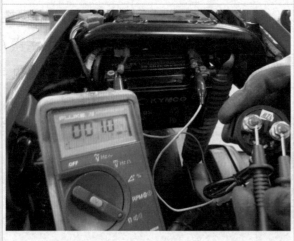

1. 採車上測量為例。
2. 將起動繼電器之線束接頭分別接至電瓶正、負極。
3. 使用數位式三用電錶歐姆檔位測量起動繼電器之電阻值。
4. 紀錄實測值並判斷正常與否。

測量項目	可用量具			測量位置	
	指針式 三用電錶	數位式 三用電錶	機車電路 檢修儀器	車上 測量	工作臺 測量
前 (後) 煞車開關通路檢查	V	V	V	V	V

17.燈泡類／儀錶／開關　Ⓚ KYMCO

煞車燈開關

檢查
拆下手把前蓋。
拆下前煞車燈開關導線。
拉住煞車拉桿時，兩導線之間導通表示良好。

喇叭

檢查
拆下前蓋。
拆下喇叭導線。
將喇叭導線接上電瓶有響則良好。

喇叭

燃油計量器

拆卸
拆下中間置物箱。
拆下車箱蓋。
拆下踏墊板。
拆下燃油計量器導線接頭。
拆下燃油計量器固定板。
拆下燃油計量器。

＊燃油計量器取出時注意浮筒角度不可彎曲變形。

燃油計量器接頭

17-6

起動系統

依指定測量項目於修護手冊 (光陽 GP 系列) 總目錄查找對應章節→查閱燈泡類 / 儀錶 / 開關。
頁碼：17-6。
標準值：導通。

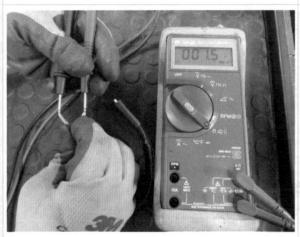

1. 採工作臺測量為例。
2. 使用數位式三用電錶歐姆檔位檢查前 (後) 煞車開關電阻值。
3. 紀錄實測值並判斷正常與否。

測量項目	可用量具			測量位置	
	指針式 三用電錶	數位式 三用電錶	機車電路 檢修儀器	車上 測量	工作臺 測量
起動開關通路檢查	V	V	V	V	V

17. 燈泡類／儀錶／開關 Ⓚ KYMCO

起動按鈕開關

	ST	E
放開		
壓入	○──	──○
顏色	黃／赤	綠

喇叭按鈕開關

	NO	BATZ
放開		
壓入	○──	──○
顏色	淺綠	黑

方向燈開關

	R	L	WR
L		○──	──○
N			
R	○──	──○	
顏色	空	橙	灰

前燈切換開關

	HL	HI	LO	PASS
PASS		○──		──○
近燈	○──	──○		
N	○──	──○		
遠燈	○──		──○	
顏色	白／藍	藍	白	黑

17-5

起動系統

依指定測量項目於修護手冊 (光陽 GP 系列) 總目錄查找對應章節→查閱燈泡類 / 儀錶 / 開關。

頁碼：17-5。

標準值：按壓時端子導通。

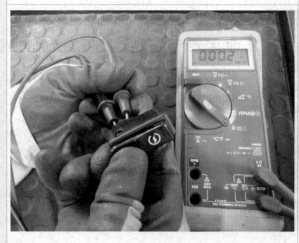

1. 採工作臺測量為例。
2. 壓下起動開關起動按鈕後，使用數位式三用電錶歐姆檔位檢查起動開關電阻值。
3. 紀錄實測值並判斷正常與否。

測量項目	可用量具			測量位置	
	指針式 三用電錶	數位式 三用電錶	機車電路 檢修儀器	車上 測量	工作臺 測量
起動繼電器電壓降檢查	V	V	V	V	

起
動
系
統

16.起動系統　　KYMCO

起動馬達
拆卸

螺栓　起動馬達導線

*　起動馬達拆卸前，必須先將主開關 OFF，
把電瓶搭鐵線拆下，然後再將電源打開試
看起動馬達是否合作動，以確認安全性。

先拆下起動馬達導線夾子。
拆下起動馬達 2 支固定螺栓，取下起動馬
達。

起動馬達

起動繼電器
作動檢查
拆下車體蓋。
主開關打開在"ON"按下起動馬達按鈕時有"
咔答"聲音之檢查。
有聲音時為正常。
無聲音時：
　• 檢查起動繼電器電壓。
　• 檢查起動繼電器塔鐵回路。
　• 起動繼電器之作動檢查。

起動繼電器

起動繼電器電壓檢查
把主腳架立起來，測量起動繼電器接頭之綠
／黃線與車體搭鐵間之電壓。
主開關打開在"ON"，把煞車拉桿拉住，電瓶
電壓要良好。
無電瓶電壓時，煞車開關是否導通及導線檢
查。

綠／黃線

16-3

依指定測量項目於修護手冊 (光陽 GP 系
列) 總目錄查找對應章節→查閱起動系統。
頁碼：16-3。
標準值：查無起動繼電器電壓降標準值。

1. 使用數位式三用電錶電壓檔位準備測
　量起動繼電器電壓降。
2. 主開關 ON → 作用煞車拉桿 → 打馬
　達，同時使用數位式三用電錶電壓檔
　位測量起動繼電器電瓶端 (紅探棒) 與
　馬達端 (黑探棒) 線頭間之電壓 (實測
　0.02V)
3. 紀錄起動繼電器電壓降實測值並判斷
　正常與否

註：起動繼電器電壓降

　　＝電瓶端線頭電壓－馬達端線頭電壓

測量項目	可用量具			測量位置	
	指針式 三用電錶	數位式 三用電錶	機車電路 檢修儀器	車上 測量	工作臺 測量
起動繼電器搭鐵回路檢查	V	V	V	V	

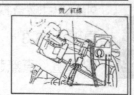

16. 起動系統 ⓀＫＹＭＣＯ

起動繼電器搭鐵回路之檢查
拆下起動繼電器接頭。
導線接頭端子的黃／紅線與車體搭鐵間之
導通檢查。
起動按鈕按下時接頭之黃／赤線與車體搭
鐵導通要良好。
無導通時起動按鈕之導通性及導線檢查。

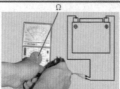

作動檢查
把起動繼電器接下電瓶，接起動馬達的端子
連接三用電錶(Ω檔位置)。(如右圖所示)
把完全充滿電的電瓶接在繼電器的黃／赤
線與線／黃線之間。
此時會聽到　答聲，同時三用電錶指針指示
在小Ω處(愈小愈好)。
※注意：檢查時間勿太久，以免燒壞起動繼
電器。

起動繼電器

安裝
裝上起動馬達導線，確實裝好防塵套。
O環是否有損壞，檢查，異常時交換新品。
O環塗布機油，然後裝上起動馬達。
鎖緊2支固定螺栓。

O環

起動單向離合器
拆卸
拆下交流發電機。
拆下右曲軸箱蓋。

右曲軸箱蓋

16-4

依指定測量項目於修護手冊 (光陽 GP 系列) 總目錄查找對應章節→查閱起動系統。
頁碼：16-4。
標準值：導通。

1. 使用數位式三用電錶歐姆檔位測量起動繼電器搭鐵回路之電阻值。
2. 紀錄實測值並判斷正常與否。

測量項目	可用量具			測量位置	
	指針式 三用電錶	數位式 三用電錶	機車電路 檢修儀器	車上 測量	工作臺 測量
起動馬達電樞絕緣電阻檢查	V	V	V		V

16.起動系統　　 KYMCO

起動馬達
拆卸

※ 起動馬達相關之整備之前，必須先將主開關 OFF，把電瓶搭鐵線拆下，然後再將電源打開試看起動達是否會作動，以確認安全性。

先拆下起動馬達導線夾子。
拆下起動馬達2支固定螺栓，取下起動馬達。

把橡皮防水套捲起，拆下起動馬達接頭。

分解
拆下外殼2支螺絲、前蓋、馬達外殼及其他部品。

檢查
其他部品組合檢查。
表面之偏磨損、損傷、燒損（變色）時交換新品。
換向器表面層間有附著金屬粉時必須洗掃乾淨。

其他組合部各接觸面間的導通性檢查。
換向器各表面層間與電樞軸之不可導通要確認。

-183-　　　　　　　**16-2**

依指定測量項目於修護手冊(光陽豪邁奔騰化油器系列)總目錄查找對應章節→查閱起動系統。
頁碼：16-2，第183頁。
標準值：不導通。

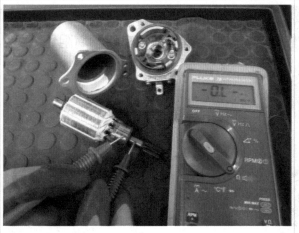

1. 使用數位式三用電錶歐姆檔位檢查起動馬達電樞絕緣之電阻值。
2. 紀錄實測值並判斷正常與否。

測量項目	可用量具			測量位置	
	指針式 三用電錶	數位式 三用電錶	機車電路 檢修儀器	車上 測量	工作臺 測量
起動馬達電刷架之導通檢查	V	V	V		V

起動系統

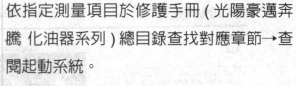

16. 起動系統

起動馬達外殼導通檢查。
導線端子與起動馬達外殼之間不可導通確
認。
導線端子與電刷之間導通檢查。
如有異常時交換新品。

導線端子

電刷長度測量。
使用限度：8.5mm 以下交換

電刷架之導通檢查，如有導通時交換新品。

前蓋內的針狀軸承旋轉圓滑性及，壓入時是
否鬆動之檢查。
如有異常時交換新品。
檢查防塵封是否磨耗、損傷。

軸承
防塵封

16-3 —————————————————— —184—

依指定測量項目於修護手冊 (光陽豪邁奔
騰 化油器系列) 總目錄查找對應章節→查
閱起動系統。

頁碼：16-3，第 184 頁。

標準值：不導通。

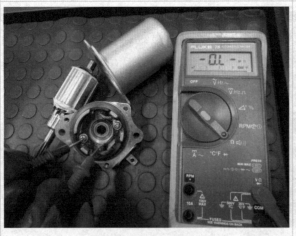

1. 使用數位式三用電錶歐姆檔位檢查起
   動馬達電刷架之導通電阻值。
2. 紀錄實測值並判斷正常與否。

測量項目	可用量具			測量位置	
	指針式 三用電錶	數位式 三用電錶	機車電路 檢修儀器	車上 測量	工作臺 測量
主開關測量 - 引擎熄火開關檢查	V	V		V	V

信號系統

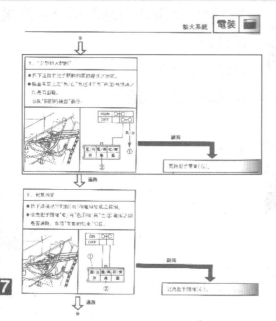

依指定測量項目於修護手冊 (YAMAHA FZR 150) 總目錄查找對應章節→查閱電裝篇。

頁碼：7-17。

標準值：導通。

1. 採工作臺測量為例。
2. 將熄火開關切換至 OFF (熄火) 位置。
3. 使用數位式三用電錶歐姆檔位檢查引擎熄火開關電阻值。
4. 紀錄實測值並判斷正常與否 (正常應導通)。

測量項目	可用量具			測量位置	
	指針式 三用電錶	數位式 三用電錶	機車電路 檢修儀器	車上 測量	工作臺 測量
主開關測量－電源開關檢查	V	V		V	V

依指定測量項目於修護手冊 (光陽 GP 系列) 總目錄查找對應章節→查閱燈泡類 / 儀錶 / 開關。

頁碼：17-4。

標準值：如左圖示。

信號系統

1. 採車上測量為例。
2. 卸離主開關線束接頭。
3. 使用數位式三用電錶歐姆檔位進行主開關通路檢查 (檢查各端子間之導通狀況)。
4. 紀錄實測值並判斷正常與否。

測量項目	可用量具			測量位置	
	指針式 三用電錶	數位式 三用電錶	機車電路 檢修儀器	車上 測量	工作臺 測量
燃油油量計電阻值 -E (空)	V	V		V	V

信
號
系
統

17.燈泡類／儀錶／開關 ⓚ KYMCO

檢查
測量燃油計量器浮筒上、下各端子之間電阻
值。
各端子電阻值　　　　　　　　單位：Ω

顏色　浮筒	上	下
黃/白-藍/白	1000-1100	100-110

安裝時依拆卸之反順序作業。

＊燃油計量器安裝時箭頭要對準汽油箱上
箭頭記號安裝。

箭頭記號

儀錶之交換
拆下手把前蓋。
拆下手把後蓋。
拆下手把左右開關插頭。
拆下速度錶導線。
取下儀錶燈座。
拆下燃油錶 3P 導線。
拆下儀錶導線固定夾以螺絲。

開關插座　　　　開關插座

速度錶導線接頭

17-7

依指定測量項目於修護手冊 (光陽 GP 系
列) 總目錄查找對應章節→查閱燈泡類 /
儀錶 / 開關。
頁碼：17-7。
標準值：100-110Ω。

1. 採工作臺測量為例。
2. 使用數位式三用電錶歐姆檔位檢查燃
   油油量計 -E (空) 時電阻值。
3. 紀錄實測值並判斷正常與否。

測量項目	可用量具			測量位置	
	指針式 三用電錶	數位式 三用電錶	機車電路 檢修儀器	車上 測量	工作臺 測量
燃油油量計電阻值 -F (滿)	V	V		V	V

信號系統

17.燈泡類／儀錶／開關  KYMCO

檢查
測量燃油計量器浮筒上、下各端子之間電阻
值。
各端子電阻值　　　　　　　　　　單位：Ω

顏色　浮筒	上	下
黃/白 藍/白	1000-1100	100-110

安裝時依拆卸之反順序作業。

＊燃油計量器安裝時箭頭要對準汽油箱上
箭頭記號。

箭頭記號

儀錶之交換
拆下手把前蓋。
拆下手把後蓋。
拆下手把左右開關插頭。
拆下速度錶導線。
收下儀錶燈座。
拆下燃油錶 3P 導線。
拆下儀錶導線固定夾具螺絲。

開關插座　　　　　開關插座

速度錶導線接頭

17-7

依指定測量項目於修護手冊 (光陽 GP 系
列) 總目錄查找對應章節→查閱燈泡類／
儀錶／開關。
頁碼：17-7。
標準值：1000-1100Ω。

1. 採工作臺測量為例。
2. 使用數位式三用電錶歐姆檔位檢查燃
   油油量計 -F (滿) 時電阻值。
3. 紀錄實測值並判斷正常與否。

測量項目	可用量具			測量位置	
	指針式三用電錶	數位式三用電錶	機車電路檢修儀器	車上測量	工作臺測量
煞車燈泡電阻值	V	V		V	V

17.燈泡類／儀錶／開關　KYMCO

檢查
測量燃油計量器浮筒上、下各端子之間電阻值。

各端子電阻值　　　　　　　單位：Ω

顏色＼浮筒	上	下
黃/白-藍/白	1000-1100	100-110

安裝時依拆卸之反順序作業。

＊燃油計量器安裝時箭頭要對準汽油箱上箭頭記號安裝。

箭頭記號

儀錶之交換
拆下手把前蓋。
拆下手把後蓋。
拆下手把左右開關插頭。
拆下速度錶導線。
取下儀錶燈座。
拆下燃油錶 3P 導線。
拆下儀錶導線固定夾具螺絲。

開關插座　　開關插座

速度錶導線接頭

17-7

依指定測量項目於修護手冊 (光陽 GP 系列) 總目錄查找對應章節→查閱燈泡類 / 儀錶 / 開關。
頁碼：17-2。
標準值：無。

左側：信號系統

1. 採工作臺測量為例。
2. 使用數位式三用電錶歐姆檔位檢查煞車燈泡電阻值電阻值。
3. 紀錄實測值並判斷正常與否。

測量項目	可用量具			測量位置	
	指針式 三用電錶	數位式 三用電錶	機車電路 檢修儀器	車上 測量	工作臺 測量
電瓶開放迴路電壓	V	V	V	V	

信號系統

14.電瓶、充電系統、A.C發電機 ⓀKYMCO

整備資料

作業上注意

電解液（稀硫酸）為劇毒，衣服、皮膚、眼睛被滲到會燙傷，或失明之危險，萬一被滲到請使用大量的清水沖洗，然後給專明的醫師治療。
衣服滲到電瓶液時會與皮膚接觸，要將衣服脫掉使用大量的水沖洗。

‧電瓶是可以充電及放電返復操作，電瓶在放電後放置，會損壞，壽命縮短，電瓶性能會降低。通常使用約2-3年電瓶的性能會降低。性能降低（容量下降）之電瓶，再充補後電壓會恢復。外加負荷時，電壓會急降後再上升。
‧電瓶之過充電，一般過充電的症狀在電瓶的本體上可看出來，如果電瓶內部短路，在電瓶之端子就無電壓產生之症狀，調壓器無作動，則電瓶電壓會產生過，高電之壽命會縮短。
‧電瓶如長時間放置，電瓶會自行放電，電容量會降低約每3個月必須補充電。
‧新的電瓶注入電解液後，在一定的時間會產生電壓，容量不足時必須再行補充電。如果新的電瓶做補充電後，會延長電瓶的壽命。
‧充電系統之檢查，請依照故障診斷表上順序的做檢查。
‧電裝品如有電流在流通時，不可將接頭拆下，又接續會發生電壓過高，調壓／整流器內之電子另件會損壞，必須先將主開關OFF再作業。
‧MF電瓶不需要檢查，電解液及補充蒸餾水。
‧全部的充電系統負載情形之檢查。
‧除非在緊急狀況下，不可使用急速充電。
‧電瓶充電時，電瓶必須由車上取下然後，再行充電。
‧電瓶交換時請不要使用傳統式電瓶。
‧電瓶充電檢查時須使用三用電錶作業。

整備資料

項目			標準值
電瓶	容量／型式		12V6Ah/MF
	電壓（20℃）	完全充電時	13.1V
		必須充電	12.3V
	充電電流		標準：0.7A，急速：3.0A
	充電時間		標準：5-10小時，急速：60分鐘
A、C交流發電機	容量		150W/5,000rpm
	照明線圈抵抗值（20℃）		黃／黃之間　1.0~1.8Ω
	充電性能		6.5A以上／1500rpm 10.8A以上／5000rpm
	限制電壓		14.5±0.5V

14-2

依指定測量項目於修護手冊（光陽GP系列）總目錄查找對應章節→查閱電瓶、充電系統、A.C發電機。

頁碼：17-2。

標準值：12.3-13.1V。

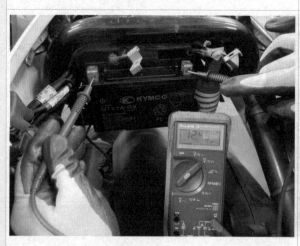

1. 拆下正、負極電瓶線。
2. 使用數位式三用電錶電壓檔位測量電瓶開放迴路電壓值（三用電錶(+)接電瓶正極樁頭，三用電錶(-)接電瓶負極樁頭）。
3. 紀錄實測值並判斷正常與否。

測量項目	可用量具			測量位置	
	指針式 三用電錶	數位式 三用電錶	機車電路 檢修儀器	車上 測量	工作臺 測量
保險絲通路檢查	V	V	V	V	V

信號系統

17. 燈泡類／儀錶／開關　⟨Ⓚ⟩ KYMCO

整備資料

作業上注意事項
· 電裝品檢查測量時必須使用三用電錶作業。
· 保險絲燈泡類必須依照規格使用，以防止電裝品燒損或性能異常發生。
· 開關之導通測試，可從車上拆下檢查測定。

故障診斷

主開關 ON 方向燈，煞車燈不亮，喇叭不響
· 主開關不良
· 保險絲不良
· 電瓶無電（電不足）
· 燈泡不良
· 開關不良
· 喇叭不良
· 接頭接觸不良，或斷線

燃油錶不作動
· 燃油錶不良
· 燃油計量器不良
· 線路接頭接觸不良或斷線

燃油錶作動不準確
· 燃油錶不良
· 燃油計量器不良
· 燃油計量器浮筒不良

17-2

依指定測量項目於修護手冊 (光陽 GP 系列) 總目錄查找對應章節→查閱燈泡類 / 儀錶 / 開關。

頁碼：17-2。

標準值：無。

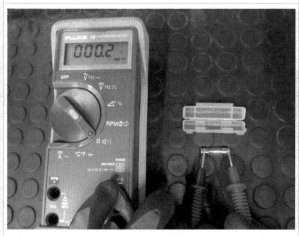

1. 採工作臺測量為例。
2. 使用數位式三用電錶歐姆檔位檢查保險絲電阻值。
3. 紀錄實測值並判斷正常與否 (正常應導通)。

測量項目	可用量具			測量位置	
	指針式三用電錶	數位式三用電錶	機車電路檢修儀器	車上測量	工作臺測量
主開關通路檢查	V	V	V	V	V

信號系統

17-4

依指定測量項目於修護手冊 (光陽 GP 系列) 總目錄查找對應章節→查閱燈泡類 / 儀錶 / 開關。

頁碼：17-4。

標準值：如左圖示。

1. 採車上測量為例。
2. 卸離主開關線束接頭。
3. 使用數位式三用電錶歐姆檔位進行主開關通路檢查 (檢查各端子間之導通狀況)。
4. 紀錄實測值並判斷正常與否。

測量項目	可用量具			測量位置	
	指針式 三用電錶	數位式 三用電錶	機車電路 檢修儀器	車上 測量	工作臺 測量
喇叭開關通路檢查	V	V	V	V	V

信號系統

17.燈泡類／儀錶／開關　🄺 KYMCO

起動按鈕關關

	ST	E
放開		
壓入	○───	───○
顏色	黃／赤	綠

喇叭按鈕開關

	NO	BATZ
放開		
壓入	○───	───○
顏色	淡綠	黑

方向燈開關

	R	L	WR
L		○───	───○
N			
R	○───		───○
顏色	空	橙	灰

前燈切換開關

	HL	HI	LO	PASS
PASS		○───		───○
近燈	○───		───○	
N	○───	───○		
遠燈	○───	───○		
顏色	白／紫	紫	白	黑

17-5

依指定測量項目於修護手冊 (光陽 GP 系列) 總目錄查找對應章節→查閱燈泡類 / 儀錶 / 開關。

頁碼：17-5。

標準值：如左圖示。

1. 採工作臺測量為例。
2. 壓下喇叭開關喇叭作動按鈕。
3. 使用數位式三用電錶歐姆檔位檢查喇叭開關電阻值。
4. 紀錄實測值並判斷正常與否。

測量項目	可用量具			測量位置	
	指針式 三用電錶	數位式 三用電錶	機車電路 檢修儀器	車上 測量	工作臺 測量
方向燈開關通路檢查	V	V	V	V	V

信號系統

17. 燈泡類／儀錶／開關　◯ KYMCO

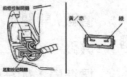

起動按鈕開關

	ST	E
放開		
壓入	◯—◯	
顏色	黃／赤	綠

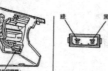

喇叭按鈕開關

	NO	BATZ
放開		
壓入	◯—◯	
顏色	淺綠	黑

方向燈開關

	R	L	WR
L		◯—◯	
N			
R	◯—◯		
顏色	空	橙	灰

前燈切換開關

	HL	HI	LO	PASS
PASS	◯—◯			◯
近燈	◯—◯		◯	
N	◯		◯	
遠燈	◯	◯—◯		
顏色	白／藍	藍	白	黑

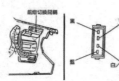

17-5

依指定測量項目於修護手冊 (光陽 GP 系列) 總目錄查找對應章節→查閱燈泡類／儀錶／開關。

頁碼：17-5。

標準值：如左圖示。

1. 採工作臺測量為例。
2. 使用數位式三用電錶歐姆檔位進行方向燈開關通路檢查 (分別切換至左、右方向燈後，檢查端子間之導通狀況)。
3. 紀錄實測值並判斷正常與否。

陸、機器腳踏車修護乙級技術士技能檢定術科測試
第三站檢修車體相關裝備試題說明

(本站應檢人依配題抽籤結果，就所抽中之崗位及試題進行測試)

一、題　　目：檢修車體相關裝備

二、說　　明：

(一) 應檢人準備時間為 5 分鐘 (包含：填寫表單基本資料、閱讀試題及工具準備)，檢定時其測試操作時間為 30 分鐘，本站合計 35 分鐘。

(二) 使用儀器、工具依修護資料工作程序於靜態下測試檢查指定車輛之車體相關裝備系統是否正常。

(三) 檢查結果如有不正常，請依工作程序檢修至正常或調整至廠家規範。

(四) 依據故障情況，應檢人得要求更換零件或總成。

(五) 規定測試操作時間結束或提前完成工作，應檢人須將已經修復之故障檢修項目及指定之測量項目填寫於答案紙上。

(六) 檢定場地提供相關儀器 (含專用診斷測試器)、使用說明書及修護資料。

(七) 應檢人於測試過程中可要求指導相關儀器 (含專用診斷測試器) 之使用，但時間不予扣除。

(八) 本站應檢人依配題抽籤之結果，就下列試題中所抽中之 1 題進行測試，每題兩個故障點，各系統各設一個故障：

A 崗位第一題：檢修懸吊系統及轉向系統。

A 崗位第二題：檢修轉向系統及傳動系統。

A 崗位第三題：檢修傳動系統及煞車系統。

B 崗位第一題：檢修懸吊系統及轉向系統。

B 崗位第二題：檢修轉向系統及傳動系統。

B 崗位第三題：檢修傳動系統及煞車系統。

三、評審要點：

(一) 測試操作時間：30 分鐘 (含答案紙填寫時間) 測試時間終了，經監評人員制止仍繼續操作者，則該工作技能項目成績不予計分。

(二) 技能標準：

1. 能正確選擇及使用手工具。

2. 能正確選擇及使用測試儀器、量具。

3. 能正確選擇修護資料。

4. 能正確依修護資料工作程序檢查、測試及判斷故障。

5. 能正確依修護資料工作程序調整或更換故障零件。

6. 能正確填寫故障檢修項目。

7. 能正確填寫測量項目。

8. 能正確完成全部檢修工作、系統作用正常。

(三) 工作安全與態度 (本項為扣分項目)：

1. 更換錯誤零件 (每次扣 4 分)。

2. 工作中必須維持整潔狀態，工具、儀器等不得置於地上，違者得每件扣 1 分，最多扣 5 分。

3. 工具、儀器使用後必須歸定位，違者得每件扣 1 分，最多扣 5 分。

4. 不得有危險動作及損壞工作物，違者扣本站總分 5 分。

5. 服裝儀容及工作態度須合乎常規，並穿著工作鞋 (全包覆式)，違者扣本站總分 5 分。

6. 有重大違規者 (如作弊)，本站以零分計，並於扣分備註欄內記錄事實。

陸、機器腳踏車修護乙級技術士技能檢定術科測試
第三站檢修車體相關裝備試題答案紙 -1(發應檢人)

姓名：＿＿＿＿＿＿＿＿　檢定日期：＿＿＿＿＿＿＿＿＿　崗位 / 題號：＿＿＿＿＿＿

術科測試編號：＿＿＿＿＿＿＿＿＿＿　監評人員簽名：＿＿＿＿＿＿＿＿＿＿＿＿

(一) 填寫故障檢修項目

說明：1.將已完成之工作項目內容分別依現場修護資料用詞 (亦可依產業界之一般常態用詞或內容，如電瓶 = 電池 = 蓄電池等) 填寫於下列各欄位。
2.故障現象、維修方式 (清潔、潤滑、鎖緊、調整、更換)、更換零件名稱或調整位置，三個欄位皆填寫無誤時，該項才予評定為正確。
3.未完成工作項目不予計分。

工作項目	應檢人填寫			評審結果 (監評人員填寫)		
	故障現象	維修方式	更換零件名稱或調整位置	正確	不正確	備註
1						
2						

(二) 填寫測量項目

說明：1.應試前，由監評人員先行依本站測量項目表之內容指定適當之測量項目、位置並填入測量項目欄，供應檢人應考。該測量項目應有標準值，且須與應檢人所施作之車型相同。
2.標準值以修護資料規範為準，需註明頁碼。
3.應檢人填寫實測值時須請監評人員當場確認，否則不予計分。
4.標準值、頁碼、實測值及判斷四項皆須填寫無誤，且依程序進行量測過程及實測量誤差值在該儀器或量具之要求精度內，該項才予評定為正確。
5.未註明單位者不予計分。

項次	測量項目 (監評人員填寫)	測量結果 (應檢人填寫)				評審結果 (監評人員填寫)			
		標準值	頁碼	實測值	判斷	量測過程	實測值	正確	不正確
1	□車上測量　□工作臺測量				□正常 □不正常	□依程序 □未依程序			
2	□車上測量　□工作臺測量				□正常 □不正常	□依程序 □未依程序			

故障設置編號及項目：(由監評人員於應檢人本站術科測試操作結束後填入，包含所對應之故障點編號代碼及項目名稱)

1.＿＿＿＿＿＿＿＿＿＿　2.＿＿＿＿＿＿＿＿＿＿

陸、機器腳踏車修護乙級技術士技能檢定術科測試
第三站檢修車體相關裝備試題答案紙 -2(發應檢人)

姓名：＿＿＿＿＿＿＿＿　檢定日期：＿＿＿＿＿＿＿＿　題號：＿＿＿＿＿＿＿

術科測試編號：＿＿＿＿＿＿＿＿＿＿　監評人員簽名：＿＿＿＿＿＿＿＿＿＿

(三) 領料單 (應檢人如更換零件時，需填寫零件名稱及數量並簽名確認)

項次	零件名稱	數量	領料簽名欄	評審結果 (監評人員填寫)	
				正確	不正確
1					
2					
3					
4					
5					

※ 監評人員得告知應檢人如須更換零件時，應先填寫領料單。

陸、機器腳踏車修護乙級技術士技能檢定術科測試
第三站檢修車體相關裝備試題監評說明

一、題　　目：檢修車體相關裝備

二、說　　明：

(一) 請先閱讀應檢人試題說明 (準備時間為 5 分鐘，測試操作時間為 30 分鐘，本站合計 35 分鐘)，並要求應檢人應檢前先閱讀試題說明，再依試題說明操作。

(二) 每輪序應試前請先檢查工具、儀器、設備相關修護 (操作) 資料是否齊全，並確認功能正常後 (若需使用電腦診斷儀器，則需將該儀器連接、開啓至檢測功能畫面) 於車輛、儀器、設備功能正常確認表簽名。

(三) 應試前，由監評人員依本站測量項目表之內容，指定相關試題 2 項測量項目及測量位置，填入答案紙之測量項目欄，供應檢人應試。該測量項目應有標準值，且須與應檢人所施作之系統相同。(若指定為車上測量時，其測量項目不得與故障設置項目重複)。

(四) 告知應檢人填寫測量項目實測值時，須知會監評人員當場確認，否則不予計分。

(五) 應試前監評人員須依該應檢試題功能性評定需求，事先將應檢車輛外殼或周邊附件等先行拆除後 (各試題拆除程度均應一致)，方得進行應檢人測試操作。

(六) **本站設有 A、B 崗位各 3 題共計 6 題，每題設置 2 項故障，監評人員依檢定現場設備狀況並考量 30 分鐘測試操作時間限制，依監評協調會抽出之群組內容設置故障。**

A 崗位第一題檢修懸吊系統及轉向系統，A 崗位第二題檢修轉向系統及傳動系統，A 崗位第三題檢修傳動系統及煞車系統，B 崗位第一題檢修懸吊系統及轉向系統，B 崗位第二題檢修轉向系統及傳動系統，B 崗位第三題檢修傳動系統及煞車系統，A、B 崗位每題各系統各設一個故障，兩個故障點設置不得為同一系統。每題各系統各設一個故障，兩個故障點設置不得為同一系統。

(七) 故障設置前，須先確認設備正常無誤後，再設置故障且所設置故障之異常現象須明確。

(八) 要求應檢人依試題說明操作。

(九) 應檢人依所填寫之領料單進行領料時，監評人員不得再要求應檢人說明、檢測該零組件之故障原因、情形，且須提供正常無瑕疵之相關零組件。

三、評審要點：

(一) 測試操作時間限時 30 分鐘 (含答案紙填寫時間)，時間到未完成者，應即令應檢人停止操作，並依已完成的工作項目評分，未完成的部分不給分。

(二) 評審表中已列各項目的配分，合乎該項目的要求即給該項目的全部配分，否則不給分。

(三) 依評審表項目逐項評分。

第三站檢修車體相關裝備試題故障設置群組
(不良之定義－為損壞、咬死、異音…等)

群組 1				
系統	編號	故障設置項目	編號	故障設置項目
懸吊系統	1	前避震器彈簧磨損	2	避震器固定螺絲鬆動
	3	後避震器襯套不良 (CVT 傳動)	4	前避震器油量不足
	5	左、右避震器調整不當	6	後避震器彈簧彈力不足
轉向系統	7	前叉 (轉向軸) 軸承 (珠碗) 不良	8	輪圈變形 (偏擺)
	9	輪圈變形 (失圓)	10	前輪軸變形
	11	前轉向把手彎曲	12	橫拉桿球接頭磨損
	13	前輪輪圈氣嘴或氣嘴芯不良	14	前叉 (轉向軸) 軸承 (珠碗) 間隙調整不當
傳動系統	15	離合器傳動皮帶盤漏油 (CVT 傳動)	16	驅動鏈條齒輪磨損 (檔車後輪)
	17	傳動齒輪損壞 (CVT 傳動)	18	前驅動齒輪損壞
	19	前驅動盤斜坡板邊件 (導引膠套) 磨損	20	後輪左右調整螺帽固定位置不同
	21	驅動鏈條過長	22	離合器自由行程過大 (鋼索長度不良)
	23	變檔踏板與變檔軸間齒槽磨損 (無法連動)	24	變檔踏板與變檔軸間接合位置不當 (太高)
	25	驅動皮帶磨損	26	重錘滾子 (衡重) 嚴重磨損
	27	離合器組小彈簧單一組斷裂	28	鏈條調整不當 (過鬆)
煞車系統	29	煞車油管滲漏	30	煞車拉桿固定座磨損
	31	鼓煞 (來令片) 回位彈簧太鬆	32	煞車線作動不良 (CVT 傳動後輪)
	33	煞車總泵咬死	34	煞車卡鉗 (分泵) 作動不良
	35	煞車油管阻塞	36	煞車油量不足或過多
	37	碟式來令片磨損	38	碟式煞車盤磨損
	39	ABS 輪速讀取盤不良	40	ABS 控制模組不良
	41	煞車臂及凸輪鋸齒狀部分之接合不良 (煞車臂鋸齒磨損)	42	鼓煞來令片磨損

第三站檢修車體相關裝備試題故障設置群組
(不良之定義－為損壞、咬死、異音…等)

群組 2				
系統	編號	故障設置項目	編號	故障設置項目
懸吊系統	1	後避震器彈簧彈力不足	2	避震器漏油
	3	前避震器油量不足	4	避震器鎖緊處鬆動
	5	避震器襯套不良	6	前懸吊不良 (避震器管彎曲)
轉向系統	7	前輪胎氣壓不足	8	輪胎磨損不平均
	9	分離式方向把手固定螺絲鬆動	10	前叉 (轉向軸) 軸承 (珠碗) 螺帽調整過緊
	11	前叉 (轉向軸) 軸承 (珠碗) 鬆動	12	前束不良
傳動系統	13	驅動鏈條齒輪磨損 (檔車後輪)	14	後輪胎氣壓不足
	15	後齒輪盤減震橡皮不良	16	驅動鏈條調整不當 (過緊)
	17	後輪軸變形	18	離合器拉索作動不良
	19	前驅動盤斜坡板邊件 (導引膠套) 磨損	20	離合器外套變形 (CVT 傳動)
	21	驅動鏈條過長	22	離合器來令片磨損 (CVT 傳動)
	23	驅動皮帶磨損	24	重錘滾子 (衡重) 嚴重磨損
	25	離合器組小彈簧單一組斷裂	26	變檔踏板與變檔軸間接合位置不當 (太低)
煞車系統	27	煞車臂及凸輪鋸齒狀部分之接合不良 (煞車臂鋸齒磨損)	28	煞車總泵咬死
	29	煞車鼓磨損	30	煞車凸輪磨損
	31	煞車總泵止回閥不良	32	煞車卡鉗 (分泵) 作動不良
	33	煞車油管阻塞	34	碟式煞車盤變形
	35	碟式煞車盤磨損	36	煞車卡鉗 (分泵) 咬死
	37	煞車線作動不良 (CVT 傳動後輪)	38	煞車卡鉗 (分泵) 漏油
	39	煞車總泵活塞磨損 (油壓內漏)	40	ABS 輪速感知器不良

第三站檢修車體相關裝備試題測量項目表

測量項目	可用量具			測量位置	
	游標卡尺	分厘卡	鋼尺	車上測量	工作臺測量
傳動系統					
離合器片厚度 (檔車)	V				V
離合器磨擦片厚度 (檔車)	V				V
離合器拉桿自由行程 (檔車)			V	V	
傳動皮帶輪彈簧自由長度	V				V
前驅動盤輪殼 (套管) 外徑	V	V			V
前驅動盤內徑	V				V
後驅動鏈條張力 (鬆緊度)			V	V	
重錘滾子外徑	V	V			V
驅動皮帶寬度	V			V	V
離合器外套內徑	V				V
離合器片 (CVT) 厚度	V				V

測量項目	可用量具			測量位置	
	游標卡尺	分厘卡	鋼尺	車上測量	工作臺測量
煞車系統					
鼓式煞車來令片厚度	V				V
碟式煞車來令片厚度	V	V			V
前碟式煞車圓盤厚度		V		V	V
前碟式煞車圓盤偏擺			V		V
煞車鼓內徑	V				V

測量項目	可用量具			測量位置	
	針盤量規	鋼尺	胎紋深度規	車上測量	工作臺測量
車輪系統					
前輪軸彎曲度	V				V
輪圈失圓 (軸向)	V				V
輪圈失圓 (徑向)	V				V
輪胎胎紋深度			V	V	V

陸、機器腳踏車修護乙級技術士技能檢定術科測試
第三站檢修車體相關裝備評審表 (發監評人員)

姓名＿＿＿＿＿＿＿＿＿＿　檢定日期＿＿＿＿＿＿＿＿＿　得

術科測試編號＿＿＿＿＿＿　監評人員簽名＿＿＿＿＿＿＿　分

(請勿於測試結束前先行簽名)

評審項目		評定		備註
測試操作時間	限時 30 分鐘 ( ) 分 ( ) 秒	配分	得分	
一、工作技能 1. 採二分法方式評分 2. 第 4 至 6 項、7 至 9 項分別為同一故障項目評分組，評分組不採連鎖給分方式	1. 正確選擇及使用手工具。	1 分	( )	
	2. 正確選擇及使用測試儀器、量具。	1 分	( )	
	3. 正確選擇修護資料。	1 分	( )	
	4. 正確依修護資料工作程序檢查、測試及判斷故障 (1)。	3 分	( )	
	5. 正確依修護資料工作程序調整或更換故障零件 (1)。	2 分	( )	依答案紙 -1(一)： 項目 1
	6. 正確填寫故障檢修項目 (1)。	2 分	( )	
	7. 正確依修護資料工作程序檢查、測試及判斷故障 (2)。	3 分	( )	
	8. 正確依修護資料工作程序調整或更換故障零件 (2)。	2 分	( )	
	9. 正確填寫故障檢修項目 (2)。	2 分	( )	依答案紙 -1(一)： 項目 2
	10.正確依修護資料工作程序量測並填寫測量結果 (1)。	2 分	( )	依答案紙 -1(二)： 項次 1
	11.正確依修護資料工作程序量測並填寫測量結果 (2)。	2 分	( )	依答案紙 -1(二)： 項次 2
	12.正確完成工作技能 4,5,7,8 的四項之全部檢修工作、系統作用正常。	4 分	( )	(不含工作技能 6,9)

評審項目		評定		備註
測試操作時間	限時 30 分鐘 ( ) 分 ( ) 秒	配分	得分	
二、工作安全與態度 (本部分採扣分方式，最多扣至本站 0 分)	1. 更換錯誤零件。	每次扣 4 分	( )	依答案紙 -2(三)
	2. 工作中必須維持整潔狀態，工具、儀器等不得置於地上，違者得每件扣 1 分，最多扣 5 分	扣 1～ 5 分	( )	
	3. 工具、儀器使用後必須歸定位，違者得每件扣 1 分，最多扣 5 分	扣 1～ 5 分	( )	
	4. 不得有危險動作及損壞工作物，違者：	扣 5 分	( )	
	5. 服裝儀容及工作態度須合乎常規，並穿著工作鞋 (全包覆式)，違者：	扣 5 分	( )	
	6. 有重大違規者 (如作弊等)。	本站 0 分	( )	
合　　計		25 分		

※ 評審表工作技能項目評定為零分、工作安全與態度項目評定為扣分者，均需於評審表備註欄或答案紙上註明原因。

項目一：檢修前懸吊系統 (以三陽 PARTY 100cc 為例)

重點提醒：

1. 測試前，請先確認車輛功能正常後，於車輛儀器設備功能正常確認表簽名確認。
2. 利用 5 分鐘填寫資料及準備檢修工具及維修手冊。
3. 發現故障，舉手告知監評人員並紀錄故障原因。
4. 填寫領料單向監評人員領取新零件 (有些故障設置不需換件，只需調整即可)。
5. 確認維修系統之功能正常。
6. 工作完畢，確實將場地工具、設備歸位及清潔。

1. 檢查前輪懸吊（使用身體力量上、下壓動把手），並觀察懸吊系統 NG → 不正常時舉手告知監評人員，紀錄故障原因，填寫領料單並排除故障

步驟一

把手上下壓動

步驟二

檢查避震器固定螺絲是否鬆動 (如果 NG 進入步驟三)

步驟三

使用扭力扳手依維修手冊規範扭力上緊扭力

步驟四

如果避震器太軟，則拆下避震器檢查

項目二：檢修後懸吊系統 (以光陽 金勇 125cc 為例)

重點提醒：

1. 測試前，請先確認車輛功能正常後，於車輛儀器設備功能正常確認表簽名確認。
2. 利用 5 分鐘填寫資料及準備檢修工具及維修手冊。
3. 發現故障，舉手告知監評人員並紀錄故障原因。
4. 填寫領料單向監評人員領取新零件 (有些故障設置不需換件，只需調整即可)。
5. 確認維修系統之功能正常。
6. 工作完畢，確實將場地工具、設備歸位及清潔。

1. 檢查左、右避震器調整位置及上、下壓動避震器檢查避震效果	NG	不正常時舉手告知監評人員，紀錄故障原因，填寫領料單並排除故障

步驟一

檢查左、右避震器調整位置，如果不相同時，使用勾型調整扳手調整避震器位置於相同位置。

步驟二

上、下壓動避震器，檢查避震效果 (有無漏油、太軟或回復不良) 並檢查避震器固定螺絲有無鬆動或橡皮有無破損。

項目三：檢修轉向系統 (以三陽 PARTY 100cc 為例)

重點提醒：

1. 測試前，請先確認車輛功能正常後，於車輛儀器設備功能正常確認表簽名確認。
2. 利用 5 分鐘填寫資料及準備檢修工具及維修手冊。
3. 發現故障，舉手告知監評人員並紀錄故障原因。
4. 填寫領料單向監評人員領取新零件 (有些故障設置不需換件，只需調整即可)。
5. 確認維修系統之功能正常。
6. 工作完畢，確實將場地工具、設備歸位及清潔。

1.目視檢查輪胎胎紋及用手
轉動輪胎檢查鋼圈偏擺

NG

不正常時舉手告知監評人員，
紀錄故障原因，填寫領料單並排除故障

步驟一

轉動輪胎檢查鋼圈偏擺及目視輪胎胎紋深度
(如果需要則使用胎紋深度規)。

2.檢查胎壓

NG

不正常時舉手告知監評人員，
紀錄故障原因，填寫領料單並排除故障

步驟一

檢查胎壓(如果 NG 進入步驟二)。

步驟二

測漏並排除故障(氣嘴、氣嘴芯及輪胎漏氣
等)。

3. 檢查前輪轉向
　　(左右轉動及上下搖晃)　NG　不正常時舉手告知監評人員，紀錄故障原因，填寫領料單並排除故障

步驟一

把手上下搖晃，檢查固定螺絲是否鬆動 (如果 NG 進入步驟二)。

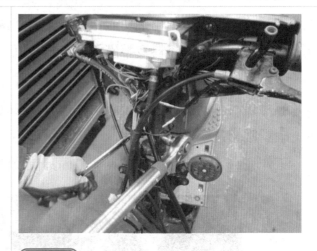

步驟二

使用扭力扳手依維修手冊規範扭力上緊扭力。

步驟三

把手左右轉動，檢查轉向軸承緊度是否正常 (如果 NG 進入步驟四)。

步驟四

使用扭力扳手依維修手冊規範扭力上緊扭力。

項目四：檢修傳動系統 (以光陽 金勇 125cc 為例)

重點提醒：

1. 測試前，請先確認車輛功能正常後，於車輛儀器設備功能正常確認表簽名確認。
2. 利用 5 分鐘填寫資料及準備檢修工具及維修手冊。
3. 發現故障，舉手告知監評人員並紀錄故障原因。
4. 填寫領料單向監評人員領取新零件 (有些故障設置不需換件，只需調整即可)。
5. 確認維修系統之功能正常。
6. 工作完畢，確實將場地工具、設備歸位及清潔。

| 1. 目視檢查輪胎胎紋及用手轉動輪胎檢查鋼圈偏擺、輪軸鎖緊扭力及後輪轉動情形 | NG | 不正常時舉手告知監評人員，紀錄故障原因，填寫領料單並排除故障 |

步驟一

轉動前、後輪胎檢查鋼圈偏擺及目視輪胎胎紋深度 (如果需要則使用胎紋深度規)。

步驟二

依規定檢查前、後輪軸鎖緊扭力並檢查前、後輪轉動情況，如果發現某處過緊，有可能輪軸彎曲或軸承太緊 (請檢查輪軸彎曲度)。

步驟三

使用頂車架使前輪懸空以利轉動，並觀察路碼錶指針是否轉動 (如果 NG 進入步驟四)。

步驟四

轉動前輪觀察路碼錶線軸心
是否轉動 (如果 OK 則是路碼錶組損壞，如果 NG 進入步驟五)。

步驟五

確認軸心線是否旋轉
(如果 OK 進入步驟六)。

步驟六

轉動前輪觀察齒輪是否旋轉
(如不旋轉，則拆下前輪檢查路碼錶齒輪組)。

2.檢查胎壓 NG
不正常時舉手告知監評人員，
紀錄故障原因，填寫領料單並排除故障

步驟一
檢查胎壓 (如果 NG 進入步驟二)。

步驟二
測漏並排除故障 (氣嘴、氣嘴芯及輪胎漏氣
等)。

3.檢查傳動鍊條、前後傳動齒輪 NG
不正常時舉手告知監評人員，
紀錄故障原因，填寫領料單並排除故障

步驟一
轉動後輪目視檢查傳動鍊條鬆緊度及調整螺絲左、右側記號位置是否相同。

步驟二

如果傳動鍊條太緊、太鬆或位置不同請調整 (放鬆輪軸固定螺帽並調整傳動鍊條位置直至一樣位置，並依規定上緊扭力)。

步驟三

檢查前、後傳動齒輪是否磨損及傳動鍊條固定卡夾安裝及位置是否正確。

4.檢查離合器　NG　不正常時舉手告知監評人員，
紀錄故障原因，填寫領料單並排除故障

步驟一

檢查變檔踏板與變檔軸之相對位置是否正確。

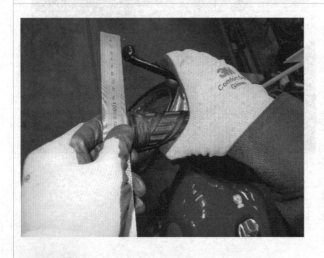 

步驟二

檢查離合器拉桿有無阻力與回復 (如果無；有可能離合器拉索斷裂) 及離合器自由間隙是
否正常 (粗調調整離合器拉索位置調整螺帽；細調調整離合器拉桿調整螺帽)。

項目五：檢修煞車系統 (以三陽 party 100cc 為例)

重點提醒：

1. 測試前，請先確認車輛功能正常後，於車輛儀器設備功能正常確認表簽名確認。
2. 利用 5 分鐘填寫資料及準備檢修工具及維修手冊。
3. 發現故障，舉手告知監評人員並紀錄故障原因。
4. 填寫領料單向監評人員領取新零件 (有些故障設置不需換件，只需調整即可)。
5. 確認維修系統之功能正常。
6. 工作完畢，確實將場地工具、設備歸位及清潔。

| 1.檢查碟式煞車系統作用 | NG | 不正常時舉手告知監評人員，紀錄故障原因，填寫領料單並排除故障 |

 步驟一

使用頂車架將車身頂高 (使前輪懸空)，並放置零件盤至前輪正下方。

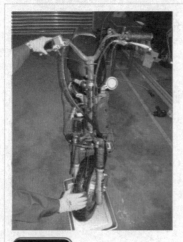

步驟二

按壓煞車拉桿並檢查輪胎是否轉動。

> 如果拉桿軟軟的，檢查煞車管路是否破裂、煞車油是否足夠或實施煞車油路放空氣。

> 如果煞車拉桿硬硬的，但是車輪還是轉動（無煞車），請進行下一步驟檢修。

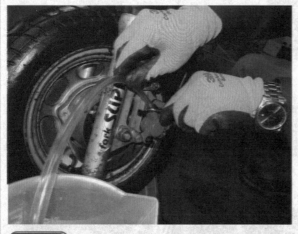

步驟三

按壓煞車拉桿數次，並放鬆煞車分泵排放空氣螺栓，檢查有無煞車油流出（連接透明軟管引導煞車油流至煞車油收集容器）。

> 如果煞車油有流出，有可能煞車分泵阻塞咬死，填寫領料單並更換煞車分泵排出故障。

> 如果煞車油沒有流出，請進行下一個檢修步驟。

步驟四

按壓煞車拉桿數次，並放鬆煞車油管連接至煞車分泵螺栓，檢查有無煞車油流出 (需使用乾淨抹布，避免煞車油噴灑)。

▌如果煞車油有流出，有可能煞車分泵阻塞咬死，填寫領料單並更換煞車分泵排出故障。

▌如果煞車油沒有流出，請進行下一個檢修步驟。

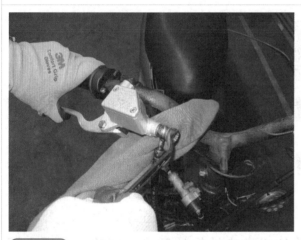

步驟五

按壓煞車拉桿數次，並放鬆煞車油管連接至煞車總泵螺栓，檢查有無煞車油流出 (需使用乾淨抹布，避免煞車油噴灑)。

▌如果煞車油有流出，有可能煞車油管阻塞，填寫領料單並更換煞車油管排出故障。

▌如果煞車油沒有流出，有可能煞車總泵阻塞咬死，填寫領料單並更換煞車總泵排出故障。

步驟六

轉動車輪檢查煞車碟盤是否變形、偏擺及目視檢查煞車碟盤厚度是否正常 (必要時使用外徑測微卡量測厚度)。

步驟七

拆下煞車分泵檢查煞車來令片厚度是否正常 (必要時使用鋼尺或游標卡尺量測厚度)。

| 2.檢查鼓式煞車系統作用 | NG | 不正常時舉手告知監評人員，紀錄故障原因，填寫領料單並排除故障 |

步驟一

按壓煞車拉桿檢查車輪是否轉動並目視檢查煞車拉桿固定座是否磨損。

 如果煞車拉桿軟軟的，有可能煞車線斷裂或調整煞車自由間隙 (實施步驟二)。

 如果煞車拉桿放鬆後沒有回復，有可能煞車來令片回拉彈簧太鬆或煞車臂相對應位置不正確 (實施步驟三)。

 如果煞車拉桿放鬆後，車輪無法自由轉動，有可能是煞車凸輪咬死 (實施步驟四)、煞車臂相對應位置不正確 (實施步驟三) 或煞車間隙太小 (實施步驟二)。

步驟二

檢查煞車自由間隙 (必要時依廠家規定調整)。

步驟三

檢查煞車臂相對應位置 (必要時調整)。

步驟四

拆下排氣管總成及車輪後,檢查煞車凸輪、煞車來令片厚度及回拉彈簧是否作用正常 (必要時調整或更換)。

測量項目應檢流程

依監評人員指定測量項目	
確認測量項目與可用量具	確認測量位置

進行修護手冊查閱	
查閱測量項目規範標準值	紀錄標準值與頁碼

進行測量項目量測	
依規範標準程序量測	紀錄實測值並判斷正常與否

第三站 檢修車體相關裝備試題 測量項目表

測量項目	可用量具			測量位置	
	游標卡尺	分厘卡	鋼尺	車上測量	工作臺測量
離合器片厚度 (檔車)	V				V

依指定測量項目於修護手冊 (三陽 野狼傳奇 125) 總目錄查找對應章節→查閱潤滑系統 / 離合器 / 變速機構。

頁碼：4-14。

標準值：無。

註：修護手冊僅提供離合器片的彎曲變形量可用限度。

傳動系統

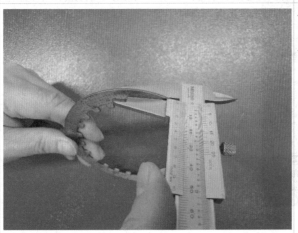

依規範標準程序量測，紀錄實測值並判斷正常與否。

測量項目	可用量具			測量位置	
	游標卡尺	分厘卡	鋼尺	車上測量	工作臺測量
離合器磨擦片厚度 (檔車)	V				V

傳動系統

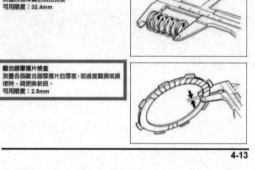

依指定測量項目於修護手冊 (三陽 野狼傳奇 125) 總目錄查找對應章節→查閱潤滑系統 / 離合器 / 變速機構。

頁碼：4-13。

標準值：2.5mm。

依規範標準程序量測，紀錄實測值並判斷正常與否。

測量項目	可用量具			測量位置	
	游標卡尺	分厘卡	鋼尺	車上測量	工作臺測量
離合器拉桿自由行程 (檔車)			V	V	

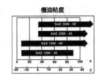	依指定測量項目於修護手冊 (三陽 野狼傳奇 125) 總目錄查找對應章節→查閱潤滑系統 / 離合器 / 變速機構。 頁碼：4-3。 標準值：10-20mm。

傳動系統

依規範標準程序量測，紀錄實測值並判斷正常與否。

測量項目	可用量具			測量位置	
	游標卡尺	分厘卡	鋼尺	車上測量	工作臺測量
傳動皮帶輪彈簧自由長度	V				V

9.驅動皮帶裝置、起動桿　(K) KYMCO

整備資料	9－1	驅動盤	9－3
故障診斷	9－1	離合器／被驅動盤	9－8
左曲軸箱蓋	9－2	起動桿	9－15

整備資料
作業上注意
・本章系驅動盤，離合器被驅動盤，起動桿之整備說明，可在引擎上作業。
・驅動皮帶及驅動盤表面不可有油脂附著要注意，如有附著時必須要把油脂去除，以使驅動皮帶及驅動盤打滑降到最低。

整備基準

項　目	標準值	使用限度
滑動驅動盤內徑	24.011-24.052	24.06
滑動驅動盤襯套外徑	23.960-23.974	23.94
驅動皮帶寬度	20.0-21.0	19.0
離合器來令片厚度	—	1.5
離合器外套內徑	125.0-125.2	125.5
被驅動皮帶彈簧自由長度	—	163.7
被驅動盤外徑	33.965-33.485	33.94
滑動被驅動盤內徑	34.000-34.025	34.06
重錘滾子外徑	17.920-18.080	17.40

扭力值
驅動盤固定螺帽　　5.5kg-m
離合器外套螺帽　　5.5kg-m
驅動盤封閉螺栓　　0.3kg-m
離合器／被驅動盤固定螺帽　5.5kg-m

工具
共通工具
萬用固定架
起子桿A
外套起子 32x35mm
導桿 20mm

專用工具
合器彈簧壓縮器
固定螺帽套筒 39mm
軸承起子
軸承起子

故障診斷
引擎發動後車子不能行走
・驅動皮帶磨耗
・驅動板破損
・離合器來令片磨損損傷
・被驅動盤彈簧斷損
行走中有頓車現象
・離合器來令片彈簧斷損

馬力不足
・驅動皮帶磨耗
・被驅動皮帶彈簧變形
・重錘滾子磨耗
・驅動盤面污穢

9-1　　　　—136—

依指定測量項目於修護手冊 (光陽 G5 FI 125) 總目錄查找對應章節→查閱驅動皮帶裝置、起動桿。

頁碼：9-1，第 136 頁。

標準值：163.7mm 以下交換。

傳動系統

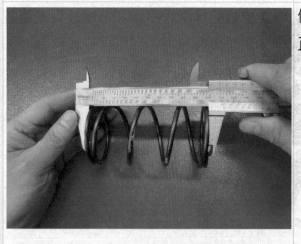

依規範標準程序量測，紀錄實測值並判斷正常與否。

測量項目	可用量具			測量位置	
	游標卡尺	分厘卡	鋼尺	車上測量	工作臺測量
前驅動盤輪殼(套管)外徑	V	V			V

傳動系統

9.驅動皮帶裝置、起動桿　⊙KYMCO

整備資料	9-1	驅動盤	9-3
故障診斷	9-1	離合器／被驅動盤	9-8
左曲軸箱蓋	9-2	起動桿	9-15

整備資料

作業上注意
・本章系驅動盤、離合器被驅動盤、起動桿之整備說明，可在引擎上作業。
・驅動皮帶及驅動盤表面不可有油脂附著要注意，如有附著時必須要把油脂去除，以使驅動皮帶及驅動盤慢打滑降到最低。

整備基準

項　目	標準值	使用限度
滑動驅動盤內徑	24.011-24.052	24.06
滑動驅動盤襯套外徑	23.960-23.974	23.94
驅動皮帶寬度	20.0-21.0	19.0
離合器來令片厚度	—	1.5
離合器外套內徑	125.0-125.2	125.5
被驅動皮帶彈簧自由長度	—	163.7
被驅動盤外徑	33.965-33.485	33.94
滑動被驅動盤內徑	34.000-34.025	34.06
重鎚滾子外徑	17.920-18.080	17.40

扭力值
驅動盤固定螺帽　　　　5.5kg-m
離合器外套螺帽　　　　5.5kg-m
驅動盤封悶螺栓　　　　0.3kg-m
離合器／被驅動盤固定螺帽　5.5kg-m

工具
〔共通工具〕
萬用固定架
起子桿A
外套起子 32×35mm
導桿 20mm

〔專用工具〕
合器彈簧壓縮器
固定螺帽套筒 39mm
軸承起子
軸承起子

故障診斷

引擎發動後車子不能行走
・驅動皮帶磨耗
・驅動板破損
・離合器來令片磨損損傷
・被驅動殼彈簧斷相

馬力不足
・驅動皮帶磨耗
・被驅動皮帶彈簧變形
・重鎚滾子磨耗
・驅動盤面污穢

行走中有頓車現象
・離合器來令片彈簧斷相

9-1 ────── —136—

依指定測量項目於修護手冊(光陽 G5 FI 125)總目錄查找對應章節→查閱驅動皮帶裝置、起動桿。

頁碼：9-1，第 136 頁。

標準值：23.960-23.974mm。

使用游標卡尺依規範標準程序量測，紀錄實測值並判斷正常與否。

使用分厘卡依規範標準程序量測，紀錄實測值並判斷正常與否。

測量項目	可用量具			測量位置	
	游標卡尺	分厘卡	鋼尺	車上測量	工作臺測量
前驅動盤內徑	V				V

依指定測量項目於修護手冊 (光陽 G5 FI 125) 總目錄查找對應章節→查閱驅動皮帶裝置、起動桿。

頁碼：9-1，第 136 頁。

標準值：24.011-24.052mm。

傳動系統

9.驅動皮帶裝置、起動桿　KYMCO

整備資料·············9-1　驅動盤·············9-3
故障診斷·············9-1　離合器／被驅動盤·············9-8
左曲軸箱蓋·············9-2　起動桿·············9-15

整備資料

作業上注意
· 本章系驅動盤、離合器被驅動盤、起動桿之整備說明，可在引擎上作業。
· 驅動皮帶及驅動盤表面不可有油脂附著要注意。如有附著時必須要把油脂去除，以使驅動皮帶及驅動盤打滑降到最低。

整備基準

項　目	標　準　值	使用限度
滑動驅動盤內徑	24.011-24.052	24.06
滑動驅動盤襯套外徑	23.960-23.974	23.94
驅動皮帶寬度	20.0-21.0	19.0
離合器來令片厚度	—	1.5
離合器外套內徑	125.0-125.2	125.5
被驅動皮帶簧自由長度	—	163.7
被驅動盤外徑	33.965-33.485	33.94
滑動被驅動盤內徑	34.000-34.025	34.06
重錘滾子外徑	17.920-18.080	17.40

扭力值

驅動盤固定螺帽　　　5.5kg-m
離合器外套螺帽　　　5.5kg-m
驅動盤封付螺栓　　　0.3kg-m
離合器／被驅動盤固定螺帽　　5.5kg-m

工具

共通工具
萬用固定架
起子桿A
外套起子 32x35mm
導程 20mm

專用工具
合器彈簧壓縮器
固定螺帽套筒 39mm
軸承起子
軸承起子

故障診斷

引擎發動後車子不能行走
· 驅動皮帶磨耗
· 驅動板破損
· 離合器來令片磨損損傷
· 被驅動盤彈簧斷損

馬力不足
· 驅動皮帶磨耗
· 被驅動皮帶彈簧變形
· 重錘滾子磨耗
· 驅動盤面污穢

行走中有頓車現象
· 離合器來令片彈簧斷損

9-1　　　　　　　　　　—136—

依規範標準程序量測，紀錄實測值並判斷正常與否。

測量項目	可用量具			測量位置	
	游標卡尺	分厘卡	鋼尺	車上測量	工作臺測量
後驅動鍊條張力 (鬆緊度)			V	V	

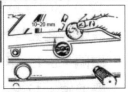
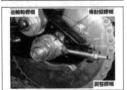
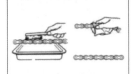

依指定測量項目於修護手冊 (三陽 野狼傳奇 125) 總目錄查找對應章節→查閱維修保養資料。

頁碼：2-11。

標準值：10-20mm。

傳動系統

依規範標準程序量測，紀錄實測值並判斷正常與否。

測量項目	可用量具			測量位置	
	游標卡尺	分厘卡	鋼尺	車上測量	工作臺測量
重錘滾子外徑	V	V			V

傳動系統

9.驅動皮帶裝置、起動桿 　**K** KYMCO

整備資料	9-1	驅動盤	9-3
故障診斷	9-1	離合器／被驅動盤	9-8
左曲軸箱蓋	9-2	起動桿	9-15

整備資料

作業上注意
· 本章系驅動盤、離合器被驅動盤、起動桿之整備說明，可在引擎上作業。
· 驅動皮帶及驅動盤表面不可有油脂附著要注意。如有附著時必須把油脂去除，以使驅動皮帶及驅動盤打滑降到最低。

整備基準

項 目	標 準 值	使 用 限 度
滑動驅動盤內徑	24.011-24.052	24.06
滑動驅動盤襯套外徑	23.960-23.974	23.94
驅動皮帶寬度	20.0-21.0	19.0
離合器來令片厚度	—	1.5
離合器外套內徑	125.0-125.2	125.5
被驅動皮帶彈簧自由長度	—	163.7
被驅動盤外徑	33.965-33.485	33.94
滑動被驅動盤內徑	34.000-34.025	34.06
重錘滾子外徑	17.920-18.080	17.40

扭力值

驅動盤固定螺帽	5.5kg-m
離合器外套螺帽	5.5kg-m
驅動盤封球螺栓	0.3kg-m
離合器／被驅動盤固定螺帽	5.5kg-m

工具

片備工具
萬用固定架
起子桿A
外套起子 32x35mm
導桿 20mm

專用工具
合器彈簧壓縮器
固定螺帽套筒 39mm
軸承起子
軸承起子

故障診斷

引擎發動後車子不能行走
· 驅動皮帶磨耗
· 驅動板破損
· 離合器來令片磨損損傷
· 被驅動離合彈簧斷損

馬力不足
· 驅動皮帶磨耗
· 被驅動皮帶彈簧變形
· 重錘滾子磨耗
· 驅動盤面污穢

行走中有頓車現象
· 離合器來令片彈簧斷損

9-1 ———————— —136—

依指定測量項目於修護手冊 (光陽 G5 FI 125) 總目錄查找對應章節→查閱驅動皮帶裝置、起動桿。

頁碼：9-1，第 136 頁。

標準值：17.920-18.080mm。

使用游標卡尺依規範標準程序量測，紀錄實測值並判斷正常與否。

使用分厘卡依規範標準程序量測，紀錄實測值並判斷正常與否。

測量項目	可用量具			測量位置	
	游標卡尺	分厘卡	鋼尺	車上測量	工作臺測量
驅動皮帶寬度	V			V	V

傳動系統

9.驅動皮帶裝置、起動桿 ⓚ KYMCO

整備資料 ·······9-1	驅動盤 ·······9-3
故障診斷 ·······9-1	離合器／被驅動盤 ·······9-8
左曲軸箱蓋 ·······9-2	起動桿 ·······9-15

整備資料
作業上注意
· 本章系驅動盤、離合器被驅動盤、起動桿之整備說明，可在引擎上作業。
· 驅動皮帶及驅動盤表面不可有油脂附著要注意。如有附著時必須要把油脂去除，以使驅動皮帶及驅動盤打滑降到最低。

整備基準

項　目	標準值	使用限度
滑動驅動盤內徑	24.011-24.052	24.06
滑動驅動盤襯套外徑	23.960-23.974	23.94
驅動皮帶寬度	20.0-21.0	19.0
離合器來令片厚度	—	1.5
離合器外套內徑	125.0-125.2	125.5
被驅動皮帶彈簧自由長度	—	163.7
被驅動盤外徑	33.965-33.485	33.94
滑動被驅動盤內徑	34.000-34.025	34.06
重鎚滾子外徑	17.920-18.080	17.40

扭力值
驅動盤固定螺帽　　　5.5kg-m
離合器外套螺帽　　　5.5kg-m
驅動盤封徑螺栓　　　0.3kg-m
離合器／被驅動盤固定螺帽　5.5kg-m

工具
普通工具
萬用固定架
起子桿A
外套起子 32x35mm
專桿 20mm

專用工具
合器彈簧壓縮器
固定螺帽套筒 39mm
軸承起子
軸承起子

故障診斷
引擎發動後車子不能行走
· 驅動皮帶磨耗
· 驅動板破損
· 離合器來令片磨損擺脫
· 被驅動盤彈簧斷組
行走中有頓車現象
· 離合器來令片彈簧斷組

馬力不足
· 驅動皮帶磨耗
· 被驅動皮帶彈簧變形
· 重鎚滾子磨耗
· 驅動盤面污損

9-1 ————— —136—

依指定測量項目於修護手冊(光陽 G5 FI 125)總目錄查找對應章節→查閱驅動皮帶裝置、起動桿。

頁碼：9-1，第136頁。

標準值：20.0-21.0mm。

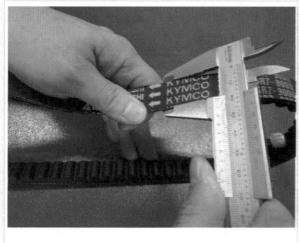

1. 採工作臺測量為例。
2. 依規範標準程序量測，紀錄實測值並判斷正常與否。

測量項目	可用量具			測量位置	
	游標卡尺	分厘卡	鋼尺	車上測量	工作臺測量
離合器外套內徑	V				V

9.驅動皮帶裝置、起動桿　🄺 KYMCO

整備資料	9-1	驅動盤	9-3
故障診斷	9-1	離合器／被驅動盤	9-8
左曲軸箱蓋	9-2	起動桿	9-15

整備資料

作業上注意
・本章系驅動盤、離合器被驅動盤、起動桿之整備說明，可在引擎上作業。
・驅動皮帶及驅動盤表面不可有油脂附著要注意。如有附著時必須要把油脂去除，以使驅動皮帶及驅動盤打滑降到最低。

整備基準

項　目	標　準　值	使　用　限　度
滑動驅動盤內徑	24.011-24.052	24.06
滑動驅動盤襯套外徑	23.960-23.974	23.94
驅動皮帶寬度	20.0-21.0	19.0
離合器來令片厚度	—	1.5
離合器外套內徑	125.0-125.2	125.5
被驅動皮帶彈簧自由長度	—	163.7
被驅動盤外徑	33.965-33.485	33.94
滑動被驅動盤內徑	34.000-34.025	34.06
重鎚滾子外徑	17.920-18.080	17.40

扭力值
驅動盤固定螺帽　　　5.5kg-m
離合器外套螺帽　　　5.5kg-m
驅動盤封怦螺栓　　　0.3kg-m
離合器／被驅動盤固定螺帽　5.5kg-m

工具
共通工具
萬用固定架
起子桿A
外套起子 32x35mm
導桿 20mm

專用工具
合器彈簧壓縮器
固定螺帽套筒 39mm
軸承起子
軸承起子

故障診斷

引擎發動後車子不能行走
・驅動皮帶磨耗
・驅動板破損
・離合器來令片磨損損傷
・被驅動盤彈簧斷損

馬力不足
・驅動皮帶磨耗
・被驅動皮帶彈簧變形
・重鎚滾子磨耗
・驅動盤面污穢

行走中有頓車現象
・離合器來令片彈簧斷損

9-1　　　　　　　　　　　　　　　　　　　－136－

依指定測量項目於修護手冊 (光陽 G5 FI 125) 總目錄查找對應章節→查閱驅動皮帶裝置、起動桿。

頁碼：9-1，第 136 頁。

標準值：125.0-125.2mm。

傳動系統

依規範標準程序量測，紀錄實測值並判斷正常與否。

測量項目	可用量具			測量位置	
	游標卡尺	分厘卡	鋼尺	車上 測量	工作臺 測量
離合器片 (CVT) 厚度	V				V

依指定測量項目於修護手冊 (光陽 G5 FI 125) 總目錄查找對應章節→查閱驅動皮帶裝置、起動桿。

頁碼：9-1，第 136 頁。

標準值：1.5mm 以下交換。

傳動系統

9.驅動皮帶裝置、起動桿　Ⓚ KYMCO

整備資料	9－1	驅動盤	9－3
故障診斷	9－1	離合器／被驅動盤	9－8
左曲軸箱蓋	9－2	起動桿	9－15

整備資料

作業上注意
・本章系驅動盤、離合器被驅動盤、起動桿之整備說明，可在引擎上作業。
・驅動皮帶及驅動盤表面不可有油脂附著要注意。如有附著時必須要把油脂去除，以使驅動皮帶及驅動盤打滑降到最低。

整備基準

項　　目	標　準　值	使 用 限 度
滑動驅動盤內徑	24.011-24.052	24.06
滑動驅動盤襯套外徑	23.960-23.974	23.94
驅動皮帶寬度	20.0-21.0	19.0
離合器來令片厚度	－	1.5
離合器外套內徑	125.0-125.2	125.5
被驅動皮帶彈簧自由長度	－	163.7
被驅動盤外徑	33.965-33.485	33.94
滑動被驅動盤內徑	34.000-34.025	34.06
重錘滾子外徑	17.920-18.080	17.40

扭力值
驅動盤固定螺帽　　　　5.5kg-m
離合器外套螺帽　　　　5.5kg-m
驅動盤封徑螺栓　　　　0.3kg-m
離合器／被驅動盤固定螺帽　　5.5kg-m

工具

共通工具	專用工具
萬用固定架	合器彈簧壓縮器
起子桿A	固定螺帽套筒 39mm
外套起子 32x35mm	軸承起子
導桿 20mm	軸承起子

故障診斷

引擎發動後車子不能行走
・驅動皮帶磨耗
・驅動板破損
・離合器來令片磨損損傷
・被驅動盤彈簧斷損

行走中有頓車現象
・離合器來令片彈簧斷損

馬力不足
・驅動皮帶磨耗
・被驅動皮帶彈簧變形
・重錘滾子磨耗
・驅動盤面污穢

9-1 ──── － 136 －

依規範標準程序量測，紀錄實測值並判斷正常與否。

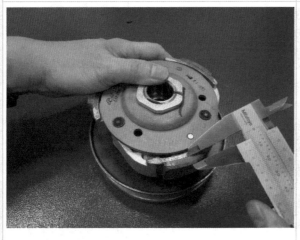

測量項目	可用量具			可用量具	
	游標卡尺	分厘卡	針盤量規	車上測量	工作臺測量
鼓式煞車來令片厚度	V				V

煞車系統

13.後輪、後刹車、後懸吊 ⓚ KYMCO

整備資料 ············ 13－1　後刹車 ············ 13－2
故障診斷 ············ 13－1　後緩衝 ············ 13－5
後輪 ············ 13－2

整備資料
作業上注意
· 刹車轂內面，刹車來令片表面不可有油脂附著，作業上要注意。

整備基準

測定位置	項 目		標 準 值(mm)	使用限度(mm)
後輪	擺動度	縱方向	－	2.0
		橫方向	－	2.0
後刹車轂內徑			130	131
後刹車來令厚度			4.0	2.0
後緩衝彈簧自由長度			226	220

鎖緊扭力
後輪軸固定螺帽　　　11.0kg-m
後緩衝器頂端螺栓　　4.0 kg-m
後緩衝器底端螺栓　　2.5 kg-m
排氣管接頭螺帽　　　1.2 kg-m
排氣管固定螺栓　　　3.5 kg-m
刹車臂螺栓　　　　　1.0kg-m

故障診斷
後輪擺動　　　　　　**刹車不良**
· 輪圈變形　　　　　· 刹車調整不良
· 輪胎不良　　　　　· 刹車來令片磨耗
後緩衝器過軟　　　· 刹車來令凸輪接觸部磨耗
· 彈簧彈性疲乏　　　· 刹車凸輪磨耗
· 阻尼器不良　　　　· 刹車轂磨耗

13-1 ────────── － 192 －

依指定測量項目於修護手冊 (光陽 G5 FI 125) 總目錄查找對應章節→查閱後輪、後刹車、後懸吊。

頁碼：13-1，第 192 頁。

標準值：4.0mm。

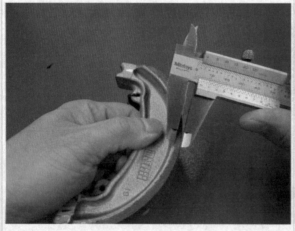

依規範標準程序量測，紀錄實測值並判斷正常與否。

測量項目	可用量具			可用量具	
	游標卡尺	分厘卡	針盤量規	車上測量	工作臺測量
碟式煞車來令片厚度	V	V			V

煞車系統

12. 前輪、前剎車、前懸吊　⟨K⟩ KYMCO

整備資料	12-1	液壓剎車	12-10
故障診斷	12-2	前緩衝器	12-16
前輪	12-3	轉向手把	12-19
前剎車（轂式）	12-6	轉向桿	12-20
前剎車（碟式）	12-9		

整備資料

作業上注意事項

· 拆卸前輪，先拆外蓋，車體底部使用千斤頂等支撐著，前輪浮地面注意不可倒轉。
· 作業時注意，剎車鼓內，來令片不可有油脂附著。
· 剎車碟或來令片污染會減低剎車性能，使用高性能的剎車除油劑清潔，剎車碟上的污染物，並更換來令片。
· 不可使用剎車油清除。
· 剎車系統一旦拆卸以後，或剎車變軟時，即應洩放空。
· 填加剎車油時，不要讓雜物進入系統。
· 剎車油會傷害油漆和塑膠類，處理剎車油時要使用毛巾護蓋油漆、橡膠和塑膠以保護，若剎車油濺到時，應立即使用軟淨布試擦乾淨。
· 駕駛前必須檢查剎車系統。

整備基準　　　　　　　　　　　單位：mm

測　定　項　目	標　準　值	使　用　限　度
輪軸彎曲度	－	0.2
前輪鋼圈擺動度　縱方向	－	2.0
橫方向	－	2.0
前剎車轂內徑	110	111
前剎車來令片厚度	4.0	2.0
前緩衝器彈簧自由長度	259	251
剎車碟厚度	3.5~3.8	3.0
剎車碟偏心		0.30
剎車主缸內徑	12.700~12.743	12.75
剎車主缸活塞外徑	12.657~12.684	12.64
剎車鉗活塞外徑	30.148~30.198	30.140
剎車鉗缸內徑	30.230~30.280	30.29

扭力值

轉向桿	4.0~5.0kg-m	剎車鉗放氣閥	0.6kg-m
轉向桿固定螺絲	6.0~8.0kg-m	剎車鉗油管螺栓	3.0~4.0kg-m
轉向桿頂座圈	0.5~1.3kg-m	剎車來令片	1.8kg-m
前緩衝器螺絲	2.0~2.5kg-m	剎車鉗銷	2.7kg-m
前輪軸螺絲	4.5~5.0kg-m	前剎車鉗主缸	1.0kg-m
		階段撐條螺栓	2.9~3.5kg-m

12-1　　　　　　　　　　　　　－168－

依指定測量項目於修護手冊 (光陽 G5 FI 125) 總目錄查找對應章節→查閱前輪、前剎車、前懸吊。

頁碼：12-1，第 168 頁。

標準值：4.0mm。

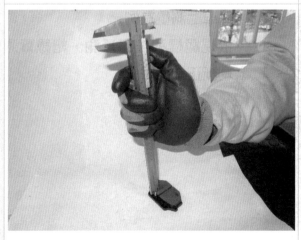

依規範標準程序量測，紀錄實測值並判斷正常與否。

測量項目	可用量具			可用量具	
	游標卡尺	分厘卡	針盤量規	車上測量	工作臺測量
前碟式煞車圓盤厚度		V		V	V

12.前輪、前剎車、前懸吊 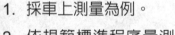 KYMCO

整備資料	12-1	液壓剎車	12-10
故障診斷	12-2	前緩衝器	12-16
前輪	12-3	轉向手把	12-19
前剎車（轂式）	12-6	轉向桿	12-20
前剎車（碟式）	12-9		

整備資料

作業上注意事項

‧拆卸前輪，先拆外蓋，車體底部使用千斤頂等支撐著，前輪浮地面注意不可倒轉。
‧作業時注意，剎車鼓內，來令片不可有油脂附著。
‧剎車碟或來令片污染會減低剎車性能，使用高性能的剎車除劑清潔，剎車碟上的污染物，並更換來令片。
‧不可使用剎車油清除。
‧剎車系統一旦拆卸以後，或剎車變軟時，即應洩放空。
‧填加剎車油時，不要讓雜物進入系統。
‧剎車油會傷害油漆和塑膠類，處理剎車油時要使用毛巾護蓋油漆，橡膠和塑膠以保護，若剎車油濺到時，應立即使用軟淨布試擦乾淨。
‧駕駛前必須檢查剎車系統。

整備基準 單位：mm

測　定　項　目	標　準　值	使　用　限　度
輪軸彎曲度	―	0.2
前輪鋼圈擺動度 縱方向	―	2.0
前輪鋼圈擺動度 橫方向	―	2.0
前剎車轂內徑	110	111
前剎車來令片厚度	4.0	2.0
前緩衝器彈簧自由長度	259	251
剎車碟厚度	3.5～3.8	3.0
剎車碟偏心	―	0.30
剎車主缸內徑	12.700～12.743	12.75
剎車主缸活塞外徑	12.657～12.684	12.64
剎車鉗活塞外徑	30.148～30.198	30.140
剎車鉗缸內徑	30.230～30.280	30.29

扭力值

轉向桿	4.0~5.0kg-m	剎車鉗放氣閥	0.6kg-m
轉向桿固定螺栓	6.0~8.0kg-m	剎車鉗油管螺栓	3.0~4.0kg-m
轉向桿頂座圈	0.5~1.3kg-m	剎車來令銷	1.8kg-m
前緩衝器螺帽	2.0~2.5kg-m	剎車鉗銷	2.7kg-m
前輪軸螺帽	4.5~5.0kg-m	前剎車鉗主缸	1.0kg-m
		階段撐條螺栓	2.9~3.5kg-m

12-1

煞車系統

―168―

依指定測量項目於修護手冊(光陽 G5 FI 125)總目錄查找對應章節→查閱前輪、前剎車、前懸吊。

頁碼：12-1，第 168 頁。

標準值：3.5-3.8mm。

1. 採車上測量為例。
2. 依規範標準程序量測，紀錄實測值並判斷正常與否。

測量項目	可用量具			可用量具	
	游標卡尺	分厘卡	針盤量規	車上測量	工作臺測量
前碟式煞車圓盤偏擺			V		V

煞車系統

SYM 十、剎車

保養說明
作業上應注意事項
⚠ 注意
- 吸入石棉纖維會影響呼吸系統功能甚或致癌,因此絕不能用壓縮空氣或乾刷子清潔剎車組件,使用吸塵器或其他代用方法,以使石棉纖維污染降至最低限度。
- 不必拆下油壓系統,即可將剎車卡鉗拆下。
- 拆下油壓系統或覺得剎車鬆軟時,應排放油壓系統內空氣。
- 填加剎車油時,注意勿讓異物進入系統內。
- 應避免將剎車油滴落在噴漆表面或橡膠上,以免使其受損害。
- 在騎乘車輛前,應先檢查剎車。

規格 單位:mm

項目	標準值	可用限度
前剎車碟厚度	4.50	3.00
前剎車碟偏心度	0.1	0.30
前剎車主缸內徑	12.700~12.743	12.755
前剎車主缸活塞外徑	12.100~12.043	11.945
前剎車碟外徑	240.00	—
前碟剎車來令片厚度		依來令片記號
後剎車鼓內徑	130.00	130.50
後剎車來令片厚度	—	2mm 或依來令片記號

鎖付扭力值
前鼓式剎車臂螺帽 0.8~1.2kgf-m
後鼓式剎車臂螺帽 0.8~1.2kgf-m
剎車鼓螺帽 2.8~3.2kgf-m
剎車拉桿螺帽 0.8~1.2kgf-m
剎車軟管螺栓 3.3~3.7kgf-m
前剎車卡鉗固定螺栓 3.1~3.5kgf-m
前剎車來令片導梢 1.5~2.0kgf-m
前剎車碟盤螺栓 4.0~4.5kgf-m
前剎車放氣閥 0.8~1.0kgf-m
後剎車盤定位桿螺帽 1.8~2.5kgf-m
前輪軸螺帽 5.0~7.0kgf-m
後輪軸螺帽 10.0~12.0kgf-m

專用工具
內拔式軸承拔取器 SYM-6204020

10-3

依指定測量項目於修護手冊 (三陽 野狼傳奇 125) 總目錄查找對應章節→查閱剎車。
頁碼:10-3。
標準值:可用限度 0.1mm。

依規範標準程序量測,紀錄實測值並判斷正常與否。

測量項目	可用量具			可用量具	
	游標卡尺	分厘卡	針盤量規	車上 測量	工作臺 測量
煞車鼓內徑	V				V

13. 後輪、後剎車、後懸吊 ◎ KYMCO

整備資料	13-1	後剎車	13-2
故障診斷	13-1	後緩衝	13-5
後輪	13-2		

整備資料
作業上注意
‧剎車鼓內前，剎車來令片表面不可有油脂附著，作業上要注意。
整備基準

測定位置	項 目		標 準 值(mm)	使用限度(mm)
後輪	擺動度	縱方向	—	2.0
		橫方向	—	2.0
	後剎車鼓內徑		130	131
後剎車來令厚度			4.0	2.0
後緩衝彈簧自由長度			226	220

鎖緊扭力
後輪軸固定螺帽　　11.0kg-m
後緩衝器頂端螺栓　4.0 kg-m
後緩衝器底端螺栓　2.5 kg-m
排氣管接頭螺帽　　1.2 kg-m
排氣管固定螺栓　　3.5 kg-m
剎車臂螺栓　　　　1.0 kg-m

故障診斷
後輪擺動
‧輪圈變形
‧輪胎不良
後緩衝器過軟
‧彈簧彈性疲乏
‧阻尼器不良

剎車不良
‧剎車調整不良
‧剎車來令片磨耗
‧剎車來令片凸輪接觸部磨耗
‧剎車凸輪磨耗
‧剎車鞍磨耗

13-1 ——— -192-

依指定測量項目於修護手冊 (光陽 G5 FI 125) 總目錄查找對應章節→查閱後輪、後剎車、後懸吊。

頁碼：13-1，第 192 頁。

標準值：130mm。

煞車系統

依規範標準程序量測，紀錄實測值並判斷正常與否。

測量項目	可用量具			測量位置	
	針盤量規	鋼尺	胎紋深度規	車上測量	工作臺測量
前輪軸彎曲度	V				V

車輪系統

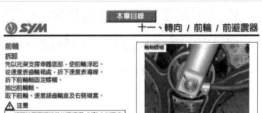

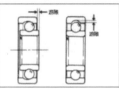

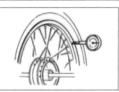

11-11

依指定測量項目於修護手冊 (三陽 野狼傳奇 125) 總目錄查找對應章節→查閱轉向 / 前輪 / 前避震器。

頁碼：11-11。

標準值：可用限度 0.2mm。

依規範標準程序量測，紀錄實測值並判斷正常與否。

測量項目	可用量具			測量位置	
	針盤量規	鋼尺	胎紋深度規	車上測量	工作臺測量
輪圈失圓 (軸向)	V				V

車輪系統

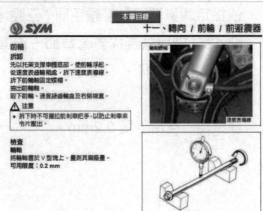

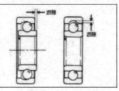

11-11

依指定測量項目於修護手冊 (三陽 野狼傳奇 125) 總目錄查找對應章節→查閱轉向 / 前輪 / 前避震器。

頁碼：11-11。

標準值：可用限度 2.0mm。

依規範標準程序量測，紀錄實測值並判斷正常與否。

測量項目	可用量具			測量位置	
	針盤量規	鋼尺	胎紋深度規	車上測量	工作臺測量
輪圈失圓 (徑向)	V				V

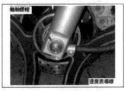
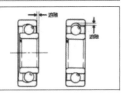
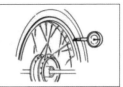

本章目錄
十一、轉向 / 前輪 / 前避震器

前輪
拆卸
先以托架支撐車體底部，使前輪浮起。
從速度表齒輪箱處，拆下速度表導線。
拆下前輪軸固定螺帽。
抽出前輪軸。
取下前輪、速度錶齒輪盒及右側襯套。
⚠ 注意
‧ 拆下時不可搬拉前剎車把手，以防止剎車來令片壓出。

檢查
輪軸
將輪軸置於 V 型塊上，量測其偏擺量。
可用限度：0.2 mm

軸承
以手指轉動每一軸承之內環，須轉動平順且安靜。同時檢查外環是否緊密結合在輪轂上。
若軸承轉動不平順，有異音或鬆動，則拆下並更換新品。
⚠ 注意
‧ 軸承須成對更換。

輪圈
將輪圈置於可旋轉的架子上。
用手轉動輪圈，並以百分錶測量其偏擺量。
可用限度： 徑向 2.0mm
　　　　　 軸向 2.0mm

11-11

依指定測量項目於修護手冊 (三陽 野狼傳奇 125) 總目錄查找對應章節→查閱轉向 / 前輪 / 前避震器。
頁碼：11-11。
標準值：可用限度 2.0mm。

依規範標準程序量測，紀錄實測值並判斷正常與否。

車輪系統

測量項目	可用量具			測量位置	
	針盤量規	鋼尺	胎紋深度規	車上測量	工作臺測量
輪胎胎紋深度			V	V	V

車輪系統

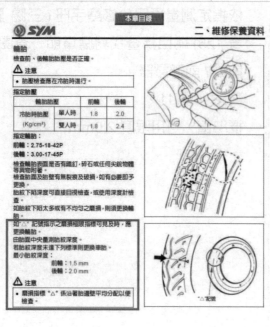

依指定測量項目於修護手冊 (三陽 野狼傳奇 125) 總目錄查找對應章節→查閱維修保養資料。

頁碼：2-15。

標準值：最小胎紋深度。

前輪 1.5mm。

後輪 2.0mm。

1. 採車上測量為例。
2. 依規範標準程序量測,紀錄實測值並判斷正常與否。

柒、機器腳踏車修護乙級技術士技能檢定術科測試
第四站全車綜合檢修試題說明

(本站應檢人依配題抽籤結果，就所抽中之崗位及試題進行測試)

一、題　　目：全車綜合檢修

二、說　　明：

(一) 應檢人準備時間為 5 分鐘 (包含：閱讀試題及工具準備)，填寫表單基本資料及問診時間為 5 分鐘 (包含：全車綜合檢修交修單之 (一) 車主資料及問診紀錄表填寫，5 分鐘結束後應繳回全車綜合檢修交修單之 (一) 車主資料及問診紀錄表)。

(二) 本站係採隔離問診測試，測試開始時各崗位中一位應檢人 (下稱甲應檢人) 先執行問診作業測試，同時另一位應檢人 (下稱乙應檢人) 先執行準備時間操作，5 分鐘後，乙應檢人改執行問診作業測試，同時甲應檢人改執行準備時間操作。

(三) 完成準備時間及問診時間(計10分鐘)後，2 位應檢人同時執行全車綜合檢修測試，時間為 25 分鐘。檢定時每位應檢人其測試操作時間為 30 分 (包含問診時間)，加準備時間本站合計為 35 分鐘。

(四) 由監評人員擔任車主，應檢人擔任服務技術員，依一般進廠接待程序 (含接待動作、態度、問診、應對……等，需於登錄車籍資料前，告知相關個資法之規定)，向車主問診報修項目填寫於答案紙 -1 之全車綜合檢修交修單 (一) 車主資料及問診紀錄表，並請車主確認簽名，同時使用儀器、工具及依據各廠家修護資料工作程序，進行檢查指定車輛之引擎電系、車體及車身電系等相關裝備系統是否正常。

(五) 檢查結果如有不正常，請依修護資料工作程序檢修至正常或調整至廠家規範。

(六) 依據故障情況，應檢人得要求更換零件或總成。

(七) 規定測試操作時間內或提前完成工作，應檢人須將相關答案填寫於答案紙 -1(二) 及 (三) 上 (完工紀錄表及領料單，各欄均需填寫)，於檢修完成後，須再請車主簽名確認。

(八) 檢定場地提供相關儀器 (含專用診斷測試器)、使用說明書及修護資料。

(九) 應檢人於測試過程中可要求指導相關儀器 (含專用診斷測試器) 之使用，但時間不予扣除。

(十) 電路線束可設故障且准予在插頭端 20 公分處裸露線束區內檢測線束之導通性。

(十一) 為保護檢定場所之電瓶及相關設備，若採電動起動，每次打馬達時間不得超過 10 秒，連續打馬達次數以 2 次為原則；若無法發動時，則須另行檢查，才可再次起動。

(十二) 本站應檢人依配題抽籤之結果，就下列試題中所抽中之 1 題進行測試，每題一個故障點，各題檢修：

A 崗位第一題：檢修引擎電系系統。

A 崗位第二題：檢修車身電系系統。

A 崗位第三題：檢修車體系統。

B 崗位第一題：檢修引擎電系系統。

B 崗位第二題：檢修車身電系系統。

B 崗位第三題：檢修車體系統

三、評審要點：

(一) 測試操作時間：30 分鐘 (含問診及答案紙填寫時間) 測試時間終了，經監評人員制止仍繼續操作者，則該工作技能項目成績不予計分。

(二) 技能標準：

1. 能正確態度應對、問診及接待車主。

2. 能正確選擇及使用工具、量具及測試儀器。

3. 能正確依修護資料工作程序，進行相關檢查、測試、判斷、填寫故障項目。

4. 能正確依修護資料工作程序，進行相關故障之排除。

5. 能正確查閱零件手冊。

6. 能正確說明完工紀錄表之內容。

7. 能正確完成全部檢修工作項目、系統作用正常，並清潔完成，且進行交車之檢點作業。

(三) 工作安全與態度 (本項為扣分項目)

1. 更換錯誤零件 (每次扣 4 分)。

2. 工作中必須維持整潔狀態，工具、儀器等不得置於地上，違者得每件扣 1 分，最多扣 5 分。

3. 工具、儀器使用後必須歸定位，違者得每件扣 1 分，最多扣 5 分。

4. 不得有危險動作及損壞工作物，違者扣本站總分 5 分。

5. 服裝儀容及工作態度須合乎常規，並穿著工作鞋 (全包覆式)，違者扣本站總分 5 分。

6. 有重大違規者 (如作弊)，本站以零分計，並於扣分備註欄內記錄事實。

柒、機器腳踏車修護乙級技術士技能檢定術科測試
第四站全車綜合檢修試題答案紙 -1(發應檢人)

姓名：＿＿＿＿＿＿＿＿＿　檢定日期：＿＿＿＿＿＿＿＿＿　崗位 / 題號：＿＿＿＿＿＿

術科測試編號：＿＿＿＿＿＿＿＿＿＿＿　監評人員簽名：＿＿＿＿＿＿＿＿＿＿＿

說　　明：

1. 車主資料及問診紀錄表內各欄位均需填寫，車主資料應依行車執照記錄，如欄位中有一欄未填或錯誤，則該項評分以零分計。

2. 車主未報修之項目不必檢查。

3. 依試題說明之項目實施操作，並將結果填寫於檢修項目紀錄表內，且故障情形、維修方式 (清潔、潤滑、鎖緊、調整、更換)、更換零件名稱或調整位置、工時及工時頁碼，五個欄位皆填寫無誤時，該項才予評定為正確。

4. 零件表所查出之數據 (如零件名稱、零件件號、零件價格) 與手冊之頁碼，四個欄位皆填寫無誤時，該項才予評定為正確。

5. 若相關手冊內未登錄之資料，需書寫〝無〞不得空白。如無更換零件，零件表中各欄位需書寫〝無〞不得空白。

6. 應檢人須依現場提供之相關修護資料內所提及之專用名詞進行填寫，並記錄於完工紀錄表之各欄位。

7. 未完成的工作項目不予評分。

全車綜合檢修交修單

(一)　車主資料及問診紀錄表					
車主姓名		電　話		住　　址	
牌照號碼			廠牌＿＿＿＿	行駛里程＿＿＿公里	
引擎號碼			進廠時間：　年　月　日　時　分		
隨車附件	燃油錶： □F □ 1/2 □E	安全帽： □有□無	大鎖： □有□無	隨車工具： □有□無	車鑰匙： □有□無
範　　例	問診紀錄：無法發動				
項目1	問診紀錄：				

服務技術員 (應檢人)　　　　　　　　　　　簽名：

車主 (監評人員) 同意上述個資紀錄　　　　簽名：

※監評人員於問診時間 5 分鐘結束後應收回全車綜合檢修交修單之 (一) 車主資料及問診紀錄表

(本答案紙採雙面列印，背面尚有答案欄)

全車綜合檢修交修單 (接續)

(二)　完工紀錄表

A. 檢修項目紀錄表

項目	故障現象	維修方式	更換零件名稱或調整位置	工時 (小時)	工時表頁碼	監評人員填寫	
						正確	不正確
1							

B. 零件表：

項目	零件名稱	零件件號	零件價格 (元)	零件價格表頁碼	監評人員填寫	
					正確	不正確
1						

服務技術員 (應檢人)　　　　　　　　　　　簽名：

車主 (監評人員)　　　　　　　　　　　　　簽名：

異常現象敘述內容：(由監評人員於應檢人本站術科測試操作結束後填入)

_____

故障設置編號及項目：(由監評人員於應檢人本站術科測試操作結束後填入，包含所對應之故障點編號代碼及項目名稱)

_____

(本答案紙採雙面列印，背面尚有答案欄)

柒、機器腳踏車修護乙級技術士技能檢定術科測試
第四站全車綜合檢修試題答案紙 -2(發應檢人)

姓名：＿＿＿＿＿＿＿＿　檢定日期：＿＿＿＿＿＿＿＿＿　題號：＿＿＿＿＿＿＿＿

術科測試編號：＿＿＿＿＿＿＿＿＿＿＿　監評人員簽名：＿＿＿＿＿＿＿＿＿＿＿

(三) 領料單 (應檢人如更換零件時，需填寫零件名稱及數量並簽名確認)

項次	零件名稱	數量	領料簽名欄	評審結果 (監評人員填寫)	
				正確	不正確
1					
2					
3					
4					
5					

※ 監評人員得告知應檢人如須更換零件時，應先填寫領料單。

柒、機器腳踏車修護乙級技術士技能檢定術科測試
第四站全車綜合檢修試題監評說明

一、題　　目：全車綜合檢修

二、說　　明：

（一）請先閱讀本站試題說明（準備時間為 5 分鐘，測試操作時間為 30 分鐘（含填寫表單基本資料及問診時間為 5 分鐘），本站合計 35 分鐘），並要求應檢人應檢前先閱讀試題說明，再依試題說明操作，且應檢人依序以隔離方式進行問診作業，問診結束後應收回全車綜合檢修交修單之（一）車主資料及問診紀錄表。

（二）**每輪序應試前請先檢查工具、儀器、設備相關修護（操作）資料及車籍資料是否齊全，並確認功能正常後（若需使用廢氣分析儀器、電腦診斷儀器，則需將該儀器連接、開啓至檢測功能畫面）於車輛、儀器、設備功能正常確認表簽名。**

（三）應檢前，由監評人員依相關修護資料及零件、工時手冊內容，核對與本站全車綜合檢修試題說明及答案紙無誤，供應檢人測試之參考。

（四）**本站設有 A、B 崗位各 3 題共計 6 題，依監評協調會中抽出之群組內容設置故障，各崗位第一題檢修引擎電系系統，第二題檢修車身電系系統，第三題檢修車體系統。另本站須特別注意：『監評人員依故障設置群組之故障設置項目內容考量檢定現場設備狀況及測試操作時間限制，進行故障點設置，每題設置 1 項故障設置項目』。**

（五）故障設置前，須先確認設備正常無誤後，再設置故障且所設置故障之異常現象須明確；電路線束可設故障且准予在插頭端 20 公分處裸露線束區內檢測線束之導通性。本站各崗位第一題故障設置須確保起動系統馬達能正常運轉。

（六）應檢人可要求指導專用診斷測試器之使用，但測試時間不予扣除。

（七）要求應檢人依試題說明操作，問診時由監評人員扮演車主，依所選定之設置故障項目，所對應之異常現象對照表內容回答應檢人之問診，車主只回答與交修項目有關之問診事宜，勿於問診過程中提及設定之故障項目內容。

（八）**應檢人依所填寫之領料單進行領料時，監評人員不得再要求應檢人說明、檢測該零組件之故障原因、情形，且須提供正常無瑕疵之相關零組件。**

三、評審要點：

（一）測試操作時間限時 30 分鐘，時間到未完成者，應即令應檢人停止操作，並依已完成的工作項目評分，未完成的部分不給分。

（二）評審表中所列各項目的配分，合乎該項目的要求即給該項目的全部配分，否則不給分。

（三）依評審表項目逐項評分。

第四站全車綜合檢修試題故障設置群組

群組 1

異常現象對照表

1. 難發動（引擎構件及燃油、點火系統）。
2. 無法發動（引擎構件及燃油、點火系統）。
3. 熱車熄火。
4. 急加速熄火。
5. 耗油。
6. 無怠速。
7. 高負載時加速不良。
8. 無法熄火。
9. 排氣管放炮。
10. 怠速忽高忽低。
11. 回油熄火。
12. 能發動但加速不良。
13. 能發動但怠速不順。

系統	編號	故障設置項目	異常現象	需求零件	建議修護方式 更換	調整	清潔	修理	鎖緊
引擎電系系統	1	主開關、ECU 保險絲不良	2.8.	主開關、ECU 保險絲	✓				
	2	火星塞不良	1.2.6.9.11.13.	火星塞	✓	✓	✓		
	3	漏氣（排氣門、進汽岐管）	1.3.6.10.13.	進汽岐管	✓	✓		✓	
	4	噴射引擎燃油噴嘴不良	2.4.7.10.11.12.13.	燃油噴嘴	✓				
	5	主配線接觸不良或相關構件接觸不良	1.7.9.					✓	
	6	點火線圈二次線圈不良	1.2.3.7.9.12.	點火線圈	✓				
	7	噴射引擎節氣門位置感知器(TPS)不良	7.10.12.	節氣門位置感知器	✓	✓			
	8	點火系統低壓（一次）電路導線接頭不良	1.2.7.9.11.	低壓電路導線			✓	✓	✓
	9	噴射引擎曲軸位置感知器不良	1.2.	曲軸位置感知器	✓	✓	✓		✓
	10	噴射引擎燃油泵繼電器不良	2.	燃油泵繼電器	✓				
	11	噴射引擎溫度感知器不良	3.5.10.11.	汽缸頭溫度感知器或水溫感知器	✓				

異常現象對照表

系統	編號	故障設置項目	異常現象	需求零件	更換	調整	清潔	修理	鎖緊
車身電系統	12	調壓（穩壓）整流器不良	1.	調壓（穩壓）整流器	✓				
	13	充電系統構件導線接頭不良	1.					✓	
	14	電瓶不良	2.4.	電瓶	✓				
	15	相關保險絲不良	2.3.	保險絲	✓				
	16	起動開關（起動按鈕）不良	2.	起動開關（起動按鈕）	✓				
	17	起動繼電器不良	2.	起動繼電器	✓				
	18	頭（後）燈開關不良	3.5.7.	頭（後）燈開關	✓				
	19	近燈繼電器不良	3.5.	近燈繼電器	✓				
	20	方向燈開關不良	3.6.	方向燈開關	✓				
	21	方向指示燈不良	3.6.	方向指示燈燈泡	✓				
	22	方向燈電阻器（LED式）不良	3.6.	電阻器（LED式）	✓				
	23	燈光系統導線接頭不良	3.5.7.					✓	
	24	信號系統導線接頭不良	3.6.8.9.					✓	
	25	儀錶燈不良	3.7.	儀錶燈泡	✓				
	26	起動馬達電源線不良	2.4.					✓	

異常現象對照表：
1. 電瓶經常無電。
2. 起動馬達不轉。
3. 相關電路系統無功能。
4. 起動馬達無力。
5. 大燈異常。
6. 信號燈光異常。
7. 儀錶燈光異常。
8. 燃油錶異常。
9. ABS 警示燈不亮

異常現象對照表

系統	編號	故障設置項目	異常現象	需求零件	更換	調整	清潔	修理	鎖緊
	27	前叉（轉向桿）軸承（珠碗）鬆動	1.4.10.			∨			
	28	前輪圈變形	1.4.14	輪圈	∨				
	29	前輪軸承鬆動	1.4.	輪轂總成	∨				
	30	路碼錶傳動齒輪損壞	3.	路碼錶齒輪	∨				
	31	避震器作用不良（前避震器無油、後避震器軸心變形）	2.4.11.20.	避震器	∨				
車體系統	32	左、右後震器彈簧行程調整不當	4.11.20.			∨			
	33	前避震器彈簧彈力不足	1.2.	前避震器	∨				
	34	鏈條驅動前齒輪磨損	2.11.	鏈條驅動前齒輪	∨				
	35	驅動鏈條過長	2.11.	驅動鏈條	∨				
	36	離合器頂桿磨損	5.	離合器組頂桿	∨				
	37	離合器自由行程過大（鋼索長度不良）	5.	離合器線組	∨				
	38	變檔踏板與變檔軸間齒槽磨損（無法連動）	5.	變檔踏板	∨				
	39	前、後輪煞車油管滲漏	6.	前、後輪煞車油管	∨				
	40	煞車拉桿磨損	6.9.	煞車拉桿	∨				

異常現象對照表

1. 行駛中不穩。
2. 行駛中異音。
3. 路碼錶不動。
4. 行駛中搖晃。
5. 排檔不易。
6. 煞車力不足（煞不住）。
7. 煞車抖動。
8. 煞車咬死。
9. 煞車時異音。
10. 轉向異常。
11. 後側異音。
12. 加速時無力。
13. 無驅動力。
14. 行駛或煞車時易打滑
15. 速度錶不穩定或不作動
16. ABS警示燈恆亮
17. 緊急煞車時車輪 ABS 不作動
18. 怠速停等時車輛抖動或熄火
19. 輪胎異常磨損
20. 行駛時車身傾斜

群組 2

系統	編號	故障設置項目	異常現象	需求零件	更換	調整	清潔	修理	鎖緊	異常現象對照表
車體系統	41	鼓煞來令片嚴重磨損	6.9.	鼓煞來令片	V					
	42	前輪煞車線作動不良	6.8.9.	前輪煞車線	V					
	43	煞車總泵作動不良	6.8.9.	煞車總泵	V					
	44	煞車油管接頭不良	6.	煞車油管、墊片	V					
	45	碟式來令片異常磨損	6.9.	碟式來令片	V					
	46	碟式煞車盤異常磨損或變形	2.6.7.9.	碟式煞車盤	V					
車體系統	47	輪胎異常磨耗或紋深度不足	1.4.14.	輪胎（前輪總成）	V					
	48	輪速感知器不良	15.16.17	輪速感知器	V			V		
	49	輪速感知器讀取盤不良	16.17	輪速感知器讀取盤	V	V	V			
	50	ABS控制器模組不良	16.17.	ABS控制器模組	V	V				
	51	橫拉桿球接頭不良	1、4、10、19	橫拉桿球接頭	V					
	52	前懸吊控制臂不良	10、19、20	前懸吊控制臂	V					

異常現象對照表

系統	編號	故障設置項目	異常現象	需求零件	更換	調整	清潔	修理	鎖緊
引擎電系系統	1	主開關、ECU保險絲不良	2.8	主開關、ECU保險絲	V				
	2	噴射引擎怠速空氣旁通閥不良	1.5.6.10.13.	怠速空氣旁通閥		V	V		
	3	火星塞不良	1.2.6.9.11.13.	火星塞	V	V	V		
	4	漏氣（排氣門、進汽歧管）	1.3.6.10.13.	進汽歧管	V	V	V	V	
	5	ECU繼電器不良	2.	ECU繼電器	V				
	6	噴射引擎燃油噴嘴不良	2.4.7.10.11.12.13	燃油噴嘴	V				
	7	點火線圈二次線圈不良	1.2.3.7.9.12.	點火線圈	V				
	8	噴射引擎節氣門位置感知器(TPS)不良	7.10.12.	節氣門位置感知器	V	V			
	9	噴射引擎曲軸位置感知器與編碼齒間感應不良	1.2.			V	V	V	
	10	噴射引擎相關構件導線接頭不良（電源線或訊號線斷路）	1.2.	電源線或訊號線	V		V	V	V
	11	噴射引擎燃油泵繼電器不良	2.	燃油泵繼電器	V	V	V		
	12	引擎熄火系統相關構件不良	2.8.	主開關等相關組件	V			V	V

建議修護方式

異常現象：
1. 難發動（引擎構件及燃油、點火系統）。
2. 無法發動（引擎構件及燃油、點火系統）。
3. 熱車熄火
4. 急加速熄火。
5. 耗油。
6. 無怠速。
7. 高負載時加速不良。
8. 無法熄火。
9. 排氣管放炮。
10. 怠速忽高忽低。
11. 回油熄火。
12. 能發動但加速不良。
13. 能發動但怠速不順。

系統編號	故障設置項目	異常現象	需求零件	更換	調整	清潔	修理	鎖緊	異常現象對照表
13	充電系統構件導線接頭不良	1					✓		
14	電阻器不良（短路）	1.	電阻器	✓					
15	主開關不良	4	主開關	✓					
16	煞車燈開關（前輪/後輪）不良	3.7.	煞車燈開關（前輪/後輪）	✓					
17	起動馬達電源線不良	3.5.	起動馬達電源線	✓					
18	起動馬達不良	3.5.	起動馬達	✓					
19	起動電流切斷繼電器不良	3.	起動電流切斷繼電器	✓					
20	調壓（穩壓）整流器不良	4.6.	調壓（穩壓）整流器	✓					
21	遠近光開關不良	4.6.	遠近光開關	✓					
22	遠燈繼電器不良	4.6.	遠燈繼電器	✓					
23	方向燈不良（前、後、左、右）	4.7.	方向燈燈泡	✓					
24	閃光器不良	4.7.	閃光器	✓					
25	各式燈泡燈座不良	4.6.7.9.	各式燈泡燈座	✓					
26	喇叭開關不良	4.8.	喇叭開關	✓					
27	喇叭不良	4.8.	喇叭	✓					
28	燃油油面感知器（燃油油量計）不良	10.	燃油油面感知器	✓					
29	燈光系統導線接頭不良	4.6.9.					✓		
30	信號系統導線接頭不良	2.4.7.9.					✓		

系統：車身電系系統

異常現象對照表：
1. 電瓶經常無電。
2. ABS 警示燈不亮。
3. 起動馬達不轉。
4. 相關電路系統無功能。
5. 起動馬達無力。
6. 大燈異常。
7. 信號燈光異常。
8. 喇叭異常。
9. 儀錶燈光異常。
10. 燃油錶異常。

異常現象對照表

系統	編號	故障設置項目	異常現象	需求零件	建議修護方式 更換	調整	清潔	修理	鎖緊
車體系統	31	前叉(轉向桿)軸承(珠碗)鬆動	1.4.10.			∨			∨
	32	前輪圈變形	1.4.14.	輪圈	∨				
	33	前輪軸承鬆動	1.4.	輪轂總成	∨				
	34	路碼錶傳動齒輪損壞	3.	路碼錶齒輪	∨				
	35	轉向把手固定螺絲鬆動	1.4.10.						∨
	36	左、右後避震器彈簧行程調整不當	4.11.20.			∨			
	37	前避震器彈簧彈力不足	1.2.	前避震器	∨				
	38	後避震器固定底座襯套鬆動或磨損	1.4.11.	避震器或固定底座襯套	∨				∨
	39	後輪齒輪盤緩衝橡皮磨損	2.11.	緩衝橡皮	∨				
	40	驅動鏈條過長	2.11.	驅動鏈條	∨				
	41	離合器組頂桿磨損	5.	離合器組頂桿	∨				
	42	變檔踏板與變檔軸間接合位置不當(太高或太低)	5.			∨			
	43	前、後輪煞車油管滲漏	6.	前、後輪煞車油管	∨				
	44	煞車拉桿磨損	6.9.	煞車拉桿	∨				
	45	鼓煞來令片嚴重磨損	6.9.	鼓煞來令片	∨				

異常現象對照表

1. 行駛中不穩。
2. 行駛中異音。
3. 路碼錶不動。
4. 行駛中搖晃。
5. 排檔不易。
6. 煞車力不足(煞不住)。
7. 煞車抖動。
8. 煞車咬死。
9. 煞車時異音。
10. 轉向異常。
11. 後側異音。
12. 加速時無力。
13. 無驅動力。
14. 行駛或煞車時易打滑。
15. 速度錶不穩定或不作動。
16. ABS警示燈恆亮。
17. 緊急煞車時ABS不作動。
18. 怠速停等時車輛抖動或熄火。

系統	編號	故障設置項目	異常現象	需求零件	建議修護方式 更換	調整	清潔	修理	鎖緊	異常現象對照表
	46	前輪煞車線作動不良	6.8.9.	前輪煞車線	V					
	47	煞車總泵作動不良	6.8.9.	煞車總泵	V					
	48	煞車卡鉗（分泵）作動不良	6.8.9.	煞車卡鉗（分泵）	V					
	49	煞車油管接頭不良	6.	煞車油管、墊片	V					
	50	碟式煞車盤異常磨損或變形	2.6.7.9.	碟式煞車盤	V					19.輪胎異常磨損 20.行駛時車身傾斜
	51	輪速感知器不良	15.16.17	輪速感知器	V			V		
	52	輪速感知器讀取盤不良	16.17.	輪速感知器讀取盤	V	V	V			
	53	ABS控制器模組不良	16.17.	ABS控制器模組	V					
	54	橫拉桿球接頭不良	1.4.10.19.	橫拉桿球接頭	V					
	55	前懸吊控制臂不良	10.19.20.	前懸吊控制臂	V					

柒、機器腳踏車修護乙級技術士技能檢定術科測試
第四站全車綜合檢修評審表

姓名＿＿＿＿＿＿＿＿＿　檢定日期＿＿＿＿＿＿＿＿＿　得

術科測試編號＿＿＿＿＿＿＿　監評人員簽名＿＿＿＿＿＿＿　分

(請勿於測試結束前先行簽名)

評審項目		評定		備註
測試操作時間	限時 30 分鐘 (　) 分 (　) 秒	配分	得分	
一、工作技能 （採二分法方式評分）	1. 能以正確態度應對、問診及接待車主。	1 分	(　)	
	2. 能正確填寫並完成車主資料及問診記錄表。	3 分	(　)	依答案紙 -1(一)
	3. 正確選擇及使用工具、量具及測試儀器。	2 分	(　)	
	4. 正確依修護資料之工作程序檢查、測試及判斷故障項目並填寫於檢修項目紀錄表 (1)。	3 分	(　)	依答案紙 -1(二)：A- 項目 1
	5. 正確查閱零件手冊並將故障零件相關資料填寫於零件表 (1)。	3 分	(　)	依答案紙 -1(二)：B- 項目 1
	6. 能說明完工紀錄表之內容，並請車主簽名確認。	2 分	(　)	依答案紙 -1(二)
	7. 正確完成檢修工作項目 (1) 且系統作用正常。	2 分	(　)	
	8. 正確完成車身配件組裝且功能正常。	2 分	(　)	
	9. 正確完成燈光、信號組件檢查且功能正常。	2 分	(　)	
	10.能正確完成全部檢修工作項目且系統作用正常。	3 分	(　)	
	11.檢修完畢維持車輛整潔，且進行交車之檢點作業。	2 分	(　)	

評審項目		評定		備註
測試操作時間	限時 30 分鐘 (　) 分 (　) 秒	配分	得分	
二、工作安全與態度 (本部分採扣分方式，最多扣至本站 0 分)	1. 更換錯誤零件。	每次扣 4 分	(　)	依答案紙 -2(三)
	2. 工作中必須維持整潔狀態，工具、儀器等不得置於地上，違者得每件扣 1 分，最多扣 5 分	扣 1～5 分		
	3. 工具、儀器使用後必須歸定位，違者得每件扣 1 分，最多扣 5 分	扣 1～5 分	(　)	
	4. 不得有危險動作及損壞工作物，違者：	扣 5 分	(　)	
	5. 服裝儀容及工作態度須合乎常規，並穿著工作鞋(全包覆式)，違者：	扣 5 分	(　)	
	6. 有重大違規者 (如作弊等)。	本站 0 分	(　)	
合　計		25 分		

第四站　全車綜合檢修

重點提醒：

1. 測試前請先檢查工具、儀器、設備相關修護資料及車籍資料是否齊全，並確認功能正常後於車輛儀器設備功能正常確認表簽名。

2. 本站試題依規定設置一個故障，考試操作時間為 30 分鐘 (含問診時間 5 分鐘)，準備時間為 5 分鐘。

3. 考試試題依規定有三個系統檢修 (第一題：檢修引擎電系系統、第二題：檢修車身電系系統、第三題：檢修車體系統)，考試開始後，**告知個資法之相關規定**及**登錄車籍資料**外，請針對抽選到之檢修系統實施問診並紀錄問診狀況 (故障現象)，並請車主簽名確認。

4. 利用準備時間 5 分鐘閱讀試題及準備檢修工具、維修手冊及電路圖。

5. 發現故障，舉手告知監評人員並紀錄故障原因。

6. 填寫領料單向監評人員領取新零件 (有些故障設置不需換件，只需調整即可)。

7. 確認維修系統之功能正常。

8. 工作完畢，確實將場地工具、設備歸位及清潔。

全車綜合檢修應檢流程

測試前檢查工具儀器設備相關修護資料及車籍資料

接待車主(歡迎光臨，請坐)並告知個資法相關規定，登錄車籍資料並針對抽選之檢修系統實施問診(紀錄問診現象)，並請簽名確認及繳回全車綜合檢修交修單之(一)車主資料及問診紀錄表

進行故障排除操作考試，針對試題系統進行查修，發現故障後告知監評人員排除故障，如需更換零件，請填寫領料單進行領料

針對故障填寫故障原因、維修方式及零件名稱或位置，查閱工時手冊、零件目錄手冊並登錄工時及工時手冊頁碼、零件件號、價格及零件目錄手冊頁碼

檢查燈光、信號組件功能正常全部完成後，說明故障現象所更換零件、工時及價錢後請車主(監評人員)簽名確認；自已(應檢人)也需簽名確認

以三陽 GT 125 機車，抽選題目為：第一題檢修引擎電系試題為例

步驟一 準備資料	
步驟二 接待車主(歡迎光臨、請坐)並告知個資法(個人資料保護法)並說明重點。	❗依個人資料保護法規定，行車執照上之個人資料，僅作維修車輛之登錄使用，不做其他用途之使用。
步驟三 登錄車籍資料及詢問聯絡電話號碼(行駛里程、燃油錶油量、安全帽、大鎖、車鑰匙等，請依機車現況登錄)。	
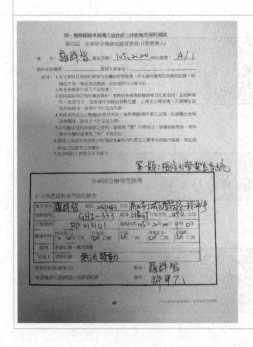	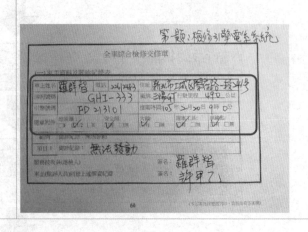

步驟四

實施問診 (針對抽選之檢修系統 --- 第一題檢修引擎電系系統)，監評人員告知 (無法發動) 紀錄問題現象並請車主 (監評人員) 簽名確認後繳回全車綜合檢修交修單之 (一) 車主資料及問診紀錄表。

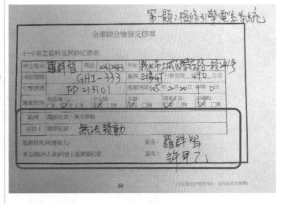

步驟五

進行無法發動的檢修故障排除 (請參考第一站檢修流程)，發現故障告知監評人員，如需領料填寫領料單並排除故障。

步驟六

查閱工時手冊 (紀錄更換零件之工時及工時手冊頁碼)。

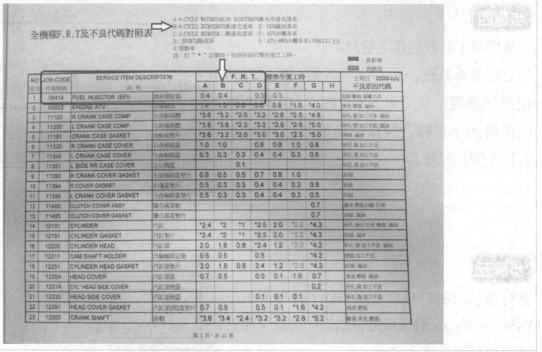

全機種F.R.T及不良代碼對照表

A:4-CYCLE WATERCOOLER SCOOTER四衝水冷速克達系
B:4-CYCLE SCOOTER四衝速克達系　　E:CUB彎民車系
C:2-CYCLE SCOOTER二衝速克達系　　F:ATV沙灘車系
D:SPORTS跑車系　　　　　　　　　　G:ATV/4WD沙灘車系(500CC以上)
H:電動車
註：打＂＊＂記號時，包括拆卸引擎所需之工時。

■：表新增
■：表修改

NO 項次	JOB-CODE 作業號碼	SERVICE ITEM DESCRIPTION 品名		F. R. T. 標準作業工時								生效日：2009/July. 不良原因代碼
				A	B	C	D	E	F	G	H	
1	06414	FUEL INJECTOR (EFI)	燃料噴射部	0.4	0.4		0.3	0.3				電路 斷路 接觸不良
2	00002	ENGINE ATV	引擎總成	1.4	1.3	0.6	0.6	0.8	*1.5	*4.0		異音 磨損 漏油
3	11100	R CRANK CASE COMP	右曲軸箱體	*3.6	*3.2	*2.0	*3.2	*2.6	*2.5	*4.8		砂孔 裝加工不良 漏油
4	11200	L CRANK CASE COMP	左曲軸箱體	*3.8	*3.6	*2.3	*3.2	*2.6	*2.6	*5.0		砂孔 裝加工不良 漏油
5	11191	CRANK CASE GASKET	曲軸箱墊片	*3.6	*3.2	*2.0	*3.0	*3.0	*2.5	*5.0		折損 漏油
6	11330	R CRANK CASE COVER	右曲軸箱蓋	1.0	1.0		0.8	0.8	1.0	0.8		砂孔 裝加工不良
7	11340	L CRANK CASE COVER	左曲軸箱蓋	0.3	0.3	0.3	0.4	0.4	0.3	0.6		砂孔 裝加工不良
8	11351	L SIDE RR CASE COVER	左后側蓋			0.1						砂孔 裝加工不良
9	11393	R CRANK COVER GASKET	右曲軸箱蓋墊片	0.8	0.5	0.5	0.7	0.8	1.0			折損
10	11394	R COVER GASKET	右邊蓋墊片	0.5	0.3	0.3	0.4	0.4	0.3	0.8		折損
11	11395	L CRANK COVER GASKET	左曲軸箱蓋墊片	0.5	0.3	0.3	0.4	0.4	0.3	0.5		折損
12	11400	CLUTCH COVER ASSY	聯合器蓋及組							0.7		異音 變速 自動 打滑
13	11495	CLUTCH COVER GASKET	聯合器蓋墊片							0.7		折損 漏氣
14	12101	CYLINDER	汽缸	*2.4	*2	*1	*2.5	2.0	*2.2	*4.3		砂孔 磨拉 打音 燒損 漏油
15	12191	CYLINDER GASKET	汽缸墊片	*2.4	*2	*1	*2.5	2.0	*2.2	*4.3		折損 漏油
16	12200	CYLINDER HEAD	汽缸頭	2.0	1.8	0.8	*2.4	1.2	*2.0	*4.2		砂孔 裝加工不良 漏油
17	12211	CAM SHAFT HOLDER	凸輪軸固定座	0.6	0.5		0.5			*4.2		燒損 加工不良
18	12251	CYLINDER HEAD GASKET	汽缸頭墊片	2.0	1.8	0.8	2.4	1.2	*2.0	*4.2		折損 漏油
19	1230A	HEAD COVER	汽缸頭蓋	0.7	0.5		0.5	0.1	1.6	0.7		洩油 變程 漏氣
20	1231A	CYL' HEAD SIDE COVER	汽缸頭側蓋							0.2		砂孔 裝加工不良
21	12330	HEAD SIDE COVER	汽缸頭側蓋				0.1	0.1	0.1			砂孔 裝加工不良
22	12391	HEAD COVER GASKET	汽缸頭(銅)蓋墊片	0.7	0.5		0.5	0.1	*1.6	*4.2		洩油 漏程
23	13000	CRANK SHAFT	曲軸	*3.6	*3.4	*2.4	*3.2	3.2	*2.8	*5.2		斷裂 異音 彎損

第1頁 共11頁

步驟七

查閱零件手冊，先查部品目錄 (E03) 再查零
件名稱及料號 (紀錄更換零件件號、價格及
零件目錄手冊頁碼)。

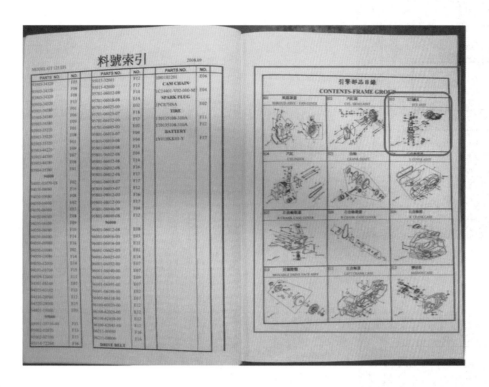

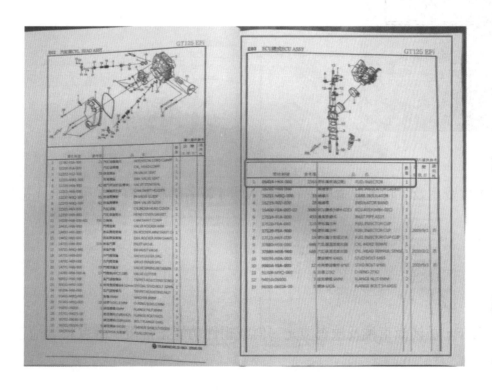

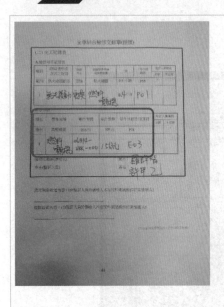

步驟八

告知維修零件費用及工時，並請車主(監評人員)簽名確認及自已(應檢人)簽名。

步驟九

完成檢修工作，並清潔車輛及檢查燈光、信號組件功能正常後，確實將場地工具、設備歸位及清潔。

第一題：檢修引擎電系系統

一、依問診填答紀錄，可分 13 類異常現象【1. 難發動 (引擎構件及燃油、點火系統) 2. 無法發動 (引擎構件及燃油、點火系統) 3. 熱車熄火 4. 急加速熄火 5. 耗油 6. 無怠速 7. 高負載加速不良 8. 無法熄火 9. 排氣管放炮 10. 怠速忽高忽低 11. 回油熄火 12. 能發動但加速不良 13. 能發動但怠速不順】。

二、請依第一站的檢修方式配合有可能原因實施檢修。

異常現象原因	需查修的方向	有可能原因
1. 難發動 (引擎構件及燃油、點火系統)	1. 引擎構件 2. 燃油系統 3. 電路系統	1. 火星塞不良 2. 漏氣 (排氣門、進汽歧管) 3. 噴射引擎曲軸位置感知器不良 4. 主配線接觸不良或相關構件接觸不良 5. 點火線圈二次線圈不良 6. 點火系統低壓 (一次) 電路導線接頭不良 7. 噴射引擎怠速空氣旁通閥不良 8. 噴射引擎相關構件導線接頭不良 (電源線或訊號線斷路)
2. 無法發動 (引擎構件及燃油、點火系統)	1. 引擎構件 2. 燃油系統 3. 電路系統	1. 主開關、ECU 保險絲不良 2. 點火線圈二次線圈不良 3. 火星塞不良 4. 噴射引擎燃油噴嘴不良 5. 噴射引擎曲軸位置感知器不良 6. 噴射引擎燃油繼電器不良 7. 點火線圈低壓 (一次) 電路導線接頭不良 8. ECU 繼電器不良 9. 噴射引擎相關構件導線接頭不良 (電源線或訊號線斷路) 10. 引擎熄火系統相關構件不良

異常現象原因	需查修的方向	有可能原因
3. 熱車熄火	1. 引擎構件 2. 電路系統	1. 漏氣 (排氣門、進汽歧管) 2. 噴射引擎溫度感知器不良 3. 點火線圈二次線圈不良
4. 急加速熄火	1. 燃油系統	1. 噴射引擎燃油噴嘴不良
5. 耗油	1. 引擎構件 2. 電路系統	1. 噴射引擎怠速空氣旁通閥不良 2. 噴射引擎溫度感知器不良
6. 無怠速	1. 引擎構件 2. 電路系統	1. 火星塞不良 2. 漏氣 (排氣門、進汽歧管) 3. 噴射引擎怠速空氣旁通閥不良
7. 高負載加速不良	1. 燃油系統 2. 電路系統	1. 噴射引擎燃油噴嘴不良 2. 主配線接觸不良或相關構件接觸不良 3. 點火線圈二次線圈不良 4. 噴射引擎 TPS(節流閥位置感知器) 不良 5. 點火系統低壓 (一次) 電路導線接頭不良
8. 無法熄火	1. 電路系統	1. 主開關、ECU 保險絲不良 2. 引擎熄火系統相關構件不良
9. 排氣管放炮	1. 電路系統	1. 主配線接觸不良或相關構件接觸不良 2. 火星塞不良 3. 點火系統低壓 (一次) 電路導線接頭不良 4. 點火線圈二次線圈不良
10.怠速忽高忽低	1. 引擎構件 2. 燃油系統 3. 電路系統	1. 漏氣 (排氣門、進汽歧管) 2. 噴射引擎燃油噴嘴不良 3. 噴射引擎 TPS(節流閥位置感知器) 不良 4. 噴射引擎溫度感知器不良 5. 噴射引擎怠速空氣旁通閥不良

異常現象原因	需查修的方向	有可能原因
11. 回油熄火	1. 燃油系統 2. 電路系統	1. 噴射引擎溫度感知器不良 2. 點火系統低壓 (一次) 電路導線接頭不良 3. 噴射引擎燃油噴嘴不良 4. 火星塞不良
12. 能發動但加速不良	1. 燃油系統 2. 電路系統	1. 噴射引擎燃油噴嘴不良 2. 點火線圈二次線圈不良 3. 噴射引擎 TPS(節流閥位置感知器) 不良
13. 能發動但怠速不順	1. 引擎構件 2. 燃油系統 3. 電路系統	1. 噴射引擎怠速空氣旁通閥不良 2. 噴射引擎燃油噴嘴不良 3. 火星塞不良 4. 漏氣 (排氣門、進汽歧管)

第二題：檢修車身電系系統試題

一、依問診填答紀錄，可分 10 類異常現象【1. 電瓶經常無電 2. 起動馬達不轉 3. 相關電路系統無功能 4. 起動馬達無力 5. 大燈異常 6. 信號燈光異常 7. 喇叭異常 8. 儀錶燈光異常 9. 燃油錶異常 10. ABS 警示燈不亮】。

二、請依第二站的檢修方式配合有可能原因實施檢修。

異常現象原因	需查修的方向	有可能原因
1. 電瓶經常無電	1. 充電系統	1. 調壓 (穩壓) 整流器不良 2. 充電系統構件導線接頭不良 3. 發電機線圈不良 (充電線圈) 4. 電阻器不良 (短路)
2. 起動馬達不轉	1. 起動系統	1. 電瓶不良 2. 相關保險絲不良 3. 起動按鈕不良 4. 起動繼電路不良 5. 起動馬達電源線不良 6. 前或後煞車開關不良 7. 起動馬達不良 8. 起動電流切斷繼電器不良
3. 相關電路系統無功能	1. 信號 (喇叭、方向燈、煞車燈) 系統	1. 相關保險絲不良 2. 主開關不良 3. 頭燈開關不良 4. 近燈繼電器不良 5. 方向燈開關不良 6. 方向指示燈不良 7. 方向燈電阻器 (LED 式) 不良 8. 燈光系統導線接頭不良 9. 信號系統導線接頭不良 10. 儀錶燈不良 11. 調壓 (穩壓) 整流器不良 12. 遠近光開關不良 13. 遠燈繼電器不良 14. 方向燈不良 (前、後、左、右) 15. 閃光器不良

異常現象原因	需查修的方向	有可能原因
		16. 各式燈泡座不良
		17. 喇叭開關不良
		18. 喇叭不良
4. 起動馬達無力	1. 起動系統	1. 電瓶不良
		2. 起動馬達電源線不良
		3. 起動馬達不良
5. 大燈異常	1. 燈光 (照明) 系統	1. 頭燈開關不良
		2. 近燈繼電器不良
		3. 調壓 (穩壓) 整流器不良
		4. 遠近光開關不良
		5. 遠燈繼電器不良
		6. 燈光系統導線接頭不良
		7. 各式燈泡座不良
6. 信號燈光異常	1. 信號 (喇叭、方向燈、煞車燈) 系統	1. 方向燈開關不良
		2. 方向指示燈不良
		3. 方向燈電阻器 (LED 式) 不良
		4. 燈光系統導線接頭不良
		5. 信號系統導線接頭不良
		6. 前或後煞車開關不良
		7. 方向燈不良 (前、後、左、右)
		8. 閃光器不良
		9. 各式燈泡座不良
7. 喇叭異常	1. 信號 (喇叭、方向燈、煞車燈) 系統	1. 喇叭開關不良
		2. 喇叭不良
8. 儀錶燈光異常	1. 信號 (喇叭、方向燈、煞車燈) 系統	1. 信號系統導線接頭不良
		2. 儀錶燈不良
		3. 頭燈開關不良
		4. 燈光系統導線接頭不良
		5. 各式燈泡座不良
9. 燃油錶異常	1. 信號 (燃油錶) 系統	1. 燃油油面感知器不良
		2. 信號系統導線接頭不良
10. ABS 警示燈不亮	1. 信號 (ABS) 系統	1. 信號導線接頭不良

第三題：檢修車體系統試題

一、依問診填答紀錄，可分 20 類異常現象【1. 行駛中不穩 2. 行駛中異音 3. 路碼表不動 4. 行駛中搖晃 5. 排檔不易 6. 煞車力不足 (煞不住) 7. 煞車抖動 8. 煞車咬死 9. 煞車時異音 10. 轉向異常 11. 後側異音 12. 加速時無力 13. 無驅動力 14. 行駛或煞車時易打滑 15. 速度錶不穩定或不作動 16.ABS 警示燈恆亮 17. 緊急煞車時 ABS 不作動 18. 怠速停等時車輛抖動或熄火 19. 輪胎異常磨損 20. 行駛中車身傾斜】

二、請依第三站的檢修方式配合有可能原因實施檢修。

異常現象原因	需查修的方向	有可能原因
1. 行駛中不穩	1. 轉向系統 2. 懸吊系統	1. 轉向桿軸承鬆動 2. 前輪圈變形 3. 前輪軸承鬆動 4. 前避震器彈簧彈力不足 5. 輪胎氣嘴漏氣 6. 輪胎異常磨耗或胎紋深度不足 7. 橫拉桿球接頭不良 8. 轉向把手固定螺絲鬆動 9. 後避震器固定底座襯套鬆動或磨損
2. 行駛中異音	1. 懸吊系統 2. 傳動系統 3. 煞車系統	1. 避震器作用不良 (前避震器無油、後避震器軸心變形) 2. 前避震器彈簧彈力不足 3. 鏈條驅動前齒輪磨損 4. 驅動鏈條過長 5. 後輪齒輪盤緩衝橡皮磨損 6. 碟式煞車盤異常磨損或變形 7. 後輪齒輪盤緩衝橡皮磨損
3. 路碼錶不動	1. 傳動系統	1. 路碼錶傳動齒輪損壞

異常現象原因	需查修的方向	有可能原因
4. 行駛中搖晃	1. 轉向系統 2. 懸吊系統	1. 轉向桿軸承鬆動 2. 前輪圈變形 3. 前輪軸承鬆動 4. 避震器作用不良 （前避震器無油、後避震器軸心變形） 5. 左、右避震器彈簧行程調整不當 6. 輪胎氣嘴漏氣 7. 輪胎異常磨耗或胎紋深度不足 8. 橫拉桿球接頭不良 9. 轉向把手固定螺絲鬆動 10.後避震器固定底座襯套鬆動或磨損
5. 排檔不易	1. 傳動系統	1. 離合器自由行程過大（鋼索長度不良） 2. 變檔踏板與變速箱軸間齒槽磨損（無法連動） 3. 離合器頂桿磨損
6. 煞車力不足 （煞不住）	1. 煞車系統	1. 前、後輪煞車油管滲漏 2. 煞車拉桿磨損 3. 鼓煞來令片嚴重磨損 4. 前輪煞車線作動不良 5. 煞車總泵作動不良 6. 煞車油管接頭不良 7. 碟式來令片異常磨損 8. 煞車卡鉗作動不良 9. 碟式煞車盤異常磨損或變形
7. 煞車抖動	1. 煞車系統	1. 碟式煞車盤異常磨損或變形
8. 煞車咬死	1. 煞車系統	1. 前輪煞車線作動不良 2. 煞車總泵作動不良 3. 煞車卡鉗作動不良
9. 煞車時異音	1. 煞車系統	1. 煞車拉桿磨損 2. 鼓煞來令片嚴重磨損 3. 前輪煞車線作動不良 4. 煞車總泵作動不良 5. 碟式來令片異常磨損 6. 碟式煞車盤異常磨損或變形

異常現象原因	需查修的方向	有可能原因
10. 轉向異常	1. 轉向系統	1. 轉向桿軸承鬆動 2. 輪胎氣嘴漏氣 3. 橫拉桿球接頭不良 4. 前懸吊控制臂不良 5. 轉向把手固定螺絲鬆動
11. 後側異音	1. 懸吊系統 2. 傳動系統	1. 避震器作用不良 （前避震器無油、後避震器軸心變形） 2. 左、右避震器彈簧行程調整不當 3. 鏈條驅動前齒輪磨損 4. 驅動鏈條過長 5. 後避震器固定底座襯套鬆動或磨損 6. 後輪齒輪盤緩衝橡皮磨損
12. 加速時無力		1. 群組內沒有設置故障
13. 無驅動力		1. 群組內沒有設置故障
14. 行駛或煞車時易打滑	1. 懸吊系統	1. 前輪圈變形 2. 輪胎異常磨耗或胎紋深度不足
15. 速度錶不穩定或不作動	1. 煞車系統	1. 輪速感知器不良
16. ABS 警示燈恆亮	1. 煞車系統	1. 輪速感知器不良 2. 輪速感知器讀取盤不良 3. ABS 控制器模組不良
17. 緊急煞車時 ABS 不作動	1. 煞車系統	1. 輪速感知器不良 2. 輪速感知器讀取盤不良 3. ABS 控制器模組不良
18. 怠速停等時車輛抖動或熄火		1. 群組內沒有設置故障
19. 輪胎異常磨損	1. 轉向系統	1. 橫拉桿球接頭不良 2. 前懸吊控制臂不良
20. 行駛中車身傾斜	1. 轉向系統 2. 懸吊系統	1. 避震器作用不良 （前避震器無油、後避震器軸心變形） 2. 左、右避震器彈簧行程調整不當 3. 前懸吊控制臂不良

捌、技術士技能檢定機器腳踏車修護職類乙級術科測試
工時表 / 零件價格表
(公版) 第四站 全車綜合檢修

第一題：檢修引擎電系系統 (噴射車型)

零件區分代碼				
E：引擎	F：燃油系統	EC：引擎電系系統	BC：車身電系系統	B：車體系統

編號	零件件號	零件名稱	檢修工時 (小時)	零件價格 (新台幣：元)
1	11100-E1-306	右曲軸箱組	2.5	2360
2	11102-E2-004	引擎吊架襯套	1.0	30
3	11192-E3-900	曲軸箱墊片 A	3.1	63
4	11200-E4-305	左曲軸箱組 / 引擎號碼打刻用	3.0	3185
5	11211-E5-900	空氣濾清器通氣管	0.1	70
6	11203-E6-901	橡皮襯套	0.4	20
7	11340-E7-900	左曲軸箱蓋	0.4	198
8	11342-E8-800	左曲軸箱蓋內導流板	0.3	30
9	11344-E9-900	左外蓋總成	0.4	200
10	11350-E10-900	左曲軸箱海綿	0.3	54
11	11394-E10-900	右曲軸箱蓋墊片	0.7	36
12	11395-E10-900	左曲軸箱蓋墊片	0.3	185
13	12100-E11-900	汽缸	1.9	2200
14	12191-E12-900	汽缸墊片	1.9	16
15	12200-E13-900	汽缸頭	1.8	3877
16	12209-E14-68A	門閥徑封	2.0	42
17	12216-E15-900	凸輪軸固定座壓板 A	1.8	36
18	12217-E16-900	凸輪軸固定座壓板 B	1.8	36
19	12251-E17-900	汽缸頭墊片	1.0	51
20	12310-E18-900	汽缸頭蓋	0.5	343
21	12391-E19-900	墊片	1.8	49
22	13000-E20-900	曲軸	3.1	2890
23	13011-E21-90A	活塞環組	1.9	365
24	13101-E22-90A	活塞	2.0	397

編號	零件件號	零件名稱	檢修工時 （小時）	零件價格 （新台幣：元）
25	13111-E23-001	活塞銷	2.0	33
26	14100-E24-920	凸輪軸（組）	0.6	834
27	14110-E25-900	凸輪軸固定件	0.6	100
28	14321-E26-900	凸輪扣鏈齒輪	0.6	1334
29	14401-E27-900	凸輪軸驅動鏈條	3.0	318
30	14420-E28-900	排汽門搖臂	0.6	450
31	14430-E29-900	進汽門搖臂	0.6	450
32	14452-E30-900	排汽門搖臂軸	0.6	53
33	14453-E31-910	搖臂托架	0.4	45
34	14510-E32-900	內鏈條拉力桿	3.0	212
35	14520-E33-90A	內鏈條調整器	0.5	317
36	14523-E34-900	內鏈條調整器墊片	0.5	14
37	14531-E35-001	拉力桿螺絲	3.0	14
38	14610-E36-900	鏈條導件	3.0	103
39	14711-E37-900	進汽門	1.9	160
40	14721-E38-900	排汽門	4.9	223
41	15100-E39-900	機油泵浦	1.0	344
42	15133-E40-901	機油泵驅動齒輪	0.9	42
43	15141-E41-90B	機油泵驅動鏈條	0.9	197
44	15421-E42-001	濾油網	0.2	29
45	15426-E43-921	濾油網彈簧	0.2	14
46	1565A-E44-900	機油尺組	0.1	34
47	15711-E45-901	機油分隔板	0.8	32
48	16100-E46-900	噴射節流閥體	0.4	1568
49	16201-E47-900	隔熱板墊片	0.4	14
50	16211-E48-900	隔熱板（進汽歧管與汽缸頭之間）	0.4	32
51	1711A-E49-900	進汽歧管	0.3	381
52	17211-E50-900	空氣濾清器（濾芯）	0.2	148
53	1723A-E51-900	空氣濾清器蓋組（含連接管）	0.4	397
54	1723B-E52-901	空氣濾清器蓋組	0.2	159
55	17308-E53-900	活性碳罐通氣管	0.2	32
56	17310-E54-90A	活性碳罐總成	0.4	209

編號	零件件號	零件名稱	檢修工時 （小時）	零件價格 （新台幣：元）
57	17500-F01-900	油箱	1.1	1521
58	17520-F02-900	油箱蓋導線	0.5	111
59	17550-EC01-920	噴射汽油泵總成	0.8	2740
60	1756A-F03-900	汽油泵油管 (TUBE ASSY,FUEL PUMP)	0.7	312
61	17620-F04-90B	油箱蓋	0.4	393
62	17910-E55-900	節氣門（節流閥）導線	0.5	140
63	18291-E56-E00	排氣管墊圈	0.3	17
64	18292-E57-900	排氣管防熱墊片	0.1	6
65	18293-E58-900	排氣管隔熱橡皮	0.1	6
66	18294-E59-900	排氣管防熱墊片	0.1	19
67	1830A-E60-90A	排氣管組	0.2	7153
68	18318-E61-900	排氣管護蓋	0.1	300
69	18601-E62-79A	AICV(二次空氣)簧片單向閥	0.2	150
70	18612-E63-941	AICV 簧片單向閥蓋	0.2	0.2
71	18618-E64-90B	AICV 橡皮	0.2	20
72	18645-E65-941	AICV 通氣鐵管墊片	0.2	15
73	18657-E66-910	AICV 進氣管管組	0.3	200
74	18660-E97-910	AICV 通氣管	0.2	156
75	18670-E68-910	二次空氣濾清導管	0.2	60
76	1880A-E69-91A	二次空氣濾清器 (Air Cleaner Second)	0.2	250
77	19510-E70-900	飛輪轉子上之冷卻風扇	0.2	83
78	19613-E71-901	起動馬達導線夾	0.1	24
79	1961A-E72-900	風扇蓋組	0.2	209
80	1962A-E73-900	風扇蓋罩下蓋（引擎本體下方）	0.5	217
81	1963A-E74-900	風罩蓋罩上蓋（引擎本體上方）	0.5	179
82	21301-E75-305	變速齒輪箱蓋	0.9	1267
83	21395-E76-900	主軸蓋墊片	1.0	25
84	22101-E77-941	CVT 離合器外套	0.5	397
85	22102-E78-900	驅動皮帶扇葉盤	0.4	274
86	22105-E79-900	驅動盤柱（襯套）	0.4	142

編號	零件件號	零件名稱	檢修工時（小時）	零件價格（新台幣：元）
87	22110-E80-800	前滑動式驅動盤（含襯套／滾子底座）	0.4	368
88	22121-E81-90A	配重滾子（6個）	0.4	22
89	22130-E82-800	斜坡板	0.4	118
90	22300-E83-305	離合器驅動盤組	0.5	735
91	22401-E84-E00	離合器驅動盤組小彈簧	0.4	15
92	2301A-E85-900	從動皮帶輪整組	0.4	1835
93	23100-E86-90A	驅動皮帶	0.4	502
94	23233-E87-910	被驅動盤大彈簧	0.5	146
95	23411-E88-900	齒輪箱驅動軸	1.0	687
96	23420-E89-900	副軸組	0.9	1521
97	23431-E90-900	最終傳動齒輪軸	1.1	490
98	23432-E91-900	最終齒輪	1.0	937
99	28101-E92-200	起動減速齒輪	1.0	238
100	28102-E93-901	起動減速齒輪軸	0.7	25
101	28110-E94-900	起動齒輪	0.9	336
102	28120-E95-315	起動離合器外套	1.0	652
103	28125-E96-001	起動離合器滾子彈簧	1.0	14
104	28125-E97-960	起動離合器凸緣	0.7	139
105	28126-E98-900	滾子彈簧蓋	0.6	314
106	28211-E99-900	起動齒盤	0.3	360
107	3051A-EC02-910	點火線圈	0.3	601
108	30510-EC03-910	低壓電路導線	0.3	200
109	30700-EC04-910	火星塞蓋組合	0.1	148
110	31110-BC01-90A	飛輪轉子	0.6	914
111	31120-EC05-90A	轉子線圈（含充電系統用線圈及點火用之曲軸位置感知器）	0.4	984
112	31210-BC02-90A	起動馬達組	0.3	1323
113	31500-BC03-90A	電瓶	0.2	804
114	31600-BC04-900	調壓（穩壓）整流器	0.4	722
115	32100-BC05-900	主配線	1.6	3527
116	32106-EC06-900	點火線圈副線	0.3	150

編號	零件件號	零件名稱	檢修工時 （小時）	零件價格 （新台幣：元）
117	32110-EC07-305	噴油嘴接頭線組	0.2	200
118	32120-BC06-900	保險絲盒	0.1	13
119	32410-BC07-900	起動馬達配線	0.2	112
120	32411-BC08-900	電瓶導線	0.3	106
121	32412-BC09-900	接地導線	0.4	180
122	32961-E100-900	A.C.G 線夾	0.2	15
123	33100-BC10-900	前燈組	0.3	790
124	33107-B01-E00	前燈殼防水套	0.3	25
125	33120-B02-900	前燈殼	0.2	790
126	33130-BC11-900	前燈配線 / 雙燈	0.2	119
127	33400-BC12-900	右前方向燈組	0.3	440
128	33401-B03-900	右前方向燈殼組	0.1	290
129	33406-BC13-900	右前方向燈配線	0.3	85
130	33450-BC14-900	左前方向燈組	0.3	440
131	33451-B04-900	左前方向燈殼組	0.3	290
132	33456-BC15-900	左前方向燈配線	0.3	85
133	33700-BC16-900	後燈組	0.4	1270
134	33706-B05-E01	牌照燈蓋	0.1	14
135	33707-B06-003	牌照燈墊圈	0.1	10
136	33709-BC17-900	後燈 LED 燈電路板組	0.3	600
137	33717-BC18-900	後燈配線	0.4	93
138	33720-BC19-E00	牌照燈組	0.1	200
139	33722-B07-E00	牌照燈座	0.1	80
140	33725-B08-E00	牌照燈殼	0.1	15
141	33726-BC20-E00	牌照燈配線	0.1	30
142	33741-B09-900	後燈反射片	0.1	63
143	34300-EC08-900	節氣門位置感知器 (TPS)	0.3	452
144	34901-BC21-900	前燈泡 12V	0.3	309
145	34903-BC22-900	位置燈燈泡 12V	0.1	34
146	34905-BC23-900	方向燈泡 12V	0.1	85
147	35101-EC09-325	一般傳統鎖匙（主開關）組	0.8	1308
148	35102-EC10-305	磁石鎖（主開關）組 / 梅花型	0.2	465

編號	零件件號	零件名稱	檢修工時（小時）	零件價格（新台幣：元）
149	35104-F05-90A	油箱蓋導線防水蓋	0.1	24
150	35109-B10-90A	鎖匙防水蓋	0.1	24
151	35130-EC11-M00	引擎斷電（熄火）開關	0.2	51
152	35150-BC26-900	頭（前）燈開關	0.2	59
153	35160-BC27-900	起動開關	0.3	52
154	35170-BC28-910	遠近燈開關	0.3	94
155	35180-BC29-900	喇叭開關	0.3	51
156	35200-BC30-910	方向燈開關	0.2	72
157	35340-BC31-900	煞車燈開關（碟煞）	0.2	150
158	35340-BC31-901	煞車燈開關（鼓煞）	0.2	50
159	35380-EC12-900	車輛傾倒（轉倒）感知器	0.3	982
160	37200-BC32-90A	儀錶組	0.5	2959
161	37230-B11-90A	儀錶蓋	0.3	410
162	37801-F05-910	燃油油量計組墊圈	0.6	33
163	3780A-BC33-900	燃油油量計組（燃油油面感知器）	0.6	249
164	38110-BC34-E00	喇叭	0.2	174
165	38300-BC35-E0A	方向燈繼電器（閃光器）	0.2	190
166	38500-BC36-90A	遠燈繼電器	0.2	374
167	38500-BC37-90B	近燈繼電器	0.2	374
168	38500-EC13-90A	噴射 ECU 繼電器	0.2	374
169	38500-EC14-90A	噴射汽油泵繼電器	0.2	374
170	38773-F06-900	汽油箱三向管接頭（三通）	0.3	13
171	39000-EC15-800	電源線或訊號線	0.3	150
172	3920A-EC16-800	ECU(電子控制單元/噴射電腦)	0.2	2000
173	39300-EC17-800	燃油噴嘴	0.3	1223
174	39301-F07-900	燃油噴嘴托蓋組	0.2	38
175	39301-F08-910	燃油噴嘴固定座組	0.2	32
176	39302-F09-900	燃油噴嘴彈簧夾	0.2	32
177	39303-F10-900	燃油噴嘴與進汽歧管間之 O 環	0.2	13
178	39306-F11-305	燃油噴嘴上方 O 環 A/ 黑色	0.2	13
179	39307-F12-305	燃油噴嘴上方 O 環 B/ 綠色	0.2	13
180	39400-EC18-800	引擎（汽缸頭）溫度感知器 (ETS)	0.6	404

編號	零件件號	零件名稱	檢修工時 （小時）	零件價格 （新台幣：元）
181	39450-EC19-800	含氧感知器 (O2 sensor)	0.4	2058
182	39500-EC20-900	進氣溫度壓力感知器 (T-MAP)	0.3	657
183	39700-EC21-600	怠速空氣旁通閥 (ISC)	0.3	778
184	42601-B12-900	後輪圈	0.4	1875
185	42710-B13-E1A	後輪胎	0.3	1200
186	42753-B14-90B	打氣嘴	0.5	40
187	43105-B15-900	前煞車來令片	0.2	105
188	4312A-B16-800	後煞車鞋（來令片）	0.4	316
189	4314A-B17-900	後煞車凸輪總成	0.6	150
190	43151-B18-900	煞車鞋（來令片）彈簧	0.6	16
191	43352-B19-E90	洩空氣螺栓	0.1	25
192	43353-B20-771	洩空氣螺栓外蓋	0.1	14
193	43416-B21-900	後煞車臂護蓋	0.1	20
194	4341A-B22-900	後煞車臂總成	0.1	72
195	43450-B23-800	後煞車導線	0.4	135
196	44301-B24-900	前輪軸	0.1	96
197	44311-B25-900	前輪固定螺帽邊套筒	0.1	34
198	44620-B26-900	前輪軸距套筒	0.1	58
199	44650-B27-305	前輪圈	0.4	1900
200	44710-B28-90B	前輪胎	0.5	1200
201	44800-B29-900	前輪速度表齒輪箱組	0.2	285
202	44830-B30-901	速度錶導線	0.3	96
203	45107-B31-900	前煞車卡鉗（分泵）活塞	0.2	56
204	45108-B32-E00	卡鉗（分泵）摩擦板彈簧	0.2	25
205	45109-B33-007	卡鉗（分泵）防塵油封	0.2	23
206	45126-B34-900	前煞車油管	0.5	636
207	45128-B35-900	前煞車油管夾	0.1	25
208	45131-B36-E00	卡鉗（分泵）螺絲銷	0.2	57
209	45132-B37-E00	卡鉗（分泵）襯套	0.1	17
210	45200-B38-900	前煞車卡鉗（分泵）	0.4	2000
211	45209-B39-007	活塞油封	0.4	29
212	45210-B40-900	前煞車卡鉗（分泵）托架	0.4	233

編號	零件件號	零件名稱	檢修工時（小時）	零件價格（新台幣：元）
213	45351-B41-900	前煞車圓盤（碟盤）	0.3	1000
214	45513-B42-91A	煞車主油缸蓋	0.1	56
215	45517-B43-900	煞車主油缸固定座	0.1	32
216	45520-B44-91A	煞車主油缸橫隔板	0.1	85
217	45521-B45-91A	煞車主油缸橫隔板壓板	0.1	85
218	45530-B46-305	前煞車主油缸	0.4	1151
219	50100-B47-800	車體/車架號碼打刻	4.0	7195
220	50301-B48-671	轉向桿上珠碗	1.1	53
221	50302-B49-011	轉向桿下珠碗	1.1	53
222	50306-B50-001	轉向桿主幹螺帽	1.0	20
223	50328-B51-900	電瓶滑動底座	0.2	38
224	50329-B52-900	電瓶盒組	0.1	34
225	5032A-B53-900	電瓶蓋	0.1	30
226	50350-B54-900	引擎吊架	0.6	899
227	50500-B55-900	車體主腳架	0.3	349
228	50502-B56-901	主腳架套環	0.3	14
229	50505-B57-900	主腳架橡皮	0.3	19
230	50530-B58-900	車體側腳架	0.2	111
231	5071A-B59-91A	右後踏桿組	0.3	233
232	5071B-B60-91A	左後踏桿組	0.3	233
233	5140A-B61-900	右前避震器	0.4	1000
234	5150A-B62-900	左前避震器	0.4	1000
235	52000-B63-900	後叉組	0.3	900
236	52400-B64-900	後避震器	0.3	1000
237	53100-B65-900	轉向手柄	0.6	106
238	53102-B66-900	平衡端子（右）	0.1	180
239	53105-B67-E00	轉向手柄平衡端子（左）	0.1	180
240	53125-B68-901	套筒	0.6	30
241	53140-B69-800	手柄右橡皮套（節流管套組）	0.2	80
242	53150-B70-900	手柄左橡皮套	0.2	80
243	53167-B71-900	節流管套下固定座	0.2	100
244	53168-B72-900	節流管套上固定座	0.2	100

編號	零件件號	零件名稱	檢修工時 (小時)	零件價格 (新台幣:元)
245	53172-B73-900	手柄左托架	0.2	100
246	53175-B74-E10	手柄右拉桿	0.2	90
247	53175-B75-E00	手柄右拉桿	0.2	90
248	5317B-B76-900	手柄左拉桿組	0.4	300
249	53200-B77-900	轉向桿	1.2	1259
250	53205-B78-900	手柄前蓋	0.3	450
251	53206-B79-900	手柄後蓋	0.5	600
252	53211-B80-940	轉向桿上錐體座圈	0.6	57
253	53212-B81-011	轉向桿下錐體座圈	1.0	76
254	53214-B82-001	防塵油封	1.0	6
255	53215-B83-001	華司	1.0	8
256	61100-B84-900	前擋泥板	0.2	50
257	6110B-B85-900	前土除	0.2	67
258	64302-B86-900	前護板(下)	0.2	420
259	64305-B87-900	右邊軌	0.2	210
260	64306-B88-900	左邊軌	0.2	125
261	64307-B89-900	前護網(最上)	6.0	180
262	6430A-B90-305	前護蓋組(上)	6.0	300
263	64310-B91-900	腳踏板	0.4	330
264	64316-B92-900	踏板塞子	0.1	10
265	77200-B93-305	坐墊組	0.1	1050
266	77206-B94-900	橡皮	0.1	13
267	77235-B95-E0A	座墊擋器	0.2	176
268	77240-B96-900	座墊導線	0.6	150
269	77300-B97-900	座墊自動彈起座墊鉤	0.1	1180
270	80100-B98-900	後輪上土除	0.2	75
271	80105-B99-900	後土除	0.4	122
272	80107-B100-900	後內擋泥板	0.1	50
273	80151-B101-900	中心蓋	0.2	350
274	81131-B102-900	內箱上殼	0.3	255
275	81134-B103-B20	置物箱掛鉤	0.1	17
276	81141-B104-900	內箱下殼	0.3	385

編號	零件件號	零件名稱	檢修工時（小時）	零件價格（新台幣：元）
277	81200-B105-900	後架	0.1	900
278	81260-B106-900	置物箱	0.1	635
279	83500-B107-305	車體右邊蓋組	0.5	890
280	83520-B108-900	右後邊把	0.3	200
281	83600-B109-305	車體左邊蓋組	0.5	670
282	83620-B110-900	左後邊把	0.2	200
283	8376A-B111-901	中心蓋掛鉤	0.1	75
284	88110-B112-900	右後視鏡	0.1	130
285	88120-B113-900	左後視鏡	0.1	130
286	90012-E101-001	汽門間隙調整螺絲	0.2	20
287	90206-E102-001	汽門間隙固定螺帽	0.2	15
288	90912-B114-00A	前輪軸承 6201	0.3	259
289	91003-E103-004	主軸箱組軸承 6301	1.0	134
290	91009-E104-004	軸承 6004	1.1	135
291	91014-B115-E00	轉向桿鋼珠圈 #5	1.0	72
292	91015-B116-E00	轉向桿鋼珠圈 #8	1.0	72
293	91255-E105-006	油封	0.7	15
294	91301-E106-001	進氣歧管 O 環 7.5X1.5	0.3	13
295	91302-E107-021	機油濾油網下方 O 環	0.1	15
296	91306-E108-691	引擎內鍊條調整器 O 環 1.5X9.5	0.2	10
297	94601-E109-000	活塞銷夾 15MM	2.2	23
298	95002-E110-000	管子束夾	0.1	8
299	96100-B117-000	軸承 6203	1.1	79
300	96100-B118-000	軸承 6204	1.6	103
301	98059-EC22-00	火星塞	0.2	77
302	98200-BC38-00	保險絲 10A	0.1	10
303	98200-BC39-01	保險絲 15A	0.1	10
304	98200-EC23-02	ECU 保險絲	0.1	10

捌、技術士技能檢定機器腳踏車修護乙級術科測試
工時表 / 零件價格表
(公版) 第四站 全車綜合檢修

第二題：檢修車身電系系統 (化油器車型)

零件區分代碼
E：引擎　　　F：燃油系統　EC：引擎電系系統　BC：車身電系系統　　　B：車體系統

編號	零件件號	零件名稱	檢修工時 (小時)	零件價格 (新台幣：元)
1	11100-E1-305	右曲軸箱組	2.5	1120
2	11102-E2-004	引擎吊架襯套	1.0	20
3	11192-E3-900	曲軸箱墊片	3.1	30
4	11200-E4-315	左曲軸箱組 / 引擎號碼打刻用	3.0	1890
5	11211-E5-900	空氣濾清器通氣管	0.1	20
6	11203-E6-301	後緩衝下橡皮襯套	0.4	15
7	11331-E7-900	右曲軸箱蓋	0.4	965
8	11341-E8-900	左曲軸箱蓋	0.4	1100
9	11382-E9-900	煞車導線夾	0.1	10
10	11394-E10-900	右曲軸箱蓋墊片	0.7	30
11	11395-E11-900	左曲軸箱蓋墊片	0.3	80
12	12100-E12-900	汽缸	1.9	1290
13	12191-E13-900	汽缸墊片	1.9	10
14	12200-E14-900	汽缸頭	1.8	2260
15	12209-E15-68A	門閥徑封	2.0	35
16	12211-E16-900	凸輪軸固定座	1.8	175
17	12251-E17-900	汽缸頭墊片	1.0	70
18	12310-E18-900	汽缸頭蓋	0.5	215
19	12391-E19-941	汽缸頭蓋墊片	1.8	50
20	13000-E20-900	曲軸	3.1	3515
21	13011-E21-90A	活塞環組	1.9	310
22	13101-E22-90A	活塞	2.0	195
23	13111-E23-001	活塞銷	2.0	30
24	14100-E24-920	凸輪軸 (組)	0.6	1090

編號	零件件號	零件名稱	檢修工時 （小時）	零件價格 （新台幣：元）
25	14431-E25-900	進汽門搖臂及排氣閥搖臂	0.6	325
26	14450-E26-901	進汽門搖臂軸	0.6	50
27	14452-E27-901	排汽門搖臂軸	0.6	50
28	14510-E28-900	內鏈條拉力桿	3.0	175
29	14520-E29-90A	內鏈條調整器	0.5	300
30	14523-E30-900	內鏈條調整器墊片	0.5	10
31	14531-E31-001	拉力桿螺絲	3.0	15
32	14610-E32-900	鏈條導件	3.0	80
33	14711-E33-900	進汽門	1.9	135
34	14721-E34-900	排汽門	1.9	355
35	14781-E35-001	閥門鎖扣	1.9	30
36	15100-E36-900	機油泵浦	1.0	260
37	15133-E37-901	機油泵驅動齒輪	0.9	40
38	15141-E38-90B	機油泵驅動鏈條	0.9	155
39	15421-E39-001	濾油網	0.2	20
40	15426-E40-921	濾油網彈簧	0.2	10
41	1565A-E41-900	機油尺組	0.1	15
42	15711-E42-901	機油分隔板	0.8	20
43	16035-F01-90A	自動旁通起動器	0.3	625
44	16100-F02-900	化油器	0.3	4275
45	16201-F03-900	化油器隔熱板墊片	0.4	10
46	16211-F04-901	化油器隔熱板	0.4	25
47	16700-F05-900	汽油泵浦	0.4	525
48	1691A-F06-E00	汽油濾油器組	0.4	70
49	17110-E43-EZ0	進汽歧管	0.3	180
50	17211-E44-900	空氣濾清器（濾芯）	0.2	95
51	1723A-E45-900	空氣濾清器蓋組（含連接管）	0.4	290
52	17231-E46-700	空氣濾清器蓋組	0.2	90
53	17307-E47-900	活性碳罐通氣管	0.2	56
54	1731A-E48-50A	活性碳罐總成	0.4	209
55	17500-F07-900	油箱	1.1	760
56	17502-F08-900	油箱油管（粗）	0.7	145

編號	零件件號	零件名稱	檢修工時 （小時）	零件價格 （新台幣：元）
57	17620-F09-3250	油箱蓋	0.1	150
58	17623-F10-900	油箱蓋套筒	0.4	25
59	1768A-F11-900	汽油濾油器油管組	0.4	20
60	1768C-F12-900	汽油泵油管組	0.4	30
61	17910-E49-900	節氣門（節流閥）導線	0.5	120
62	18291-E50-E00	排氣管墊圈	0.3	17
63	18292-E51-900	防熱墊片	0.1	6
64	18293-E52-900	隔熱橡皮	0.1	6
65	18294-E53-900	防熱墊片	0.1	19
66	1830A-E54-910	排氣管組	0.2	3170
67	18317-E55-900	排氣管護蓋	0.1	238
68	18601-E56-791	AICV 簧片單向閥	0.2	155
69	18612-E57-94	AICV 簧片單向閥蓋	0.2	30
70	18618-E58-90B	AICV 橡皮	0.2	20
71	19625-E59-910	汽缸頭罩蓋油封	0.2	45
72	18645-E60-941	AICV 通氣鐵管墊片	0.2	10
73	18647-E61-941	AICV 通氣鐵管	0.2	140
74	1880A-E62-91B	二次空氣濾清器 (Air Cleaner Second)	0.2	360
75	18814-E63-900	二次空氣濾清器導管	0.2	20
76	18815-E64-900	AICV 通氣導入管	0.2	120
77	19510-E65-901	飛輪轉子上之冷卻風扇	0.2	45
78	19613-E66-901	起動馬達導線夾	0.1	24
79	1961A-E67-E10	風扇蓋組	0.2	200
80	1962A-E68-900	風扇蓋罩下蓋（引擎本體下方）	0.5	135
81	1963A-E69-900	風罩蓋罩上蓋（引擎本體上方）	0.5	190
82	21200-E70-305	變速齒輪箱蓋	0.9	1235
83	21395-E71-900	主軸蓋墊片	1.0	25
84	22101-E72-941	CVT 離合器外套	0.5	290
85	22102-E73-900	驅動皮帶扇葉盤	0.4	230
86	22105-E74-220	驅動盤柱（襯套）	0.4	115

編號	零件件號	零件名稱	檢修工時（小時）	零件價格（新台幣：元）
87	22110-E75-220	前滑動式驅動盤 (含襯套 / 滾子底座)	0.4	350
88	22121-E76-90A	配重滾子 (6 個)	0.4	625
89	22131-E77-901	斜坡板	0.4	95
90	22300-E78-900	離合器驅動盤組	0.5	490
91	22401-E79-90A	離合器驅動盤組小彈簧	0.4	15
92	2301A-E80-900	從動皮帶輪整組	0.4	1525
93	23100-E81-900	驅動皮帶	0.4	480
94	23233-E82-011	被驅動盤大彈簧	0.5	80
95	23411-E83-900	齒輪箱驅動軸	1.0	365
96	23420-E84-700	副軸組	0.9	625
97	23431-E85-900	最終傳動齒輪軸	1.1	270
98	23432-E86-700	最終齒輪	1.0	415
99	28101-E87-200	起動減速齒輪	1.0	185
100	28102-E88-901	起動減速齒輪軸	0.7	20
101	28110-E89-900	起動齒輪	0.9	320
102	28120-E90-315	起動離合器外套	1.0	535
103	28125-E91-001	起動離合器滾子彈簧	1.0	10
104	28125-E92-960	起動離合器凸緣	0.7	140
105	28126-E93-900	滾子彈簧蓋	0.6	310
106	28211-E94-900	起動齒盤	0.3	360
107	28223-E95-901	起動惰齒輪彈簧	0.2	10
108	28230-E96-921	起動惰齒輪	0.2	125
109	28250-E97-901	起動臂軸	0.2	125
110	28253-E98-60A	起動臂軸襯套	0.2	15
111	28255-E99-001	套筒	0.2	10
112	28300-E100-901	起動踏桿組	0.1	140
113	30410-EC01-700	CDI	0.1	1250
114	3051A-EC02-901	點火線圈	0.3	330
115	3051-EC03-901	點火線圈低壓電路導線	0.3	200
116	30700-EC04-901	火星塞蓋組合	0.1	90
117	31110-BC01-90A	飛輪轉子	0.6	700

編號	零件件號	零件名稱	檢修工時 （小時）	零件價格 （新台幣：元）
118	31120-EC05-90A	轉子線圈（含充電系統用線圈及點火用之脈衝（動）線圈）	0.4	860
119	31210-BC02-20C	起動馬達組	0.3	1175
120	31250-BC03-20C	起動馬達電流切斷繼電器	0.2	300
121	31500-BC04-90A	電瓶	0.2	700
122	31600-BC05-900	調壓（穩壓）整流器	0.2	235
123	31700-BC06-900	充電系統構件導線接頭	0.3	200
124	32100-BC07-700	主配線	1.6	665
125	32106-EC06-901	點火線圈副線	0.3	15
126	32120-BC08-001	保險絲盒	0.1	10
127	32410-BC09-900	起動馬達配線（電源線）	0.2	70
128	32411-BC10-900	電瓶導線	0.3	70
129	32412-BC11-900	接地導線	0.4	200
130	32961-E101-900	A.C.G 線夾	0.2	15
131	3310A-BC12-800	前燈組	0.3	600
132	33120-B01-90B	前燈殼	0.2	420
133	33130-BC13-900	前燈配線	0.2	100
134	33150-BC14-900	燈光系統構件導線接頭	0.2	300
135	3340A-BC15-E00	右(R)前方向燈組	0.3	145
136	33401-BC16-E00	方向燈燈泡座	0.3	85
137	33402-B02-E00	右前方向燈殼	0.1	35
138	33405-B03-E00	前方向燈內殼	0.1	10
139	3345A-BC17-E00	左(L)前方向燈組	0.3	145
140	33452-B04-E00	左前方向燈殼	0.1	35
141	33460-BC18-E00	信號系統構件導線接頭	0.2	300
142	33480-BC19-E00	方向燈電阻器	0.2	500
143	33607-B05-E00	左及右後方向燈燈殼	0.2	60
144	33700-BC20-E00	後燈 LED 燈電路板組	0.6	700
145	33701-B06-E00	後燈殼	0.1	145
146	33704-BC21-900	後燈燈泡座	0.6	315
147	33706-B07-67A	牌照燈蓋	0.1	10
148	33709-B08-003	牌照燈墊圈	0.1	10

編號	零件件號	零件名稱	檢修工時（小時）	零件價格（新台幣：元）
149	33717-BC22-900	後燈配線	0.4	93
150	33720-BC23-E00	牌照燈組	0.1	85
151	33725-B09-E00	牌照燈殼	0.1	10
152	33726-BC24-E00	牌照燈配線	0.1	30
153	33741-B10-C30	後燈反射片	0.1	50
154	34300-EC07-900	節氣門位置感知器 (TPS)	0.3	360
155	34901-BC25-900	前燈燈泡	0.3	135
156	34903-BC26-900	位置燈燈泡	0.1	35
157	34905-BC27-900	方向燈燈泡 (前、後、左、右)	0.1	30
158	34906-BC28-900	後燈燈泡	0.1	55
159	34908-BC29-70A	儀錶內儀錶指示燈泡	0.5	20
160	34908-BC30-87A	儀錶內方向指示燈泡	0.5	20
161	35100-EC01-3050	主開關	0.8	650
162	35150-BC25-900	頭 (前) 燈開關	0.2	50
163	35160-BC26-900	起動 (按鈕) 開關	0.3	40
164	35170-BC27-910	遠近燈 (光) 開關	0.3	80
165	35180-BC28-900	喇叭開關	0.3	40
166	35200-BC29-910	方向燈開關	0.2	60
167	35340-BC30-900	煞車燈開關 (碟煞)	0.2	150
168	35340-BC30-901	煞車燈開關 (鼓煞)	0.2	50
169	35400-BC31-900	電阻器組	0.2	110
170	37119-B11-90A	儀錶蓋	0.3	80
171	37200-BC32-E00	儀錶組	0.5	1400
172	37224-BC33-E00	儀錶配線	0.5	410
173	37801-B12-900	燃油油量計墊圈	0.6	33
174	3780A-BC34-91A	燃油油量計組 (燃油油面感知器)	0.6	330
175	38110-BC35-900	喇叭	0.2	174
176	38300-BC36-900	方向燈繼電器 (閃光器)	0.2	190
177	35850-BC37-90A	起動繼電器	0.2	240
178	38500-BC38-90A	遠燈繼電器	0.2	374
179	38500-BC39-90B	近燈繼電器	0.2	374
180	38773-F13-900	汽油箱三向管接頭 (三通)	0.3	13

編號	零件件號	零件名稱	檢修工時 （小時）	零件價格 （新台幣：元）
181	42601-B13-900	後輪圈	0.4	1700
182	42710-B14-E1A	後輪胎	0.3	1000
183	42753-B15-900	打氣嘴	0.5	35
184	50320-B16-900	後土除支架	0.5	60
185	4312A-B17-920	後煞車來令片	0.4	145
186	43141-B18-E00	後煞車凸輪	0.6	70
187	43151-B19-961	後煞車鞋（來令片）彈簧	0.6	10
188	43352-B20-004	洩空氣螺栓	0.1	20
189	43353-B21-77A	洩空氣螺栓外蓋	0.1	10
190	43410-B22-900	後煞車臂	0.1	75
191	46513-B23-900	後煞車臂彈簧	0.1	20
192	43450-B24-900	後煞車導線	0.6	115
193	44301-B25--900	前輪軸	0.1	50
194	44311-B26-900	前輪固定螺帽邊套筒	0.1	25
195	44620-B27-900	前輪軸距套筒	0.1	58
196	44650-B28-900	前輪圈	0.4	1700
197	44710-B29-90B	前輪胎	0.5	1000
198	44800-B30-900	前輪速度表齒輪箱組	0.2	270
199	44830-B31-900	速度錶導線	0.3	70
200	45105-B32-305	前煞車來令片	0.2	250
201	45107-B33-900	前煞車卡鉗活塞	0.2	56
202	45108-B34-E00	卡鉗摩擦板彈簧	0.2	25
203	45109-B35-007	卡鉗防塵油封	0.2	23
204	45121-B36-900	前煞車碟盤	0.3	620
205	45126-B37-700	前煞車油管	0.5	700
206	45128-B38-900	前煞車油管夾	0.1	30
207	45131-B39-007	卡鉗螺絲銷	0.2	70
208	45133-B40-007	卡鉗襯套	0.1	55
209	45156-B41-007	煞車導線	0.1	40
210	45200-B42-900	前煞車卡鉗	0.4	1315
211	45209-B43-007	活塞油封	0.4	25
212	45210-B44-900	前煞車卡鉗托架	0.4	140

編號	零件件號	零件名稱	檢修工時（小時）	零件價格（新台幣：元）
213	45215-B45-900	卡鉗吊架銷	0.4	10
214	45513-B46-901	煞車主油缸蓋	0.1	40
215	45517-B47-900	煞車主油缸固定座	0.1	30
216	45520-B48-91A	煞車主油缸橫隔板	0.1	85
217	45521-B49-91A	煞車主油缸橫隔板壓板	0.1	85
218	45530-B50-305	前煞車主油缸	0.4	715
219	50100-B51-900	車體／車架號碼打刻	4.0	5975
220	50301-B52-671	轉向桿上珠碗	1.1	53
221	50302-B53-011	轉向桿下珠碗	1.1	53
222	50306-B54-001	轉向桿主幹螺帽	1.0	20
223	50152-B55-900	電瓶支架	0.1	40
224	50320-B56-900	後土除支架	0.4	60
225	50326-B57-900	電瓶蓋	0.1	30
226	50350-B58-900	引擎吊架	0.6	735
227	5050A-B59-700	車體主腳架	0.3	300
228	50502-B60-901	主腳架套環	0.3	10
229	50505-B61-900	主腳架橡皮	0.3	15
230	50530-B62800	車體側腳架	0.2	100
231	50611-B63-900	右踏板支架	0.3	55
232	50612-B64-900	左踏板支架	0.3	55
233	50613-B65-900	電瓶底蓋	0.2	135
234	5140A-B66-B20	右前避震器	0.6	1525
235	5150A-B67-B20	左前避震器	0.6	1525
236	52400-B68-900	後避震器	0.3	785
237	53100-B69-900	轉向手柄	0.6	500
238	53102-B70-900	轉向手柄平衡端子（右）	0.1	180
239	53105-B71-E00	轉向手柄平衡端子（左）	0.1	180
240	53140-B72-800	手柄右橡皮套（節流管套組）	0.2	150
241	53150-B73-900	手柄左橡皮套	0.2	40
242	53167-B74-900	節流管套下固定座	0.2	20
243	53168-B75-900	節流管套上固定座	0.2	15
244	53172-B76-900	手柄左托架	0.2	75

編號	零件件號	零件名稱	檢修工時 （小時）	零件價格 （新台幣：元）
245	53178-B77-901	手柄左拉桿	0.2	45
246	53175-B78-901	手柄右拉桿	0.2	45
247	5317B-B79-900	手柄左拉桿組	0.6	220
248	53200-B80-900	轉向桿	1.2	860
249	53205-B81-900	手柄前蓋	0.3	325
250	53206-B82-901	手柄後蓋	0.5	600
251	53211-B83-940	轉向桿上錐體座圈	0.6	30
252	53212-B84-011	轉向桿下錐體座圈	1.0	40
253	53214-B85-001	防塵油封	1.0	10
254	53215-B86-001	華司	1.0	10
255	61100-B87-700	前內土除	0.2	100
256	61110-B88-900	前土除	0.2	30
257	64301-B89-900	前蓋（前斜板）	0.1	950
258	64302-B90-900	前護板	0.2	420
259	64305-B91-900	右邊軌	0.2	210
260	64306-B92-900	左邊軌	0.2	125
261	64310-B93-900	腳踏板	0.6	330
262	64316-B94-900	踏板塞子	0.1	10
263	64317-B95-900	A 型踏板塞	0.1	10
264	64400-B96-900	前下擋泥板	0.2	305
265	77200-B97-700	坐墊組	0.1	1050
266	77206-B98-900	橡皮	0.1	13
267	77235-B99-900	座墊擋器	0.2	60
268	77240-B100-900	座墊導線	0.6	140
269	77303-B101-900	座墊彈起座墊鉤	0.1	600
270	88101-B102-900	後輪上土除	0.2	70
271	80102-B103-900	防濺橡皮	0.2	35
272	80104-B104-900	防濺板	0.3	40
273	80105-B105-900	後土除	0.4	60
274	80107-B106-900	後內擋泥板	0.1	50
275	80152-B107-900	火星塞保養蓋	0.2	30
276	81131-B108-800	後蓋內箱上殼	0.3	265

編號	零件件號	零件名稱	檢修工時 （小時）	零件價格 （新台幣：元）
277	81141-B109-900	後蓋內箱下殼	0.3	385
278	81142-B110-900	內箱小蓋	0.1	10
279	81200-B111-900	後架	0.1	900
280	81257-B112-900	化油器保養蓋（調整引擎怠速用）	0.1	75
281	8126A-B113-900	置物箱	0.1	595
282	83500-B114-900	車體右邊蓋組	0.5	890
283	83501-B115-90	右邊蓋嵌條	0.1	305
284	83520-B116-900	右後邊把	0.2	200
285	83600-B117-900	車體左邊蓋組	0.5	670
286	83601-B118-900	左邊蓋嵌條	0.1	305
287	83620-B119-900	左後邊把	0.2	200
288	83751-B120-900	後中心蓋護條	0.2	15
289	8376A-B121-901	中心蓋掛鉤	0.1	75
290	88110-B122-E00	右後視鏡	0.1	130
291	88120-B123-E00	左後視鏡	0.1	130
292	90012-E102-001	汽門間隙調整螺絲	0.2	20
293	90206-E103-001	汽門間隙固定螺帽	0.2	15
294	90652-E104-901	空氣濾清器連接管固定束環	0.2	20
295	90912-B124-00A	前輪軸承 6201	0.3	259
296	91014-B125-E00	轉向桿鋼珠圈 #5	1.0	72
297	91015-B126-E00	轉向桿鋼珠圈 #8	1.0	72
298	91202-E105-90B	右曲軸箱蓋油封	0.7	45
299	91301-E106-001	進汽歧管 O 環 7.5X1.5	0.3	13
300	91302-E107-021	機油濾油網下方 O 環	0.1	15
301	91306-E108-691	引擎內鍊條調整器 O 環 1.5X9.5	0.2	10
302	94601-E109-000	活塞銷夾 15MM	2.2	23
303	98059-EC08-00	火星塞	0.2	77
304	98200-BC40-01	相關保險絲	0.1	10

捌、技術士技能檢定機器腳踏車修護乙級術科測試
工時表 / 零件價格表
(公版) 第四站 全車綜合檢修

第三題：檢修車體系統 (打檔車型)

零件區分代碼				
E：引擎	F：燃油系統	EC：引擎電系系統	BC：車身電系系統	B：車體系統

編號	零件件號	零件名稱	檢修工時 (小時)	零件價格 (新台幣：元)
1	11200-E01-020	左曲軸箱本體	4.0	500
2	11361-E02-000	左曲軸箱蓋	0.3	280
3	11191-E03-010	左曲軸箱蓋墊片	0.3	45
4	11100-E04-020	右曲軸箱本體	3.6	660
5	11330-E05-000	右曲軸箱蓋	1.5	35
6	11393-E06-001	右曲軸箱蓋墊片	0.5	45
7	11191-E07-010	曲軸箱墊片	3.6	45
8	12200-E08-030	汽缸頭	2.0	2350
9	12251-E09-000	汽缸 (床) 墊片	2.0	60
10	12200-E10-030	汽缸頭 (蓋)	1.8	2350
11	12251-E11-000	汽缸頭 (蓋) 墊片	1.8	60
12	12341-E12-010	汽缸頭 (搖臂) 蓋	0.5	135
13	12251-E13-000	汽缸頭 (搖臂) 蓋墊片	0.5	60
14	13000-E14-000	曲軸	3.8	1500
15	13011-E15-010	活塞環組	2.2	120
16	13101-E16-000	活塞	2.2	295
17	14100-E17-030	凸輪軸	1.3	560
18	14321-E18-010	正時齒輪	0.7	45
19	14311-E19-300	正時鏈條	2.0	220
20	1443A-E20-000	門閥搖臂總成	1.6	398
21	14500-E21-000	鏈條張力器	2.0	205
22	14520-E22-000	自動張力器	0.6	40
23	14711-E23-000	進 (排) 氣閥門	1.8	370
24	15100-E24-000	機油泵	2.0	520

編號	零件件號	零件名稱	檢修工時 (小時)	零件價格 (新台幣：元)
25	15131-E25-010	油泵鏈條	2.0	200
26	16100-F01-000	化油器	0.6	1150
27	16212-F02-000	化油器間隔塊	0.6	60
28	1690A-F03-030	汽油濾清器	0.2	70
29	1695B-F04-010	油杯總成	0.3	286
30	1751G-F05-010	油箱	1.5	1800
31	17550-F06-920	汽油泵	0.5	2740
32	17910-E26-900	節氣門 (節流閥) 導線	0.5	120
33	1711A-E27-900	進汽歧管 (EFI)	0.3	380
34	17110-E28-EZ0	進汽歧管 (化油器)	0.3	180
35	17200-E29-000	空氣濾清器箱殼體	0.3	460
36	17211-E30-010	空氣濾清器 (濾芯)	0.2	25
37	1830A-E31-000	排氣管	0.3	3000
38	18318-E32-000	排氣管護蓋	0.1	398
39	1880A-E33-000	二次空氣濾清器 (Air Cleaner Second)	0.2	250
40	1865A-E34-000	AICV(空氣噴射切斷閥) 總成	0.2	460
41	1744A-E35-000	AICV 控制閥總成	0.2	170
42	1756A-E36-010	活性碳罐總成	0.3	230
43	22100-E37-000	離合器外套	0.4	650
44	2210A-E38-000	離合器總成	1.0	900
45	22121-E39-010	離合器中樞	0.4	125
46	22201-E40-000-A	離合器片組 (5PCS)	0.4	360
47	22311-E41-000-A	離合器鐵板 1 組 4PCS	0.4	150
48	22350-E42-010	驅動板	0.8	125
49	22361-E43-000	離合器舉板	0.8	80
50	22366-E44-000	舉動導體梢	0.4	25
51	22850-B01-000	離合器組頂桿 (舉起桿)	0.4	19
52	22870-E46-000	離合器線 (鋼索)	0.3	35
53	22880-E47-001	離合器自由間隙查修調整	0.2	200
54	23211-E48-000	變速主軸	4.0	380
55	23221-E49-830	變速副軸	4.0	380

編號	零件件號	零件名稱	檢修工時（小時）	零件價格（新台幣：元）
56	23426-E50-900	副軸低速齒輪	4.0	235
57	23441-E51-000	主軸二檔齒輪	4.0	160
58	23451-E52-000	副軸二檔齒輪	4.0	250
59	23461-E53-000	主軸三檔齒輪	4.0	160
60	23471-E54-000	副軸三檔齒輪	4.0	200
61	23481-E55-000	主軸四檔齒輪	4.0	160
62	23491-E56-000	副軸四檔齒輪	4.0	200
63	23520-E57-000	原起動齒輪	3.8	237
64	23530-E58-000	起動副齒輪	3.8	142
65	23801-E59-000	驅動鏈輪 (15T)	0.2	80
66	23811-E60-600	驅動鏈輪固定板	0.1	10
67	24211-E61-000	右變速叉	3.8	320
68	24221-E62-830	左變速叉	3.8	367
69	24231-E63-010	中心變速叉	3.8	320
70	24241-E64-000	變速叉導管	3.8	30
71	2430A-E65-000	變速筒（鼓）	3.8	330
72	24411-E66-911	變速移位凸輪	1.0	100
73	24430-E67-000	變速筒制止器	1.0	23
74	24435-E68-000	變速筒制止器彈簧	1.0	5
75	2461A-E69-000	變速軸總成	0.9	170
76	24610-E70-000	變速軸	0.9	165
77	2470A-B02-000	變速踏板（總成）	0.2	90
78	28110-E72-300	起動齒輪	0.7	375
79	28130-E73-000	減速齒輪	0.7	350
80	28132-E74-000	起動減速齒輪軸	0.7	25
81	2825A-E75-000	起動軸組	0.5	520
82	28261-E76-000	起動桿彈簧	0.4	25
83	28300-E77-010	起動桿總成	0.4	230
84	28311-E78-000	起動桿護套	0.4	7
85	30400-EC01-000	CDI 總成	0.4	435
86	30510-EC02-930	點火線圈	0.3	210
87	30700-EC03-910	火星塞蓋組合	0.1	148

編號	零件件號	零件名稱	檢修工時（小時）	零件價格（新台幣：元）
88	31110-BC01-90A	飛輪轉子	0.6	914
89	31120-EC04-90A	轉子線圈（含充電系統用線圈及點火用之曲軸位置感知器）	0.4	750
90	31200-BC02-000	起動馬達總成	0.4	1100
91	31500-BC03-90A	電瓶	0.2	800
92	3160A-BC04-000	調壓（穩壓）整流器	0.4	520
93	32100-BC05-020	主配線	2.0	420
94	32120-EC05-900	保險絲	0.2	13
95	33100-BC06-000	頭（前）燈總成	0.4	250
96	33400-BC07-000	右前方向燈總成	0.2	120
97	33450-BC08-000	左前方向燈總成	0.2	120
98	33600-BC9-000	右後方向燈總成	0.2	120
99	33650-BC10-000	左後方向燈總成	0.2	120
100	33700-BC12-000	尾（後）燈組	0.4	200
101	33702-B02-000	後燈殼	0.1	95
102	34906-BC14-000	尾（後）燈／煞車燈泡（旋式）	0.1	12
103	84701-B03-010	牌照架（黑）	0.1	55
104	34300-EC06-900	節氣門位置感知器(TPS)	0.4	452
105	34905-B06-000	方向燈燈泡（旋式）	0.1	10
106	34908-BC30-87A	儀錶內方向指示燈泡	0.3	20
107	35100-BC31-305	主開關	0.4	245
108	35150-BC32-900	轉向手柄右開關組	0.3	59
109	35250-BC33-030	轉向手柄左開關組	0.3	230
110	35330-BC34-000	離合器開關總成	0.2	200
111	35350-BC35-880	煞車燈開關（後輪）	0.4	50
112	35753-BC36-000	空檔轉動器（空檔燈開關）	3.8	12
113	35850-BC37-008	起動繼電器總成	0.3	230
114	38500-EC07-90A	燃油泵繼電器	0.2	374
115	38500-EC08-90A	ECU繼電器	0.2	374
116	35380-EC09-900	傾（轉）倒感知器	0.4	982
117	37000-BC38-030	儀錶總成	0.4	1365
118	37800-BC39-000	燃油油面感知器（燃油油量計）	0.3	190

編號	零件件號	零件名稱	檢修工時 (小時)	零件價格 (新台幣:元)
119	38100-BC40-000	喇叭	0.2	165
120	38300-BC41-100	閃光器 (總成)	0.3	180
121	38730-B03-000	ABS 控制器模組	0.4	9500
122	3920A-EC10-800	ECU(電子控制單元 / 噴射電腦)	0.4	2000
123	39400-EC11-800	引擎 (汽缸頭) 溫度感知器 (ETS)	0.4	404
124	39300-EC12-800	燃油噴嘴	0.4	1123
125	39500-EC13-900	進氣溫度壓力感知器 (T-MAP)	0.4	675
126	39700-EC14-600	怠速空氣旁通閥	0.4	778
127	4051A-B04-920	外鏈蓋組	0.1	1167
128	40530-B05-000	驅動鏈條	0.4	2065
129	40543-B06-000	右鏈調整器	0.2	25
130	40544-B07-010	左鏈條調整器	0.2	30
131	41201-B08-000	後驅動鏈齒輪	0.4	1000
132	41241-B09-000	後輪齒輪盤緩衝橡皮	1.1	155
133	42601-B10-000-SH	後輪轂組	1.1	1630
134	42601-B11-900	後輪鋼圈	1.1	1875
135	42701-B12-000	後輪輪胎	1.1	540
136	42753-B13-90B	氣嘴	0.1	40
137	43105-B14-305	碟式煞車來令片	0.3	105
138	4312A-B15-000	鼓式煞車來令片	0.3	130
139	43450-B16-000	後煞車拉桿	0.2	30
140	4345A-B17-900	後煞車連桿組	0.2	260
141	44601-B18-000	前 (煞車) 輪轂總成	0.4	450
142	44701-B19-000	前輪輪圈	0.4	450
143	44710-B20-90B	輪胎 (前輪總成)	0.4	1200
144	44806-B21-020	速度錶齒輪 (路碼錶齒輪)	0.3	85
145	44830-B22-901	速度錶導線	0.3	96
146	44870-B23-900	輪速感知器	0.3	300
147	45120-B24-900	輪速感知器讀取盤	0.4	140
148	45126-B25-900	前、後輪煞車油管	0.4	636
149	45200-B26-900	煞車卡鉗 (分泵)	0.2	2000
150	45351-B27-900	碟式煞車盤	0.4	1000

編號	零件件號	零件名稱	檢修工時（小時）	零件價格（新台幣：元）
151	4545A-B28-900	前輪煞車線	0.4	80
152	45530-B29-305	煞車總泵	0.4	1151
153	46500-B30-900	後煞車踏板	0.2	200
154	50100-B31-000	車架總成	5.7	5300
155	50351-B32-000	引擎吊架	0.9	250
156	50500-B33-000-BK	主腳架	0.4	420
157	50530-B34-000-BK	側腳架	0.2	150
158	51400-B35-800	前避震總成	0.4	3600
159	52147-B36-301	後叉套筒橡皮	0.9	32
160	5210A-B37-000	後叉總成	0.8	1100
161	52400-B38-000	後避震總成	0.3	3200
162	52402-B39-000	後避震器固定底座襯套	0.3	100
163	53100-B40-010	轉向把手總成	0.4	155
164	53131-B41-000	手柄固定座	0.4	35
165	53140-B42-000	節氣門管套組	0.2	58
166	53160-B43-010	橫拉桿球接頭	1.5	1600
167	53170-B44-010	前懸吊控制臂	1.5	1800
168	53190-B45-010	煞車拉桿	0.2	90
169	53200-B46-000	前叉（轉向桿）	1.5	680
170	53211-B47-000	前叉（轉向桿）上錐體座圈	0.6	45
171	53212-B48-000	前叉（轉向桿）下錐體座圈	1.0	30
172	6110A-B49-000	前擋板（前土除）	0.3	700
173	77200-B50-003	座墊	0.1	1500
174	80100-B51-981	後土除	0.3	500
175	80102-B52-030	後內擋泥板	0.2	260
176	8354G-B53-700	右車體蓋	0.3	590
177	8364G-B54-100	左車體蓋	0.3	590
178	8120A-B55-100	後行李架	0.2	880
179	88120-B56-100	左後視鏡	0.1	580
180	88110-B57-100	右後視鏡	0.1	580
181	90545-B58-001	煞車油管墊片	0.1	20
182	90012-E79-001	汽門間隙調整螺絲	0.2	20

編號	零件件號	零件名稱	檢修工時 (小時)	零件價格 (新台幣：元)
183	90121-B59-000	後叉固定螺栓	0.2	63
184	90206-E80-001	汽門間隙固定螺帽	0.2	15
185	90912-B60-00A	前輪軸承 6301	0.3	96
186	96100-B61-000	軸承 6001(不含蓋無油)	0.4	55
187	96150-B62-100	後輪軸承 6303	0.6	120
188	98059-EC15-000	火星塞	0.2	77
189	98200-EC16-020	ECU 保險絲	0.1	10

乙級機器腳踏車學術科檢定題庫解析

作者／陳幸忠、楊國榮、林大賢

發行人／陳本源

執行編輯／蔣德亮

出版者／全華圖書股份有限公司

郵政帳號／0100836-1 號

印刷者／宏懋打字印刷股份有限公司

圖書編號／0627407-202306

定價／新台幣 490 元

ISBN／978-626-328-531-6

全華圖書／www.chwa.com.tw

全華網路書店 Open Tech／www.opentech.com.tw

若您對本書有任何問題，歡迎來信指導 book@chwa.com.tw

臺北總公司(北區營業處)
地址：23671 新北市土城區忠義路 21 號
電話：(02) 2262-5666
傳真：(02) 6637-3695、6637-3696

南區營業處
地址：80769 高雄市三民區應安街 12 號
電話：(07) 381-1377
傳真：(07) 862-5562

中區營業處
地址：40256 臺中市南區樹義一巷 26 號
電話：(04) 2261-8485
傳真：(04) 3600-9806(高中職)
　　　(04) 3601-8600(大專)

（請由此線剪下）

歡迎加入 全華會員

● 會員獨享

會員享購書折扣、紅利積點、生日禮金、不定期優惠活動…等。

● 如何加入會員

掃 QRcode 或填妥讀者回函卡直接傳真 (02) 2262-0900 或寄回，將由專人協助登入會員資料，待收到 E-MAIL 通知後即可成為會員。

如何購書 全華書籍

1. 網路購書

全華網路書店「http://www.opentech.com.tw」，加入會員購書更便利，並享有紅利積點回饋等各式優惠。

2. 實體門市

歡迎至全華門市（新北市土城區忠義路 21 號）或各大書局選購。

3. 來電訂購

(1) 訂購專線：(02) 2262-5666 轉 321-324
(2) 傳真專線：(02) 6637-3696
(3) 郵局劃撥（帳號：0100836-1　戶名：全華圖書股份有限公司）

※ 購書未滿 990 元者，酌收運費 80 元。

OpenTech.com.tw
全華網路書店

全華網路書店 www.opentech.com.tw
E-mail: service@chwa.com.tw

※ 本會員制如有變更則以最新修訂制度為準，造成不便請見諒。

（請由此線剪下） ✂

讀者回函卡

掃 QRcode 線上填寫 ▶▶▶

姓名：＿＿＿＿＿＿＿　生日：西元＿＿＿年＿＿月＿＿日　性別：□男 □女

電話：（　　）＿＿＿＿＿＿　手機：＿＿＿＿＿＿＿＿

e-mail：（必填）＿＿＿＿＿＿＿＿＿＿

註：數字零，請用 Φ 表示，數字 1 與英文 L 請另註明並書寫端正，謝謝。

通訊處：□□□□□

學歷：□高中・職　□專科　□大學　□碩士　□博士

職業：□工程師　□教師　□學生　□軍・公　□其他

學校／公司：＿＿＿＿＿＿　科系／部門：＿＿＿＿＿＿

· 需求書類：

□A. 電子 □B. 電機 □C. 資訊 □D. 機械 □E. 汽車 □F. 工管 □G. 土木 □H. 化工 □I. 設計
□J. 商管 □K. 日文 □L. 美容 □M. 休閒 □N. 餐飲 □O. 其他

· 本次購買圖書為：＿＿＿＿＿＿　書號：＿＿＿＿＿＿

· 您對本書的評價：

封面設計：□非常滿意　□滿意　□尚可　□需改善，請說明＿＿＿＿＿＿

內容表達：□非常滿意　□滿意　□尚可　□需改善，請說明＿＿＿＿＿＿

版面編排：□非常滿意　□滿意　□尚可　□需改善，請說明＿＿＿＿＿＿

印刷品質：□非常滿意　□滿意　□尚可　□需改善，請說明＿＿＿＿＿＿

書籍定價：□非常滿意　□滿意　□尚可　□需改善，請說明＿＿＿＿＿＿

整體評價：請說明＿＿＿＿＿＿

· 您在何處購買本書？

□書局　□網路書店　□書展　□團購　□其他

· 您購買本書的原因？（可複選）

□個人需要　□公司採購　□親友推薦　□老師指定用書　□其他

· 您希望全華以何種方式提供出版訊息及特惠活動？

□電子報　□DM　□廣告（媒體名稱＿＿＿＿＿＿）

· 您是否上過全華網路書店？（www.opentech.com.tw）

□是　□否　您的建議＿＿＿＿＿＿

· 您希望全華出版哪方面書籍？＿＿＿＿＿＿

· 您希望全華加強哪些服務？＿＿＿＿＿＿

感謝您提供寶貴意見，全華將秉持服務的熱忱，出版更多好書，以饗讀者。

填寫日期：　／　／

2020.09 修訂

親愛的讀者：

感謝您對全華圖書的支持與愛護，雖然我們很慎重的處理每一本書，但恐仍有疏漏之處，若您發現本書有任何錯誤，請填寫於勘誤表內寄回，我們將於再版時修正，您的批評與指教是我們進步的原動力，謝謝！

全華圖書 敬上

勘 誤 表

書　號		書　名		作　者
頁　數	行　數	錯誤或不當之詞句		建議修改之詞句

我有話要說：（其它之批評與建議，如封面、編排、內容、印刷品質等…）